스마트시티

더 나은 도시를 만들다

4차 산업혁명이 만드는 새로운 도시의 미래

스마트시티
더 나은 도시를 만들다

앤서니 타운센드 지음 | 도시이론연구모임 옮김

MID

저자는 스마트시티라는 말이 있기도 전에 처음 구상되어 이제는 세계의 벤치마킹 대상이 된 상암 디지털미디어시티(DMC)의 밑그림을 함께 그린 MIT 연구단의 멤버였다. 최연소였지만 영민했던 저자는 그 뒤 뉴욕대학에서, 실리콘 밸리에서, 다양한 현장과 강단에서 스마트 시티의 구현을 위해 진력했다. 맨하튼에서 대기업의 손을 벗어나 유비쿼터스 기술을 적용한 것이 기억에 남는다. 그는 풀브라이트 연구자로 한국의 디지털 현상을 보기도 했다. 저자의 폭넓은 이론과 경험을 바탕으로 스마트 도시에 대한 안내서를 냈다. 기술과 도시계획, 역사와 비전을 융합하는 앤서니 박사의 통찰은 4차 산업혁명 시대, 스마티시티를 어떻게 접근할 것인가에 대한 명쾌하면서도 섬세한 시사점을 제공한다. 특히 도시학자로는 드물게 물리학의 배경을 지녔으면서도 기술결정론을 넘어선 '새로운 시민학'을 말하는 그의 제안은 깊은 울림을 준다. 최근 U시티의 기억에서 다시 시작되고 있는 한국의 스마트시티 논의에 꼭 필요한 맥락과 성찰을 제공하는 시의적절한 작업이 아닐 수 없다.

— 강홍빈, 서울연구원 이사장, 전 서울시 부시장

4차 산업혁명 기술들이 우리 사회의 변화를 이끌고 있다. 자동차의 발명이 도시와 우리 삶을 바꾸었던 것보다 더 큰 변혁을 일으킬 것으로 예견되고 있다. 인공지능이 유토피아를 가져올지 디스토피아를 가져올지 모르는 미래에, 인류의 생존과 개인의 자아실현을 위해서는 앞날을 바르게 예측하고 대처 방안을 마련해야 한다. 저자는 미래 도시의 모습을 조망하며 인류의 나아갈 방향을 제시하고 있다. 단순한 기술적 담론을 넘어서는 스마트시티의 가치와 개념을 이해하고, 그런 이해를 바탕으로 스마트시티를 선도해가기 위해서 꼭 읽어봐야 할 책이다.

– 김갑성, 연세대 교수,
대통령 직속 4차산업혁명위원회 스마트시티특별위원장

도시의 역사는 더 나은 도시를 만들기 위해 새로운 기술을 활용하고자 했던 스마트시티의 역사이다. 인류의 생존을 위협하는 기후변화와 급속한 도시화의 위기에 당면한 오늘 이 시대에 우리의 미래를 위한 스마트시티의 중요성은 더욱 커지고 있다. 과거의 기술 진화와는 달리 혁명적으로 빠르게 변화하는 디지털 기술의 변화를 기술 중심의 사고에서 벗어나 인간 활동(lifestyle)과 도시 생태계의 관점에서 바라본 이 책은, 도시의 미래를 고민하는 사람들에게 많은 도움이 될 듯하다. 첨단 기술을 활용한 좋은 도시를 만들어보고자 하는 서울 상암 디지털미디어시티(DMC) 계획에 함께 참여했던 저자 앤서니 타운센드의 글을 서울연구원을 비롯한 한국의 스마트시티 연구자들이 함께 번역했다는 점도 많은 의미를 준다.

– 김도년, 성균관대학교 건축학과/미래도시융합과 도시설계 교수,
서울 상암 디지털미디어시티(DMC) 마스터플랜 총괄계획가

4차 산업혁명과 더불어 스마트시티에 대한 관심과 열기가 고조되고 있다. 유럽, 미국, 일본 등 선진국은 물론 중국, 인도 등 신흥국들도 정부 차원의 야심 찬 계획을 갖고 참여 중이다. 2018년 1월 라스베이거스에서 열린 세계 최대 가전제품 전시회(CES, Consumer Electronics Show)의 주제도 '스마트시티의 미래'였다. 이 책의 저자는 세계적으로 확산되고 있는 스마트시티 건설 붐에 대해서 이야기하며, 독자에게 스마트시티라는 새로운 도시가 어떠한 곳인지, 그리고 어떠한 곳이 되어야 하는지를 논하고 있다. 건설업계에 종사하고 있는 한 사람으로서, 앞으로 도시에 일어날 변화를 상상하는 것은 즐거운 일이었다. 건물과 도시를 사랑하는 건설업계 종사자는 물론, 4차 산업혁명이 바꿀 미래를 상상하는 모든 이들에게 일독을 권하고 싶다.

- 김창래, 한미글로벌 부회장

4차 산업혁명이라는 변화의 물결이 일렁이는 지금, 막상 4차 산업혁명으로 인해 변화될 삶의 모습을 그릴 수 있는 사람은 많지 않다. 이 책은 기술이 불러올 도시의 미래를 다루며, 동시에 도시의 변화에서 촉발될 실제적 삶의 변화에 대해서 이야기한다. 4차 산업혁명과 '스마트한' 미래라는, 불투명하고 손에 잡히지 않는 개념에 혼란스러워 본 적이 있는 사람이라면, 현장에서 스마트시티를 직접 만들어나가며 본인이 겪은 위기와 기회에 대해 논하는 저자의 통찰력을 빌어 미래의 모습을 살짝 엿볼 수 있을 것이다.

기술의 발전은 인간의 삶을 비약적으로 변화시켜 왔다. 4차 산업혁명 속에서 인공지능과 빅데이터 등의 신기술이 우리의 삶을 어떻게 변화시킬 수 있는지 궁금해하는 사람도 많을 것이다. 이런 변화에 부정적인 선입견을 가지기도 한다. 그러나 기술은 가치 중립적이다. 기술을 사용하는 주체는 인간이기 때문에, 결국 인간이 하기에 달려있다. 이 책은 신기술을 도시에 적용해 어떻게 인간의 삶을 더 쾌적하고 효율적으로 바꿀 수 있을지에 대해서 논하고 있으며, 이러한 '새로운 도시'를 만드는 데에는 일반 시민의 참여가 가장 중요하다는 점을 강조하고 있다. 4차 산업혁명으로 바뀔 삶이 궁금하거나, 4차 산업혁명 시대에 개인이 무엇을 할 수 있을지에 대해 궁금증을 가지는 사람에게 일독을 권한다.

— 이광형, KAIST 바이오뇌공학과 겸 문술미래전략대학원 교수,
사단법인 미래학회장

콘크리트와 유리, 철로 된 근대의 경직적 도시들이 컴퓨터와 소프트웨어로 엮어진 탈(脫)근대의 탄력적 도시로 바뀌고 있다. 이 장치들은 인터넷을 통해 하나의 신경계로 얽혀져 거대 도시의 수십억 사람이 살아가는 일상세계를 떠받치고 있다. 데이터에 기반해 장치들이 반응하고 정보를 주고받는 가운데, 이의 집합체인 도시는 마치 사람과 같이 사고하고 행동한다. 이를 스마트시티(smart city)라 부른다. 스마트시티는 무수한 데이터를 생산하고 분석하는 정보통신기술(ICT)로 엮어진 지하세계를 내부화하고 있다고 한다. 하지만 이 빅데이터(big data)는 하나의 잠재력일 뿐, 도시 사람들이 스마트 기술을 이용해 매 순간 내리는 수많은 결정들에 의해 증강된 현실로 구현된다. 미래의 스마트시티는 이렇듯 ICT 기반 생활기기와 도구를 사용하는 시민들에 의해 상향식으로 만들어진다. 스마트시티에서 사람들은 그래서 '시민적 해커(civic hackers)'로 간주된다. 이 책은 그간의 스마트시티 논의와 달리 시민 중심의 스마트시티 건설에 관한 얘기를 하고 있다. 우리는 스마트시티를 만드는 데 필요한 다양한 연장들(예, 스마트폰)을 주머니 속에 가지고 있다. 이를 이용해 우리는 새로운 유토피아로 '시민주의적 스마트시티'를 기획하고 건설할 수 있게 되었다. 이 책은 이를 위한 길라잡이가 되고 있다.

— 조명래, 한국환경정책평가연구원장

(가나다 순)

한국판 발간에 부쳐

저는 스마트시티에 대해 제가 배운 것의 태반을 서울의 거리에서 배웠습니다.

이런 배움은 2002년에 시작되었습니다. 당시 한국은 이미, 세계의 다른 지역이 이제야 나아가고 있는 디지털화되고 도시화된 미래에 살고 있었습니다. 2004년까지 거의 대부분의 인구가 7개의 도시권에 살고 있었고, 80% 이상의 인구가 집, 학교, 그리고 일터에서 광대역 인터넷에 접속하고 있었습니다. 전 세계적으로 광대역 인터넷 사용자 네 명 중의 한 명이 한국에, 그리고 다섯 명 중의 한 명이 서울에 살고 있었습니다. 서울은 논쟁의 여지 없이 세계에서 가장 잘 연결된 도시였습니다.

저는 MIT의 도시계획 프로그램을 막 졸업하고 재빨리 서울로 향했습니다. 첫 번째 방문은 상암 월드컵경기장의 북서쪽에 위치한, 당시 휴한

지에서 형체를 막 갖추고 있던 디지털미디어시티Digital Media City, DMC 계획에 참여하기 위해서였습니다. DMC는 스마트시티가 그 이름을 얻기도 전에 형성된 스마트시티로, 당시 강홍빈 서울 부시장의 발명품이었습니다. 강홍빈 부시장은 MIT의 교수들과 서울시의 싱크탱크인 서울시정개발연구원(현재의 서울연구원)의 전문가들로 드림팀을 구성하여 DMC를 위한 클러스터 컨셉과 장소만들기placemaking 전략을 개발하려 했습니다.

DMC는 기업과 연구자가 신기술을 개발하는 오피스 파크에 그치지 않고 전 세계에서 모여든 사람들이 디지털로 향상된 거리와 광장에서 미디어와 상호작용하며 미래를 직접 경험하고 공동으로 창조하는 도시 공간이 될 터였습니다. DMC에서 개척된 이 접근방식에는 명확한 비전이 있었으며, 널리 복제되었습니다. 심지어 요즘 토론토의 레이크 온타리오 기슭에 계획되고 있는 구글의 미래도시와 같은 프로젝트에서도 어떻게 물리적 공간과 디지털 기술을 혼합하여 살 만하고, 생산적이고, 건강한 도시 공간을 만들 수 있을까를 고민하며 DMC의 아이디어를 상당 부분 차용하고 있습니다.

한국과의 첫 만남은 그 모든 에너지, 아름다움과 불안, 그리고 모순까지 함께 나에게 매우 깊은 인상을 남겼습니다. 한국은 미국보다 훨씬 오래된 곳인 동시에 훨씬 더 미래주의적인 곳인 듯했습니다. 그리고 2004년 여름 동안 어떻게 한국이 도시기술에 있어 그렇게 멀리 도약할 수 있었는지를 더 잘 이해하기 위해 풀브라이트 연구자로서 서울시정개발연구원에 돌아와 머물렀을 때도 그랬습니다.

그 여름 동안 제가 배운 것은 공식적인 동시에 비공식적이었습니다. 고건 시장과 같은 고위직 공직자와 마주 앉아 수많은 인터뷰를 했었습니다. 그는 어떻게 디지털미디어시티가 조성되었는지에 대해, 그리고 서울의 시장으로서 이 프로젝트에 대해 가진 희망과 포부, 그리고 좌절에 관해 설명해주었습니다. 또, 여러 스타트업, 비정부조직Nongovernmental organization, NGO, 대학과 함께 한국의 젊은이와 어르신이 새롭고 흥미로운 방식으로 인터넷을 사용하여 스스로의 지평을 넓히고 있던 곳을 방문하기도 했습니다.

그러나 비공식적인 것 또한 그만큼 중요했습니다. 당시 제 실용 한국어 지식은 충분치 못해서 마포구에 있던 풀브라이트 레지던스에서 서울시 정개발연구원으로 가는 길을 간신히 찾아가는 수준이었습니다. 하지만 세계에서 유일하게 고안되어 만들어진 자모인 한글의 논리를 체득하게 되면서, 저는 빠른 속도로 이 엄청나게 크고, 복잡하며, 경이로운 도시를 이해하게 되었습니다. 저녁에는 김이 올라오는 삼계탕으로 다시 힘을 얻고 나서는 마포역에서 시작해 긴 산책을 하곤 했습니다. 매일 밤 방향을 달리해 더 먼 어둠 속으로 걸어 들어가면서 말입니다. 자신감을 얻게 되면서, 저는 한국어로 쓰여진 거리 표지판에만 의지해서 돌아다니게 되었습니다. 저는 한두 주 지나 — 제가 아니라 세종대왕과 학자들의 천재성을 보여주는 증거인데 — 마치 매트릭스의 마지막 장면에서처럼 한글 간판으로 가득 찬 거리 풍경이 갑자기 이해할 수 있는 소리와 단어로 바뀌는 바람에 경외에 차 서 있던 때를 분명하게 기억합니다. 저는 어딘가에 있는 PC방에서 몇 시간이나 게임에 몰입하면서 언어나 문화장벽은 아랑곳하지 않고 친구를 사귀면서 밤을 보내곤 했습니다.

한국을 더 잘 알게 되면서 기술 면에서 한국의 성공담이 더 간단한 동시에 더 복잡하다는 것을 배웠습니다. "광대역에서는 운이 좋았어요." 라고 인터뷰 중에 공무원 한 분이 제게 말했었습니다. 타이밍이 좋았고, 핵심적인 위치에 있던 사람들이 강하게 밀어붙여 크게 판을 벌였습니다. 그러나 한국인들도 거기서 더 훌륭한 무엇인가를 보고 뛰어들었습니다. 하지만 한국 사회에는 이 기회를 충분히 활용하지 못하게 하는 한계 또한 있었습니다. 이 경우에 있어서, 한국은 다른 나라와 다르지 않았습니다. 과대 광고되었으나 실적은 그에 미치지 못했던 인천의 미래 도시 송도는

'스마트시티가 성취할 수 있는 것이 무엇인가'가 아닌, '어떻게 스마트시티가 도를 넘을 수 있는가'를 보여주는 국제적인 상징이 되었습니다. 저는 이에 대해 이 책에 상세하게 썼습니다. 이는 한국뿐만 아니라 전 세계적으로 의미 있는 경고였습니다.

물론 우리는 우리의 실수에서 배웁니다. 남북 화해의 큰 혜택이라면 도시 건설에 있어 한반도의 전성기가 이제 다시금 미래에 놓여있을 가능성이 높다는 데 있을 것입니다. 수백만의 새로이 지어질 집과, 이들을 연결할 인프라, 재결합할 가족들, 그리고 동아시아 전체의 속도를 정하게 될 가능성이 높은 새로운 기술이 추동하는 도시의 미래를 계획할 새로운 국가가 있습니다. 저는 지금껏 한국 스마트시티 이야기의 맨 앞자리에 있었던 것을 행운이라고 생각하고 있으며, 그 다음 장을 보게 되기를 고대하고 있습니다. 제 작업이 한국어로 번역되어 여러분 모두가 나와 공유했던 것의 작은 부분이나마 나누게 되어 기쁘기 그지없습니다.

2018년 5월

앤서니 M. 타운센드

차례

추천사   4

한국판 발간에 부쳐   9

서문   15

서론 보다 스마트한 도시화의 길   21

1장 1,000억 달러의 잭팟   47

2장 사이버네틱스의 귀환   95

3장 내일의 도시   139

4장 오픈소스로 만드는 도시   167

5장 풀뿌리에서 시작되는 유토피아   203

6장 가지지 못한 사람들   239

7장 시청 재창조   273

8장 시민실험실의 세상   315

9장 스마트시티가 마주한 문제   351

10장 스마트 시대의 새로운 시민학   391

감사의 글   442

번역후기   446

미주   448

서문

이제는 어느 곳을 걸을 때든, 우리의 몸이 온갖 기계들을 작동시킨다. 건물에 다가가면 현관문이 자동으로 미끄러져 열린다. 빈 방에 들어서면 전등이 켜진다. 실내에서 펄쩍펄쩍 뛰면 온도조절기가 더워진 공기를 감지하고는 에어컨을 작동시킨다. 멋대로 돌아다니면 동작을 감지하는 감시 카메라가 천천히 돌아가며 당신을 추적한다. 이 '자동 전자기계 노동자'들은 점점 한때 인간이 직접 했던 우둔하고 지저분한 노역을 대신하고 있다. 이들은 우리가 인식하지 못하는 사이 우리 주변의 세계를, 심지어 때로는 우리 자신을 통제하고자 한다. 그러나 이들은 이제 우리에게 너무나 친숙하고 일상이 되어버린 존재라 쉽게 눈에 띄지 않는다.

그러나 최근 이 말 없는 기계장치들이 굉장히 스마트해지고 있다. 지각을 갖는 세계가 새로이 도래하리라는 징후가 도처에 숨어있다. 교통신호등은 안테나를 뻗어 원격 지휘센터로부터 신호를 받는다. 전기 계량기의 친숙한 눈금판은 전자적으로 변환된 숫자로 변모되고, 구식 기어 장치는 더 강력한 마이크로프로세서로 대체되었다. 감시 카메라의 렌즈 뒤에는 클라우드cloud에 자리 잡은 알고리즘이 유령처럼 숨어있다. 이 알고리즘은 카메라의 시야에 잡힌 의심스러운 얼굴들을 분석한다. 그러나 우리가 볼 수 있는 것은 빙산의 일각에 불과하다. 비전문가가 보기에는 용도가 불분명하기만 한 소형 기계 장치들로 세계가 지어지고 있다. 눈도 깜빡이지 않고 가만히 응시하는 이 장치들은 낌새를 채고, 훑고, 살피고, 무언가를 캐낸다.

콘크리트와 유리, 철로 된 오래된 도시는 이제 컴퓨터와 소프트웨어의 거대한 지하세계를 감추고 있다. 이 장치들은 인터넷을 통해 하나의 신경계로 얽히는 중이다. 이 신경계는 계속 성장하는 거대한 도시와 그 안에 사는 수십억 인구의 일상생활을 떠받친다. 도시의 성장에 발맞추어 늘어나는 이 장치들은 눈에 띄지 않게 물질계를 재배열한다. 장치의 새로운 발전에 관한 보도자료가 매일같이 발표된다. 그들은 소포를 보내고 엘리베이터와 앰뷸런스를 부른다. 점점 복잡해지는 자동화의 세계는 그러나 선Zen과 같은 성질도 지닌다. 생소한 새 질서가 있는 것이다. 교통에서부터 문자 메시지까지, 모든 것이 보다 부드럽고 수월하게, 좀 더 강력한 통제 아래 유통되는 듯하다.

기계들이 우리를 대신해서 이 세계를 움직이는 것은 단순한 기술 혁명이 아니다. 우리가 도시를 건설하고 경영하는 방식의 역사적 전환인 것이다. 한 세기도 더 전에 우리는 수도관, 하수관, 지하철 선로, 전화선, 전기 케이블을 설치했다. 그 이후 우리는 물리적 세계를 제어하기 위해 이처럼 방대하고 다목적인 성격의 새 인프라를 설치한 적이 없다.

인간이 쌓아올린 건축적 유산에 새롭게 더해지는 디지털 업그레이드는 새로운 종류의 도시를 출현시키고 있다. 스마트시티smart city가 도래한 것이다. 스마트시티는 정보 기술을 활용해서 오래된 문제와 새로운 문제를 다루는 장소이다. 과거에는 건물과 인프라가 미리 정해진 경직된 방식으로 사람과 재화의 흐름을 조정했다. 그러나 스마트시티는 엄청나게 많은 센서들로부터 나오는 데이터를 끌어 모아 전체적인 상황을 파악하는 소프트웨어에 입력하고 작동하면서 그때 그때의 상황에 적응한다. 건물의 냉난방을 최적화하고 전력망을 통해 전기 흐름의 균형을 유지하고 교통망을 작동시킨다. 인간을 대신하는 이런 기계의 개입은 때로는 도시의 배선과 벽 속에 숨어서 우리가 눈치채지 못하는 사이에 일어날 것이다. 그러나 또 어떤 때에는 우리 면전에서 개개인들로 하여금 우리 모두에게 보다 큰 이익이 되는 선택을 하도록 촉구함으로써 공통의 문제 해결을 돕는다. 경보를 울려 차량들이 고속도로를 벗어나 교통 체증을 피하도록 할 수도 있고, 에어컨을 끄도록 해서 정전사태를 막을 수도 있다. 또한 방범이나 세균 탐지 시스템을 통해 우리가 건강과 안전에 대해 방심하지 않도록 줄곧 지켜봐 줄 것이다.

　　그러나 스마트시티의 새로운 기술 중 진정한 킬러 앱killer app은 인간이라는 종의 생존이다. 다가올 도시화의 신세기는 지난 날 만들어진 운영 시스템을 재설계함으로써 앞으로의 도전적 과제를 슬기롭게 대처하고, 산업화를 배가할 수 있는 인류의 마지막 시도가 될 것이다. 지구 전역의 시장들이 기술산업의 거대기업들과 협력하고 있는 이유가 여기에 있다. 이들 중에서도 IBM, 시스코Cisco, 지멘스Siemens 같은 회사들은 교묘하게 유혹적인 홍보를 해왔다. 그들은 지난 25년 동안 글로벌 비즈니스의 확장을 가속화시킨 바로 그 기술이 지역의 문제를 해결할 것이라고 얘기한다. 그들에게 우리 도시의 프로그램을 다시 짜도록 해주기만 하면 교통문제도 과거의 일로 만들어 버릴 수 있다. 그들에게 우리 인프라를 다시 설치하도록 맡기면 물과 전력을 효율적으로 운송할 것이다. 자원 부족과 기후변화가 꼭 감축을 뜻하는 것은 아니다. 스마트시티는 더 적은 자원으로 더 많은 일을 하여 번창하는 도시의 혼란을 순화하고 활기를 불어넣는 데 기술을 활용할 뿐이다.

시간이 이 대담한 약속들을 심판해 줄 것이다. 그러나 가만히 앉아서 어떤 일이 일어나는지 보기만 할 필요는 없다. 왜냐하면 이 사태는 산업혁명이 아니고 정보혁명이기 때문이다. 당신은 더 이상 산업화 시대의 거대한 기계의 작은 부속품이 아니다. 당신은 스마트시티가 지닌 마음mind의 일부 그 자체이다. 당신에게는 미래를 만들어갈 힘이 주어져 있는 것이다.

당신의 주머니 속을 보라. 이미 스마트시티 건설의 도구가 들어있을 것이다. 1970년대 PC로 시작해서 1990년대 인터넷으로 도약한 연산능력computing power은 이제 민주화되어 거리로 넘쳐나고 있다. 당신은 부지불식간에 이 역사적 이행기의 행위 주체가 되어 있다. 잠깐 멈춰서 손에 들고 사용하는, 네트워크로 연결된 컴퓨터가 보여주는 엔지니어링의 기적을 보라. 현대 스마트폰의 전형적인 CPU는 1976년 로스앨러모스 국립연구소Los Alamos National Laboratory에 설치되었던 슈퍼컴퓨터보다 열 배나 더 강력하다. 오늘날 미국에서는 모바일 기기 사용자의 50% 이상이 스마트폰을 가지고 있다.[1] 전 세계의 많은 나라들이 같은 티핑 포인트를 이미 넘어섰거나 티핑 포인트에 빠르게 다가가고 있다.

스마트폰이 상향식 도시 재창조의 플랫폼이 되면서 우리는 새로운 시민운동의 탄생을 목격하고 있다. 지구 전역에서 사람들은 매일 점점 더 저렴해지는 이 소비자 기술을 사용해서 지역의 문제를 해결한다. 사람들은 친구를 찾거나, 길을 찾거나, 일을 수행하거나 아니면 그저 재미있게 노는 일을 돕는 새로운 앱들을 만들어 내고 있다. 스마트폰은 시작에 불과하다. 개방된 정부 데이터, 오픈소스 하드웨어, 무료 네트워크는 어떤 산업 메인프레임보다 훨씬 더 스마트한 미래도시를 디자인하는 데 힘을 실어주고 있다. 그래서, 도처에 퍼져나가 세계 대도시들의 내부를 재설계하고자 하는 기업의 엔지니어들은 자기들이 하는 것과 똑같은 변혁이 풀뿌리 수준에서도 이미 일어나고 있음을 본다. 사람들은 이미 우리가 웹을 구축했던 것과 같은 방식으로 스마트시티를 건설하고 있다. 한 번에 사이트 하나, 앱 하나, 그리고 클릭 한 번씩, 그렇게.

smart cities

서론

보다 스마트한 도시화의 길

2008년, 지구 문명은 세 가지 역사적인 문턱에 다다랐다.

첫 번째 문턱에 다다른 것은 유엔의 인구학자들이 수천 년에 걸친 인류의 지구 개척 프로젝트가 그 해 안에 마지막 단계에 이를 것이라고 예견했을 때였다. 그들은 "세계 인구는 2008년에 역사적인 단계에 이를 것이다. 인류 역사상 처음으로 세계의 도시 인구가 농촌 인구와 같아질 것이다."[1] 라고 선언했다. 우리는 농장을 영영 포기하고 대부분 도시종urban species이 될 것이다.

수천 년 동안 우리는 서로 연결하기 위해 도시로 이주했다. 도시는 공간을 압축함으로써 시간을 단축했고, 덕분에 우리는 더 적은 공간과 시간에 더 많은 일을 할 수 있게 되었다. 도시는 일자리, 부, 그리고 아이디어가 창출되는 곳이다. 도시는 젊은이들과 야망 있는 사람들을 끌어들이는 강력한 중력을 발휘한다. 수백만의 인간은 일하고, 생활하고, 서로 어울릴 기회를 찾아 도시로 이끌린다. 결과적으로 원래의 예측보다 조금 더 걸리기는 했지만, 2009년 봄이 되자 도시와 농촌 간의 균형은 영원히 바뀌었다. 급성장하는 중국의 어떤 연안 도시나 팽창하는 아프리카의 한 슬럼에 시골에서 온 젊은 이주자가 도착했을 때가 아니었을까 한다.[2]

20세기 내내 도시는 공습의 위협이나 교외의 무질서한 확장 등의 위험에도 불구하고 계속해서 번성했다. 1900년에는 불과 2억 명이 도시에 살았는데, 이는 당시 세계 인구의 약 1/8이었다.[3] 기껏해야 한 세기가 막 지난 이제는 35억 명이 도시를 자기의 고향이라고 말한다. 유엔의 예측에 따르면 2050년까지 도시 인구는 거의 65억 명까지 늘어날 것이다.[4] 2100년이 되면 세계 인구는 100억 명을 넘고, 도시는 무려 80억 명에 달하는 사람들의 고향이 될 수도 있다.[5]

이러한 도시 팽창은 인류가 경험할 최대의 건설 붐을 불러오고 있다. 오늘날, 인도는 도시의 주택 수요를 따라가기 위해서 매년 시카고 정도 크기의 새 도시를 건설해야 한다.[6] 2001년 중국은 매년 농촌에서 넘어오는 1,200만 명의 이주민을 수용하기 위해 2020년까지 매년 20개의 신도시를 건설할 계획을 발표했다.[7] 이미 상당히 도시화된 브라질은 광대한 무허가 정착지인 파벨라favelas를 재건축하며 21세기를 보낼 것이다. 도시 거주자의 62%가 슬럼에 사는 사하라 사막 이남 아프리카에서는 다음 10년 동안에만 도시 인구가 두 배로 늘어날 전망이다.[8] 개발 도상국만 해도 매주마다 백만 명의 사람이 도시에서 태어나거나 도시로 이주하는 것으로 추정된다.[9]

두 번째 문턱은 우리를 유선망에서 벗어나게 하는 것이었다. 2008년 처음으로 무선 인터넷 사용자의 수가 대역폭을 케이블로 보내는(유선) 사용자 수를 넘어섰다.[10] 전기 통신 산업 통계학자들의 전문용어로 말하자면, 모바일 셀룰러 대역폭의 사용자 수가 고정된 디지털 전화 가입자 회선 DSL, 케이블, 그리고 광섬유 케이블의 수를 넘어섰다. 이러한 전환은 모바일 웹이 이미 성공을 거둔 개발 도상국에서 저렴한 모바일 기기가 급속하게 확산된 데 따른 것이다.[11] 인도에서도 이제 무선 네트워크를 통해 전송되는 데이터의 양이 유선으로 전송되는 양을 능가한다.[12]

　　시장 연구 기업인 포레스터Forrester에 따르면 2016년 기준 전 세계적으로 10억 개 이상의 스마트폰이 사용되고 있다. 우리는 이 스마트폰을 가지고 우리의 삶과 커뮤니티를 모바일 통신 중심으로 재조직하고 있다.[13] 이동하며 통화하는 일의 역사는 꽤 오래되었다. 최초의 모바일 통화는 이미 1946년의 미국에서 이뤄진 바 있다. 하지만 개인 이동 통신이 이토록 우리 삶을 지배하고 규정하고 또 이에 부응하는 전기 통신 인프라를 요구하게 된 것은 1990년대나 되어서였다. 이제 모바일 기기를 통해 우리는 모이고 싶은 곳에 모일 수 있게 되었다. 모바일 기기는 밀집의 촉매가 된다. 예를 들어 가장 탄탄한 무선 통신망은 운동 경기장을 뒤덮는 네트워크라고 할 수 있다. 관중은 점수가 날 때마다 소셜 웹에 올리고 문자와 사진을 보냄으로써 매 득점 상황을 서로 공유한다. 이 똑같은 네트워크는 또한 자동차를 클라우드에 편리하게 연결하는 대도시의 신경계가 될 수도 있다. 커져 나가는 도시의 단단한 기반이 되는 것이다.

　　이런 네트워크는 인간에게 가장 중요한 인프라가 될 것이며, 실제로 현재 가장 우선시되고 있는 인프라이기도 하다. 우리는 허물어져가는 도로나 교량의 기본적인 유지 비용을 부담하는 데에는 부담을 느끼지만, 무선 사업자들에게는 어렵게 번 돈을 기꺼이 건네려 줄 선다. 자금이 두둑한 미국의 무선 산업은 네트워크 구축에 매년 대략 200억 달러를 퍼붓는다.[14] 북미에서 지난 100년 간 전력망에 투자된 자본금은 1조 달러에 달하지만, 지난 25년 동안 미국의 도시에 무선 대역폭을 제공하는 285,000개의 통신 타워를 짓는 데에는 이미 3,500억 달러가 투입되었다.[15]

유선에서 벗어나는 이행 단계는 거의 완성되었다. 모바일 전화는 역대 가장 성공한 소비자 전자기기이다. 지구 전체에 60억 대 가량이 사용되고 있으며, 이 중 3/4은 개발 도상국에서 쓰이고 있다. 불과 몇 년 안에 모바일 전화 없이 사는 사람은 보기 드물게 될 것이다.

2008년의 마지막 국면 전환은 불시에 찾아왔다. 대부분의 인구가 농촌에서 도시로 이동한 것이나 무선 연결이 급속도로 부상한 것은 사실 오래전부터 인구학자들과 시장 분석가들이 예측했던 일이었다. 그러나 모든 인류가 글로벌 모바일 인터넷에 막 연결되는 시점에 우리는 갑자기 온라인 상의 소수자가 되었다. 무엇이 국면을 그렇게 바꾸었는지는 앞으로도 모를 것이다. 새 도시버스가 처음으로 GPS 추적기를 가동했을 때일 수도 있고, 어쩌면 MIT 대학원생 몇몇이 커피포트를 페이스북에 연결했을 때일지도 모른다. 하지만 그 어느 순간에 인간을 위한 인터넷the Internet of people은 사물인터넷the Internet of Things에 온라인의 주도권을 양보했다.[16]

현재 모든 인간의 개인 기기 하나는 최소한 인간과 기기라는 두 가지를 인터넷에 연결하고 있다. 하지만 2020년이 되면 인간은 수적으로는 어쩔 도리가 없을 정도로 열세가 될 것이다. 네트워크로 연결된 500억 개의 사물들이 사이버 스페이스를 돌아다니는 동안, 기껏해야 수십 억의 인간이 그 속에 어울리게 될 것이다.[17] 만약 요즘의 웹이 시시한 잡담 투성이라고 생각한다면, 곧 수십억 개의 센서가 주머니와 벽, 도시의 보도에서 자동차 위치, 방 온도, 지진파 등의 온갖 자질구레한 것들을 삑삑대며 알리는 불협화음을 감내할 준비를 해야 할 것이다. 2016년쯤에는 이 사물인터넷이 쏟아내는 계측치들이 모바일 네트워크에서만 1년에 6페타바이트petabytes를 넘어설 것이다(1페타바이트는 10억 기가바이트이다).[18] 인간 웹 전체가 이에 묻혀버릴 것이다. 현재 페이스북에 보관된 100억 장의 사진은 전부 1.5페타바이트 정도에 불과하다.[19] 기업, 정부, 그리고 심지어 시민들용으로 사용되는 소프트웨어가 세계를 파악하여 대응하고 또 예측하기 위해 사물인터넷이 쏟아내는 관측치들을 통합적으로 이용하게 될 것이다. 이 '빅데이터'는 우리의 도시 세계 곳곳에 배어들어 도시 세계를 지탱하는 내재적인 힘이 될 것이다.

이 시끌벅적하고 연결된 세계는 미래의 세계가 아니다. 우리는 이미 그 속에 살고 있다. 미국 대사 게리 로크Gary Locke는 지금의 중국을 처음 언뜻 봤던 1980년대 공산주의 국가였을 때의 모습과 비교하면서 이런 변화의 역사적 성격을 정확히 지적했다. 그는 2012년 초 미국 공영 방송의 토크쇼에서 진행자 찰리 로즈Charlie Rose에게 다음과 같이 말했다. "내가 처음 중국에 왔을 때가 약 20년 전인 1988~89년이었는데, 도시에는 마천루가 전혀 없었습니다. 가장 높은 건물도 아마 12~15층이었고… 사실상 차는 없었고 자전거들이 셀 수 없이 많았죠. 이제 (중국에는) 세계에서도 가장 높은 건물에 속하는 마천루들이 있습니다. 경이로운 성장이에요. 어디를 가든 스마트폰을 쓰고 있습니다. 이런 변화는 그저 놀라울 뿐이죠."[20]

하지만 이런 변화는 이제 막 시작되었을 뿐이다. 도시화와 유비쿼터스 기술의 교차가 우리의 세계와 그 세계 속에서 우리가 살아가는 방식을 규정할 것이다. 이 책은 도시화와 유비쿼터스 디지털 기술 간의 교차를 탐구한다. 우리가 이 역사적 두 힘의 융합을 어떤 방향으로 이끌어 가는가 하는 것이 우리 자녀들의 아이들이 금세기 말에 이르렀을 때 살아갈 세계를 크게 결정할 것이다. 하지만 앞을 내다보기 전에 뒤를 먼저 돌아보는 것이 맞겠다. 왜냐하면 이 변화는 문명이 시작된 이래 펼쳐져 온 드라마의 마지막 장에 지나지 않기 때문이다.

공생

도시와 정보기술의 공생적 관계는 고대 세계에서 시작되었다. 거의 6천 년 전 중동의 관개된 들판 한가운데에 세워진 최초의 시장, 신전, 그리고 궁전은 상업이나 예배, 그리고 정부에 헌신하는 사회적 네트워크의 물리적 허브로 봉사했다. 부와 문화가 번성하면서, 모든 거래, 의례, 그리고 판결을 관찰하여 기록하기 위해 글쓰기가 발명되었다. 글쓰기는 세계 최초의 정보기술이었다.

인간의 거주지들은 점점 크게 성장해왔다. 정보기술은 계속 커지는 인간 거주지들의 복잡성을 관리하기 위해 보조를 맞추어 발전해왔다. 19세기에는 산업화에 따라 이 진화 과정이 본격화되었다. 뉴욕, 시카고, 런던, 그리고 다른 거대한 산업도시들은 증기엔진과 전기를 일상적으로 이용하여 번창했다. 그러나 이런 도시의 팽창이 우리의 물리적 힘을 증폭시킨 새로운 기계들에 의해서만 이루어진 것은 아니다. 원거리 통신과 정보처리를 빠르게 할 수 있게 만든 발명도 도시의 팽창에 기여했다. 공화당의 연설가이자 뉴욕의 전신telegraph 회사 웨스턴 유니언Western Union의 변호사이기도 했던 헨리 에스타브룩Henry Estabrook은 찰스 미놋Charles Minot을 기리는 연설에서 "철도와 전신은 같은 시기에 태어나 나란히 발전했으며 필요에 의해 결합한 '상업의 샴쌍둥이'다."라고 선언했다.[21] 찰스 미놋은 1851년 철도 운행에서의 전신 사용을 이끈 선구자였다.

전신은 대규모 산업체의 경영에 대변혁을 일으키며 동시에 도시정부의 행정도 변화시켰다. 경찰은 전신을 빠르게 받아들여 점차 확대되는 관할 지역의 안전을 관장하는 도구로 사용했다.[22] 혁신은 정부에서 산업으로도 흘러 들어갔다. 1890년의 방대한 인구조사 자료를 집계하기 위해 발명된 전기기계식 천공 카드 장치electromechanical tabulators는 곧 기업에 도입되어 점점 더 커지는 사업 정보를 관리하는 데 사용되었다. 이 기술은 사업을 번창하게 하고 지자체들이 지역을 더 효과적으로 다스릴 수 있게 함으로써 도시의 성장에 대한 결정적인 장애를 제거했다. 1910년경 역사가 허버트 카슨Herbert Casson은 또 다른 한 기술에 대해 모두가 훤히 알고 있는 사실을 덤덤하게 표명할 수 있었다. "전화만큼 시의적절한 발명은 없었다. 전화는 대도시들의 체계화와 국가 통합이 필요한 바로 그때 등장했다."라는 말이었다.[23]

통신 시설을 이용하여 재택근무를 하거나 지구 반대편에서 하는 생방송을 보는 사람에게는 도시의 성장과 정보기술의 확산이 이렇게 강하게 연결되어 있다는 사실이 쉽게 납득이 안 될 것이다. 사실 많은 사람들이 그 반대를 주장했다. 그들은 신기술이 도시와 도시가 제공하는 근접성의 필요를 저감시킨다고 말했다. 사람들이 근접해 있다는 것은 생산적이지만 돈이 들고 때로는 불편하기도 하다. 공상 과학 소설의 전설인 아서 C. 클라크Arthur C. Clarke는 1964년에 미래에 대한 하나의 분명한 비전을 제시했다. 위성통신 덕분에 '지금부터 50년만 지나면, 타히티나 발리에서도 런던에서 하는 것과 똑같이 사업을 할 수 있게 된다'는 것이다.[24] 더 최근인 1990년대 중반, 인터넷이 급속히 부상하기 시작할 때 기술전문가 조지 길더George Gilder는 도시를 '산업 시대가 남긴 짐짝'으로 평가절하했다.[25] 그러나, 런던은 해체되는 대신 그 어느 때보다 더 커지고, 더 부유해지고, 더 활력적이고 더 연결되었다. 새로운 통신기술은 도시의 기반을 약화시키는 대신 런던의 성공에 핵심적인 역할을 했다. 런던은 런던의 금융업자와 미디어 거물을 바로 전 세계 수십억 인구의 삶과 연결해주는 글로벌 광섬유 네트워크의 허브가 되었다.

우리는 매일 장소와 사이버 스페이스의 공생을 경험한다. 기기들이 서로 연결되어 있지 않은 도시 생활은 거의 상상할 수 없다. 나도 주머니에 아이폰을 가지고 다닌다. 아이폰은 나의 대도시 생존키트survival kit로, 내가 인터넷이나 웹사이트를 탐색하고 주위의 모든 사람과 사물과 소통하고 어울리도록 돕는 다용도 맥가이버칼과도 같다. 나는 식당, 택시, 그리고 친구들을 찾는 앱을 가지고 있다. 네트워크화된 캘린더는 나의 동료와 가족의 생활을 동기화해준다. 내가 약속에 늦으면 세 가지 다른 방법을 통해 메시지를 보내서 시간을 벌 수 있다. 나 혼자만 이런 것은 아니다. 우리 모두는 이미 디지털 초능력자가 되었다. 모바일 기기들은 우리를 시계, 고정된 일정, 그리고 미리 정해진 만남의 장소 등의 구속에서 벗어나게 해준다. 그리고 우리는 여기에 빠져들게 되었다. 모든 중독이 그렇듯이 중독 역시 처음에는 천천히 시작되었다. 그러나 이제 모바일 기기는 우리의 도시 생활 생리를 지배한다. 우리의 일상생활이 점점 더 거대한 대도시 전역으로 펼쳐짐에 따라, 우리는 이 작은 스마트 기기들에 의존하여 그 생활을 동기화synchronize 한다. 전 세계에서 일 년에 수십억 번씩 보내지는 가장 흔한 문자 메시지가 "어디야?"인 것은 우연이 아니다.[26]

디지털 혁명은 도시를 죽이지 않았다. 사실 신기술이 도시를 전보다 더 소중하고 효과적인, 얼굴을 맞대는 모임의 장소로 만들기 때문에 도시는 어디서나 번창하고 있다.

투쟁

1930년대 초 로버트 모제스Robert Moses 같은 사람들이 자동차라는 새로운 기술을 중심으로 도시를 재건하기 시작했다. 모제스는 전제주의적인 사람이면서 기술관료였고, 총괄계획가이자 '실세Power Broker(로버트 모제스의 서사시적 전기 제목)'였다. 그는 선조들에게서 물려 받은 누적된 건축의 캔버스를 무가치한 것으로 보았다. "깨끗한 백지 위에서는 어떤 종류의 그림도 원하는 대로 그릴 수 있고, 뉴델리, 캔버라 또는 브라질리아를 배치하는 황야에서는 모든 변덕스런 디자인을 할 수 있다." 그가 당시에 건설되던 새로운 수도들에 관해 한 말이다. "하지만 이미 건물이 지나치게 많이 지어진 대도시에서 건축을 하려 한다면 거친 도끼로 길을 헤쳐 나가야만 할 것이다."[27] 모제스는 30년 동안 뉴욕과 기타 여러 곳에서 컨설턴트로서 일하면서 눈부신 중산층의 비전, 즉 '자동차화된 미국motorized America'이라는 비전을 실현시켰다. 자동차화된 미국의 비전은 1939년의 뉴욕 세계박람회에서 제너럴 모터스General Motors가 처음 공표하였다. 미래를 위한 길을 열기 위해 모제스는 25만 채가 넘는 불운한 뉴욕 주민들의 집을 불도저로 밀었다.[28]

오늘날, 새로운 무리의 회사들이 GM의 위치를 차지하고 운전석에 앉아 도로망 대신 디지털 네트워크가 가져다줄 새로운 유토피아로 우리를 몰고 가기 시작했다. 활기찬 동네를 통과하는 고속도로를 내는 대신, 이들은 컴퓨팅과 전기통신으로 도시를 소프트한 차원에서 변화시키기를 희망한다. 전 세계 공항에 붙은 IBM의 광고 문구를 보자. "운전자들은 이제 교통혼잡이 일어날 것을 사전에 알 수 있습니다. 싱가포르에서는 더 스마트해진 교통 시스템이 90%의 정확도로 혼잡을 예측할 수 있습니다." 이러한 기능 향상으로 우리는 도심에 1마일의 도로도 다시 만들 필요가 없을지도 모른다.

거대 기술산업체들이 볼 때 스마트시티는 지난 세기의 멍청한 디자인을 바로잡아 새로운 기술산업혁명의 도전적 과제들에 대비하는 해결책이다. 새로운 산업혁명의 도전적 과제들이란 일차 기술산업혁명의 의도하지 않았던 결과들을 처리해야 하는 과제이다. 스마트시티는 이런 과제들, 즉 과밀, 지구 온난화, 건강 쇠퇴 등을 막후에서 계산해 처리할 수 있다. 센서, 소프트웨어, 디지털 네트워크, 그리고 리모트 컨트롤은 우리가 현재 수동으로 조작하는 사물들을 자동화할 것이다. 현재 낭비가 발생하는 곳은 효율적으로 변화할 것이다. 사태가 불안정하고 위험요소가 자리한 곳에는 예측과 조기경보가 들어서게 될 것이다. 범죄가 있고 불안전한 곳에는 감시의 눈이 들어서게 될 것이다. 줄을 서서 기다려야 하는 곳에서는 그렇게 하는 대신 정부 서비스에 온라인으로 접속하게 될 것이다. 19세기의 정보기술혁명은 인구가 수백만으로 불어난 공업도시를 통치할 수 있게 했다. 이번 혁명은 이전에는 생각도 할 수 없던 인구 규모, 즉 인구가 천만, 2천만, 5천만, 심지어 1억 명이나 되는 도시의 통제권 탈취를 희망하고 있다.

2010년대 말까지 1억 달러 이상의 규모가 될 스마트시티의 잠재적 시장을 놓고 세계 최대의 회사들이 자리다툼을 벌이고 있다.[29] 우리의 세계를 제어할 시스템을 만들면서 위대한 기업으로 성장한 엔지니어링 복합기업들이 있다. IBM은 1890년 인구조사를 위한 천공기계를 만든 회사에서부터 성장했다. 지멘스Siemens는 독일의 도시들을 전신 케이블로 연결하는 사업으로 시작했다. 제너럴 일렉트릭General Electric은 인공조명으로 미국 도시를 밝혔다. 그러나 클라우드 구축의 대가인 시스코 시스템스Cisco Systems와 같은 신입회사도 있다. 이 회사들은 스마트시티의 중요성을 각인시키기만 한다면 각기 수십 년간 성장할 여건을 마련하게 될 것이다. 2011년 「포브스Forbes」의 표지 사진에서 밖을 응시하고 있는 지멘스의 CEO 피터 뢰셔Peter Löscher는 개발 도상국 도시의 인프라 공급 전망에 대해 과장된 말을 쏟아내면서 도처의 기업 대표들이 거는 기대를 요약해 말했다. "이건 엄청난, 매우 엄청난 기회이다."[30]

1970년대에 이르러 미국의 고속도로 건설은 자동차의 역할, 도시계획의 집행 방식, 그리고 심지어 도시의 속성 그 자체에 대해 다른 시각을 가진 풀뿌리 대중들의 반대로 서서히 멈추었다. 현재 역시 스마트시티를 어떻게 디자인하고 건설할지에 대한 근본적으로 다른 시각이 거리로 분출되기 시작하면서, 이와 비슷한 반발의 징조가 스마트시티의 기업적 비전에 대하여 나타나고 있다. IBM 전성기 때의 메인 프레임과는 달리, 컴퓨팅은 더 이상 거대 기업과 정부에게만 맡겨져 있지 않다. 스마트시티의 재료와 그 생산수단인 스마트폰, 소셜 소프트웨어, 오픈소스 하드웨어, 그리고 저렴한 대역폭은 널리 민주화되었고 비싸지 않다. 이들을 무한하고 다양한 방식으로 조합하고 재조합하는 일은 값싸고, 쉽고, 재미있다.

　전 세계의 활동가들, 기업가들, 그리고 시민해커civic hacker*들이 잡다하게 섞여 다른 종류의 유토피아를 향한 길을 어설프게 만들어 가는 중이다. 이들은 효율성을 멀리하는 대신, 도시생활의 자연스런 사회성을 증폭하고 촉진하려 한다. 빅데이터를 비축하는 대신 다른 이들과 공유할 수 있는 메커니즘을 구축한다. 이면에서 정부 운영을 최적화하는 대신 이들은 사람들이 완전히 새로운 방식으로 도시를 보고 만지고 느끼는 디지털 인터페이스를 만든다. 독점적 소유 대신 협동의 네트워크를 만든다. 이 상향식 노력은 소규모로 잘 진행되고 있지만, 웹상에서 바이러스처럼 확산될 잠재력을 가지고 있다. 산업이 깨끗하고, 잘 계산된, 중앙관리식 질서를 표방한 비전을 적용하려 할 때마다, 이들은 오히려 어수선하고 분산적인, 민주적 대안들을 제안한다.

　이들이 서로 툭탁거리게 되는 것은 시간문제일 뿐이다.

실험

　최근에 생겨난 이 전장의 한가운데에 시청이 있다. 한쪽 진영에는 산업계의 영업팀이 진을 치고 있다. 이들은 재정난에 처한 지방정부 인프라의 경영을 독점 계약하는 대가로 두둑한 돈을 선불로 제공한다. 다른 쪽 진영에서는 시민해커들이 공공데이터와 인프라에 대한 접근을 요구한다. 이런 상황에 미국, 유럽, 심지어 중국에서까지 시cities는 최악의 재정상태

---

* 　한국정보통신기술협회의 정보통신기술용어사전에는 시민해킹(civic hacking)을 '인터넷상에서 ICT 개발자 등 다양한 시민들이 자발적으로 모여 ICT 기술을 활용하여 정보를 신속하게 취득해 사회 공공 문제를 창의적으로 해결하려는 활동'으로 설명하고 있다.

에 처해 있음에도 불구하고 각급 정부 중 가장 혁신적이고 기민한 정부 계층으로 빠르게 부상하고 있다. 시민들은 일상적으로 온라인을 통해 지리적 제약을 뛰어넘는데, 지방정부는 여전히 일상적 업무에 제일 많이 매달려 있다. 지방정부의 예산은 줄어드는데 혁신에 대한 시민들의 기대는 계속 커지고 있다. 해결책이 필요하다.

새로운 시민 핵심 지도층은 스마트 기술을 단순히 '최소의 비용으로 최대의 효과를 거두는 수단'으로만 생각하지 않는다. 그들은 스마트 기술이 행정을 더 개방적이고, 더 투명하고, 더 민주적이며, 더 상호 대응적인 모델로 다시 생각하고 철저하게 쇄신할 역사적 기회로 본다. 이들은 소셜 미디어를 통해 시민들과의 상호 대응적인 소통 채널을 개설하고, 방대하게 수집된 정부 데이터를 웹에 게재하며, 지하철에서부터 제설기에 이르기까지 모든 것의 위치에 대한 실시간 피드를 공유한다. 스마트 기술에는 커다란 경제적 기회도 따른다. 많은 도시는 공공 데이터베이스를 개방하고 광대역 인프라를 구축함으로써 다른 도시들이 구입하고 싶어하는 지역의 발명품들을 쏟아내고, 기동성이 높은 기업가들과 창조적 인재들을 유치하기를 기대한다. 오늘날의 글로벌 경쟁에서는 아마도 스마트하게 보이는 것이 심지어 실제 스마트한 것보다 더 결정적으로 중요할 것이다.

밤의 지구 위성사진처럼, 지역 스케일에서 글로벌 스케일로 줌아웃 zoom out하면 시민실험실들로 반짝거리는 행성, 지구가 시야에 들어온다. 바르셀로나에 본부를 둔 싱크탱크, 리빙 랩스 글로벌Living Labs Global은 스마트시티 혁신 분야의 국제거래를 추적하고 있는데, 이에 따르면 전 세계에는 557,000개의 지방정부들이 있다고 한다.[31] 이렇게 많은 정부가 스마트 기술을 실험하기 시작한다는 것은, 각각의 정부가 지니고 있는 서로 다른 자원을 사용해 각 정부마다의 독특한 도전적 과제와 기회를 맞이한다는 뜻이다. 우리가 상상할 수 있는 모든 용도의 모바일 앱이 시장에 있듯이, 스마트시티는 모든 상상 가능한 구성 형식으로 조성되고 있다. 지역구는 스마트 기술에 있어 가장 완벽한 단위라고 할 수 있다. 정책 혁신에서 그래왔던 것처럼 시민들을 참여시키거나 문제를 확인하기가 훨씬 쉽고 새로운 해결책의 효과가 바로 나타날 수 있기 때문이다. 이 시민실험실들은 각기 무언가를 창안하는 기회의 장이다.

각 지역적 창안은 다른 커뮤니티와 혁신을 공유할 기회가 되기도 한다. 세계화가 가속화되던 지난 수십 년 동안 다국적 기업은 기술 혁신을 한 곳에서 다른 곳으로 전파하고는 했다. 산업은 스마트 기술을 전 세계에 전하는 역할을 다시 한번 도맡아서 하고 싶을 것이다. 그러나 이제 도시는 자력으로 새로운 혁신을 공유하고 모방하는 데 아주 능숙해졌다. 예를 들어 1974년에 브라질의 쿠리치바Curitiba에서 버스노선의 운송 용량을 높이기 위해 처음 도입된 간선 급행 버스체계BRT는 전 세계 120개 이상 도시로 확산되는 데 40년이 걸렸는데,[32] 이에 반해 2007년에 파리에서 도입된 자전거 공유 시스템인 벨리브Vélib는 시작과 동시에 전 세계적으로 확산되어 불과 수년 만에 비슷한 성과를 거두었다. 오늘날에는 스마트시티 혁신 사례 연구와 모범적 실천 사례뿐만 아니라 코드, 컴퓨터 모델, 데이터, 하드웨어 디자인 같은 실제의 실용 기술까지도 분주하게 거래되고 있다. 이러한 디지털 솔루션들은 문자 그대로 하룻밤 사이에 확산될 수 있다.

세계의 시민실험실에서 만들어지는 눈부신 지역 혁신은 기술과 도시에 대한, 그리고 기술과 도시가 어떻게 서로를 형성하는가에 대한 우리의 추정적 생각에 이의를 제기할 것이다. 기술추종자들은 종종 단도직입적으로 킬러앱을 찾아 시장을 독점하고자 한다. 이런 역동성은 이미 기업들의 판에 박힌 스마트시티 계획에서 찾아볼 수 있다. 그러나 스마트시티의 설계를 제대로 하길 원한다면 지역적 특성을 고려하고 설계에 시민을 참여시킬 필요가 있다. 시간이 지나면서 우리는 범용적으로 활용할 수 있는 스마트시티의 진수를 추출해 널리 공유할 수 있을 것이다. 그러나 스마트시티 건설에는 시간이 걸릴 것이다. 그 건설은 오래 걸리고, 혼란스럽고, 점증적인 과정이 될 수밖에 없을 것이다.

충돌

모든 도시는 자기 파괴의 DNA를 지닌다. 기존의 균열이 압력을 받는다면 갈등으로 분출되거나 급격한 붕괴로 이어질 수 있다. 스마트 기술 역시 도시의 분열된 파벌 간의 분쟁을 이미 부채질하고 있다.

2011년 '아랍의 봄Arab Spring' 도시 봉기에 소셜미디어가 어느 정도의 역할을 감당했는지에 대해서는 그동안 뜨거운 논쟁이 있었다. 사실 페이스북, 트위터, 유튜브 등의 첨단 정보통신 기술은 문자 메시지에 비해 그 효과가 미미하다고 여겨질 수도 있다. 문자 메시지는 2001년부터 수차례에 걸쳐 부패한 조지프 에스트라다Joseph Estrada 대통령을 반대하는 시위를 조직한 원동력이었다. 문자 메시지는 분노한 군중을 네트워크를 이용한 정치 활동에 적극적으로 참여하는 '스마트몹smart mob'으로 변모시켰으며, 이 시위에는 약 70만 명의 필리핀인이 모인 바 있다.

이 모든 무선 채널들은 전파를 이용한 통신의 기본적 형태인데, 이집트의 폭동이 절정에 이르렀을 때 카이로를 침묵시키기 위해 당국이 나라의 무선통신망을 폐쇄하도록 명령할 정도로 영향력이 컸다. 그러나 이 무선통신망 폐쇄 명령이 혁명을 막는 일은 없었다. 어쩌면 오히려 방관하던 사람들까지도 거리로 나오도록 재촉했을지도 모른다. 그럼에도 불구하고 도시 무선 네트워크의 완전한 정지는 서양의 보안관리들에게도 매력적인 선택지가 되어가고 있다. 2011년 샌프란시스코의 교통경찰은 경찰에 반대하는 시위가 벌어지는 동안 휴대전화 신호를 방해했다. 같은 주간에 영국의 관리들은 광범하게 퍼진 도시폭동을 조직화하는 데 사용되는 블랙베리 메신저의 휴대전화 메시지 서비스와 기타 소셜 미디어를 차단하는 방안을 논의했다.[33]

스마트시티는 또한 가진 사람과 가지지 못한 사람 사이의 격차를 심화시켜 조금 더 일반적인 폭력을 가중시킬 수도 있다. 이는 디자인에 의해 야기될 수 있다. 가진 자가 센서와 감시 장치들을 설치해서 가난한 사람들과의 경계선을 굳히고 담을 세워 그들과 자신을 분리하는 경우가 생길 수 있다. 물론 충분한 생각 없이 한 디자인의 의도하지 않은 결과로 격차가 벌어지는 일도 존재할 것이다.

2001년 인도의 카르나타카Karnataka 주 정부는 (표면상으로는) 마을 차원의 부패를 근절하기 위해 토지 소유권을 추적하는 방법의 개혁에 착수했다. 부미Bhoomi라 불리는 이 새로운 디지털 기록 시스템은 세계은행이 전자정부 혁신을 주도하기 위해 개발 도상국에 지원한 자금으로 도입되었다. 그런데 부미가 도입되자 그 의도와 반대되는 효과를 가져왔다. 마을 단위의 부패를 불러온 옛 방식은 관리들이 뇌물을 받아 문맹자들에게 문서를 해설해주고 복잡한 법적 절차 문제에 대한 조언을 해주는 것이었다. 물론 부미는 이 마을 차원의 부패를 억제했다. 뇌물을 제공했다고 신고한 사람들의 수가 66%에서 3%로 줄었다. 그러나 기록의 중앙집권화는 부패의 중앙집권화를 가져왔을 뿐이다. 주머니가 두둑한 투기꾼들은 이제 고위직만을 뇌물 제공의 대상으로 삼았다. 고위직들은 뇌물을 준 투기꾼들이 이 지역에서 급성장하던 주도state capital 벵갈루루Bengaluru의 확장 경로에 있는 토지를 차지할 수 있게 해 주었다.[34] 한 개발학자는 다음과 같이 지적했다. "이 디지털 기록 시스템 추진 정책은 이론적으로는 정보 접근의 민주화를 의도하였지만, 실제로는 권능을 가진 자에게 권능을 부여하는 결과를 가져왔다."[35] 비슷한 디지털화 사업이 도처의 정부 행정을 변화시킴에 따라 가난한 사람들의 위험도 엄청나게 커졌다. 이 컴퓨터 무장 경쟁에서 가난한 지역의 주민은 멀리서 자신을 빤히 살피고 통제할 수 있는 자들의 처분에 맡겨지게 될 것이다.

설령 평등이나 평화가 스마트시티에 존재한다 하더라도, 스마트시티는 이미 버그들과 고장에 취약하며 감시나 감청에도 역시 취약하기 때문에, 존재 자체의 무게만으로 붕괴될 위험이 있다. 사실 앞으로 더욱 그렇게 될 수밖에 없을 것이다. 스마트시티는 버그로 가득 차게끔 만들어진 것이나 마찬가지다. 스마트 화장실에서 작동하지 않는 수도꼭지나 공공스크린에 뜬 블루스크린까지 이에 대한 수많은 예가 있다. 스마트시티의 코드가 설령 깨끗하다 하더라도, 그 내부구조의 복잡성은 이른바 정상 사고 normal accidents라고 불리는 사고를 불가피하게 불러올 것이다. 우리가 이제 던져야 할 질문은 언제 스마트시티가 작동을 멈출지, 그리고 고장이 난다면 그에 따른 피해가 얼마나 될지 하는 것이다. 스마트시티를 짜맞추고 있는 통신 네트워크는 허약한 전력망 위에 깔려 있음은 물론, 위기상황에는 과부하가 걸리기 쉽고, 공격에도 무방비로 노출되어 있다. 이는 우리가 지금까지 사용했던 어떤 인프라만큼이나 고장나기 쉽다.

스마트시티가 붕괴사태에 근접하기 전에 우리는 스스로 스마트시티의 벽을 허물어 버릴지도 모른다. 스마트시티는 감시를 위한 궁극의 장치가 될 수도 있기 때문이다. 스마트시티는 디지털화된 파놉티콘Panopticon 비슷한 것이 될지도 모른다. 1791년 제러미 벤담Jeremy Bentham이 설계한 이 감옥은 가장 강력한 창살을 사용하기보다 눈에 보이지 않는 감시자를 활용해 더 효과적으로 질서를 유지하는 곳이다.[36] 과거 1990년대에 감시카메라 연기단the Surveillance Camera Players은 공공장소에서 영상 감시가 급속히 확산하는 데 항의하기 위해 뉴욕 시의 카메라 설치장소에서 길거리 공연을 펼친 바 있다. 이 기발한 반대 의사 표현은 조금 이상해 보일지도 모른다. 특히 우리의 동작을 기록하거나 인식하고, 영향을 미치거나 심지어 통제까지 하는 수많은 새로운 기계 장치를 설치하는 현재의 상황을 보면 더 그렇다. 그러나, 정부나 기업에서 시민과 소비자를 구분하지 않고 몰래 감시하는 기술이 갖는 실제 가치가 분명히 드러날수록 불신의 씨앗도 점점 꽃을 피울 것이다. 2012년 얼굴 인식의 위험성을 우려한 미국 상원의원 앨 프랭큰Al Franken은 다음과 같이 말했다. "사람들은 비밀번호를 바꾸거나 새로운 신용카드를 발급 받을 수는 있지만, 지문을 바꾸거나 얼굴을 바꿀 수는 없다. 적어도 엄청난 고통을 겪지 않고서는 말이다."[37] 이런 얼굴 인식 기술에 대한 기만적인 대응책들이 이미 확산되고 있다. 애덤 하비Adam Harvey의 시브이 대즐CV Dazzle과 같은 더 실용적인 대응들이 바로 그것이다. 시브이 대즐은 1차 세계대전 시의 대잠수함 위장술에 바탕을 둔 페이스페인팅으로, 얼굴 인식 알고리즘을 교란시킬 수 있다.[38]

새로운 시민학

　　지난 세기 도시 건설의 역사는 새로운 기술이 빚어낸 의도치 않은 결과가 그 기술이 본래 의도했던 디자인을 종종 보잘것없게 만들어 버리기도 한다는 것을 알려주었다. 도시민들은 자동차 보급에 따라 19세기의 도로를 가득 메운 말똥 덩어리나 공장의 짙은 매연으로부터 해방될 것이라고 생각했었다. 그러나 실제로 도시에 확산된 자동차 보급은 무질서를 초래하여 전원 지역에 생채기를 내기도 했으며, 사람들로 하여금 좌식 생활에 익숙해지도록 하고, 비만의 위험에 빠뜨리기도 하였다. 도시의 다음 세기를 위해 우리가 적용하고 있는 기술을 지금 비판적으로 생각해보지 않는다면, 우리는 그 기술이 우리를 불편하게 만들 온갖 뜻밖의 일들을 기다리는 수밖에 없을 것이다.

　　그러나 이는 우리가 늘 하던 대로 그냥 지낼 경우에 한해서 그렇다. 스마트시티 건설의 기회와 도전에 대한 우리들의 접근 방법을 전면적으로

보다 스마트한 도시화의 길

재고한다면, 우리는 유리하게 조치를 취하여 원하는 결과를 얻을 가능성을 높일 수 있을 것이다. 우리는 기술산업 거대업체들의 신뢰성에 의문을 제기하고, 시민들의 풀뿌리 운동에서 피어나고 있는 지역 혁신들을 진정한 글로벌 운동으로 조직화해야 할 것이다. 시민 지도자들로 하여금 단기적 이익보다는 장기적 생존에 대해서, 경쟁보다는 협동에 대해서 더 많이 생각하도록 독려해야 할 것이다. 가장 중요한 것은 엔지니어들로부터 주도권을 되찾아 당사자인 사람들과 커뮤니티들이 우리가 어디로 나아가야 할지를 결정하도록 하는 것이다.

사람들은 내게 스마트시티가 무엇이냐고 자주 묻는다. 대답하기 어려운 질문이다. '스마트smart'라는 말은 오만 가지를 뜻하게 된, 문제성 있는 말이다. '스마트'는 국제적으로 통용되는 몇 안 되는 비슷한 계통의 말들, 예컨대 '지속가능성'이나 '세계화'와 같이 들으면 무언가 뚜렷이 떠오르는 것이 없는 애매한 말과 같아져 버릴지도 모른다. 이 말들은 실제로 무엇을 의미하는지에 대한 합의가 없기 때문에 아무도 애써 쉬운 말로 바꾸려 들지 않는다. 스마트시티에 대해 이야기할 때 사람들은 흔히 자전거 공유에서부터 팝업공원pop-up parks과 같은 새로운 공공서비스를 모두 망라해서 말하고는 한다. 물론 도시는 전체론적으로 보아야만 하므로 시야를 넓혀 보는 것은 중요하다. 단순히 몇 가지 새로운 기술을 설치한다고 해서 한 도시의 문제를 따로 떼 내어 해결할 수는 없기 때문이다. 기술이 아무리 정밀하고 강력할지라도 말이다. 그러나 정보기술은 그 자체로서 논의할 가치가 있다. 정보기술이 해결책의 큰 역할을 맡게 될 것이다. 이 책에서 나는 스마트시티와 관련된 정보기술에 초점을 맞추고자 한다. 정보기술이 도시의 인프라나 건축물, 일상 용품들, 심지어 우리의 몸과 결합하여 사회적, 경제적, 환경적 문제들을 해결해 나가는 장소가 곧 스마트시티라고 정의할 것이다.

"스마트시티가 무엇인가?"라는 질문보다 더 중요하고 흥미로운 것은

"스마트시티가 어떤 도시가 되기를 원하는가?"라는 질문이다. 우리가 미래도시에 채용할 기술이 어떤 형태로 만들어지고 있는지를 주의 깊게 볼 필요가 있다. 스마트시티 기술이 갖는 기회를 바라보는 각기 다른 시각이 있다. 예를 들어 IBM의 엔지니어에게 기회가 어디에 있느냐고 물으면 스마트시티의 효율성과 최적화의 잠재력에 대해 말할 것이다. 앱 개발자에게 물으면 공공 공간에서의 참신한 사회적 교류와 경험들을 생생하게 서술할 것이다. 시장mayor에게 물으면 스마트시티 기술의 기회는 온통 참여와 민주주의에 관한 이야기가 된다. 사실 스마트시티는 이 모든 것들을 추구해야 한다.

　　다양한 관계자가 스마트시티에서 이루고자 하는 각기 다른 목표는 서로 경합 관계에 있다. 시급한 과제는 이 목표들을 통합하고 갈등을 완화하는 해법들을 엮어 짜는 것이다. 스마트시티는 능률적이어야 하지만 도시가 지니는 자생적 측면spontaneity, 계획되지 않은 뜻밖의 재미serendipity, 그리고 사람들 간의 친교sociability의 기회 또한 보전해야 한다. 우리가 이 모든 무작위적인 요소들을 배제하도록 프로그램을 짠다면, 우리는 도시를 살아있는 풍부한 유기체에서 따분한 자동 기계 장치로 바꾸어 놓게 될 것이다. 또 스마트시티는 안전해야 하지만, 감시 공간이 될 위험을 간과해서는 안 된다. 개방적이고 시민참여적이어야 하지만, 자기조직화의 수단이 없는 사람들에게 충분한 지원체계를 제공해야 한다. 무엇보다도 포용적이어야 한다. 칭송 받는 도시학자 제인 제이콥스Jane Jacobs는 그녀의 가장 영향력 있는 책, 『위대한 미국 도시의 죽음과 삶The Death and Life of the Great American Cities』에서 "도시는 모두가 함께 만들었기 때문에, 그리고 그렇게 모두가 만들었을 때만, 모든 사람에게 무언가를 제공할 능력을 지닌다"[39]라고 말했다. 그러나 50년이 더 지난 지금, 21세기의 스마트시티를 만들어 내는 우리는, 힘들게 학습한 이 진실을 잊어버린 것 같다.

그러나 스마트시티에서도 새로운 시민적 질서가 생겨나, 우리 모두를 한 사람도 남김없이 끌어들여 스마트시티를 보다 나은 장소로 만들고자 하는 희망을 가지게 되었다. 도시는 늘 낯선 사람들과 우연한 만남이 가득했었다. 오늘날 우리는 한 장의 사진을 찍기만 하면 바로 소셜 그래프를 마이닝*할 수 있다. 알고리즘은 클라우드를 휘저으면서 우리 주머니 속의 작은 장치에게 우리가 어디서 식사를 하고 누구와 데이트를 하는 것이 좋을지 알려준다. 이는 충격적인 변화이다. 그러나 낡은 규범이 과거 속으로 사라지는 바로 그 순간에 우리는 대량 연결mass connectedness 속에서 잘 살아가는 새로운 길을 배운다. 공유경제가 하룻밤 사이에 우후죽순처럼 자라났다. 사람들은 새로운 기술과 보다 환경친화적인 소비를 결합해 시너지 효과를 내기 시작했다. 사람들은 여분의 침실에서부터 자동차에 이르기까지 모든 것을 교환해서 사용하게 되었다. 번창하는 도심에서 생겨난 온라인 소셜 네트워크는 이제 셀 수 없을 정도로 많은 가능성을 지니고서 그 도심으로 다시 흘러 들어가고 있다.

이러한 발전들은 스마트시티를 위한 새 시민학을 형성해가는 우리들의 첫 걸음이다. 이 책의 마지막 장은 다가올 10년 동안 우리가 이 기술들을 우리 커뮤니티들에 전개하며 내릴 결정의 방향을 안내해 줄 원칙들을 제시한다.

당신을 위한 안내

지난 15년 동안 나는 스마트시티를 어떻게 건설할 것인가를 둘러싼 논쟁이 서서히 커지는 것을 옆에서 지켜보았다. 나는 스마트시티를 향한

---

* 소셜 그래프(social graph)는 소셜 네트워크, 즉 사람들의 사회적 관계망(social network)을 그래프로 나타낸 것을 말하고, 마이닝은 그 그래프를 통해 사회적 관계의 일정한 패턴을 찾아내는 것을 말한다.

시도를 연구하거나 비평하기도, 직접 계획하기도 했으며, 옆에서 응원하기도 했다. 또 대기업이 시장 규모를 키울 때 시장 전망을 예측하는 글을 쓰기도 했고, 풀뿌리 수준에서 땀흘려 일하는 스타트업 및 민간 해커들과 같이 일하기도 했으며, 머뭇거리는 정부를 새 시대로 떠밀고 가려고 애쓰는 정치인들과 정책통들에게 조언을 하기도 했다. 나는 이들의 의제를 대부분 이해하고 공감한다.

그러나 이 과정에서 나는 스마트시티의 기치 아래 실행되었던 비전과 추진계획들이 드러내는 빈틈이나 모자란 점, 그리고 잘못된 가정들에 나의 몫도 있음을 알았다. 그래서 나는 스마트시티의 신화에 대한 파괴자이자 제보자, 그리고 회의론자의 역할을 하려고 한다. 새로운 기술은 우리가 새로운 삶의 방식을 꿈꾸도록 고취한다. 복잡한 사회, 경제, 환경 문제를 기술이 해결해 준다는 약속은 유혹적이다. 독자들이 이 책에서 만나게 될 많은 사람들은 기술이 더 나은 미래를 만들 수 있다고 생각하는 사람들이다. 그러나 나는 아니다. 나는 사람들이 어떻게 기술이 세상을 바꿀 것인지 이야기하면 불안해진다. 나는 이제 기술의 커다란 잠재력은 물론이고 그것이 지닌 치명적인 한계에 대해 알 정도가 되었다. 기술을 복잡한 문제에 조악하게 적용하면 대체로 실패하기 마련이다.

이보다 더 흥미로운 것은 우리가 어떻게 기술을 보듬어 우리가 살고 싶은 곳을 건설할 수 있도록 만드느냐 하는 것이다. 나는 이 일이 풀뿌리에서 일어날 것이라고 믿는다. 그리고 모든 도시는 각기 혁신을 위한 엄청난 회복탄력성resilience과 잠재력을 지니고 있다고 본다. 이런 나의 비전이 독자들로 하여금 이 책이 기술하는 보다 암울한 순간들을 헤쳐나가도록 해주기를 바란다. 나는 산업이 할 중요한 역할이 있다고 생각하지만, 여기서 내가 하고자 하는 것은 도시의 미래에 대한 초기 논의를 지배하는 기업적 비전에 종지부를 찍는 것이다.

다른 무엇보다, 나는 도시와 도시에 사는 사람들을 지지한다. 기술

전문가들은 장막 뒤에서 터무니 없는 말로 부추길 수 있다. 그러나 도시는 그들이 시청이나 중역 회의실에서 일어나는 일을 살펴보는 것만으로는 파악될 수 없다. 당신은 돈과 권력을 가진 사람들의 책략을 거리의 삶과 관련지어 보아야만 한다. 이는 도시를 역사적이고 세계적인 관점에서 폭넓게 조망해야 함을 뜻한다. 우리 앞에 놓인 선택들과 의도하지 않은 파급효과들을 이해하고, 우리의 계획과 설계를 진전시키도록 더 잘 안내할 수 있는 일련의 원칙들을 분명히 해야 한다. 그러기 위해서 우리는 도시와 정보통신기술이 과거에 어떻게 서로를 규정해 왔는지를 다시 검토해야 한다.

이 책의 흐름은 꽤나 복잡할 수 있다. 스마트시티는 세계 각지에서 일관성 없이 아무 때나 등장하고 있다. 스마트시티를 온전한 형태로 볼 수 있는 곳은 단 한 곳도 없다. 그리고 우리가 보게 될 도시의 일부는 내일이면 없어질지도 모른다. 스마트시티는 진행 중인 사태다. 매일 우리는 새로운 선을 깔고 새 안테나를 세우고 새 소프트웨어를 로딩하고 새로운 데이터를 수집한다. 독자가 이 책을 읽을 때쯤이면 이 책에서 서술한 많은 기술들은 이미 진화해 있을 것이다. 몇몇은 시대에 뒤떨어진 기술이 될 것이고 새로운 발명들이 낡은 기술들을 대신할 것이다.

그러나 논쟁은 여전할 것이다. 기술산업은 효율적이고 안전하며 편리한 삶이라는 산업의 비전을 좇아 세계를 다시 건설할 것을 요구하고 있다. 기술산업은 이 재건설에 돈을 지불하도록 우리를 납득시키기 위해 수억 달러를 쓰고 있다. 그러나 우리는 이미 이런 쇼를 본 적이 있다. 수필가 월터 리프만Walter Lippmann은 1939년 세계 박람회에 대해서 이렇게 쓴 바 있다. "제네럴 모터스는 미국 국민들이 민간 자동차 제조업체의 혜택을 온전히 누리기를 원한다면, 공기업들로 하여금 미국의 도시와 고속도로를 재건설하도록 해야 한다고 주장하고, 이 점을 미국 국민들에게 납득시키기 위해 꽤 많은 돈을 써왔다."[40] 지금은 컴퓨터 사업가들이 똑같은 소리를 하고 있다.

나는 스마트시티를 건설함에 있어 단순히 엔지니어를 부르는 것보다 더 나은 길이 있다고 믿는다. 우리는 우리에게 그 나은 길을 보여줄 시민 지도층을 고양시켜야 한다. 우리는 미래도시를 아래에서부터 위로, 유기적으로 건설하도록 우리 자신의 권한과 역량을 가져야 한다. 그리고 기후 변화로부터 우리를 구하기 위해서는 이를 제때에 해내야 한다. 이 책은 한 번에 거리 한 모퉁이씩 그렇게 될 수 있음을 보여준다. 이것이 이룰 수 없는 목표처럼 보인다면, 결국 당신은 지금 살고 있는 도시보다 더 나은 곳에서 살 수는 없을 것임을 명심하기 바란다. 더 나은 삶이 투쟁할 만한 가치가 없는 것이라면, 무엇이 투쟁할 만한 가치가 있는 것인지 나는 잘 모르겠다.

smart cities

1장

1,000억 달러의 잭팟

위대한 모임 공간의 건설은 항상 기술의 한계를 시험하는 일이었다. 수정궁Crystal Palace도 예외는 아니었다. 런던의 하이드 파크Hyde Park에 세워졌던, 철과 유리로 만들어진 이 넓고 높은 구조물은 명인 정원사이자 온실 건축가였던 조셉 팩스턴Joseph Paxton의 작품이었는데, 국제 전시회로서 역사상 가장 큰 성황을 이루었던 1851년의 만국박람회를 위한 무대였다. 수정궁은 빅토리아 시대 영국의 급성장하는 산업 역량이 건축적으로 표출된 공간이었다.

하지만 산업적 규모의 건축물에는 그만큼의 관리 문제가 따르기 마련이다. 19세기 들어 새로운 재료와 구조공학의 발전으로 전례 없던 거대한 건물을 지을 수 있게 되었지만, 그만큼 커다란 건물을 통해 흐르는 사람, 공기, 물, 그리고 쓰레기의 흐름도 꾸준히 늘어났다. 이런 흐름을 관리하는 일은 점점 더 어려워졌다. 팩스턴의 설계 덕분에 전체가 유리로 둘러싸인 수정궁은 거대한 온실이나 마찬가지였다. 제대로 된 환기 시설이 없다면 이 거대한 구조물의 최대 수용인원인 90,000명의 방문객은 단숨에 익어버릴지도 모르는 일이었다.

현대 에어컨의 발명까지는 아직도 반세기가 남아있었기 때문에 팩스턴은 건물 자체의 자연 환기를 활성화시킬 수 있는 방법이 절실하게 필요했다. 그의 해결책은 건물의 처마를 따라 지붕창louvered vents을 설치하는 것이었다. 이 지붕창을 열어서 뜨거워진 공기를 내보내고 1층 출입구 여러 개를 통해 시원한 공기를 끌어들일 수 있었다. 300피트마다 여러 개의 환기구를 여닫을 수 있는, 기계로 작동되는 막대와 레버를 설치해 환기구 개폐에 필요한 노동을 크게 줄일 수 있었다. 영국 공병대에서 파견된 소규모 팀이 구조물 전체에 설치된 14개의 온도계 측정값에 따라 매 2시간마다 환기구를 조작하였다.[1] 자동화와는 거리가 멀었지만, 수정궁의 환기 시스템은 센서와 기계 조작을 통해 거대한 건물을 환경의 변화에 따라 역학적으로 조절할 수 있다는 것을 보여주었다. 팩스턴의 이 기묘한 장치는 이후 다가올 수십 년 동안 우리가 살아갈 건물과 도시를 바꿀 자동화 혁명의 전조였다.

그로부터 한 세기가 지나 컴퓨터 시대가 막 시작될 즈음, 수정궁과는 매우 다른 종류의 모임공간 설계가 건물 자동화를 크게 도약하게 하는 촉매가 되었다. 하워드 길먼Howard Gilman은 제지업으로 재산을 모은 가문의 상속자였으나, 그의 진짜 본업은 자선가이자 예술 후원자였다. 길먼은 춤, 사진, 그리고 야생생물 보호 등 다양한 뜻있는 활동을 지원하는 데 가문의 자산을 아끼지 않았다. 1976년 그는 자신의 자선가 네트워크가 모여 더 나은 세상에 대해 생각해볼 수 있도록 창조적인 휴가지를 세울 계획을 생각했다.[2] 이런 구상을 실현하기 위해, 길먼은 영국 건축가인 세드릭 프라이스Cedric Price를 고용하였다.

프라이스는 1960년대 아방가르드 집단 아키그램Archigram을 낳았던 런던의 건축협회에서 가르쳤다. 아키그램 회원들은 새로운 기술을 받아들이는 한편, 일련의 소책자를 통해 새로운 기술을 이용하여 가능성의 한계를 시험하는 가상의 디자인들을 발표했다. 론 헤론Ron Herron의 〈걸어다니는 도시Walking City〉(1964)는 그 중 가장 유명한 설계로, 미식축구공 모양의 건물이 여덟 개의 곤충 같은 로봇 다리로 걸어가는 계획안을 도해로 제시하였다.[3] 하지만 아키그램의 상상 속 설계는 건물과 융합하여 건물을 살아 움직이게 하는 기계의 잠재력에 매료된, 수많은 건축가들의 집착이 표출된 최신의 구상안에 불과했다. 미국 건축비평가인 마이클 소킨Michael Sorkin은 이렇게 썼다. "이 집단은 수정궁, 드레드노트*, 포스 철도교**, 소프위드 카멜***, 그리고 E-타입 재규어****를 관통해 흐르는 일련의 공학 구조물에서 나타나는 영국의 역사적 운동의 일부임이 분명하다."[4]

플로리다 주 세인트 마리 강 인근의 전원적 가족 사유지에 지어질 휴가지를 위한 길먼의 설계 개요는 간단하지만 도전적이었다. 길먼은 '외딴 곳에 있는 느낌을 부정하는 것이 아니라 고양시키고, 사적인 손님뿐만 아니라 일반인들도 이용할 수 있어야 하고, 창조적 충동에 도움이 되는 호젓한 느낌을 불러일으키면서도 청중을 받아들이고, 그랜드 피아노를 위한 공간을 마련하면서도 야생 환경을 존중하고, 혁신적이면서도 장소의 역사가 가진 연속성을 반드시 존중하는 건물'을 원했다.[5]

이런 일단의 모순된 요구들에 대한 프라이스의 대응은 '제너레이터 Generator'였다. 건축역사가 몰리 스틴슨Molly Steenson에 따르면 제너레이터는 건물은 아니고, 일단의 블록들, 즉 겹쳐 쌓아 올릴 수 있는 한 변이 12

---

* 1906년 영국 해군이 건조한 최초의 근대 전함 HMS 드레드노트를 말한다.
** 영국 스코틀랜드 포스만을 가로질러 에든버러와 세인트 앤드류를 잇는 철교로, 파리의 에펠탑과 더불어 19세기를 대표하는 철 구조물로 불린다.
*** 제1차 세계대전 당시 영국에서 제작한 전투기. 서부 전선 전투에서 혁혁한 공적을 거두며 당시 최고의 전투기라는 칭송을 받았다.
**** 영국의 자동차 회사 재규어가 1961년 출시한 모델로, 재규어의 최고 걸작이자 가장 아름다운 차라는 평가를 받았다.

피트인 150개의 입방체들이다. 사용자가 염두에 두고 있는 활동이 사적이건 공적이건, 또는 진지하건 시시하건을 가리지 않고, 모든 블록들은 활동 지원을 위해 이동식 크레인을 통해 원하는 대로 옮기는 것이 가능했다.[6]

프라이스는 사람들이 건물 블록을 빈번하게 재배열하지 않을까봐 걱정했다. 아키그램의 로봇에 대한 환상을 따라 프라이스는 숙련된 컴퓨터 프로그램 전문기술을 갖춘 부부 건축가 존John Frazer과 줄리아 프레이저 Julia Frazer에게 블록의 재배열을 자동화할 소프트웨어의 작성을 부탁했다. 프레이저 부부가 만든 '영속 건축가perpetual architect' 프로그램은 지루함을 제거하도록 설계되었다. 이 프로그램은 모듈의 배치를 감지하여 하룻밤 사이에 휴가지에 가는 이들을 도발하거나 즐겁게 하거나 어떻게든 자극할 새로운 패턴으로 다시 조립하도록 할 참이었다. 이들 부부는 프라이스에게 보낸 편지에서, "그 장소가 한동안 재구성되지 않거나 변하지 않는다면 컴퓨터가 자발적으로 계획이나 개선안을 만들어 내기 시작합니다… 어떤 면에서 건물은 문자 그대로 '지능적인 것intelligent'으로 간주할 수 있습니다"라고 하면서, 건물은 "자기 나름대로의 생각이 있어야 한다"고 말했다.[7]

그러나 건물 유지 비용 문제가 불거지고, 길먼이 가족 재산을 놓고 동생 크리스와 싸움을 벌이면서, 제너레이터는 결국 건설되지 못했다.[8] 하지만 그것은 어떻게 건물이, 그리고 확대해서 도시 전체가, 장차 컴퓨터와 통합되어 변하게 될 것인가를 보여준 중요한 초기 비전이었다. 프라이스와 프레이저 부부는 디지털 센서, 네트워킹, 지능, 그리고 로봇공학을 결합한, 컴퓨터화된 시설을 발명했다. 건축가 로이스턴 란다우Royston Landau는 이를 "조성 및 재조성될 수 있을 뿐만 아니라 사용자와의 상호작용을 통해 학습하고, 기억하고, 사용자들의 필요에 대한 지적 의식을 키울 수 있는 컴퓨터화된 레저 시설"[9]이라고 묘사했다.

자동도시

경제적 충격은 실용적이지는 않지만 장래가 유망한 새로운 기술을 상업적으로 성공하도록 하는 묘한 능력이 있다. 제너레이터가 건축가들이 컴퓨터를 건축 재료로 여기도록 자극한 것과 똑같이 1970년대 석유 금수 조치는 건물 자동화에 대해 더 평범하지만 더 광범위한 관심을 불러 일으켰다. 한 산업 전문가는 "당시 건물은 설계도 과장되고 환기도 과도하게 되는 경향이 있었고, 에너지 효율은 그렇게 신경쓰지 않았다"라고 회고한다.[10] 그러나 금수 조치로 인해 건물을 운용하는 새로운 방식이 필요하며, 자동화가 그 열쇠라는 것이 명확해졌다. 1970년대와 80년대를 지나면서 미리 프로그램된 일정대로 난방과 냉방을 조정할 수 있는 에너지 관리 시스템이 새로운 건축물에서 나타나기 시작했다. 하지만 1990년대 에너지 비용이 급락하면서, 건물 자동화에 대한 관심은 작고 연비가 좋은 자동차에 대한 미국의 관심만큼이나 빠르게 사그라졌다.

오늘날 에너지 비용은 다시 높아졌지만, 이제는 이보다 시급한 온실가스 배출 감소 문제가 건물 자동화 부문에 대한 새로운 투자를 급격히 증가시키고 있다. 오늘날의 지능적 구조물은 프라이스와 프레이저가 꿈꾸던, 정신을 고양시키는 것보다는 조금 더 평범한 목적을 가지게 되었다. 이제 스마트 빌딩의 청사진은 단순히 인간이 저탄소 생활방식을 유지하게 하기 위해 자동화를 끌어들인다. 고급 예술로서의 건축은 비용 절감과 환경 규정 준수를 위한 도구가 되었다.

이런 새로운 상업화의 현실은 또 하나의 훌륭한 모임 공간인 송도 컨벤시아 컨벤션 센터에서 전시되고 있다. 이 컨벤션 센터는 한국의 광활한 한 신도시의 중심이다. 서해 갯벌을 매립해 만든 1,500에이커의 간척지 위에 건립된 송도 국제 비즈니스 지구는 건물 자동화를 도시 전체 규모로 확대하여 온실가스 배출량의 2/3을 줄이려 하고 있다.[11]

높이 솟은 컨벤시아의 금속 트러스는 한 세기 반 전의 수정궁을 연상시킨다. 건물 공식 홈페이지에 따르면 이들 트러스는 아시아에서 가장 넓은 축에 속하는 3개의 길고 뾰족한 지붕 부분의 무게를 버티고 있다. 하지만 무대 뒤에서 보면 팩스턴에 대한 컨벤시아의 진정한 오마주는 건물 기능의 모든 부분을 조정하는 제어 시스템에 있다. 여기에 모든 것이 연결되어 있고, 모든 것이 자동화되어 있다.

건물에 들어가면서 컨벤션 참가자는 'u칩'(u는 '유비쿼터스' 컴퓨팅의 약자), 즉 전파식별기술Radio-Frequency Identification, RFID 태그가 내장되어 무선 바코드로 기능하는 ID 배지를 집어 든다. 전시장에 들어가려면 지하철 역에 들어갈 때와 같이 회전문 위에 장착된 리더기에 카드를 대야 한다. 한국의 도시에 사는 이들에게 이런 동작은 익숙하다. 이들은 10년 이상이나 지역의 거대 기술기업 LG의 T머니 카드를 사용해 왔는데, 재충전이 가능한 이 카드는 버스나 지하철을 타는 데뿐만 아니라 택시비를 내거나 편의점에서 물건을 사는 데에도 쓸 수 있다. 초기 계획 단계부터, 한국의 경제 계획가들은 송도가 RFID의 테스트베드이자 핵심적인 유비쿼터스 컴퓨팅 기술의 연구개발 센터가 되기를 원했다. 2005년 정부는 송도에 3억 달러를 투자해 20에이커의 RFID 중심 산업단지를 만들겠다고 발표했다.[12]

컨벤시아 안에서 컴퓨터와의 상호작용은 유비쿼터스와는 거리가 멀어 보인다. 모든 행동은 단편적 몸짓과 눈짓으로 분해된다. 방에 들어가기 위해 RFID 카드를 대거나 엘리베이터를 부르기 위해 버튼을 누르는 식이다. 방문객은 이 컨벤시아 건물 내부를 이동하면서 입구 통로에 장착된 디지털 디스플레이를 보고 회의실을 찾는데, 중앙운영센터의 일정표에서 가져온 최신 이벤트 일정이 여기에 표시된다. 다른 스마트 기술들은 컨벤시아의 보이지 않는 내부 구조에서 작동한다. 기후 시스템 제어판, 조명, 안전 및 보안 시스템이 거기에 있지만, 보통 사람들에게는 보이지 않는다.

컨벤시아에서 밖으로 나서면 이야기가 달라진다. 조금의 자극에도 빠르게 반응하는 자동화 기술들이 이어지면서 도로가 갑자기 활발해진다. 사실 송도는 세계에서 가장 큰 도시 자동화 실험장이다. 수백만 개의 센서가 도로, 전력망, 수도와 쓰레기 시스템에 심어져 사람과 물질의 흐름을 정확하게 추적하고, 반응하고, 심지어 예측하기도 한다. 2009년 도시의 디지털 신경시스템을 만드는 데 4,700만 달러의 투자를 약속한 시스코 시스템의 CEO 존 체임버스John Chambers에 따르면 송도는 "정보로 운영되는" 곳이다.[13] 송도는 밤에 보행자를 감지하는 카메라를 설치해 텅 빈 블록의 가로등을 끄는 식으로 안전하게 에너지를 절약할 계획이며, 차도의 자동차는 RFID가 내장된 번호판을 자동차의 이동을 표시하는 실시간 지도를 만들 것이다. 시간이 지나면 그간의 측정을 통해 수집된 자료로 미래의 교통 패턴을 예측하는 능력도 생길 것이다.[14] 스마트그리드는 가전제품들과 통신하게 될 것이다. 스마트그리드는 수만 개의 밥솥이 저녁시간에 맞춰 밥을 짓기 시작할 것을 예상하고, 저녁에 일시적으로 전압 강하가 있을 것을 예측할 것이다.

북쪽 지평선 바로 위로는 넓은 동체의 제트기가 드넓은 인천국제공항으로 최종 진입하기 위해 바다 위에서 날개를 편다. 이 공항은 2001년 3월에 개장했다. 송도에게 인천공항은 한 때 뉴욕 항구나 시카고 철도역이 뉴욕이나 시카고에 대해 가지던 것과 같은 의미를 갖는다. 존 카사다John Kasarda와 그렉 린지Greg Lindsay가 2011년 『에어로트로폴리스Aerotropolis』에서 설명했듯이, 송도는 원래 '무역전쟁에 대비한 무기'로 구상되었다. 구상 계획은 인천공항을 통해 동아시아의 신흥도시 어디라도 접근하기 쉬운 송도에 다국적 기업들이 동아시아 사업 거점을 설치하도록 유인한다는 것이었다. 송도는 또한 감세와 규제완화 혜택이 있는 특별경제구역으로 지정되었다. 이는 1980년대에 중국의 경제부흥을 촉진했던 선전과 상하이 특별 경제구역에 영감을 받은 것이었다.[15]

하지만 이상한 운명의 장난으로, 송도는 이제 이 대신 중국을 '위한' 모델이 되기를 원하고 있다. 현장 자체가 몹시 상징적이다. 하늘에서 보면, 송도의 도로망은 정확하게 중국 연안의 심장을 겨냥하고 있는 화살의 형태를 하고 있다. 이것은 바로 서쪽 지평선 너머 급속하게 도시화하는 중국으로부터 에너지를 끌어오는 일종의 신자유주의 풍수도feng shui diagram 라고도 할 만하다. 그 자체로도 거대하지만, 송도는 그저 아시아 전역에 걸쳐 건설되는 팝업 대도시를 뒷받침할 기술과 비즈니스 모델의 테스트 베드에 불과하다. 이것이 MIT의 마이클 조로프Michael Joroff가 말한 "신도시건설 산업"의 탄생이다. 여기서 신도시건설 산업은 부동산 개발업자, 기관 투자자, 중앙정부, 그리고 정보 기술산업 간의 새로운 파트너십이다. 아시아의 수백 개 신도시의 원형이 되고자 한 이 야망은 왜 송도의 규모가 중요했는가를 말해준다. 2004년에 시작하여 2015년에 완성될 예정인 송도는 대략 350억 달러가 들어가는, 역사적으로 최대 규모의 민간 부동산 프로젝트다. 린지에 의하면, 송도는 "수많은 조립라인 도시의 첫 번째가 될 것으로 기대되는 도시 진열장의 모델"에 불과하다.[16]

한국은 미래를 다시 생각하기에 적절한 곳이다. 이 나라는 어디서건 '빨리빨리'라는 주문을 외는 의욕이 넘치는 사람들이 사는 열망의 땅이다. 빨리라는 말을 너무 자주 듣게 되다 보니, 외국인은 이 말이 한국어로 '예' 혹은 '제발'이라는 뜻이라고 쉽사리 가늠하곤 한다. 하지만 실제 이 말은 '빨리 하라'는 뜻이다. 이 말은 거의 모든 일, 특히 도시 건설에 대한 한국인의 접근방식의 언어적 표현이다. 어느 나라도 지난 20세기 후반기 동안에 산업화와 도시화를 한국처럼 빠르고 완전하게 이루어 내지 못했다. 1953년에 이 나라는 수백만 명의 삶을 앗아간 내전으로 인해 둘로 쪼개진 채 폐허 속에 누워있었다. 서울 시민들은 거의 완전히 파괴된 도시를 재건하기 시작했다. 1950년에서 1975년까지 이 도시의 인구는 거의 9년마다 두 배가 되었고, 그 결과 1950년 100만 명을 갓 넘던 인구가 1975년에는 거의 700만 명까지 늘어났다. 하지만 서울의 도시계획 싱크탱크인 서울시정개발연구원이 발간한 보고서에 따르면, 1990년부터 서울은 더 이상 독립적인 도시라기보다는 2,000만 명이 거주하는 급속하게 성장하는 대도시권의 중심도시라 말할 수 있게 되었다.[17] 송도를 새로운 '도시'라고 부르는 것은 잘못된 것이다. 송도는 가장 새롭고 가장 멀리 떨어진 서울의 위성도시일 뿐이다.

21세기 초 디지털 기술의 테스트베드로서 서울을 이길 만한 도시를 찾기는 쉽지 않다. 서울은 이미 10년 이상의 시간 동안 광대역 인터넷이 널리 퍼진 만만치 않은 도시다. 1997년 금융위기 때의 IMF 긴급구제 이후, 한국은 인터넷을 경제적 회복과 사회적 변화의 엔진으로 받아들였다. 중앙정부는 통신법을 현대화하고 국가 광대역 네트워크에 투자하고, 교육, 헬스케어, 그리고 정부 서비스의 전달에 광대역 네트워크 활용을 독려하는 새로운 정책들을 집중적으로 개시했다. 그러자 1997년에 기껏해야 70만 명에 달하는 모뎀 인터넷 가입자가 대부분이었던 서울은 2002년이 되자 450만 명 광대역 인터넷 가구의 고향이 되었다. 송도 계획이 간신히 형태를 갖추었을 때쯤인 그 당시 산업화된 세계의 광대역 인터넷 사용자 12명 중 하나는 서울에 살고 있었고, 6명 중 하나는 한국인이었다. 서울 단일 도시에만 캐나다, 독일 혹은 영국 전체보다 서울의 광대역 인터넷 가구가 더 많았다. 2만 개가 넘는 인터넷 카페 혹은 'PC방'이 세상 어디와도 다른 광대역 문화를 만들어 냈다.[18] 이 도시는 고속으로 연결된 미래를 엿볼 수 있는, 전 세계적으로 유일한 곳이었다. 이런 광대역 문화가 자연스럽게 다음 단계로 이어진 것이 송도 건설이었다. 프랭크 로이드 라이트Frank Lloyd Wright 가 1932년에 상상한 브로드에이커 시티Broadacre City가 자동차의 능력을 중심으로 완전히 교외화된 미국을 그렸듯이, 송도는 유비쿼터스 컴퓨팅의 잠재력을 중심으로 한국의 대도시를 다시 상상해보려는 시도였다. 사실상 송도는 한국 정부가 한국을 스마트시티 기술과 건설의 세계적 선도국으로 만들기 위해 구상한 일련의 'u시티' 중 첫 번째였다.

한국은 번영하는 나라다. 하지만 송도는 현대 중국의 부상과 그 부상이 한국의 첨단기술산업에 미칠 위협에 대한 불안감의 표현이었다. 한국은 몇몇 산업에서 일본을 제칠 단계에 매우 근접해 있었으나(삼성은 최근 소비자 가전에서 소니의 우위를 완전히 넘어섰다), 중국의 경쟁기업들은 이미 그들 나름의 기회를 도모하고 있었다.

하지만 시스코에 있어 송도는 매년 3%씩 미미하게 성장하면서 서서히 커질 것으로 예상되는 건물 자동화 시장뿐만 아니라, 거대한 고속성장 시장인 도로, 전력망, 보안, 수도, 위생 등의 기술기반 인프라 시장에 일찌감치 발을 들여놓을 기회였다.[19] 시스코는 이질적인 센서들, 제어장치들, 그리고 대량의 자료를 고속 처리하는 컴퓨터들을 서로 연결하는 기술적 도전에서 태어난 회사다. 시스코는 인터넷의 개별 조각들을 엮어 합치는 일에 30년 이상의 경험을 가지고 있다. 처음에 건물 자동화 시스템들은 각기 소유권이 등록되어 있어 맞추기가 불가능했다. 1990년대 들어 서로 다른 제조업체들이 만든 기기를 호환해서 작동하게 할 수 있는 몇 가지 표준들이 개발되어 서로 경쟁하였으나, 완벽과는 거리가 멀었고 수년 동안 뚜렷이 우위를 점한 표준도 나타나지 않았다. 시스코의 비전은 통합 과정을 가속화하여, 도시에 있는 모든 것을 인터넷 기술과 프로토콜을 사용하여 서로 소통할 수 있는 '통합' 네트워크에 올려놓는 것이었다. 성공한다면, 시스코는 그 힘든 노력에 대한 보상으로 꽤 괜찮은 수수료 수익을 얻고, 도시의 기본적인 운영에 깊게 관여하게 될 터였다. 도시학자 루이스 멈포드Lewis Mumford는 1961년 그의 책에서 "우리 시대의 대중적 기술은 자율적인 유기적 형태를 기발한 기계적(제어 가능한! 이윤이 나는!) 대체품으로 대체할 방법을 찾아내는 데 골몰한다"라고 썼다.[20] 시스코는 이 말의 다음 장chapter을 쓸 준비를 했던 것처럼 보인다.

하지만 그 모든 약속에도 불구하고 내가 2009년 가을에 송도에 방문했을 때까지 송도의 기술 부문이 생각만큼 '빨리' 돌아가지 않고 있다는 것은 명백했다. 곧 완성될 동북아무역타워는 해안선 위 1,000피트의 높이로 한국에서 가장 높은 건물인데, 이 타워의 전망대에서 보면 송도는 1980년 대부터 서울 변두리에 우후죽순처럼 솟아난 10여개의 신도시 어느 것과도 별다를 게 없어 보인다. '힐마크'나 '월드스테이트' 같이 묘한 서양식의 호사스런 브랜드명이 붙은, 똑같이 생긴 아파트 타워들이 동쪽과 북쪽으로 줄지어 늘어서 있다. 텅 빈 오피스 단지는 서울에서 이 벽촌으로 마지못해 이전해 올 불운한 사무실들이 이 거대한 부동산 프로젝트의 상업 부문이 도산되지 않도록 해 주기만을 기다리고 있다. 외국인 투자를 위한 송도의 계책도 희망대로 이루어지지 않았다. 다국적기업들이 그냥 한국을 지나쳐 중국 본토로 바로 가서 투자했기 때문이다. 그에 따라 송도 개발을 뒤에서 받쳐주는 시스코와 부동산 개발회사 게일 인터내셔널은 이 프로젝트의 원대한 야망을 실현하라는 압력을 점점 크게 받았다. 시스코는 2011년 체면 치레를 위한 계산된 행보로서 얄팍하게 연구한 스마트시티의 사회적, 경제적, 그리고 환경적 혜택을 광적으로 홍보하는 백서를 출판했다.[21] 린지가 나중에 나에게 설명한 바에 따르면, 송도는 실패하기에는 너무 커졌던 것이다.

내가 보기에도 송도의 '스마트한' 면목은 보이지 않았다. 몇 년이 지난 2012년, 스타벅스와 스타트업 기업 스퀘어Square는 사람이 가게에 들어갈 때 그의 스마트폰을 추적해 이름만 말하면 물건 값이 계산되는 소액결제 기술을 발표할 예정이었다. RFID 카드를 중심으로 도시를 건설하는 것은 이와 비교하자면 슬프게도 시대착오적인 것 같다. 이보다 일찍 서울 중심부 변두리에 건설된 소규모 스마트시티인 디지털미디어시티와 달리, 송도에서는 지능을 의도적으로 장막 뒤에 숨겨 버린 것 같다. 디지털미디어시티의 계획은 과감했다. 건물 크기의 거대한 스크린, 소셜미디어 스트림을 공공 광장에 투사하는 오벨리스크, 그리고 어디에서나 무료로 이용할 수 있는 와이파이 등을 설치했다. 도시의 어수선한 인간적 측면을 높이

산다는 점에서 제너레이터를 상기시키는 디지털미디어시티의 설계에 비해, 송도는 도시가 지니는 뜻밖의 재미를 공학적으로 제거하느라 여념이 없는 것처럼 보인다. 유튜브, 페이스북, 그리고 재미있는 '짤'의 세계에서 송도는 무언가 진짜가 아닌 것 같은, 우리의 일상적인 디지털 경험을 온전히 반영하지 못하는 것 같은 느낌을 준다.

현재 송도의 잠재력은 대부분 상당히 먼 미래에 놓여있다. 설계자들이 건물과 근린 전체의 거동을 진정으로 새롭게 프로그램하기 위한 코드 작성을 시작할 때에서야 완전하게 네트워크화되고 자동화된 도시의 진정한 마법이 보이게 될 것이다. 수정궁을 스케치했을 때 팩스턴이 직면했던 원래의 문제로 돌아가서 생각해보자. 완전히 자동화된 도시는 하나의 시스템으로서 어떻게 날씨에 자동적으로 대응할 수 있을 것인가? 그것도 어떻게 에너지 사용을 줄이는 동시에 보다 행복한 인간적 경험을 창출하는 방식으로 대응할 수 있을 것인가?

지금부터 몇 년 후의 송도의 늦은 여름 오후를 상상해보자. 수천 명의 개인들이 차양을 열고 온도조절기를 조정하는 대신, 온 도시가 지는 태양에 동조하여 반응한다. 수분 손실을 최소화하기 위해 밤에만 기공을 여는 사막 식물처럼, 송도의 스마트빌딩들은 저녁 바다의 바람을 잡아들이기 위해 원격조정되는 수백만 개의 모터에 지시하여 창문과 블라인드를 열도록 할지도 모른다. 에어컨과 조명은 낮춰진다. 신선한 공기와 지는 태양의 황금빛 햇살이 도시의 방들을 가득 채운다.

이러한 도시 규모의 실행으로 언젠가는 건물 자동화의 잠재력이 완전히 발휘될 것이다. 이렇게 아주 작은 규모와 아주 큰 규모의 모든 변화 조건에 실시간으로 반응하는 역동적이고 적응적인 시스템이 스마트시티의 삶을 규정할 것이다. 이 시스템들이 '우리로부터 학습하고 우리에게 적응하는 건물'이라는 프레이저의 꿈을 이룰 것이다. 시스템 작동의 각본이 센서들이 쏟아내는 데이터에서 얻어지는 통찰에 의해 짜여질 것이라는 것이다. 실제로 2011년 MIT에서 있었던 강연에서 존 프레이저John Frazer는 "1960년대와 1970년대에 아주 작은 규모에서 시험되었던 것들이 이제는 도시 규모에서 그리고 심지어 세계적 규모에서 작동할 수 있게 되었다"고 말했다.[22]

그리고 스마트시티가 우리를 알게 될수록, 이들은 또한 자신을 이해하게 될 것이다. 송도의 중심부 깊숙한 곳에 있는, CPU로 가득 찬 데이터 센터는 몇백만 개의 센서 측정치들을 훑어서 보다 큰 패턴을 찾는다. 시간이 지나면서 빅데이터가 축적되면, 도시 관리자는 도시의 일상적인 리듬을 이해하기 시작할 것이고, 어떻게 교통과 전력을 지휘할 것인지, 어떻게 엘리베이터를 보낼 것인지, 어떻게 냉난방을 보다 효율적이고 안락하게 조절할 것인지, 그리고 어떻게 이 모든 서로 다른 행동과 이동이 서로에게 영향을 미칠 것인지에 대한 새로운 법칙을 프로그램으로 작성할 것이다. 최소한 이들은 도시의 모든 물리적 시스템을 자동화할 것이다. 잘만 된다면 이들은 우리가 번성할 수 있는 완전히 새로운 길을 설계해 만들어 낼 것이다. 인프라는 세워지고 있지만, 이를 연출할 아이디어와 소프트웨어가 나오기 위해서는 송도와 같은 테스트베드에서 수년에서 수십 년은 걸릴 연구가 필요하다.

빛바랜 기술적 성취가 송도의 유일한 실망거리는 아니다. 송도의 돈 키호테식 탐색으로 파괴된 것들은 회복이 불가능하다. 역설적이게도 송도의 마케팅 담당자가 "세계 최고의 녹색도시 중 하나"라고 이름 붙인 이 프로젝트의 1,500에이커 부지는 대규모 간척 작업을 통해 만들어졌다.[23] 한때 바닷가에 서식하는 새들이 둥지를 틀던, 생태적으로 중요한 연안 습지대가 있던 곳에 잭 니클라우스Jack Nicklaus가 설계한 골프 코스와 함께 22,500여 호의 아파트와 5천만 입방피트의 상업공간이 건설되고 있다.[24] 한국에서 활동하는 환경보호 활동가 팀 에델스텐Tim Edelsten은 그의 글에서 "이 모든 새로운 오피스 공간을 건설하기 위해 광대한 자연의 낙원이

파괴되었다는 사실을 깨닫게 되면… 그런 녹색 수식어구는 부적절해 보인
다"고 쓰고 있다.[25]

21세기의 첫 신산업

송도가 현재 설계 중인 유일한 스마트시티는 아니다. 전 세계적인 도
시화 덕분에 도시에 전례 없는 투자가 몰려들고 있다. 앞으로 수십 년간
중국, 인도, 그리고 브라질 같은 개발 도상국은 경제성장과 거대한 새로운
중산층의 물질적 수요를 지원하기 위해 도시 기반시설에 수십억 달러를
쓸 것이다. 이 동안 전 세계의 부자 국가들은 경쟁력을 유지하기 위해 기
존 기반시설을 개선해야만 한다. 새로운 기반시설을 위해 더 효율적이고,
더 편리하며, 더 안전한 설계가 정교하게 만들어지게 되면 스마트시티 건
설은 21세기의 첫 번째 신산업이 될 것이다.

이 모든 다리, 도로, 발전소, 수도관, 그리고 하수도의 가격표는 얼
마나 될까? 컨설팅 회사인 부즈 알렌 해밀턴Booz Allen Hamilton의 분석 팀
은 2007년 "조명! 수도! 교통!Lights! Water! Motion!"이라는, 다소 성의 없는
제목을 붙여 사보에 한 기사를 발표했는데, 그들은 그 가격이 향후 25년
간 40조 달러에 달할 것으로 추산했다.[26] 세계은행의 2007년 세계 GDP
추정치인 54조 달러를 기준으로 보면, 이는 이런 추세를 따라가기만 하는
데에도 매년 전 세계 GDP의 3%에 약간 미달하는 정도가 인프라에 쓰여
야 함을 의미한다. 부즈 알렌 해밀턴 분석가들의 추정치는 보수적인 편이
었다. 바로 3년 후, 세계야생동물재단의 또 다른 예측에 따르면, 추정치
는 2005년에서 2035년까지 전 세계적으로 249조 달러로 부풀어오른다.[27]
개발업 싱크탱크인 도시토지연구소를 위해 또 하나의 컨설팅 회사인 언
스트&영Ernst & Young이 수행한 연구에 따르면, 미국만 하더라도 허물어

져 가는 네트워크를 수리하고 재건하기 위해서 2조 달러가 소요되어야만 한다.[28]

　이런 천문학적인 액수의 대부분은 전통적인 도시건설 재료인 아스팔트와 강철에 지출될 것이다. 세계에서 가장 큰 강철 제조업체 중 하나인 포스코가 송도의 주 투자자인 이유이다. 하지만 이 중 아주 작은 부분이라도 칩, 광섬유, 그리고 소프트웨어에 배정된다면, 이는 기술산업에 있어 노다지가 될 것이다. 송도의 지능형 인프라 기술 및 사업 선임고문인 컨설턴트 이안 말로우Ian Marlow에 따르면, 스마트 기능 부분은 송도 프로젝트의 전체 예산을 겨우 2.9% 늘리는 정도로 해결되었다.[29] 이 비율을 전 지구적으로 확대하면, 스마트 인프라에 쓰이는 비용은 향후 10년 동안에만 전 세계적으로 대략 1,000억 달러에 달한다.[30] 한 시장 예측에 따르면 이 금액이 쓰일 영역은 다음과 같이 넓게 퍼져있다. "지자체의 무선 네트워크 설치, 웹사이트를 통해 시의 부서들과 추진사업들에 접속할 수 있게 해주는 전자정부 추진계획의 시행, 대중교통의 지능형 교통시스템과의 통합, 또는 이러한 일들의 탄소 발자국을 줄이고 쓰레기 더미로 넘겨질 재활용품의 양을 줄이는 방법 개발" 등이 그 영역들이다.[31]

　시스코와 IBM은 정부에 조달업체로서 오랜 기간을 보냈다. 그들은 종이 기반의 관료주의를 디지털 시대로 끌어넣는 시스템을 설계해왔다. 최근까지 이런 과정은 천천히, 정부의 달팽이 걸음에 맞추어 진행되었다. 이 두 회사는 정부보다는 수입의 주 원천인 다국적기업에 관심을 갖고 있었다. 그러나 2008년의 전 세계적 불황은 비즈니스가 진행되는 양식을 완전히 바꿔버렸다. 정부가 침체된 경제를 부양하기 위한 프로그램을 계획하기 시작한 때와 거의 정확히 도시 인프라에 대한 대규모 투자가 동시에 필요하다는 합의가 이루어졌다. 민간 부문이 실질적으로 하룻밤 사이에 새로운 시스템에 대한 지출을 중지해버리자, 글로벌 기업의 기술들을 정부 쪽에서 활용하도록 공세적으로 밀어부쳐야 할 시급성이 생긴 것이다.

이 거대 기술기업들에 대한 첫 번째 도전적 과제는 '스마트'에 대한 공공지출의 사례를 만드는 것이었다. 지난 5년간 비즈니스 잡지를 펼쳐보거나 공항을 걸어서 지나가 본 사람은 이들의 선전을 분명 보았을 것이다. IBM만 해도 도시를 어떻게 업그레이드할 것인가에 대해 시장과 관심 있는 시민을 교육하는 데 수억 달러를 지출한 것으로 추정된다. 광고는 놀라울 정도로 직설적이었고, 이들의 주장은 과감했다. 스마트시티에서 "건물은 스스로 에너지 비용을 줄이고," "자동차 운전자는 교통체증이 일어나기 전에 체증이 있을 것을 미리 알 수 있다"는 것 같은 것이다.

이런 홍보 과정에서 이들이 강조하던 것은 '더 높은 효율성'이었다. 급속한 도시성장, 경제붕괴, 그리고 환경파괴에 직면한 세계에서 IBM 등의 회사들은 정부의 낭비에서 가장 쉬운 일감을 알아보았다. 그들은 기술이 모든 것을 고칠 수 있다고 주장했다. 도시성장과 경제붕괴의 첫 두 문제는 이미 있는 자원을 널리 배분하여 대처하고, 세 번째인 환경파괴 문제는 산업의 과잉 성장부분을 조금씩 줄이면 된다는 것이었다. 글로벌 기업의 물류 시스템을 가져다가 이를 도시의 매우 국지적인 문제들에 적용하게 되면 모든 것이 잘될 것처럼 보였다. IBM의 스마트시티 전략을 만든 설계자 중 하나인 콜린 해리슨Colin Harrison은 "우리는 지난 20세기에 상당한 기간에 걸쳐 글로벌 공급 사슬을 만들어왔다. 도시정부에서는 이런 일이 일어난 적이 없다"고 설명한 바 있다.[32]

세계적인 거대 엔지니어링 회사인 아럽Arup에 따르면, 도시를 다국적 기업의 모습으로 개조하기 위해서는 세 가지 층위의 새로운 기술이 필요하다. 첫 번째 층위의 기술은 도시 전역의 상태를 측정하기 위해 인프라에 내장된 센서망을 설치하는 '계측장치화instrumentation'이다. 이는 기업들이 GPS 트래커, 바코드, 그리고 금전등록기 영수증을 사용하여 사업이 어떻게 돌아가는지를 측정하는 것과 상당히 비슷하다. 측정된 원 데이터는 '도시정보과학informatics' 시스템에 입력된다. 이 시스템은 데이터 처리

하드웨어와 소프트웨어를 결합하여 데이터의 신호들을 활용 가능한 정보 intelligence로 바꾸고 그 패턴을 시각화하여 찾아내어 우리가 더 나은 결정을 할 수 있도록 돕는다. 마지막으로 '도시정보 아키텍처urban information architecture'는 일단의 업무 관리방법과 업무 프로세스를 제공한다. 이는 사람들이 측정의 결과를 활용하여 어떻게 일을 수행하고 관료주의적 요식과 장벽을 극복할지를 알려준다. 이 회사가 2010년도 백서에서 주장한 바와 같이, "스마트시티는 20세기 도시와는 근본적으로 달라서, 그 거버넌스 모델과 조직의 뼈대 자체가 점차적으로 개발되어야만 한다."[33] 이 세 층위의 기술로 우리는 정부의 정보통신 배선을 재설계해서 정부가 내부적으로나 외부 파트너 및 시민들과 일하는 방식을 바꿀 수 있게 될 것이다.

어떻게 이 모든 것들이 도시를 도울 수 있을지를 이해하기 위해서, 지난 몇십 년간 기술이 항공교통에 미친 영향을 살펴보자. 고객에게 있어 항공사와의 소통은 혼란스럽고 황당하기만 하기 마련이다. 하지만 그 이면에는 수백만의 승객과 승무원, 화물, 그리고 비행기의 움직임을 조정하는 수많은 센서나 정보과학, 정보 주도의 업무 프로세스들이 작동하고 있다. 1990년대 후반에 추산한 바에 따르면, 좌석 예약에서 음식과 연료를 주문하는 데까지 보잉 747기 한 대를 띄우는 데는 "5만 개에 달하는 온갖 유형의 전자적 정보교환"[34]이 필요했다. 오늘날 계측장치들로 가득 찬, 네트워크화된 항공교통망의 경우에는 비행기가 뜰 때마다 수백만 개의 디지털 정보 교환이 이를 조정한다. 글로벌 네트워크를 통해 데이터는 운행관리원, 여행사 직원, 그리고 승객의 결정을 인도한다. 항공권의 탄력적 가격 책정, 자동적 재예약, 그리고 비행 상태의 모바일 알림과 같은 혁신이 모두 이런 시스템들에 편승해 있다. 별로 그렇게 느껴지지 않지만, 항공교통시스템은 우리 도시에서 가장 스마트한 인프라에 속한다.

이것은 저항하기 어려운 강력한 선전이다. 점차 정상상태를 벗어나고 있는 듯한 세계에서 도시를 기업의 기술로 재설계해 균형을 회복한다는 것은 매혹적인 비전이다. 도시가 성장을 위해 몸부림치는 한편, 공공서비스의 개선과 탄소배출의 저감을 동시에 이루어 내려면 무언가 해결책이 필요하다. 스마트 기술에 대한 소소한 투자가 더 큰 효율성을 담보할 수만 있다면, 최소한 엄청난 인프라에 투자하는 투자비만큼은 줄일 수 있을 것이다.

그리고 노화되고, 시대에 뒤떨어지고, 불충분한 우리의 전력망만큼 이런 해결책을 더 필요로 하는 것은 없을 것이다.

전력 플랫폼

현대 도시에서 전력의 편재성ubiquity보다 더 당연시되는 것은 많지 않다. 우리는 정전 때나 전력의 존재를 의식한다. 아직 놀랄 정도로 많은 사람들이 인터넷을 회피하고 있지만, 전기의 편리함을 마다하고 있는 이들은 몇 안 된다. 2008년 전 세계의 발전소는 19.1조 킬로와트시kilowatt-hours의 전기를 생산했고, 전 세계 발전 용량은 2035년까지 거의 두 배로 증가할 것으로 예상된다.[35] 개발 도상국의 사업체들이 새로운 공장을 짓고, 노동자가 새로 얻은 부를 전자기기에 지출하는 식으로 도시화가 전력 생산의 증가를 이끌 것이다. 또한, 도시 인프라의 동력원이 전통적인 화석연료에서 전기로 바뀌면서 새로운 대규모 수요처가 온라인 상에 생겨날 것이다. 전기 자동차와 버스는 주유소가 아니라 전력망에서 재충전할 것이다. 지각의 안정된 열원을 사용하여 가정을 효율적으로 냉난방하는 데 사용하는 지열 히트펌프가 석유와 천연가스 보일러를 대체할 것이다.

전력망은 점차 커지겠지만, 또한 점차 복잡해질 것이다. 태양광 패널과 풍력발전용 터빈 같은 신재생 에너지원을 전력망에 추가하게 되면 전기를 인터넷의 패킷처럼 움직이게 해야 할 필요성이 크게 증가한다. 태양은 균일하게 내리쬐지 않고 바람은 방향을 바꾸기 일쑤여서 전력의 흐름이 심하게 변한다. 따라서 전력이 지역이나 시간에 따라 균일하게 흐르도록 할 필요가 있다. 여기에 우리 전력 수요의 가변성 문제를 더하면 해결해야 할 과제는 매우 복잡해진다.

이 책을 읽는 당신은 제너럴일렉트릭이나 지멘스가 발명한 무언가로 불을 밝히고 있거나, 냉방을 하고 있거나, 교통수단을 이용하고 있을 가능성이 높다. 시스코가 도시건설에 뛰어들기 한참 전부터 이 기업들은, GE의 1980년대 마케팅 캠페인에서 한 말을 빌리자면, "삶에 행복을 가져다 주는bring good things to life" 전기선들을 가설했다. 하지만 GE는 아마도 너무 겸손했던 것같다. 이들은 그저 삶을 행복하게 하는 데 그치지 않았다. 이들은 현대적 삶을 가능하게 만들었다. 이 회사들의 규모는 놀랍다. 이들은 둘 다 수십만 명을 고용했고 연간 매출액으로 1000억 달러 이상의 수익을 창출했다. 하지만 이는 이들이 금세기 말까지 전 세계적으로 70~80억 명의 중산층 도시거주자들에게 이동, 위생, 에너지 및 통신 서비스를 제공해야 하는 엄청난 도전에 직면했다는 뜻이기도 하다.

이번 세기에서 이들의 첫 번째 과업은 이들이 지난 세기에 조성한 전력망을 재건하는 것이다. 전력망 정비는 스마트시티에서 가장 우선적으로 시급히 해야 할 일인데, 안정적인 전력 공급 없이는 모든 것이 정지되어 버릴 것이기 때문이다. 2011년 쓰나미가 일본을 강타했을 때 일본의 핵발전소 대부분은 운전을 정지했고, 맨하튼 타임스퀘어의 아시아 판이라 할 만한 동경 시부야 횡단로의 고층 디지털 스크린에는 수 주 동안이나 불이 들어오지 않았다. 하워드 라인골드Howard Rheingold가 명명한 '스마트몹 smart mobs'이 보통 모바일폰을 들고 누비는 이곳은 내 기억 속에 미래 어바니즘urbanism의 본보기로 살아있는 곳이다. 도쿄는 디지털 뇌의 절제에도 살아남을 수 있었다. 말하자면 수동으로 삶을 살기에 충분한 전통적인 인프라가 아직 가동되고 있는 것이다. 하지만 미래도시에서는 아주 평범한 일상작업도 클라우드에 산재해 있는 센서, 컴퓨터, 그리고 통신망에 의

지할 것이다. 전기는 심지어 전기가 실어 나르는 디지털 데이터보다도 더 중요한 스마트시티의 생명선이 될 것이다.

세계 전력망의 배선을 바꾸는 일은 방대한 작업이다. 지멘스는 약 130년 전에 런던의 교외지역인 고덜밍Godalming의 41개 가로등에 전기를 공급하는 첫 번째 공공 전기시설을 건설했다. 이후 짧은 기간 동안 우리는 지구 전역으로 뻗어나가는 전선, 변압기, 그리고 발전소로 이루어진 거대한 복합체를 건설했다. 미네소타 대학교의 마수드 아민Massoud Amin 은 "북미 전력망은 현실적으로 세계에서 가장 크고 가장 복잡한 기계로 간주될 수 있을 것이다"라고 주장한다. 2004년의 조사목록에서 그는 10만 마일에 달하는 배전선에 연결된 10,000개의 발전소와 그 발전소에 있는 15,000개 이상의 발전기를 집계했는데, 이는 민간, 공공을 모두 합쳐 1조 달러의 투자에 달한다.[36] 미국의 전력생산자들은 2010년에 약 3,680억 달러의 순수익을 기록했다.[37]

전력망과 전화시스템은 모두 19세기 말 도시의 대호황기에 태어났다. 전화망의 내용물들은 20세기에 기계가 전화교환원을 대신하고 광섬유가 구리선을 대체하는 등 여러 차례 업그레이드 되었는데, 전력망은 그대로 역사 속에 머무른 듯하다.

하지만 왜 전화망은 진화하고 전력망은 지체되었을까?

1900년대 미국의 사업가 테오도르 베일Theodore Vail은 제이피모건J.P. Morgan의 재정적 후원으로 AT&T를 세웠다. 그는 전기통신을 독점하고 혁신을 제물로 확장과 합병을 이어나갔다.[38] 이에 반해 미국과 캐나다의 전력산업은 수천 개의 민간 소유 시설, 지자체 소유 시설, 농촌 협동조합들로 쪼개져 있는데, 이 조각보같이 형성된 전력산업에서는 연구 투자가 거의 없는 것이나 마찬가지다. AT&T의 전기통신 독점은 발명의 르네상스를 가져올 수 있었다.[39] 1970년대에 이르러서는 전화망 산업에서 많은 혁신이 일어나 투자자들이 공격적으로 규제완화를 요구하기 시작했다. 광섬유fiber-optics, 무선통신설비, 디지털 스위칭이 모두 70년대에 도입되었다. 1969년에 신규 창업한 MCI는 미국 중서부에 무선 트렁크wireless trunk를 설치하도록 정부 허가를 얻어, 초단파 에너지 집속빔을 통해 데이지 체인 방식*으로 구성한 타워들로 시카고와 세인트루이스를 연결했다. AT&T의 장거리 사업과 직접 경쟁하게 되었던 MCI의 사업은 이후 10년에 걸쳐 전 세계 전기통신 인프라의 혁신 시대를 시작한 분수령이 되었다. 연구, 개발, 그리고 건설에 대규모로 지속된 이 투자 덕분에 이제는 정부 소유 전화회사가 전화를 개통해 줄 때까지 몇 년을 기다려야 하는 대신, 거의 어느 나라에서건 가게에서 모바일폰을 사서 바로 개통할 수 있게 되었다.

1980년대 전화 시스템의 디지털화는 변화를 가속화했다. 초기 전화망은 모든 호출을 전화교환원이 수동으로 연결해야만 통화가 가능했다. 전화교환원은 전화선을 직접 교차 연결하여 통화회로를 완성했다. 1889년 캔자스시티의 장례업자 아몬 브라운 스트로우거Almon B. Strowger는 전화교환원이 착신호출을 경쟁업자에게 빼돌리고 있다고 믿고, 이에 대한 대안으로 자동으로 전화를 교환하는 전기기계 장치를 발명했다.[40] 한 세기 후, 1980년대 디지털 교환기의 도입은 음성을 데이터로 바꾸었다. 그 덕분에 같은 선에 더 많은 통화를 압축해 넣을 수 있었다. 더 중요한 사실은 이 덕분에 네트워크에 지능을 부여할 수 있게 되었다는 것이다. 통화 대기, 보이스 메일, 그리고 발신 번호 표시와 같은 새로운 서비스를 하기 위해서는 그냥 새로운 교환기 소프트웨어를 다시 작성하기만 하면 되었다. 또 관리자는 네트워크의 어디에서나 실시간으로 통화의 흐름을 보고 조정할 수 있게 되었다.

전기통신에서 디지털화는 혁신을 위한 아주 다목적적인 플랫폼임을 입증하였다. 그렇게 디지털화된 전화망은 결과적으로 전화망을 잡아먹

---

* 연속적으로 연결되어 있는 하드웨어 장치들의 구성으로, 마치 체인을 연달아 연결하듯이 장치들을 나란히 연결하는 방식을 말한다.

은 인터넷을 낳게 되었다. 1996년 내가 대학을 갓 졸업하고 직업을 구해 AT&T에 갔을 때, 인터넷은 회사의 전국 프레임 중계frame-relay* 네트워크 내의 작은 통신 흐름에 불과했다. 원래 전국에 음성통화를 실어 나르기 위해 만들어진 AT&T 망은 금융거래나 인터넷 패킷 같은 수많은 다른 종류의 데이터도 전송할 수 있었다. 나는 AT&T의 전화 접속 인터넷 서비스 정예 기술지원팀의 일원으로서 가장 어려운 통화 요청을 처리하고는 했다. 예를 들면 싱가포르에 출장간 AT&T 임원이 어떻게 집에 전화를 걸지를 돕는 것 같은 일 말이다. 저녁에 이 나라의 사람들이 무리지어 온라인으로 몰려올 때면, 나는 큰 제어반을 뚫어져라 쳐다보면서 네트워크 통신이 병목을 우회하는 것을 보았다. 가끔씩 드물게 시스템의 자동복구 임시조치가 실패하면, 키보드를 몇 번 두드려 대륙 간 통신이 시카고 대신 캔자스시티를 지나도록 통신경로를 변경할 수 있었다. 이후 20년도 못 되어 세계 네트워크에서 통신의 균형이 뒤집혔다. 이제 대부분의 음성통화는 인터넷 프로토콜을 통해 전송된다.

　이제 전력의 세계로 다시 돌아가 보자. 전력망에서는 전기의 흐름을 조종하는 건 고사하고 추적하는 것도 힘들다. 공정하게 말하자면 전력망은 물리학적으로 불리하게 되어 있다. 대규모의 전기 흐름은 디지털 비트처럼 잘게 쪼개서 전송될 수가 없다. 디지털 전기통신망은 병목에서의 혼잡을 관리하기 위해 버퍼buffer라는 임시 용기를 사용한다. 그러나 전력망을 순조롭게 유지하는 일은 통신에서의 교통정리보다 훨씬 더 복잡한 일이다. 먼저 전력망에서의 저장장치는 훨씬 비싸며 문제가 많다. 전력회사는 전력흐름을 조절하기 위해 램RAM 칩 대신 거대한 플라이휠flywheel이나 배터리, 그리고 축전기를 설치해야만 한다. 계측장치화가 미흡한 것이 또 다른 문제이다. 설계부터 온갖 종류의 유입, 유출 센서를 갖추어 만들

---

* 　프레임 중계는 망 계층(network layer) 대신 데이터 연결 계층(data link layer)에서 데이터의 다중화를 실현하여 데이터를 중계 · 교환하는 방식이다.

어진 디지털 전기통신망과 달리 전력망은 스마트하지 못하다. 지멘스가 스마트그리드 기술의 시험 대상지로 선택한 스위스 도시 아르뱅Arbon의 전력회사 책임자 역시 "심지어 요즘도 고객이나 공급자나 정확히 언제 얼마나 많은 전기가 송전선을 통해 흐르는지를 정확히 알지 못한다"라고 바로 인정한다.[41]

그러나 전력망에서 측정보다 더 놀라운 것은 전력망의 나이와 더불어 얼마나 많은 전력망이 문서화되어 관리되지 못하는가 하는 것이다. 전력 공급회사들은 전력망 인프라의 상당 부분이 어디에 있는지 정확히 알지 못한다. 뉴욕의 9.11 공격 이후, 나는 종종 밤늦게 로어맨하튼의 길을 거닐곤 했다. 한번은 파헤쳐진 구덩이를 들여다보다가, 콘 에디슨Con Edison 회사의 작업팀이 어떤 지하실에서 발굴한 한 세기나 된 전선들을 애써 풀어보려 하다가 당황하여 머리를 긁적이는 것을 보았다. 이것은 극단적인 사례기는 하지만, 북미의 전력망은 역사가 대부분 1960년대까지 거슬러 올라간다. 전기기술자들의 노동조합인 국제전기기술자조합 International Brotherhood of Electrical Workers의 조합장에 따르면, 2007년에 실제로 사용되고 있는 변압기들은 평균 40년이 된 것인데, 이는 이 변압기들의 유효기간과 같았다.[42] 업계 잡지 「에너지비즈EnergyBiz」 편집자의 말을 빌자면, "우리는 사람이 달 위를 걷기 전, 모바일폰과 인터넷이 있기 전, 프랭크 시나트라Frank Sinatra가 전성기였을 때 설치한 설비에 대해 말하고 있는 것이다."[43]

지멘스는 야망의 표적을 스마트시티로 돌리는 데 IBM이나 시스코보다 몇 년이 더 걸렸다. 지멘스가 더 거대한 기업인 것도 한 이유였다. 큰 배는 회전하기가 더 어렵다. 하지만 2011년 지멘스는 85,000명의 직원을 새 부서인 '인프라&도시'로 재배치하는 엄청난 전환을 이루었다. 스마트시티의 건설은 사실 이 회사의 근본으로 되돌아가는 일이다. 전기회사로 설립되었던 GE와 달리 지멘스는 건물 통신망을 건설한 것이 시초였다. 지멘스의 첫 번째 회사인 지멘스&할스케 전신건설회사Telegraphen-Bauanstalt von Siemens&halske는 1848년 베를린과 프랑크푸르트 간에 처음으로 도시간 전신선을 놓았다.[44] 그 이래로 이 회사는 전력망뿐만 아니라 오늘날에도 선두를 지키고 있는 전동차 산업에 이르기까지 전기에 의존하는 인프라 시장을 오랫동안 지배해왔다.

지멘스가 여전히 전기통신과 교통을 위한 스마트 시스템을 건설하고 있기는 하지만, 스마트그리드는 도시에 대한 지멘스의 비전에 특별한 역할을 담당하고 있다. 왜냐하면 블로그 사이트 "기가옴GigaOM"의 제프 세인트 존Jeff St. John이 썼듯이, 지멘스는 가스 및 풍력 터빈에서부터 고압 전력 케이블, 센서, 그리고 집과 회사까지의 전력 전송을 모니터하고 관리하는 제어 장치까지 모든 것을 만든다. 그래서 "현재 세계 그리드 인프라의 거의 모든 부문에서 지분을 주장할 수 있는 몇 안 되는 기업 중 하나이다."[45] 2014년까지 매년 거의 85억 달러(60억 유로)에 달하는 스마트그리드 사업을 목표로, CEO 피터 뢰셔는 "우리는 이제 막 새로운 전기시대로 넘어가려 하고 있다"며 큰 소리를 친다.[46]

소비자인 우리는 스마트미터를 보며 스마트그리드를 생각한다. 스마트미터와 오래된 전기 계량기의 차이는 스마트폰과 할머니가 쓰시던 1950년대의 다이얼 전화기만큼의 차이가 있다. 스마트미터는 성능을 높인 네트워크화된 개량 모델로서, 정전이나 전력 저하를 감지했을 때를 비롯하여 당신의 전력 소비 데이터 스트림을 전기회사로 끊임없이 보고한다. 이보다 더 발전된 모델은 전기를 많이 소모하는 당신의 가전기기들을 관리할 수 있다. 시장조사 기업인 인스탯In-Stat은 2016년까지 미국 전기 계량기의 3/4이 스마트미터로 바뀔 것이라고 전망했다.[47] 스마트미터는 새로 부상하는 스마트그리드의 가장 가시적인 엔드포인트이지만, 지멘스는 이미 자체 스마트미터 사업을 10년 전에 처분했다. 지멘스의 진정한 야망은 전기부문의 선두자로서 스마트그리드의 내부 두뇌, 즉 계속 전기가 흐르도록 이면에서 균형을 잡아 관리하는 소프트웨어와 스위치를 공급하는 것이다.

전력망에서 가장 중요한 것은 전깃불을 계속 켜지도록 유지하는 것이 아니라, 가능한 한 탄소 배출을 줄이면서 비용 측면에서 효과적으로 불이 들어오게 하는 것이다. 이 과정을 어렵게 만드는 것은 도시의 전기 수요가 변덕스럽다는 것이다. 전력회사들은 두 종류의 서로 다른 발전소를 건설하여 이 불규칙한 전기 수요의 썰물과 밀물에 대처한다. '기저 부하base-load' 발전소는 일 년 내내 변함없는 최소 전기 수요를 담당한다. 이 고효율 발전소는 다소 지속적으로 거의 최대용량으로 가동될 수 있다. 하지만 뉴욕 같은 대도시의 더운 여름 오후 같은 때에는 전기 수요가 거의 40%나 솟아오를 수 있기 때문에, 전력회사들은 필요한 때 신속히 가동될 수 있는 '첨두 출력용peaking' 발전소를 건설해둔다. 첨두 출력 발전소도 고효율일 수 있지만, 이들은 건설이나 운영에 있어 단위 전력량 당 비용이 훨씬 더 많이 든다. 첨두 전력을 안정화할 수만 있다면, 첨두 출력 발전소를 많이 둘 필요가 없게 되어, 전력회사들도 기저 부하 발전소에 보다 더 집중하여 가차없는 미세 조정으로 최대한 군살 없이 깨끗한 발전을 할 수 있을 것이다.[48]

스마트그리드에는 첨두 전력을 안정화하기 위한 두 가지 묘책이 있다. 하나는 부하 이전load shifting이고 다른 하나는 부하 차단load shedding이다.

부하 이전은 둘 중 좀 더 온건한 방법으로, 가격 인센티브를 통해 첨두 시간 때의 전력 수요를 다른 시간대로 분산시키는 것이다. 가장 간단한 형태로, 스마트미터로 업체들과 소비자들에게 수요가 높은 시간대의 실제 전력 생산비용을 보여줄 수 있다. 전력회사들이 비싼 첨두 출력 발전소를 작동시키면, 발전비용은 소비자들에게 전가된다. 변동가격제는 전력 수요의 변동을 크게 줄이고 발전 효율성을 전반적으로 개선할 수 있다. 하지만 부하 이전 또한 자동화될 수 있고 또 예방적으로 운영될 수 있다. 스마트 가전기기들과 직접 통신하는 스마트미터는 자동적으로 하루 중 수요와 가격이 떨어지기 쉬운 시간대로 빨래 시간을 재조정할 수 있을 것이다.

가장 정교한 부하 이전 제도도 언젠가는 한계를 맞게 될 것이다. 이때가 전력회사들이 일종의 표적 정전targeted blackout인 부하 차단이라는 비장의 카드를 쓸 때다. 전통적으로 부하 차단은 수동으로 조작하는 과정이었다. 전력회사들은 공장이나 대학과 같은 대규모 전기 사용자들과 정상 요금을 할인해 주는 대신 첨두 위기 시에는 단전하는 거래를 맺곤 했다. 스마트미터는 이런 소규모 단전을 정전 대상이 될 설비와 시설에 대한 외과수술적인 정교한 전압 강하로 대체할 수 있게 해준다. 예를 들어 대학은 기숙사나 사무실의 조명용 전기를 끊는 대신 민감한 실험실 설비에 연결된 전력은 유지하는 데 동의할 수 있을 것이다. 공장은 생산라인을 단계적으로 정지시켜 공회전으로 손상되는 미완성 제품들을 폐기해야 할 필요를 줄일 수 있다.

이런 스마트 제어장치가 없다면 전력망 문제는 급속하게 악화될 것이다. 전력수요는 급증하는데도 발전소 건설에 반대하는 님비주의의 확산으로 새 발전소를 짓기가 더 어려워지고 있다. 또 예비 발전 용량의 형태로 존재했던 융통성이 빠르게 사라지고 있다. 이에 따라 장차 정전이 일상적인 일이 될 가능성이 제기되고 있다. 1990년대 동안 미국의 전기 수요는 35% 증가했으나, 발전 용량은 18% 늘어나는 데 그쳤다.[49]

지멘스에 따르면, 스마트그리드는 전력회사의 엔지니어들이 밤에 편히 잘 수 있도록 도울 것이다. 부하 차단과 부하 이전으로 전국의 전기 수요를 10%까지 감소시킬 수 있을 것이기 때문이다.[50] 환경주의자들은 수요

관리의 개선으로 재생가능한 발전 자원의 비중 확대를 가로막던 주요 장애가 해소되는 것에 환호할 것이다. 여기서 주요 장애란 재생가능한 자원은 기저용량이 불안정하다는 널리 알려진 사실을 말한다. 예를 들면, 해가 늘 나는 것도 아니고 바람이 늘 부는 것도 아니라는 사실이다. 댐에서 발전한 수력 전기조차 강물을 채워주는 계절 강우의 안정성에 의존할 수밖에 없다. 녹색전력 공급이 불안할 때 수요를 줄이는 능력이 향상되면 화석연료로 가동하는 예비 발전소에 대한 필요는 줄어들 것이다.

스마트그리드는 단순히 정전을 막는 데에 그치지 않는다. 스마트그리드를 통해 우리는 드디어 에너지 서비스 분야에서도 전기통신 분야에서 이미 익숙해진 혁신과 같은 일을 촉발할 수 있었다. 스타트업 회사들은 우리 가정의 전기 사용을 검사하고 관리하여 에너지 비용을 절감해 주는 대신에 그 절감액 중 소액을 청구할 수 있을 것이다. 지멘스는 전기요금이 매 15분마다 바뀔 수 있다고 예측하는데, 이런 와중에 한편의 추적 소프트웨어로 그 과정을 자동화한다면 마음이 놓일 것이다.[51]

스마트그리드는 우리가 전력 시스템에 넣어주거나 빼 쓰는 모든 전력에 대해 알 수 있게 해주고, 그럼으로써 또한 전기의 생산, 분배, 그리고 소비에 사회적 층social layer을 더할 수 있게 해준다. 가령 당신의 스마트미터를 페이스북에 연결한다고 생각해보자. 당신은 동네 스마트그리드에서 작동되는 '지구 살리기 게임'에서 이웃 사람에게 나만큼 전기를 절약해보라고 부추겨 볼 수도 있다. 또는 캘리포니아 버클리 대학의 에릭 폴로스Eric Paulos가 제안한 바와 같이, 어떻게, 어디서, 그리고 누구에 의해 생산된 전기인지 기록할 센서를 만들고, 기록된 정보를 전기거래에 사용하도록 함으로써 에너지를 탈상품화 할 수도 있다. "새로운 에너지인가? 현지 에너지인가?"와 같은 것이 폴로스의 물음이다. 아이가 엄마에게 텍스트 메시지를 보내는 대신에, 그네에서 막 발전한 100W를 보낼 수 있다고 하면 어떨까?[52] 이 모델을 확대하면 다수의 전력 생산자와 소비자 사이에 전력이 다양한 방식으로 거래되는 것을 상상해 볼 수 있다. 이 거래의 동기를 부여할 원인이나 이해관계나 목적은 얼마든지 많다. 스마트 전력망에 더해진 사회적 층은 우리의 소비 선택에 엄청난 영향을 미칠 수 있을 것이다.

규제 완화로 인해 이제 많은 소비자들은 전력이 지역 전력회사가 관리하는 단일 전력망을 통해 공급된다고 하더라도 어느 생산자에게서 전기를 살 지를 선택할 수 있게 되었다. 전력 공급자들은 가격과 탄소 발자국을 두고 경쟁한다. 우리는 이제 전기에 관한 데이터가 전력 자체만큼 가치 있게 되는 세상으로 이동해 가는 중이다. 이미 버지니아 주 알링턴 Arlington에 있는 오파워Opower 같은 스타트업은 어떻게 전력회사가 스마트미터를 통해 정보와 서비스를 전기와 묶어 가치를 부가할 수 있는지를 보여주고 있다. 이런 도구들은 소비자들이 돈을 절약하도록 도와주며 매우 편리하다. 이들은 또한 우리가 전기를 어떻게 사용하는지에 대해 더 잘 이해하고 또 세심하게 주의를 기울이도록 하는 잠재력을 가지고 있다. 스마트그리드 시대에서 전력 공급자를 선택하는 일은 오늘날 모바일폰 공급자를 선정하는 일과 더 비슷해질 것이다. 전력망 자체가 상품이다. 모든 가치는 부가 서비스에 있다.

네 번째 기간 시설

전력망은 도시 전체에 전기라는 혈액을 전달하는 순환계다. 데이터 네트워크는 전력망의 신경계로, 메시지를 앞뒤로 실어 나른다. 우리는 전력망 자체를 개선하고 있지만, 새로운 통신 네트워크는 19세기 도시가 급격하게 성장할 때 처음 구축된 망에 더해진 개선책이다. 사실 도시의 첫 번째 디지털 통신망은 전신telegraph이다. 모스 부호의 점과 선은 디지털 컴퓨터의 0과 1만큼이나 이진법이다.

전신은 아무 것도 없던 데에서 갑자기 나타난 게 아니다. 전신은 대규모 상업기업과 정부기업을 경영할 필요성에 대응하기 위해 발명되었다. 1800년대 중반까지 산업혁명은 최고점을 찍었다. 증기기관으로 움직이는 기계 덕에 기업은 너무나 거대한 규모로, 또 엄청난 빠르기로 상품을 만들고 수송할 수 있었으나, 그 덕에 인간 관리자들은 이를 따라가지 못할 지경이었다. 사회학자 제임스 베니거James Beniger가 묘사한 대로 그것은 완벽한 "제어위기crisis of control"였다. "이처럼 물류 처리의 속도와 양이 제어 기술의 한계를 넘어선 적은 역사상 한 번도 없었다."[53] 1800년대의 처음 50년 동안 유럽과 미국의 기술인tinkerer들은 전기 파동을 사용해서 전선을 통해 메시지를 전송하는 시스템을 개발하려 열정적으로 일했다. 이 경쟁은 1840년 모스-베일 시스템 특허에서 정점에 달했다. 전신 시스템은 철도 운용과 동조함으로써 도시 간 교역 확장에 기름을 부었다. 처음으로 기업의 정보가 교통수단보다 빠르게 이동할 수 있었다.

오늘날의 새로운 통신기술과 마찬가지로 전신은 전신에 기반을 둔 새로운 도시 비전의 영감이 되었다. 1850년대, 지멘스가 독일 도시 간에 전화선을 놓고 있던 즈음에, 스페인의 도시 바르셀로나는 역사의 족쇄를 깨고 팽창하고 현대화하기 시작했다. 몇 세기 동안이나 도시 성벽에 에워싸여 있던 이 도시는 급격한 도시화를 겪으면서 유럽에서 가장 인구가 밀집한 도시가 되었다. 1854년 칙령으로 재가를 받은 시민들은 간절하게 맨손으로 벽을 뜯어내기 시작했다. 한 역사가가 이 소란스러웠던 사건을 회고한 바에 따르면:

> 오래 기다려왔던, 성벽을 허물어도 된다는 정부의 허가 소식이 떨어지자마자, 이 도시의 사람들은 모두 기뻐했고, 가게에 있던 곡괭이와 쇠지렛대는 하룻밤 만에 동이 났다. 필요한 도구를 휘두르건, 아니면 실제 일을 하는 사람들을 말로 격려하건, 거의 모든 시민이

벽으로 몰려가서 철거에 참여했다. 벽은 아마도 당시 이 유럽도시에 있어서 가장 미움받는 건축물이었을 것이다 ⋯ 벽을 해체하는 데에는 12년이 걸렸으나, 이는 이 벽이 거의 한 세기 하고도 반세기를 더 똑바로 서 있었다는 것을 기억한다면 그렇게 긴 시간은 아니었다.[54]

베니거가 이 위대한 기술적, 조직적 변화의 시기를 '제어혁명'이라고 명명했던 데에서도 드러나듯이, 도시가 이 시기의 신기술을 어떻게 십분 활용하여 현대화하고 성장할지는 명확했다.

성벽 밖에는 사는 이가 별로 없는 농촌의 빈 캔버스가 놓여 있었고, 토목기사인 일데퐁스 세르다Ildefons Cerdà는 그 위에 철도와 전신의 잠재력을 감안하여 설계한 새로운 지구를 배치했다. 그가 1867년 출간한 『도시화에 대한 일반이론General Theory of Urbanization』에서 세르다는 이 신기술에 매료되었다고 밝히며, "우리보다 먼저 살았던 세대의 차분하고 고요한, 거의 움직임이 없었던 인간"을 "몇 분만에 소식, 지시사항, 명령을 바로 전 세계적으로 전송하여 유포시키는 ⋯ 활동적이고, 대담한, 기업가적 인간"과 대조시킨다.[55] 그의 '레이삼플레L'Eixample(확장) 계획'을 보면 이런 신기술의 능력을 열렬히 받아들인 태가 난다.

세르다는 꿈만 꾸었던 게 아니었다. 그의 스케치에는 전신을 수용하는 데 필요한 정확한 도해가 들어있다. "가능한 한 가장 편리하고 경제적인 방식으로 이 서비스를 수용할 수 있으려면 지하 확장 작업이 불가피하다 ⋯ 이를 위해서는 전선이 들어갈 수 있도록 충분한 공간을 도관에 남겨두기만 하면 된다"라고 세르다는 썼다.[56] 그의 계획에는 "거리마다 1)식수 공급 2)하수 배출 3)가스 공급 4)전신선 부설 등 4개의 종방향 도관"이 필요했다.[57] 세르다의 비전에서 전보는 산업도시를 위한 네 번째 기간 시설, 작가 톰 스탠디지Tom Standage가 "빅토리아 시대의 인터넷"이라 부른 네트워크가 될 터였다.[58]

150년도 더 지난 훗날, 시스코는 전 세계 도시간 차세대 전기통신망을 계획하면서 부지불식간에 세르다의 계획을 징발했다. "선견지명 있는 국가는 … 이 네트워크가 글로벌 경쟁력, 혁신 그리고 생활기준을 향상시킬 4번째 기간 시설임을 이해할 겁니다"라고 이 기업의 세계화 부문 최고책임자인 윔 엘프링크Wim Elfrink는 주장한다.[59]

오늘날 시스코는 누구나 아는 이름이 되어가고 있으나, 이 기업이 연간 매출액 400억 달러 이상의 크라이슬러나 다우 케미컬 규모에 달하는 산업 거물임을 아는 사람은 많지 않다. 1980년대 초 스탠포드 대학의 캠퍼스 네트워크를 만들었던 부부 렌 보삭Len Bosack과 샌디 러너Sandy Lerner가 1984년 창립한 시스코는 인터넷을 작동하는 데 쓰이는 정교한 스위치와 라우터의 세계 일류 공급자로 성장했다. 시스코의 제품은 사무실, 학교, 그리고 가정에 비트를 보내는 것뿐만 아니라 대륙간 해저 케이블을 통해 비트를 앞뒤로 쏘아 보내는 데 쓰인다. 시스코는 실리콘 밸리의 가장 크고 가장 주목받는 선도자 중 하나다. 2000년 3월 닷컴버블이 절정이었을 때 이 기업은 잠시 동안 세계에서 가장 가치가 높은 기업이기도 했다.

그러나 바로 그 규모 때문에 불황이 찾아왔다. 성장 기회를 찾는 일은 시스코에 있어 계속되는 투쟁이었고, 최종 결산에 작은 변화를 내는 데도 수십억 달러의 지불금이 필요했다. 스마트시티의 새로운 배관공이 되리라는 이 기업의 야망은 송도에만 머무르지 않았으며, 심지어 앞으로 지어질 아시아의 모든 팝업도시들을 넘어선다. 시스코는 모든 도시 세계의 신경계를 제어하고자 한다.

기존 도시에 '스마트 기능'을 주입하는 것은 벅찬 전망이다. 건물 하나를 스마트화 하는 것만 해도 상호연계와 번역이 어우러진 매우 힘든 일이다. 이들은 최근 몇십 년 사이 구축된, 서로 대화가 불가능한 특수목적 네트워크로 가득하다. 단일 건물만 하더라도 엘리베이터, 냉난방과 환기, 보안, 그리고 또 조명을 위한 배선이 모두 다를 수 있다. 이런 구식 네트워크로 가득한 도시 전체를 통합하는 일은 거의 처치가 곤란할 지경인 문제를 불러일으킨다.

하지만 시스코에게 스마트시티 지망 도시들을 방해하는 문제는 대학이나 기업이 인터넷 초기에 직면하곤 하던 문제와 많이 비슷해 보였다. 그 당시의 도전은 어떻게 수백 혹은 수천의 개별 근거리 통신망LAN을 하나의 통합 인터넷으로 연결해 내는가 하는 것이었다. 오늘날의 도전은 어떻게 인터넷을 사용해 파편화된 도시 인프라를 상호 연결할 수 있을지를 알아내는 데 있다. 송도의 최고 기술 공급자로 계약을 하자마자, 시스코는 인도 벵갈루루에 있는 동부 세계화 센터, 혹은 새로운 '두 번째 본사'에 스마트시티 엔지니어링 그룹을 발족했다.[60] "오늘날 도시 중심지는 상호 호환되지 않는 수백 개의 서로 다른 시스템 및 프로토콜과 악전고투하고 있다"고 새로운 실험실을 홍보하는 브로슈어는 주장한다. "만약 이런 시스템이 하나의 개방시스템 기반 네트워크로 수렴한다면 생산성, 성장, 그리고 혁신에 있어 엄청난 기회가 열릴 수 있다."[61] 이는 급변하는 도시세계에 대한 다소 황당하면서도 매력적인 비전이라고 할 수 있다.

기업 전략으로서 이는 확실한 한 방과도 같다. 시스코의 네트워크는 우리의 도시 인프라라는 바벨탑을 해독하려 한다. 이 회사는 인터넷의 교통경찰로서 오래 쌓아온 지배력을 건물, 교통수단, 그리고 도시 인프라와 도시 규모 제어 시스템을 연결하는 네트워크로 확장하려 하고 있다. 상호연결은 새로운 도시 규모의 앱 개발을 가능하게 하고, 이들은 데이터 통신의 성장을 주도할 것이다. 그리고 동네를 가로지르는 비트는 무엇이 되었건 모두 시스코의 고수익 마진 라우터와 스위치를 지나기 마련이다. 물리적 세계를 상호연결하기 위해 전개된 네 번째 기간 시설은, 적어도 가상세계를 상호연결하기 위해 구축된 인터넷이 보여준 기회만큼의 거대한 기회를 약속했다.

그러나 스마트시티 네트워크를 위한 시장이 형성되자마자, 2000년대 닷컴버블 때 부설되었던 광통신망을 통해 인터넷에 비디오가 쏟아져 들어오기 시작했다. 건물과 인프라 시스템의 통합과 자동화는 이후 수십 년간 안정적인 사업이 될 수 있었을지는 모르나, 부상하는 비디오 통신은 시스코가 천문학적인 수익의 고도로 돌진하는 데 타고 갈 야생의 날뛰는 황소가 될 것이었다. 초기 텔레비전 시대 이래, 비디오폰은 계속 곧 발명될 것만 같았던 발명품 중 하나였다. 수십 년 동안 수많은 프로토타입이 계속 만들어졌으나 대중의 상상력을 사로잡는 데에는 실패했다. 마침내, 세계는 전선에 실려 오는 음성에 얼굴을 함께 실을 준비가 되었다.

거의 하룻밤만에 시스코의 스마트시티 홍보가 비디오 홍보로 바뀌었다. 2011년 시스코는 다가올 호황을 강조하는 '시각 네트워킹 지수Visual Networking Index'를 발표했다. "2015년이면 기가바이트에 달하는, 역대 만들어진 모든 영화가 매 5분마다 세계 IP 네트워크를 가로지르게 될 것이다"라고 이 회사는 예견했다.[62] 그러나 시스코는 불을 끄는 대신 연료를 들이부었다. 고화질에 멀티스크린 기능을 갖춘 시스코의 텔레프레젠스TelePresence 비디오회의 시스템은 단위 가격이 수만 달러였음에도 불구하고 매우 잘 팔리고 있었다. 2006년부터 시스코는 자체 내에서 이 기술을 위한 사업 용례를 만들기 위한 실험을 시작했고, 전 세계 123개 도시에 250개의 시스템을 설치했다. 2008년에 이 회사는 17,500개의 대면 회의를 위한 여행을 없애 9천만 달러를 절약했다고 발표했다.[63] 2010년 시스코는 노르웨이 기반 데스크톱 비디오폰 생산업체인 탠드버그를 인수했고, 송도 주거지구 전역 아파트에 비디오폰을 설치하는 계약을 맺었다.

텔레프레젠스 생산을 늘리며, 시스코는 급속하게 도시화하는 중국에 있어 송도가 중요하다는 것을 알았다.

"물론 당신을 볼 수 있습니다! 벽만큼이나 크네요!"라고 덕망있어 보이는 중국 신사가 외친다. 2020년, 반짝이는 빛으로 가득한 상하이의 아파트에서 나이든 남녀와 이들의 친구가 곧 있을 결혼기념일 축하 연회 저녁을 상의하는 즐거운 비디오 통화를 우리는 엿보고 있다. 극장 크기의 화면은 거실의 한 벽면 전체를 차지하고 있다.

상하이의 엑스포 2010은 1939년 뉴욕의 세계 박람회 이래 가장 중요한 국제적 쇼케이스라고 할 만하다. 그리고 예전 박람회와 마찬가지로, 다음 번 건설 호황기를 이용해 먹으려 애쓰는 수많은 기업들이 한데 모여 어떻게 신흥국가의 경관을 주도해 만들 수 있을지에 대한 비전을 공포하고 있었다. 여기서의 주제는 단순히 "더 나은 도시, 더 나은 삶Better City, Better Life"이었다. 1939년 제너럴모터스의 전시는 어떻게 자동차라는 하나의 기술이 미래에 미국인들을 도시에서 교외로 이동하게 할 수 있을 것인가를 상상했다. 그러나 상하이에서 시스코의 파빌리온은 고화질 비디오 회의라는 다른 기술이 농촌으로부터 도시로의 대규모 이동으로 분열된 중국에 어떻게 균형을 복구할 수 있을 것인가를 보여주었다. 상하이를 현대화된 세계 도시로 재건하면서 흩어졌던 백만 가족 이상이 인터넷으로 함께 다시 봉합될 터였다.[64]

시스코 전시의 핵심은 2020년 상하이에서의 하루의 삶을 묘사한 7분 짜리 비디오였다.[65] 우리가 가족 상봉에 마냥 행복해하는 노인들을 만나기도 전에, 이 비디오는 최신 날씨 추적 컴퓨터가 빠르게 다가오는 태풍을 감지한 도시의 컨트롤 센터에서 시작한다. 능력 있는 정부 관리자가 차분하게 비상상태 대비를 명령하고, 이야기는 갑작스레 가정생활 장면으로 바뀐다. 우리는 두 젊은 남녀의 삶이 화면에 펼쳐지는 것을 본다. 한 남녀는 이별을 앞두고 있고, 다른 남녀는 아이를 낳기 직전이다. 고화질 비디오 통신이 이런 사건들을 진전시킨다. 첫 번째 진통이 오자, 출산을 앞둔 엄마는 부엌 조리대에서 의사와 상담하고, 차를 타고 도시를 반쯤 건너오는 남편을 호출한다. 직관적이고, 기동성 있고, 쓰기 편한 고화질 비디오는 도시 주민이 서로 멀리 떨어져 움직여도 거의 실물과 똑같은 접속을 유지한다.

시스코의 비전은 현대 중국에 대한 포부와 공포를 거친 붓질로 그렸다. 이 비전은 중국이 급속한 도시화 과정에서 잃어버린 것 모두를 되찾을 것을 약속한다. 최근 20년 동안 중국의 가족은 지난 2천 년보다도 더 근본적으로 바뀌었다. 전통적으로 중국인은 한 지붕 아래에서 수많은 대가족과 함께 다세대 가구로 살았다. 그러나 도시로의 이동은 보다 서구적 양식인 부모와 자식으로만 이루어진 핵가족으로의 전환을 가져왔다. 시스코의 미래 상하이에서 독거노인들은 비디오 채팅의 얼리어답터가 될 터였다.

태풍이 다가오자, 주인공들은 점차 위협이 가득해지는 도시를 뚫고 움직인다. 그러나 그리스 신화의 영웅처럼, 2020년의 상하이를 그린 시스코의 영상에 등장하는 등장인물들은 온전히 자신의 자유의지에 의해서 행동하지 않는다. 도시 관리자는 올림포스 산의 신처럼 도시와 거주민의 소형 홀로그래피 복제품을 자세히 들여다본다. 대기 중의 구름 대신 이들의 요새는 컴퓨터 구름, 즉 클라우드에 머문다. 이들의 전지성omniscience은 신성에서 오는 게 아니라 강우, 교통 혼잡, 심지어 시민 개개인의 움직임 등 거의 모든 것을 추적할 수 있는 엄청난 센서망에서 온다. 인프라를 원격 조정하고 즉각적으로 응답기를 보내게 되면서 이들은 어떤 시장mayor도 가지지 못했던 전능성omnipotence을 가지게 되었다. 결국, 이렇게 명백히 가부장적인 미래의 시각에서 질서가 유지된다. 2020년의 상하이 주민은 화면 뒤의 수호자들에게 몸을 맡긴다.[66]

이 화면의 도시는 도발적인 비전이다. 중국에게 있어서는 확실히, 그러나 그 외 우리 모두에게도 마찬가지로. 미국에서 이는 난개발된 교외지역을 재배선하여 비디오 전화로 자동차 이동을 대체함으로써 에너지를 절약하고 교통혼잡을 줄이는 일을 의미할 수도 있다. 이런 미래가 유행하면, 그래서 대규모 비디오 통신으로 도시들을 연결하게 된다면, 이는 장래 시스코의 이윤을 더 늘이게 될 터였다. 골드러시에서 부자가 된 사람은 곡괭이와 삽을 판 사람뿐이라는 진부한 말이 있다. 그러나 시스코의 네트워크가 진정한 '네 번째 기간 시설'이 된다면, 그저 시시한 도구와 설비를 파는 것을 넘어 모든 것이 바뀔 것이다.

이런 잠재력에 대한 힌트가 송도에서, 그러니까 시스코가 2018년까지 집, 사무실, 그리고 학교에 10,000개의 텔레프레젠스 화면을 설치할 바로 그곳에서 나타나고 있다. 이 화면은 새 아파트에 포함되어 따라오고, 한 달에 10달러로 비디오 전화를 무한정 사용할 수 있을 것이다. 하지만 시스코, 개발업자 게일 인터내셔널, 그리고 한국의 기술 대기업 LG의 조인트 벤처인 '송도 유.라이프'는 또한 주민이 새로운 쌍방향 비디오 호스트를 구독할 수 있는 일종의 앱스토어를 개시했다. 엘리자 스트릭랜드 Eliza Strickland가 보고한 바와 같이, "주민은 라이브 요가 클래스와 함께 하루를 시작할 수 있다. 그리고 나서 그 집 아이는 나중에 세계 어디엔가 있는 선생님과 일대일 영어 레슨을 받을 수도 있다."[67] 애플의 앱스토어와 마찬가지로 유.라이프와 시스코는 이 고화질 망에 연결되길 원하는 서비스 공급자에게서 쏠쏠한 수수료를 징수할 수 있을 것이다.

지난 10년간, 시스코는 성장과 몰락 사이에서 비틀거렸다. 처음에는 1990년대 후반 닷컴버블에 올라탔다가, 2000년에는 거의 잊히기도 했으나, 이후 10년 동안 천천히 확산된 광대역 사업을 쫓아 다시 안정기에 들었다. 오늘날 중국 화웨이와의 치열한 경쟁을 앞두고 시스코는 어떤 기술 거인보다도 대담하게 스마트시티에 판돈을 걸었다. 시스코는 이들 기술기업 중 유일하게 우리가 스마트시티를 건설하고 그 안에서 사는 방법을 급진적으로 재고하도록 도전하고 있다. 베이징의 스카이라인이 깔린 「이코노미스트」의 광고에는 이런 질문이 실려 있다. "이게 정말 우리가 아는 도시의 끝일까요?" 이에 대한 답은 내기다. "20년 후에 살펴보세요."

탈유선

지난 30년간, 인터넷은 우리가 '전화로 연결'하거나 '랜선으로 접속'해야 하는 것이었다. 사이버 스페이스는 비물질적인 장소이지만, 거기에 다다르기 위해서는 매우 실재적이고 직접적인 물리적 접속 과정을 거쳐야 했다.[68] 이제는 더 이상 그렇지 않다. 우리는 유선에서 스스로를 해방시켰다. 이제 우리는 거의 전파를 통해서만 인터넷에 접속한다.

우리의 삶을 모바일에 연결시키는 네트워크는 스마트시티를 작동시킬 가장 새롭고 가장 중요한 인프라다. 그러나 이 네트워크는 눈에 잘 보이지 않기에 우리는 이를 뭐라고 부를지 딱히 모르는 것 같다. 통상적으로 사용되는 별명 중 어느 것도 이들의 중요성을 잘 잡아내지 못하고 있다. 이상하게 오래 가는 시대착오적 용어인 '무선wireless'은 곧 사라질 것이다. '셀룰러cellular'는 기술자의 용어로 보통 미국에서만 쓰이며, 네트워크의 기간 타워 구조를 묘사하는 말이다. 이것은 마치 인터넷을 '웹'이라 부르는 대신 '분산 패킷 스위칭 컴퓨터 네트워킹'이라 부르는 꼴이다. '모바일mobile'이란 말에는 왜 사람들이 이 기술이 그렇게 정말 매력적인지 깨닫기 시작하는 진수가 담겨있지만, 이를 이용하는 데 있어 아주 큰 측면을 놓치고 있다. 보통 우리는 네트워크를 사용할 때 가만히 앉아있다.

기술과, 이 기술이 우리에게 어떤 작용을 하는지에 대한 모두를 담아낸 더 적절한 형용사가 있다. 1990년대 미 육군은 미래의 전장 통신을 심사숙고하고 있었으며, '탈유선untethered'이라는 용어를 택했다. 아이디어는 적절했다. 방에서 돌아다니건, 도시를 헤매이건 우리는 어떤 면에서 보더라도 한 때 우리를 데스크톱에 묶어두던 전선에서 해방되었다. 이렇게 팡파르도 거의 없이 살금살금 다가온 기술혁명을 떠올리기는 어렵다. 아마 이는 20세기 전반에 걸쳐 사회와 거주지를 조직하는 방식이 진화함에 따라 빙하처럼 천천히 나아간, 너무나 오래되고 느린 과정이었기 때문이었을 것이다.

이동식 라디오는 거의 한 세기만큼이나 오래되었다. 1920년 라디오 광 맥팔레인W. W. Macfarlane은 필라델피아의 교외지역의 움직이는 자동차에서 쌍방향 통신 장비를 실증했다. 「스미소니언 매거진」이 기록하듯이, "그는 기사가 운전하는 움직이는 자동차 뒷자리에 앉아서, 길 뒤쪽으로 500야드 떨어진 주차장에 앉아있는 맥팔레인 부인과 이야기를 나눠 「일렉트리컬 익스페리멘터」 기자를 놀래켰다."[69] 맥팔레인이 제1차 세계대전 참호전의 공포를 염두에 두고 있었음에는 틀림없다. 그는 이 발명품이 기동대에게 어떤 역할을 할지를 즉각적으로 알아보았으며, 현대 보병이 네트워크화되어 기동할 것임을 미리 예측했다. 맥팔레인은 어떻게 "소총을 안테나 삼아 전화 수화기로 무장한 연대 전체가 일 마일을 전진할 수 있고, 각각이 즉각적으로 부대장과 소통하여 전령 따위는 필요하지 않게" 될지를 상상했다.[70] 제2차 세계대전은 맥팔레인이 옳았음을 증명했다. 1940년까지 모토롤라 엔지니어들은 병사의 배낭에 넣어 운반할 수 있는 튼튼한 휴대용 FM 라디오 무전기를 완성했다. 원조 '워키 토키walkie talkie'였던 모토롤라의 SCR-300 모델은 무게가 35파운드에 불과했고 10마일 범위 내 통신이 가능했으며, 현장 지휘관과 전선에서 빠르게 움직이는 부대 간의 유일한 통신선이 되곤 했다.[71]

미국의 군인은 전쟁에서 모바일 통신의 혜택에 대한 깊은 감사와 이 신기술을 상업적 용도로 활용하기 위한 열망을 함께 가진 채 집으로 돌아왔다. AT&T는 1946년 세인트루이스에서 운전자가 그의 자동차에서 건 통화로 미국의 첫 번째 모바일폰 네트워크를 시작했다. 이 시스템은 그 이전 수십 년 동안 경찰이 사용하도록 개발된 기술에 기반하고 있었다. 1928년 디트로이트 경찰서는 순찰차에 무선 수신기를 설치하여, 최초로 무전을 활용해 경찰을 배치하는 시스템을 만들었다. KOP이라고 불리던 경찰의 일방향 무선국은 엔터테인먼트 방송국으로 받은 연방 면허를 준수하기 위해 치안 방송 사이에 음악을 틀었다(당시에는 치안 유지용 공식 라디오 주파수대가 없었다).[72] 1933년에는 송수신 겸용 무전기가 개발되었고, 뉴저지 주 베이온에서 경찰이 성공적으로 시험을 마친 후 급속히 전국적으로 보급되었다.[73]

1946년에 시작된 원시적인 무선전화 시스템은 통화수신을 위한 송신기 하나에 약간의 회신신호를 다룰 수 있었으며 공동선 구성˚으로 도시 전체에 걸쳐 동시에 3개 통화를 연결하는 게 전부였다. 때문에 전화를 걸기 전에 귀 기울여 들어 깨끗하게 들리는 채널을 찾아야 했다. 이 서비스는 1948년까지 100개 도시로 확대되었으나, 전국적으로 가입자가 5,000명밖에 되지 않았으며, 돈과 권력을 가진 이들의 비싼 사치품으로 남아있었다. 1965년에는 시스템을 개선하면서 가입자를 4만 명까지 늘일 수 있었으며 교환수 없이 직접 전화를 걸 수 있게 되었다. 그러나 무선 전화는 여전히 희소했으며, 국가 규제기관이 서비스를 배급했다. 뉴욕에 있던 20,000명 가량의 가입자가 12개 공용 채널에 비집어 넣어졌다. 전화를 거는 평균 대기시간은 30분이었다.[74]

방송전파를 나눠 써야만 했기 때문에, 모바일폰의 미래는 틈새시장에 그치고 말 것처럼 보였다. 그러나 이와는 다른 방식으로 확장할 방법이 있었다. 고성능 모바일폰 시스템을 위한 절묘한 기획이 1947년 이래 AT&T의 연구센터인 벨 랩의 파일 캐비닛에서 썩고 있었다.[75] 단일 송신기를 쓰는 대신 도시를 6각형 모양의 구역, 혹은 '셀cell'로 구성된 모자이

˚   여러 가입자의 전화기로 1회선의 가입자선을 공동 이용하는 전화회선 방식을 말한다.

크 지도로 나누는 것이었다. 이렇게 되면 이전 채널은 간섭의 공포 없이 인접하지 않은 셀에서 재사용될 수 있었다. 도시 한 쪽 끝에서 다른 끝으로 운전해가면서, 전화는 동일한 주파수에 여러 번 올라탔다 내릴 수 있다. 타워 간 통화 채널 전환*을 조정하기 위해서는 멋들어진 엔지니어링이 필요하기는 했지만, 1970년대 후반까지 공공 전화망에서의 새로운 디지털 스위칭 기능은 이를 다루기에 부족함이 없을 정도까지 발전하였다. 이름 붙인 엔지니어들만 사랑하는 '셀룰러 전화'라는 기묘한 별명은 이렇게 태어났다. 건물 지붕 위로 솟아난 나방모양의 무선 안테나 뭉치를 본다면, 인근 지역을 지나 움직이는 무선 전화 사용자 셀의 중추를 보고 있는 것이다. 그 점에서 통화가 '백홀'선**에 실려 그 지역의 일반 전화망으로 전송된다. 통신학자 조지 칼훈George Calhoun이 「디지털 셀룰러 라디오」에 쓴 것처럼, 셀룰러망은 "신기술이라기보다는 기존 기술을 더 큰 규모로 조직하는 새로운 아이디어다."[76]

무선 네트워크를 셀로 나누는 작업에는 전화와 타워가 교신하는 데 필요한 전력량을 감소시키는 부가적인 이점도 있다. 당신의 전화는 12마일 밖에 있는 타워에 신호를 보내는 대신, 길 아래 있는 안테나에 말을 건다. 통화 당 전력이 낮다는 말은 배터리가 더 작아도 된다는 뜻이며, 이는 휴대성이 더 높은 기기를 위한 길을 열었다. 지금 우리에게는 어마어마하게 크게 보이지만 1980년대의 벽돌 크기 모토롤라 전화는 당시 휴대성과 편의성 면에서 엄청난 혁신이었다.

1세대 셀룰러망은 수만 명에서 수십만 명의 가입자로 자릿수를 바꿔가면서 초기 무선전화 시스템의 용량을 개선했다. 규제기관이 서로 다른 주파수 대역에 경쟁 면허제를 도입하여 가격도 빠르게 떨어졌고, 이에 따

---

* 이동 전화 가입자가 한 무선 구역에서 다른 무선 구역으로 이동해 갈 때, 현 통화 채널을 다른 무선 구역의 통화 채널로 자동적으로 전환해 줌으로써 통화가 계속되게 하는 기능을 말한다.

** 유선 또는 무선에 흐르는 데이터를 한 곳으로 모아 백본망에 전달해 주는 것을 말한다. 특히, 모바일 환경에서는 음성 또는 데이터를 기지국에서 모아 해당 통신사업자의 백본망에 전달해 주는 것을 백홀이라고 한다.

라 수요를 더 촉진했다. 그러나 또 다시 도시에서의 수요 밀도가 시스템을 한계점으로 몰았다. 월 스트리트에서, 할리우드에서, 그리고 워싱턴 수도권에서, 이 나라의 기업 엘리트와 정치 엘리트들은 끊임없는 수다로 새로운 용량을 빠르게 고갈시켰다. 그랬기 때문에 1980년대 후반에, 이미 지리적으로 도시를 분할했던 엔지니어들은 시간상에서 전파를 분할하기 시작했다.

'아날로그' 셀룰러로 기억되는 1세대 셀룰러망은 오래된 벨 전화 시스템과 같이 작동한다. 전화를 걸면, 전화 통화 중에는 계속 전체 채널을 점유하게 된다. 1990년대 초 출시된 2세대 셀룰러망은 디지털 신호방식을 이용하는데, 이는 실제 말하는 동안만 채널을 점유한다. 말하지 않을 때에는 누군가 다른 사람의 통화가 스마트하게 전송의 틈을 파고들 수 있다. 하나의 아날로그 통화만을 나르던 채널로 이제 6개나 그 이상의 통화를 나를 수 있게 되었다. 디지털 신호 처리에는 아날로그망을 괴롭히던 울림, 잡음, 그리고 혼선을 없애주고, 불법 도청을 종식시키는 강력한 암호화를 사용하는 등 다른 이점도 있었다. 게다가 다시 전송하는 데 드는 전력을 더 줄여주고, 배터리 덩치를 더 줄인다.

물론 이걸로는 아직 충분치 못했다. 도시 인구 전체인 수백만이 전화선에서 풀려날 수 있게 되면서, 수요는 계속 성장했다. 음성 통신뿐만 아니라 무선 이메일, 웹 브라우징, 그리고 미디어 업로드와 다운로드 같은 데이터 통신이 폭발했다. 주파수가 더 많고, 여기서 더 넓은 대역폭*을 쥐어짜내는 더 향상된 압축 기법을 사용하는 3세대3G 인프라가 시작되었다. 엔지니어는 메스를 들고 나와 기존 셀을 전례 없이 작은 '마이크로셀', '피코셀'로 분할하여 같은 주파수가 도시 전체에 걸쳐 수백 번 혹은 심지어 수천 번 재사용될 수 있도록 했다.

---

* 주파수 대역폭은 신호가 차지하고 있는 주파수의 범위 혹은 폭을 말하며, 인터넷 등의 데이터 통신에서는 네트워크 또는 채널이 처리 가능한 최대 데이터 처리능력을 말한다.

지난 세기 내내 느리게, 때로는 종종 고통스럽게 진화해 왔음에도 불구하고, 무선 인프라의 가장 큰 도전은 아직 등장하지 않았다. 예기치 않게 스마트폰과 태블릿 컴퓨터가 성공을 거두게 되고, 이들이 웹에서 데이터를 빨아들이자, 통신회사 데이터망은 큰 부담을 안게 되었다. 2007년 아이폰의 출시는 뉴욕과 샌프란시스코 같은 얼리어답터가 밀집한 도시의 취약한 셀룰러망을 압도했다. 그때 이래 세계의 모바일 데이터 통신은 매년 두 배로 늘어났다.[77]

비디오 통신은 스마트폰의 킬러 앱일지 모르나, 동시에 수요를 감당하지 못하는 네트워크를 죽이고 있기도 하다. 3G 네트워크가 더 빠른 4G 사양으로 개선되면서, 아이패드3 같은 고화질 기기에서 스트리밍 비디오를 틀어대면 가입자의 월 데이터 용량은 몇 시간도 되지 않아 다 소진되고 말 것이다.[78] 모바일폰과 네트워크 장비를 모두 만드는 제조업체 에릭슨은 2011년 "스마트폰 사용자의 상위 5%에서 10%가 온라인 비디오를 보는 데 하루에 40분씩 쓸 용의가 있다"고 보고했다.[79] 그 결과, AT&T는 자사 네트워크가 2015년 첫 두 달 만에 2010년도의 전체 데이터를 능가하는 데이터를 전송하게 될 것으로 예상했다. 그 때까지 무선 통신업체는 대역폭에 대한 갈망을 해소하는 데 (네트워크를 건설하는 실제 비용을 포함하지 않고도) 매년 3천억 달러 이상을 소비할 수도 있을 터였고, 이는 2010년에 비해 일곱 배나 늘어난 비용이었다. 게다가 이는 이들이 필요한 주파수를 획득할 수 있다고 가정했을 때나 가능하다.[80] 밀도 높은 도시에 이런 고대역폭 사용자가 집중되면 무선 통신회사들은 이에 대응하기가 물리적으로 불가능할 수도 있다. 통신정책 학자인 엘리 노암Eli Noam은 "맨하튼 인구의 1/4이 모바일폰으로 비디오를 본다고 가정하면, 거의 100,000개의 셀 기지국이 필요하거나, 엄청난 양의 주파수대가 추가로 있어야 할 것이다" 라고 설명한다.[81]

우리의 무선 네트워크가 지닌 또 하나의 잠재적 문제는 사물인터넷이다. 아직까지 사물인터넷에는 비디오와 경쟁할 만큼 데이터를 많이 사용하는 킬러앱이 몇 되지 않는다. 그러나 무선은 사람들에게 매력적인 것과 똑같은 이유로 이동하는 사물들을 클라우드에 연결하기에 자연스러운 매체가 될 것이다. 움직이지 않는 사물들에 있어서도 무선 네트워크와의 연결은 이제 유선 연결보다 더 빠르고, 쉽고, 저렴하다. 뉴욕 시가 2011년에 실시간 교통제어 시스템을 도입할 때 12,000개가 넘는 신호등 모두에 광통신 케이블을 연결하지는 않았다.[82] 대신 시는 업링크*를 시의 5억 달러짜리 공공 안전 무선넷NYCWiN에 편승시켰다.

모바일 네트워크의 미래가 암담하지만은 않다. 지금까지 무선 데이터 속도가 한 발짝 나아갈 때마다, 이를 압도하는 새로운 대역폭을 절실히 필요로 하는 앱이 데스크톱 컴퓨터의 세계에서 배양되어 나왔다. 섬유를 통한 광파가 공기 중의 전파보다 훨씬 많은 정보를 나를 수 있다는 사실은 이 두 미디어 간에 항상 엄청난 속도 차이가 있으리라는 것을 의미한다. 그러나 이제 유선 접속이 옛일로 취급되는 세계가 되어 두 종류의 대역폭 대신 하나만을 사용하게 된다면, 이것이 무선 네트워크의 더 제한적인 대역폭 다이어트 내에서 존속할 수 있는 서비스의 혁신을 불러오지는 않을까? 상대적으로 적은 비트를 클라우드에 올리고 내리는 동안에도 엄청난 가치를 실현하는 모바일 앱의 진화는 이 시나리오를 가리키고 있는 것 같다. 아니면, 무선 네트워크의 용량을 확장하기 위한 새로운 계획이 역사적으로 늘 겪어왔던 결핍 구조를 타개할 수는 없을까?

공공 무선 네트워크의 미래가 불확실한 만큼, 새로운 투자가 이 위기를 극복하는 데 도움이 될 지도 모른다. 시장조사 기업인 IDC에 따르면, 모바일폰 산업은 2015년까지 매년 500억 달러씩이나 많은 돈을 써야 할 수도 있다.[83] 정부는 텔레비전 방송사가 버린 주파수대를 재분배하여 더 많은 주파수 대역을 풀어주는 쪽으로 움직이고 있다. 그렇지만 우리는 셀

---

* 지상에 위치한 단말에서 위성, 항공기, 혹은 무선망 등으로 신호를 송신하는 데 사용되는 통신 링크의 한 부분을 말한다.

을 더 작게 만들 수 있는 한계에 다다르고 있다. 거대한 고밀도의 도시에서 셀 기지국은 불과 수백 피트 정도 밖에 떨어져있지 않은 경우도 허다하다.[84] 이런 규모라면 무선통신망은 방대하지만 파편화된 와이파이 핫스팟 무리와 구분하기가 어려워지기 시작할 것이다. 그러나 대부분의 모바일 기기는 이제 두 개의 무선장치를 가지고 있다. 하나는 셀 타워와 교신하기 위한 것이고, 다른 하나는 와이파이 핫스팟과 교신하기 위한 것이다. 그리 멀지 않은 미래가 되면 우리가 도시를 지나갈 때 우리 기기는 소리 없이 주변을 탐색하면서, 우리가 한 곳에 너무 오래 머무르면 셀룰러 타워와 인근 와이파이 핫스팟과 번갈아 연결하게 될 것이다. 여러 나라의 무선통신회사들은 이미 이런 기술을 사용하고 있고, 시스코는 세계 셀룰러-와이 파이 로밍을 위한 새로운 기준인 핫스팟 2.0을 앞장서서 추진하고 있다. 그리고 새로운 스마트 무선 기술smart radio technology 덕에 우리가 쓰는 기기는 점차 기존 신호와 간섭 없이 오래된 무선 기술이 점유하고 있는 주파수를 이용할 수 있게 되어가고 있다.

도시에는 모바일 대역폭 수요가 집중되어 있지만, 물리학은 그 가용용량을 제한시킨다. 도시는 우리 전파기술의 데이터 전송 능력을 한계까지 몰아붙인다. 그러나 탈유선untethered 네트워크가 스마트시티의 배관에서 가장 약한 고리라고 할지라도, 이들은 또한 가장 가치 있는 네트워크이기도 하다. 이들은 산업 시대의 종말을 알리는 개인 컴퓨터의 유선에서 우리를 해방시켰다. 이들 덕분에 우리는 우리 기기와 융합할 수 있게 되었다. 사회학자 제임스 카츠James Katz가 말했던 대로, 이들은 "우리가 되어가는 기계들"이다.[85] 없어서는 안 되는, 친밀한, 그리고 문제적인 이 디지털 인프라의 조각은 스마트시티 시스템과의 연결 전반을 매개할 것이다.

우리가 무선을 기꺼이 받아들인 것에 놀랄 필요는 없을 것이다. 거의 한 세기 전 탈유선 시대untethered age의 태동기에 니콜라 테슬라Nicola Tesla는 세상이 우리가 지금 움직이는 방향으로 바뀔 것으로 정확하게 예측했다. 전기와 무선 기술의 선지적 선구자였던 테슬라는 1926년 「콜리어」에 그가 바라본 미래를 다음과 같이 밝혔다. "무선이 완벽하게 적용되면 전 지구가 하나의 거대한 두뇌가 될 것이다. 사실 실제로 그렇다. 모든 사물은 실재적이며 리드미컬한 전체의 작은 입자다."[86]

smart cities

2장

사이버네틱스의 귀환

　　1787년 새 정부의 헌장에 따르면, "하원의원과 직접세는 미합중국에 가입한 각 주의 인구수에 비례하여 각 주에 배당하여야 한다" 라고 기록되어 있다. 미국 헌법의 이 한 줄 문장은 인구조사census를 낳고, 인구조사는 IBM을 낳고, IBM은 현대 세계를 낳았다. 이 말은 복잡한 세상을 성경이 그랬듯 엄청나게 단순화한 말일 수 있겠지만 그 이유를 설명해 보겠다.

　　미국 헌법은 세계에서 가장 짧은 헌법으로 5천 단어가 채 되지 않는다. 그 간결함에도 불구하고, 헌법을 제정한 이들은 중요한 세부 사항을 간과하지 않았다. 제일 첫 쪽에서 새 입법부인 하원의 의석 배분에 대한 공식뿐만 아니라 의석 산정에 필요한 자료의 수집 과정을 제시하였다. 헌법은 "인구수는 미합중국 의회를 최초로 구성한지 3년 이내에 산정하고, 그 후에는 10년마다 법률이 정하는 바에 의하여 다시 산정한다"라고 규정했다.[1]

이로써, 인구조사가 태동하였다.

조지 워싱턴이 대통령에 취임한지 1년이 지난 1790년 8월 2일 월요일에 첫 번째 조사를 착수해 1793년에 결과가 발표되었다.[2] 세련된 표로 작성한 56쪽 분량의 「미합중국 인구 보고서Return of the Whole Number of Persons Within the Several Districts of the United States」는 농촌마을 주민들과 농민들이 사는 지역의 실태를 서술했는데, 1790년에는 미국인 20명 중 1명 가량이 시와 읍에 살았으며, 미국에서 가장 큰 정착지였던 뉴욕에는 단지 32,328명이 거주하였다고 한다.[3] 이 패턴은 수십 년에 걸쳐 지속되었다. 1840년 말 기준으로 미국 인구의 10.8%만이 도시 거주자였다. 그러나 산업 혁명은 모든 것을 변화시켰다. 1840년 200만 명을 기록한 도시 인구는 1920년에 처음 농촌 인구를 추월하여 5,000만 명 이상으로 늘어났다.[4]

국가가 성장함에 따라 인구조사 규모도 커졌다. 1790년 가가호호 방문해 이뤄진 첫 번째 인구조사에서 밝혀낸 인구는 400만 명에 약간 못 미치는 수준이었다. 열 번째 조사가 이루어진 1880년의 인구수는 5,000만 명 수준이었다.

개인별 조사항목도 크게 확대되었다. 전쟁의 참화에도 불구하고, 미국은 여전히 엄청나게 많은 이민자들을 끌어들이고 있었다. 1850년부터 1880년까지 10년마다 평균 150만 명이 이주해왔다.[5] 도시에 이민자 중심의 빈민가가 유례없이 늘자, 농촌 지주들이 장악하던 의회는 인구조사 자료 수집 범위를 확대하였다. 의회는 1870년도 인구조사를 총괄했던 경제학자 프랜시스 아마사 워커Francis Amasa Walker를 다시 선임하여 인구조사 계획을 맡겼다. 그는 결혼 상태, 부모의 출생지, 미국 내 거주 기간 등 기존의 항목에 정신 건강에 관한 질문 두 가지를 추가했다.[6] (18번 질문 "그는 저능아입니까"와 19번 질문 "그는 정신이상입니까"와 같이 그 시대의 명백히 특이한 사항을 조사했다.) 더 중요한 것은 인구조사에 처음으로 제조업, 광업, 농업, 철도 부문을 집계하는, 경제 분야의 대규모 조사가 포함되었다는 점이다.[7] 그

결과 1870년 인구조사 보고서가 3권에 불과했던 데 반해, 1880년 보고서는 22권으로 늘어났다.[8]

그때까지 내무부 임시 조직이었던 인구조사국Census Office은 조사 범위가 넓어지자 당황했다(1902년까지는 상설 인구조사국Bureau of the Census을 설립할 계획이 없었다). 1870년부터 직원 수를 3배로 늘려 1,500명이 넘게 일했지만, 1880년도 인구조사 자료 전부를 표로 작성하는 작업은 7년 동안 계속되었다.[9] 1887년 집계가 완료되었을 때, 다음 집계까지는 불과 3년밖에 시간이 없었다. 1890년도 인구조사에는 훨씬 더 많은 직원이 필요했는데, 인구와 경제 변화 속도가 빨라지면서 많은 사람들은 "1890년의 수치는 분석이 완료되기 전에 이미 쓸모 없어질 것"이라고 우려했다.[10] 국가의 인구, 경제 실태와 실측한 결과 사이의 괴리는 1장에서 본 19세기 '제어혁명'의 한계가 또 다른 차원에서 드러난 것과 같다. 사회학자 제임스 베니거James Beniger에 따르면, 19세기 제어혁명기에는 "정보처리 및 통신 기술의 혁신이 에너지 혁신과 제조업 및 교통산업에서의 에너지 응용의 혁신에 뒤쳐졌었다."[11] 인류는 도시로 쏟아져 들어오는 사람들을 세는 속도보다 더 빠르게 도시를 건설하고 있던 것이다.

신생국인 미국의 인구 집계 문제에 대한 해결책은 엔지니어이자 기업가로 변신한 전직 인구조사국 직원에게서 나왔다. 뉴욕 버팔로 출신의 허먼 홀러리스Herman Hollerith가 1880년도 인구조사를 위해 고용되었다.[12] 홀러리스는 인구조사국에서 인구통계과the Division of Vital Statistics 책임자인 존 쇼우 빌링스John Shaw Billings와 친해졌다. 홀러리스와 빌링스는 대량으로 쌓이는 자료를 도표화하는 문제에 대해 자주 논의했다. 홀러리스는 후에 다음과 같이 회상했다. "어느 일요일 저녁 빌링스 박사는 그의 티 테이블에 앉아서 인구통계 및 그와 유사한 통계를 순전히 기계적으로 도표로 작성하는 기계가 있어야 한다고 말했어요. 그래서 그 문제에 대해 이야기를 했죠 … 그는 개인별 기재사항을 카드에 구멍을 뚫어 표기하는 방식을 생각했어요."[13] 펀치 카드는 1801년 자카드식 방직기Jacquard loom가 개발된 이래 기계를 제어하는 데 사용되었다. 자카드식 방직기는 수천 장의 카드를 사용하여 지극히 복잡한 무늬의 직물을 짜는 프랑스 기계였다. 이를 데이터 처리에 적용한다는 것은 흥미를 끌 여지가 있었다.

워커 국장이 1881년 인구조사국을 떠나 MIT의 총장직을 맡을 때, 워커는 홀러리스를 기계공학과 전임강사로 초청했다. 그러나 홀러리스는 곧 강의에 흥미를 잃었고 워싱턴으로 돌아와 특허 심사관으로 일했다. 그는 한 해를 바쁘게 보내면서 특허 작성법과 첨단 천공카드 기술을 익혔다. 홀러리스는 이후 몇 년간 촉망받는 여러 발명가들의 상담자로 빌링스와 대화에서 처음 생각한 천공기계tabulating machine 제작에 착수했다.

홀러리스의 기계는 작동이 몹시 간단했다. 인구조사로 수집된 각 개인의 고유 특성을 천공카드에 구멍을 뚫어 기록하였다. 카드를 고무 패드 위에 올려놓기만 하면 천공 작업이 끝났다. 고무 패드 아래에는 십여 개의 작은 수은 컵이 놓여 있는데, 천공 작업자는 손잡이를 이용해 금속 핀들을 아래로 내렸다. 그러면 핀이 천공카드의 구멍을 통과하여 수은에 닿고, 그러면 작은 전기 모터가 달린 회로를 닫는다. 작업자의 전면 패널에는 시계 모양 다이얼들이 10개씩 4열로 배치되어 있었다. 이 다이얼은 인종, 성별, 나이 등 카드에 부호로 기록될 다양한 데이터 항목을 나타냈다. 전기 펄스가 주어질 때마다 다이얼의 계기판이 움직였다. 회전하는 바늘 2개와 원주에 표시된 100개의 눈금으로 최대 9,999개까지 추적할 수 있었다. 이따금씩 작업자는 다이얼을 읽고, 합계를 적고, 값을 0으로 재설정했다.[14]

이 방식은 수작업 계산방식에 비해 놀라울 정도로 빨랐다. 1890년 6월 홀러리스의 기계 96대가 그 달 초에 얻은 새로운 인구조사 결과를 처리하는 작업에 투입되었다. 여름이 끝날 무렵에는 효과가 분명해졌다. 6월 28일에 워싱턴 DC의 인구가 발표되었고, 몇 주 후인 7월 18일에는 뉴욕 시의 인구가 발표되었다. 8월 말에는 미국 각주의 모든 인구 집계가 완료되었는데, 미국의 인구가 6,000만 명을 넘었다. 1892년에는 최종 통계분석 결과가 발간되었다.[15] 홀러리스는 인구조사국이 워싱턴 기념탑 Washington Monument 높이의 문서더미를 단 하루만에 처리할 수 있다고 자랑했다.[16]

홀러리스는 더 이상 공무원이 아니었다. 그는 세심하게 작성한 다수의 특허를 가지고 자신의 고용주였던 정부에 바가지를 씌우기에 이른다. 그는 인구조사국에 기계를 판매하는 대신 임대했다. 특히 고리대금업의 수법으로, 기계의 사용 수수료를 카드 수 기반으로 산정했다. 수집된 자료가 급격히 늘어날수록 회사의 수익도 급격히 증가했다. 훈련된 인구 조사원은 하루에 5백장에서 7백장까지 카드를 처리할 수 있었다.[17] 표로 작성되는 카드에 천 매당 65센트의 요율을 적용하여 기계 한 대당 연간 6천 달러가 넘는 수수료를 벌었는데, 이는 기계 자체 가격보다 큰 액수였다.[18] 수익의 극대화를 위해, 홀러리스는 정부에 자신의 천공 기계 회사를 천공 카드의 유일한 공급원으로 지정해 달라고 요구했다.

고객에게 기계를 판매하기보다 임대하려 한 것은 복제 문제를 해소하고 기계를 보호하기 위해 계산된 행위였다. 홀러리스는 특허 상담자로서의 경험을 통해 기술적 우위를 유리하게 활용하는 노력이 시급하다는 사실을 알고 있었다.[19] 홀러리스는 소유권을 유지한 채 기계의 유지보수를 독점하였기 때문에 기계작동법과 설계 기밀을 감출 수 있었다. 그러나 홀러리스가 1900년 인구조사에 앞서 임대료를 인상한 후, 새 인구조사국은 1910년도 조사자료의 집계에 대비하여 천공기계를 자체적으로 만들기로 결정했다.[20] 그러나 그 때 이미 홀러리스의 성공은 의심의 여지가 없었다. 천공 기계 시장은 급속히 확대되고 있었다. 1890년 첫 선을 보인지 25년 만에 홀러리스의 발명품은 오스트리아와 노르웨이, 캐나다, 러시아 등 세계 각국 정부의 인구조사에 사용되었다.

그러나 천공기계의 미래는 정부가 아니라 산업계에 있었다. 1893년에 이탈리아 인구조사국장 루이지 보디오Luigi Bodio는 "철도와 대형 공장, 상가 주택을 비롯하여 모든 상업과 산업 활동 부문에서 경제적 필요를 넘어 필연적 이유로 홀러리스 기계를 사용하는 시대가 올 것"이라고 예견했다.[21] 21세기 제어 혁명의 진원지인 철도업계는 적극적 고객이었다. 1910년경에는 홀러리스의 자회사들이 북미 및 유럽 전역에서 회계 출납 및 화물 목록의 도표를 작성하는 기계를 공급하고 있었다.

인구조사국과 오랜 법정 투쟁과 로비가 끝나고, 계약이 만료되던 1911년에 미국 정부가 홀러리스의 특허권을 제한할 가능성이 커지자, 그는 자산을 현금화할 준비를 했다. 홀러리스는 '신탁의 대부'로 알려진 대규모 합병인수 분야의 거물, 찰스 플린트Charles R. Flint의 제의를 받고, 그의 천공기계 회사와 다른 두 기업의 합병을 수락하였다. 그는 100만 달러의 목돈을 일시에 받고, 별다른 노력을 하지 않고도 급료를 받는 조건으로 편안히 은퇴했다.

한 세기 이전 미국 탄생기에 시작하여 산업도시의 폭발적 성장으로 절정에 이르렀던 인구 집계의 위기는 이제 끝났다. 그러나 당시 해결책이었던 홀러리스의 천공기계는 훨씬 큰 변화의 무대를 마련했다. 합병을 통해 태동한, 전산제표 기록회사Computing-Tabulating-Recording Company라는 평범한 이름의 기업은 다음 세기 내내 지속적으로 확장하는 정보처리 시장을 추구하게 된다. 시간이 지나 1924년 토마스 왓슨Thomas J. Watson은 회사에 새로운 이름을 붙였다. 바로 IBMInternational Business Machines Corporation이다.

빅 블루

2011년은 '빅 블루'로 알려져 있는 IBM에게는 행운의 한 해였다. 이

때의 이야기로 바로 넘어가보자. 앞서 말한 합병으로 홀러리스의 천공카드 사업은 글로벌 지배의 길로 진출했고, 정부와 기업의 빅데이터를 처리하는 거대한 비즈니스가 구축되었다. 2011년은 이 합병이 100주년을 맞는 해였다. IBM의 세로줄무늬 정장을 입은 엔지니어들은 20세기 내내 미국 경제를 상징했다. 그러나 1993년, 대형 컴퓨터와 개인용 컴퓨터 사업에서 경쟁이 심화되며 하향세가 길어지자, '빅 블루'는 완전히 추락하여 81억 달러의 운영 손실을 기록했다. 그 해 RJR나비스코RJR Nabisco와 아메리칸 익스프레스American Express를 거친 전문 CEO 루이스 거스너 주니어Louis Gerstner Jr.는 급진적 변화를 계획했다. 새로운 IBM은 복잡한 대규모 정보 시스템의 통합과 서비스에 전념하기로 했다. 1995년 IBM은 그 유명한, 엄격한 직원복장 규정을 철폐했다. 10년 후인 2004년에는 개인용 컴퓨터 부문을 폐기할 준비를 했다.

새로운 IBM은 고루한 하드웨어 조달업자가 아니라, 지구적 규모의 컴퓨팅을 위한 종합 건설업자였다. 100주년 기념식을 개최하기까지 3년이 채 남지 않은 2008년, 샘 팔미사노Sam Palmisano 회장은 미국외교협회의 한 연설에서 IBM의 '스마터 플래닛 캠페인Smarter Planet Camaign'을 선포했다.[22] 지멘스와 시스코가 스마트시티의 전기공과 배관공이 되려 했다면, IBM의 야심은 스마트시티의 안무가, 감독관, 예언자를 하나로 합친 역할을 한다는 것이었다.

스마터 플래닛이 새로운 마케팅을 전개한다는 측면에서 눈부신 활약을 펼치고 있지만, 사실 IBM은 이미 오래전부터 그야말로 전 지구적 컴퓨터 시스템을 구축하고 있었다. 이 회사는 2차 세계대전이 끝난 후 소비자 경제가 커지고 미국 기업들이 그에 편승해 성장함에 따라 호황을 누렸다. 국제무역의 증가, 선벨트Sun Belt 지역의 인구 정착 및 여가시간 증가로 항공 여행이 빠르게 확대되었다. 한 세기 전 철도가 확산되면서 철도운영이 위기를 맞았던 것과 마찬가지로, 항공사들은 자신들이 가속화한 항공영업의 속도를 따라 갈 수 없었다. 1953년 아메리칸 항공의 사장 스미스C. R. Smith와 젊은 IBM 영업사원이 장거리 비행에서 우연히 만난 후에, IBM은 아메리칸 항공의 원시적인 종이 기반 발권 시스템을 교체하려는 계획을 세웠다.[23] IBM은 1950년대 중반 미 공군의 거대한 방공 컴퓨터 시스템인 SAGESemi-Automatic Ground Environment를 구축했다. IBM은 이 경험을 살려 1960년경 SABRESemi-Automatic Business Research Environment 시스템을 설치했다. 여행사들은 처음으로 항공권 예약 담당자가 유효 좌석을 검색할 수 있도록 특수 설계된 컴퓨터 센터를 이용할 수 있게 되었다. SABRE는 예약 처리 시간을 평균 90분에서 단 몇 초로 줄였다. IBM의 세계본부에서 창립 100주년을 기념하는 전시회에서 선언했던 것처럼 "한때 몇 시간 걸려 하던 일을 실시간으로 수행할 수 있게 되었다." 반세기 후, 무수한 개선 과정을 거쳐 완전히 자동화 된 SABRE의 후속 모델은 여전히 전 세계 수십 개의 항공사를 대상으로 초당 4만 개 이상의 예약을 처리하고 있다.

SABRE는 제어 혁명의 새로운 장을 열었다. IBM의 기업사가들은 "처음으로 컴퓨터들이 네트워크를 통해 서로 연결되어 전 세계 사람들이 데이터를 입력하고, 정보 요청을 처리하고, 비즈니스를 수행할 수 있게 되었다"며 과시했다. 이는 단지 아메리칸 항공기 운항을 더 잘 조정하도록 하는 것에 그치지 않았다. 항공 여행에 큰 혁신을 일으켰고, 경제의 세계화와 혁신이 터놓은 도시의 폭발적 성장을 위한 무대를 펼쳤으며, "1990년대 중반에 터진 전자 상거래 세계의 모든 것"에 대한 예고였다.[24]

SABRE의 유산은 스마터 플래닛 곳곳에 기록되어 있다. IBM의 '발명의 대가master inventors' 중 한 사람인 콜린 해리슨Colin Harrison은 2013년 초 은퇴하기 전 IBM의 자체기술을 도시문제 해결에 적용하는 시도를 지원했다. IBM의 기업사학자들만큼이나 과장되었을 수도 있겠지만, 해리슨은 IBM의 전형적 핵심 발명가이자 총명하면서도 겸손한 실천가였다. 그는 1978년에 처음으로 상업적으로 성공한 MRI 시스템의 개발을 주도했으며, 이름도 아주 흥미로운 '마그네틱 버블 메모리magnetic bubble memories'를 위시한 '많은 실패한 혁신'의 업적을 이력으로 보유하고 있다.[25] 해리슨이 보기에 SABRE 같은 정보 시스템에 모든 것을 구겨넣는 것은 필연적인 역사적 과정이었다. 해리슨은 2011년 뉴욕의 한 회의에서 다음과 같이 설명했다. "지난 20년 동안 이 지구는 거래를 위해 연결되었습니다. 수세기 동안 존속해 온 글로벌 공급 사슬은 불시에 계측장치가 되었습니다." 사람, 물건, 돈의 움직임을 추적할 수 있는 센서가 장착된 것이다. 제조업체는 영업 및 판매의 전 세계적인 상황을 실시간으로 추적할 수 있다. 공급 업체는 불시에 고객의 메인 프레임을 이용하여 납품 일정을 갱신할 수 있다. 소비자들은 유피에스UPS나 페덱스FedEx와 같은 운송업체들이 제공하는 운송물품 추적 서비스와 같은 새로운 상업용 장치의 편린들을 점점 더 많이 보게 되었다. 센서 데이터의 흐름은 기업에게 전체적으로 새로운 관점을 제시했다. 해리슨에 따르면 "당신은 당신의 특정 비즈니스 생태계에서 일어나고 있는 현상에 대한 패턴을 알 수 있게 될 것이다." 해리슨은 그러나 "그 기간 동안 산업화된 인간활동의 거의 모든 영역에서 센서 데이터를 통한 관리 방식이 채택되는 반면" 실망스럽게도 지방정부는 이들의 시스템을 하나로 묶는 데 필요한 네트워크가 없었다고 주장했다.[26]

　　IBM은 정부 부문을 거대하고 미개척된 시장으로, 도시 부문을 유난히 고성장하는 분야로 설정했다. 일찍이 홀러리스와 SABRE가 개척했던 제어혁명을 기반으로 한 제3차 제어혁명이 태동하는 중이었다. 그러나 당시 IBM 스마트시티 분야의 선구적 전도사였던 존 톨바John Tolva에 따르면, "IBM은 도시에 대한 전문 지식이 현저히 부족했다"[27]라고 지적한다. 이 부족분을 채우기 위해 IBM은 2010년, 기존의 리더십 개발 프로그램과 기업봉사단 조직을 활용하여 '스마터 시티 챌린지Smarter Cities Challenge' 프로그램을 만들었다. 이 프로그램은 스마트시티에 대한 일종의 평화봉사 자문단으로, 세계 전역에서 도시와 공익 자문단이 팀을 이루어 IBM의 기술과 전문 지식을 바탕으로 도시문제의 해결책을 설계한다. 2010년 시범 사업에 7개 도시가 참여했고, IBM 기술자들이 현장에 투입되었다. 톨바에 따르면, 그 사업은 매우 가치 있었다. "실제 도시문제를 알 수 있는 공식적인 방법이 없었지만, 이 시범사업으로 IBM 내부의 수백 명이 도시에서 무슨 일이 벌어지고 있는지를 알게 되었다."[28] IBM은 이 프로그램의 일환으로 3년간 세계 각지의 1백 개 도시에 5천만 달러 규모의 공익 자문 서비스를 제공하겠다고 밝혔다.

2011년쯤 이 선교 전략은 성과를 올렸다. 6월 초, IBM은 스마터 시티 챌린지와 도시정부가 맺은 다수의 통상적 유료계약들을 묶어서 회사가 2천 개 이상의 '스마터 시티' 프로젝트를 포괄하는 지식의 중심임을 선언했다. 이후 IBM은 지금까지 가장 야심 찬 도시 해법인 '지능형 스마터 시티 운영센터Intelligent Operations Center for Smarter Cities'를 착수했다. NASA에서 운영하는 우주비행통제센터Mission Control Center와 유사하게, 지능형 운영센터는 시장들이 계측장치로 도시를 경영하게 하는 해리슨 구상의 결정판이었다. IBM의 글로벌 공공부문 담당 본부장인 앤 올트먼Anne Altman는 다음과 같이 광고했다. "도시 시스템과 서비스에 대한 정보를 정확하게 수집하고, 분석하고, 실행할 수 있습니다." 이 센터는 "도시의 거동을 통째로 인식하는" 모든 것을 꿰뚫어보는 눈이다. 그 중심부에는 "각각의 도시 시스템이 주어진 상황에 어떻게 반응할 것인지를 깊이 통찰하는" 예측 엔진이 있다.[29]

다시 한번, 위기가 도시를 통제하기 위한 새로운 기술의 창안을 자극했다. 2010년 4월 리우데자네이로는 최악의 홍수를 겪었다. 갑자기 예기치 않았던 일련의 폭우가 산사태를 일으키면서, 수백 명이 사망하고, 리우의 멋진 도심 위에 생겨난 산비탈 슬럼에 수만 명이 노숙자가 되었다. 도시의 재난을 막지 못한 것은 지방 공무원들에게 당황스러운 일이었다. 6

개월 전, 리우가 2016년 하계 올림픽 개최지로 선정되고 불과 몇 주가 지나지 않아 전 세계는 리우에서 벌어진 두 라이벌 마약 조직 간의 시가전에서 경찰 헬리콥터가 십자포화를 받고 격추되는 상황을 텔레비전으로 지켜봤다. 리우는 1960년 브라질의 수도가 브라질리아로 이주한 뒤 반세기 동안 점점 내리막을 걸어왔다. 무질서하게 확장되던 630만 인구의 이 도시는 세계무대에 서기 위해 준비를 하던 참에 그 어느 때보다 더 통치가 불가능해 보였다.

에두아르도 파에스Eduardo Paes 시장은 도시 관리를 통해 리우의 혼탁한 이미지를 필사적으로 불식시켜야 했다. 홍수 직후, 그는 구루 바나바르Guru Banavar가 이끄는 IBM의 엔지니어팀을 불러들였다. 바나바르는 급성장하는 개발 도상국의 대도시, 즉 인도의 기술 허브인 벵갈루루 출신이었다. 파에스는 위기 때에 도시에서 일어나는 일에 대한 경계용 조망을 제공하고, 정부 내 다른 부서 간 정보 흐름을 가속화하는 재난관리 시스템을 설계하도록 IBM에 요청했다. 그러나 그는 또한 재난을 사전에 예방하고 싶었다. 컴퓨터가 앞으로 일어날 폭풍우를 예측할 수 있을까?

IBM은 이미 48시간 전에 강수량을 예측할 수 있는 고해상도 일기 예보 시스템, 딥썬더Deep Thunder라는 답을 가지고 있었다. 딥썬더는 1996년에 애틀랜타 하계 올림픽 날씨를 예측하기 위해 IBM과 국립 기상청의 엔지니어들, 그리고 기상학자들이 협력하여 만든 것이다.[30] 그 후 몇 년 동안 IBM은 소프트웨어의 정확성을 향상시키려 노력했다. IBM은 딥썬더가 1㎢의 해상도로, 당시의 최신 기술보다 30배 이상 정밀하다고 주장했다. 바나바르는 2012년 컬럼비아 대학의 한 강의에서 "예를 들면 올림픽 선수촌에서 무슨 일이 일어날 지를 알 수 있다"고 자랑했다.[31]

새로운 시스템에 매료된 파에스는 코파카바나 해변에서 북쪽으로 몇 마일 떨어진 시다드 노바Cidade Nova 근처에 새 건물을 짓도록 지시했다. 리우 운영센터는 조직의 장에게 어울리는 벙커이다. 통제실인 '살라 드 콘트롤Sala de Controle'에는 서른 개 부서에서 파견된 70명의 오퍼레이터들이 일을 한다. 도시 전역에 배치된 400대의 카메라 네트워크는 통제실의 모든 벽을 덮고 있는 스크린에 영상들을 잇달아 띄운다. 정부 홍보영상은 길게 열지어 늘어선 이 스크린을 '라틴아메리카에서 가장 큰 스크린'이라고 자랑한다. 그리고 시장의 관저와 국가 민방위 당국으로 연결된 위기대응실이 있다. 짐작컨대 언론은 어항 속 유리 뒤에 고립되어, 아마도 잘 정제된 일부의 뉴스를 제공받을 것이다.[32]

비를 예측하고 홍수 대응을 관리하는 도구로 시작된 것이 도시 전체에 대한 고정밀 제어판으로 바뀌었다. 파에스는 홍보영상에서 "운영센터를 통해 하루 24시간, 한 주 7일 간 도시의 모든 구석을 들여다 볼 수 있다"고 자랑했다. 바나바르는 프로젝트에 돌입하고 몇 달 되지 않아, IBM과 리우 시 정부가 이 모든 시도의 대상을 단순한 도시재난 관리센터 이상의 것으로 재구상했다고 설명했다. 카니발 같은 대규모 행사부터 콘서트와 같은 일상적 행사에 이르기까지 도시의 모든 것들을 관리하는 방식이 될 것이다. 도시 기관 전반에 걸쳐 행사 하루 전에 모든 활동을 기록하고 점검하는 사전 체크리스트인 '공통운영계획 프로토콜'이 개발되었다. 미 해군 전략가 리차드 노튼Richard Norton은 2003년에 도시가 "야생"이 되어가는 위험에 처했다고 묘사한 바 있다. 이와 비교하여, 파에스와 IBM은 리우를 스마트 기술을 사용하여 지구상에서 가장 세심하게 관리되는 도시로 제시한 것으로 보인다.[33] 바나바르는 "직업적으로 … 수많은 도시를 방문하는데, 이만한 수준으로 조정되는 거버넌스를 가진 어떤 도시도 본적이 없다"고 평가했다.[34]

2012년 봄, 세계는 리우와 IBM이 탄생시킨 원격제어 도시를 볼 기회를 얻었다. 빅 아이디어와 유명 인사들을 소개하는 유명한 인터넷 플랫폼 중 하나인 TED 컨퍼런스가 캘리포니아주 롱비치에서 열렸다. 젊고, 황갈색 피부를 가진, 패기만만한 파에스는 연설을 통해 자신을 비이념적 문제

해결형 시장이자 브라질 글로벌 야망의 부활을 알린 대사로 각인시켰다. "도시의 4계명"이라는 뻔뻔스런 제목의 연설문에는 그의 도시 운영에 대한 비전이 담겼다. 분위기를 고조시키기 위해, 그는 스크린을 향해 돌아서 시정의 핵심 인물인 카를로스 로베르토 오소리우Carlos Roberto Osorio와 화상회의를 했다. 몇 분 동안, 오소리우는 복잡한 일련의 실황 디지털 지도를 획획 넘겨가며 GPS로 추적되는 쓰레기 수거 차량들의 이동경로, 도시의 새로운 도플러Doppler 레이더가 수집한 강수 현황, 그리고 딥썬더의 최신 예측 등의 안건을 시장에게 보고했다(파에스가 캘리포니아에서 연설했을 때 브라질은 거의 자정이었다). 시연을 마치면서, 오소리우는 도시의 8천 대 버스 중 1대의 돌출형 카메라에서 실황으로 송신한 전파를 내보냈다. "시장님, 보시는 바와 같이 거리는 깨끗합니다."[35]

리우 운영센터가 야생의 대도시를 길들이는 데 얼마나 효과가 있을지는 더 지켜봐야 한다. 대화를 나눴던 도시 보안 전문가들은 운영센터가 법적 측면에서 중요한 변화를 이끌어낼지에 대해서는 회의적이었다. 기술 전문가들은 비디오 전송을 넘어 실시간 자료를 센터에 공급하는 새로운 센서 인프라에 대한 투자는 거의 없었다고 지적한다. 그러나 IBM 입장에서는 도시정치학에 대해 손때를 묻히면서 실제 도시에 대한 값진 교훈을 얻은 의미가 있다. 콜린 해리슨에 따르면, 팔미사노의 2008년 연설 이후 "시장, 선출직 관료, 주지사, 그리고 전 세계의 사람들이 급작스럽게 IBM의 스마트시티 상품에 대해 더 많이 듣고 싶어 했다"고 한다. 스마트해 보이는 것이 실제 스마트한 것보다 시장들을 엔지니어들의 품으로 끌어들이는 실질적 힘이라는 것이 드러났다. 해리슨은 다음과 같이 말했다. "선출직 관료와 경제개발 팀은 자신의 도시가 현대적이고 인터넷 친화적으로 보이길 원합니다. 그들이 유치하려는 사람들은 인터넷 원주민들입니다. 관청에서 종이 양식을 작성하는 것을 유치한 절차라고 생각하는 사람들이에요. 이런 일은 어떻게든 웹에서 다루어야 한다고 생각한다는 거죠." 해리슨과 IBM은 시사점을 잘 간파했다. "놀라운 현상이었습니다. 우리는 이런 일이 투자자본수익률ROI 모델과 우리가 창출할 수 있는 효율성에 관한 것이라고 생각했었어요. 물론 이런 것이 전혀 고려되지 않는 것은 아니지만, 스마트시티에 대한 관심의 본질은 경제개발과 경쟁력 때문입니다."[36]

경험 많은 도시 관찰자들에게 '스마트해 보이고 싶은' 욕구가 있는 것은 분명하다. 수십 년 동안, 진취적 시장들은 도시 활성화 계획에서부터 스포츠 경기장, 컨벤션 센터 및 공공 와이파이에 이르기까지, 인재와 기업을 유치하기 위해 노력하고 있다. 그러나 IBM의 해리슨과 바나바르와 같은 새로운 도시 엔지니어들이 도시정책 수립의 복잡하고 위험한 둥지로 발을 헛디뎌 들어온 건 아닐까? 도시정책은 최적화가 필요한 변수들이 불분명하고, 일상적으로 불확실한 결론과 싸우기 마련이며, 종종 좋은 정책이 편의적인 정책으로 대체되는 곳이다. 더 본질적으로, 도시는 이러한 프로젝트를 열정을 갖고 지속할까? 리우의 통제센터 같은 설비들이 돈만 많이 들고 쓸모 없는 미래의 문제거리가 되지는 않을까?

시장들이 장기적으로 스마트 프로젝트에 계속 전념한다 해도, IBM의 새로운 도시에 대한 사랑이 지속되기는 할까? 50년 전, IBM의 지도부는 맨하튼 중간지대에 위치해 있던 본사를 숲이 우거진 뉴욕 주 아몽크Armonk의 산등성이로 옮기면서 뉴욕 시로부터 수천 개의 일자리와 자긍심을 앗아갔다. 지금의 구글플렉스와 같은 당시의 아몽크 캠퍼스는 문제가 늘어나고 있던 미국의 가장 중요한 도시 맨하튼에서 IBM이 의도적으로 철수하며 조성되었다. 그 이후 수년간 IBM은 도시문제를 해결하기 위해 엄청난 재능과 기술을 축적해왔다. IBM의 엔지니어들이 전 세계의 최전선에 배치되어 있긴 하지만, 호화로운 교외에 몸을 숨긴 그 회사를 도시들이 맹목적으로 따라야 하는지는 숙고할 가치가 있다.

미러 월드

　IBM이 리우에 구축한 도시통제실보다 더 놀라운 일이 있다. 1991
년 예일 대학교 컴퓨터 과학 교수 데이비드 겔런터David Gelernter는 급속
한 변화를 놀라울 만큼 세부적으로 이미 예견했다. 그가 저술한『미러 월
드Mirror Worlds』는 "머지않아 현실로 일어날, 컴퓨터 스크린을 통해 현실
세계를 보게 되는 상황을 묘사합니다"라는 말로 시작한다. * "당신이 살고
있는 마을, 당신이 일하는 회사, 학교 시스템, 병원 등 세계의 일부가 압
축적이긴 해도 인지에 지장이 없는 선명한 색채 이미지로 미러 월드에 펼
쳐질 것입니다 … 새로운 자료가 끊임없이 전선을 따라 쏟아져 들어올 테
고요 … 비즈니스를 수행하는 동안 당신만을 위한 소프트웨어가 생길 것
입니다."[37] 소포 폭탄 테러범 테드 카친스키Ted Kaczynski **가 1993년 6년의
활동 공백을 깨고, 폭탄을 우편으로 발송하여 겔런터의 목숨을 거의 앗아
갈 뻔 했던 방화 사건도 바로 전방위적이고 변형적인 그의 선견지명 때문
이었다.

　『미러 월드』는 오늘날 우리 세계의 감지, 네트워킹, 계산 및 시각화
방식을 놀랍도록 정확하게 예견했다. 정말 흥미로운 건 겔런터가 광범위
한 복잡성을 실시간으로 포착하는 도구의 힘을 묘사하기 위한 방법으로
여러 번 되풀이하여 도시를 이용하였다는 점이다. 1장의 첫 페이지는 다
음과 같이 시작한다. "도시 어딘가의 방에 앉아 있다고 생각하세요. 그러
면 궁금해지기 시작할 것입니다. 바깥 상황은 어떻지? 무슨 일이 벌어지
고 있지? … 그 짧은 순간, 모든 거리의 차들이 움직이거나 혹은 막혀있
고, 지방 정부는 현명한 결정을 내리고, 공적 자금은 일정 비율로 흘러나

---

* 미러 월드는 현실세계를 인터넷에 3차원 CG로 재현하여 시뮬레이션 하는 의사결정 증강지원 시스템이다.
** 테드 카친스키는 16살에 하버드에 입학하고, 이후 버클리 대학의 수학과 교수로 재직한 인물이다. 물질문명에 반대하여
　교수직을 사임한 후 은둔하면서, 항공사나 컴퓨터 관련 직종에 있는 사람들에게 소포 폭탄을 보냈다. 18년에 걸친 소포 폭탄
　테러로 3명이 죽고 23명이 부상당했다.

오고, 경찰은 일정한 형식으로 배치되고 있습니다. 이러한 목록은 이 책의 나머지 부분을 채울 수도 있죠."

겔런터의 예지력은 시간 차원을 추가할 때 더욱 커진다. 집 근처 테이크 아웃 중국 음식점에서 일어나는 평범한 주문과 거래, 개업 후 수십 년 동안 사용한 포장용기 수천만 개가 축적된 모든 역사를 상상해보라. 또는 오래된 모퉁이 선술집에서, 한 세기 동안 사람들이 마신 모든 잔들을 상상해보라. 도시는 매우 복잡하고 다양한 소규모 활동이 시간의 흐름 속에 축적되며 구축된다. 만약 우리가 세부사항을 기록하고, 보존하고, 분석하고, 시각화할 수 있다면 어떨까?

『미러 월드』는 그러한 이미지가 어떻게 생명력을 갖게 되는지를 묘사한다. 미러 월드는 모든 것을 이해할 수 있는 기계적 지능의 방식이 아닌, 인간에게 기계 지능의 능력을 부여하는 새로운 종류의 전시안all-seeing eye적 방식이다. 미러 월드는 "과학적 관찰 도구로, 매우 크거나 혹은 작은 세계가 아니라 '휴먼 스케일'의 조직, 제도 그리고 기계에 대한 소셜 세계에 주목한다. 이 사회적 세계는 거대한 현미경을 이용하거나 망원경으로 본 듯이 시야의 깊이, 선명도, 투명도를 높인다." 자세히 들여다보는 것의 힘은 겔런터의 소설적 장치이다. 미러 월드의 진정한 힘은 통찰력에서 나오는 것이 아니다. 그가 추구한 것은 '전체를 보는 식견topsight'이다. "하늘보다 훨씬 더 높은 지점에서 새의 눈으로 전체, 즉 빅 픽처big picture를 보는 것이고, 각 부분들이 서로 어떻게 조화되는지 파악하는 것이다."[38]

미러 월드에 대한 그의 묘사도 흥미롭지만 미러 월드에 대한 그의 비평은 훨씬 매력적이다. 책의 초반부에, 그는 "이 소프트웨어 장치를 컴퓨터 과학자들의 손에 맡기기에는 그 사회적 함의가 너무 중요하다"고 말한다.[39] 독특하게 구성된 이 책의 후기에 이르면 우리는 암울한 미래상을 듣게 된다. 후기는 겔런터의 소설 속 자아인 음악가 에드Ed, 그리고 전자공학자 존John 사이의 정신분열적인 가상 대화 형식으로 구성되어 있다. 에드와 존은 겔런터의 흥분과 불안감을 번갈아가며 토로하며 미러 월드에 의해 지배되는 미래를 이야기한다. 어쩌면 겔런터는 자신이 밝혀야 하는 미러 월드의 부정적 측면으로부터 도피하고 싶었던 것일 수 있다. 겔런터는 사람들이 미러 월드를 더욱 심각하게 인식하게 할 의도로 기묘한 후기를 구성한 것 같다.

겔런터는 핵심을 짚었다. 인류는 미러 월드에 의존하게 될 것이며, 미러 월드에 대한 의존은 사회를 불안정하게 만들 것이다. 에드는 말을 탈 때 발을 걸치는 발걸이인 등자의 발명이 어떻게 유럽의 군비 확장 경쟁을 유발했고, 기마전의 전문화를 가져왔으며, 재정마련을 위해 봉건제도가 생겼는지를 사례로 설명한다. 마찬가지로 미러 월드도 정보 군비 경쟁에 박차를 가할 것이다. 미러 월드를 결합할 수 있는 누구든지 그렇지 못한 사람들을 공격할 것이다. 결과는 격변적일 것이다. 미러 월드는 "하나의 원심 분리기로서 … 철저하게 기계에 익숙한 사람을 중심으로 사회가 계층화되도록 설계"되었다.[40]

단순히 사회의 물질적 기초만이 아니라 우리의 마음, 개인과 집단의 추론 과정 또한 미러 월드에 달려있다. 겔런터는 에드를 통해 이렇게 말한다. "소프트웨어를 디자인하고 제작하는 사람들을 불신하는 것이 아닙니다 … 그들은 우리를 잘 돌보아줄 것입니다. 그런데 그것이 바로 문제입니다. 농노serfdom는 노예slavery가 아닙니다. 노예가 노예입니다. 농노는 단지 전적으로 의존적인 존재입니다. 나 스스로도 이해되지 않지만, 나는 단지 편리함 때문이 아니라 나의 생각을 표현하기 위해 농노처럼 소프트웨어에 의존하고 있습니다."[41]

리우 같은 도시는 그들을 위한 미러 월드를 만들고자 서두를 때에 무엇을 포기하고 있을까? 우리가 보았듯이, 인재와 투자 유치를 위해 도시들이 경쟁하는 세계에서는 도시문제에 대해 기술적으로 조치하고자 하는 행위 그 자체가 경제적 생존의 열쇠가 되고 있다. 그러나 겔런터가 센서 구동 시뮬레이션 의존성 문제에 초조해하는 바로 그 순간, IBM의 콜린 해리슨은 센서 의존성을 관리 가능한 또 다른 위험요인 정도로 인식한다. 해리슨이 내게 말했다. "기술은 한번 도입하면 없앨 수 없어요. 화학 비료는 확실히 그런 기술들 가운데 하나죠. 전기도 마찬가지예요."[42] 해리슨은 스마트시티 정보 시스템의 전개를 돌이킬 수 없는 기술이자 기존 발명품 맨 위에 놓인 최상위 기술 층위로 본다. 그리고 IBM은 그들의 미러 월드가 다른 회사의 것으로 교체되지 않도록 할 만한 우월한 위치를 차지하고 있다. 겔런터가 우려한 것처럼, 리우는 미러 월드의 노예가 되었을 뿐만 아니라 미러 월드를 설계하고 운영한 기업의 노예가 된 것은 아닐까?

오늘날 리우와 같은 미러 월드는 단지 도시를 관리하기 위해 설계되었지만, 미러 월드가 제공하는 전체론적 통찰력은 도시를 계획하는 사람들에게 아주 매혹적이다. 그렇지만 역사는 이러한 종류의 기술이 위험할 수 있다는 사실을 알려준다. 도시계획가 톰 캄파넬라Tom Campanella가 『하늘에서 본 도시Cities From the Sky』에서 설명했듯이, 항공사진의 발명과 광범위한 이용은 도시에 엄청난 피해를 입혔다. 제2차 세계대전 중에 폭격을 계획하고 표적을 정하기 위해 도시를 조사하려는 목적으로 항공사진을 활용했다. 그 후, 항공사진은 현대화된 시장, 개발업자 및 도시계획가들이 가상의 신처럼 군림하도록 높은 지위를 제공했다. 항공사진에 의한 새로운 관점은 거리의 삶에서 분리되어, 거대 규모의 현대 도시에 대한 영혼 없는 설계를 고취시켰다.[43]

미러 월드는 시간이 흐르면서 도시가 어떻게 변화하는지 더욱 잘 이해하도록 하여 더 나은 도시계획을 할 수 있는 기회를 만들기도 한다. 항공사진은 도시의 근육과 골격 구조만을 보여주었다. 센서를 조사하면 스마트시티의 순환계와 신경계가 드러난다. 처음으로 우리는 생물학자들이 유기체를 보는 방식으로 극히 세밀하면서도 동시에 날 것 그대로, 전체로서 도시를 보게 될 것이다. 오늘날 우리는 천문학자들이 천체를 보는 것처럼 도시를 본다. 몇 광년 과거의 시간이, 조금 전 시간인 것처럼 말이다. 이러한 시간차 때문에, 우리는 이미 다른 무언가로 바뀐 도시의 미래를 계획하고 있다.

그러나 전체를 다 잘 본다고 해서 실제 도시에 거주하는 사람들의 삶에 대해 더 많은 것을 알 수 있는 건 아니다. 겔런터가 묘사한 것처럼, "무질서한 다중 감각적 현실에서 … 사람들의 시야, 소리, 냄새, 그리고 성격"이 삭제되면서, 미러 월드는 도시 거주자들 스스로 느끼는 주관적 현실을 배제시킨다. 전체를 보는 것은 사람들의 일상을 가까이에서 통찰한 것과 비교하여 무엇을 더 알려줄 수 있을까? 그런 목소리들이 우리를 더 산만하게 할 수도 있다.

『미러 월드』가 출간된 지 20년이 지난 2011년 어느 더운 여름날 아침, 나는 맨하튼 강 건너편 나무 아래에서 누워 책을 읽고 있었다. 겔런터의 또 다른 자아들이 논쟁을 마칠 무렵, 겔런터의 사고 실험은 마침내 결론에 도달했다. 미러 월드가 과학이 대표하는 '합리적 객관주의'와 18세기 계몽주의에서 도래한 낭만주의가 갖는 '비이성적 감성주의' 사이의 철학적 투쟁을 종식하리라는 것이다. 자연과 인간의 관능에 의해 주도되는 낭만적 세계관은 "죽어가는 중이다. 비효율적이기 때문이다. 낭만성은 막연하게 행복감을 느끼게 한다는 점을 제외한다면 아무것도 생산하지 못한다. 와인과도 같다." 여러 해에 걸쳐 도시에 대해 공부하는 동안, 내 주변의 대도시에서 일어나는 수많은 일들을 상상하기 위해, 나는 나 자신만의 미러 월드를 종종 꿈꾸곤 했다. 책을 내려놓고 나 자신만의 미러 월드를 만드는 데 빠져들었다. 웨스트 사이드West Side 고속도로를 따라 움직이는 자동차, 맨하튼 모든 택시의 올라가는 요금, 강 아래 전선을 따라 흐르는 비트bit를 내 마음의 눈으로 보려 했다. 언젠가 곧, IBM은 맨하튼에 실제 미러 월드를 켜고 맨하튼의 그 모든 멋지고 덧없는 세계를 영원히 파괴할 것이다. 겔런터에 따르면 "미래는 분명하다. 모든 것을 알 것이고, 느끼는 건 아무것도 없을 것이다." 낭만주의는 생명유지 장치에 의존해 왔다. "그리고 미러 월드는 낭만주의를 없앨 무기를 가지고 있다."[44]

심리역사학자

겔런터는 IBM이 전 세계 도시에 설치하고 있는 미러 월드를 예언했다. 그렇지만 컴퓨터를 이용한 도시 시뮬레이션, 관리 및 계획에 대한 첫 시도는 냉전 시대로 거슬러 간다. 1951년, 전설적인 SF 소설 작가 아이작 아시모프Isaac Asimov는 태블릿 컴퓨터를 가까이 두고 있는 사람이라면 누구나 친숙하게 여길 장면으로 SF 고전『파운데이션Foundation』을 시작한다. "셀던Seldon은 벨트에 묶여 있는 주머니에서 계산기 패드를 꺼냈다. 그가 깨어있을 때 사용하기 위해 베개 아래에 계산기 패드 하나를 두었다고 말했다. 그 패드의 회색빛 윤이 나는 마감은 손때가 묻어 다소 해져있었다. 나이가 들어 반점이 생긴 셀던의 날렵한 손가락은 파일과 화면을 덮고 있는 버튼의 열을 따라 움직였다. 빨간색 기호가 패드 상단에서 빛났다."[45]

소설에서 셀던은 "사회적, 경제적 자극을 조정하기 위한 인간 집단의 반응을 다루는 수학 분파"를 창시한 배교자 "심리역사학자" 무리를 이끈다.[46] 심리역사학자들은 고급 통계를 사용하여 미래를 예측하고자 열망했다. 아시모프는 그가 갖고 있는 미래 비전을 실현하기 위해 독자를 고무시키는 데에 타고난 재주가 있었다. 파운데이션은 전 세대가 수학과 컴퓨터로 사회를 길들이도록 노력해야 한다고 강하게 촉구했다. 노벨경제학상 수상자인 폴 크루그만Paul Krugman이 언급한 적이 있다. "자라면서 심리역사학자가 되고 싶었고, 경제학은 내가 그리 될 수 있는 범위에 가장 근접했습니다."[47]

오늘날의 경제학과 마찬가지로 아시모프의 심리역사학은 추측으로 가득한 음울한 과학이었다. 파운데이션의 도입부에서, 셀던은 심리역사학 분야의 새로운 견습생 가알 도넥Gaal Dorneck에게 심리역사학 사상을 주입했다.

> 그가 말했다. "그건 현재 제국의 상태를 묘사하는 것이라네."
> 그는 기다렸다.
> 가알이 말했다. "그건 분명 완전한 묘사가 아닙니다."
> "그래, 완벽하지는 않아," 셀던이 말했다. "내 말을 무조건 받아들이지 않으니 기쁘네. 그렇지만, 이건 문제를 입증하는 데 쓰일 수 있는 근사치라네. 그걸 받아들이겠나?"[48]

아시모프의 심리역사학 묘사는 당시 새로운 분야였던 사이버네틱스cybernetics에서 영감을 받았다. 오늘날 공상과학 소설에서 보조적으로 등장하는 핵분열 및 로켓공학 기술과 함께, 자동화된 통제 시스템은 2차 세계대전에서 비약적으로 도약한 기술이다. MIT의 노버트 위너Norbert Wiener가 이끈 사이버네틱스는 항공기 위치 예측을 개선하기 위해서 이뤄진, 과거 비행 궤적 관측치를 사용한 대공 표적 기술에 대한 전시wartime 연구를 기반으로 했다. 사이버네틱스는 성능을 최적화하기 위해 감지와 피드백을 활용하는 아이디어를 채택했고, 그러한 사고를 만물로 확장시켰다. 사이버네틱스 학자들에게 있어 기계, 조직, 도시, 심지어 사람을 포함한 모든 것은 정보 흐름에 의해 연결된 균형 잡힌 사물 네트워크, 즉 시스템으로 인식될 수 있다. 그들은 어떤 시스템의 구성요소와 그 사이의 흐름은 전체 행위를 모사한 일련의 방정식으로 표현할 수 있다고 믿었다. 이러한 수학적 '모델'을 통해 분석가는 투입요소를 변경하고 시뮬레이션을 통해 파급효과를 관찰하여 쉽게 예측했다. 이것은 대단히 강력한 사고방식이었다. 사이버네틱스적 사고는 공학, 생물학, 신경 과학, 조직 연구 및 사회학의 새로운 방향을 제시하였다.

사이버네틱스는 『파운데이션』의 줄거리를 제공했는데, 컴퓨터의 발전은 사이버네틱스의 버팀목이 되었다. 1945년 미국의 히로시마와 나가사키를 핵으로 공격하기 직전에 버니바 부쉬Vannevar Bush는 컴퓨터 시대의 로드맵을 설계한 저널 「애틀랜틱The Atlantic」에 논문을 발표했다. 부쉬는 일본에 사용한 핵무기를 개발한 맨하튼 프로젝트를 포함하여 2차 세계대전 기간 미국의 모든 과학적 시도를 감독한 MIT 출신의 독보적인 기술 권위자였다.

태블릿 컴퓨터를 인지 인공기관으로 삼아 사회 경제적 시뮬레이션을 구축한 아시모프의 심리역사학자들과 마찬가지로, 부쉬는 새 인공지능 기계가 힘들고 단조로운 계산에서 벗어나 사이버네틱스의 창의적 작업을 가능하게 할 것으로 믿었다. 부쉬는 "미래의 발전한 산술 기계는 본질적으로 전기를 이용할 것이고, 현재보다 100배 혹은 그 이상 빠른 처리 속도를 가질 것"으로 전망했다. "수학자는 주로 높은 수준의 기호 논리 사용에 능숙한 개인이다 … 자동차 후드 아래의 복잡한 메커니즘이 차의 추진력으로 전환되는 것처럼, 수학자는 확신을 갖고 모든 것을 스스로의 메커니즘으로 전환할 수 있어야 한다." 이 글은 종종 웹 브라우저를 예리하게 묘사한, 부쉬가 '메멕스memex'로 명명한 가상 장치를 설명하기 위해 자주 인용된다. 또한 부쉬는 전체 사회를 이해하기 위하여 컴퓨터를 이용할 것이라고 예견했다. 그는 "복잡한 일을 수행하는 수백만 명의 사람들이 세부적인 업무를 처리할 때, 계산이 필요한 일은 항상 엄청나게 많을 것이다" 라고 주장했다.[49]

사이버네틱스는 운영 연구 분야라는 조금 더 평범한 분야에 이론적인 외양을 제공했는데, 이 분야 역시 전시 계획에서 자라났고 시스템 과학을 대규모 조직의 시뮬레이션과 계획하는 데에 적용했다. 이런 아이디어는 SAGE가 조정한 대공 방어 시스템과 같이 네트워크화된 거대 조직의 설계에 깊이 반영되었다. 사이버네틱스 학자들이 이러한 기술과 컴퓨터의 새로운 힘을 미국의 도시문제로 전환시키는 데는 오랜 시간이 걸리지 않았다. 셸턴과 마찬가지로, 그들은 복잡한 도시 현실을 계산 가능한 일련의 방정식으로 도출하는 데 매진하면서 성급하게 근사치를 이용했다. 그러나 소설 말미에 지구 최후의 날 예언을 실현한 『파운데이션』의 심리역사학자들과 달리, 실제 세계의 사이버네틱스 학자들은 도시를 예측할 수 있는 기계를 만드는 데 성공하지 못했다. 실제로, 그들은 실패했다. 그리고 그 실패는 끔찍한 결과를 낳았다.

1990년대 후반, MIT의 대학원생이었던 나는 어느 겨울 오후에 도서관에서 『어반 다이내믹스Urban Dynamics』라는 흥미로운 책을 우연히 발견했다. 수십 년 동안 잊혀진 것처럼 케케묵은 어느 페이지에서 도시과학 전반에 대한 설명을 우연히 읽고선 넋을 잃어버렸다. 거기에는 객관적인 산문과 논리적인 사이버네틱스 절차도가 그려져 있었다. 포레스터Jay Wright Forrester는 위너와 마찬가지로 MIT의 교수였고, 전쟁 중에 표적 시스템 구축에 참여했다. 사이버네틱스에 대한 그 이후의 관심은 보다 실용적이었다. 1950년대, 포레스터는 수십 개의 통제 벙커와 북미 전역에 걸친 수백 개의 레이더 기지를 연결하는 사이버네틱스의 결작인 SAGE를 설계하는 공동 책임자가 되었다.

포레스터는 SAGE를 경험하면서 공학의 가장 큰 난관은 크고 복잡한 기술 시스템을 구축하는 일 자체가 아니라는 점을 알게 되었다. 가장 큰 도전은 시스템을 사용하는 사람과 조직의 관리였다. 인간은 기계보다 이해하고 통제하기 훨씬 어려웠다.[50] 그는 1956년 초 MIT에 새로 개설된 슬로언 경영대학원Sloan School of Management에서 빠르게 운영 연구 분야의 주요 인물이 되었다. 베르너Liss Werner와 같은 사이버네틱스 학자는 캠퍼스의 다른 곳에서 우주의 본질에 대해 토론했다. 그러나 포레스터는 대단히 복잡한 시스템을 실제 설계하는 데에 보다 흥미를 느꼈다. 그는 피드백 루프feedback loop와 시간 지연time delay이 자원 및 제품의 흐름과 비축을 관리하는 방법에 주안점을 둔, 산업 시스템을 수학적으로 모델링하는 기술을 개발했다. 그 작업의 절정판인 『산업 다이내믹스Industrial Dynamics』는 1961년 출간되었다. 현대적 공급망 관리의 기반을 마련한 켄터키 주 제너럴일렉트릭 공장의 작업을 분석한 책이다.[51]

포레스터는 그 회사를 완전히 파악한 후, 현재 일반적으로 '시스템 다이내믹스system dynamics'라 부르는 사이버네틱스적 도구 상자를 적용해 볼 수 있는 또 다른 복잡한 시스템을 물색했다. 존 콜린스John Collins 전 보스턴 시장이 MIT의 도시문제 담당 객원 교수로 부임하였을 때 포레스터는 우연의 일치로 옆 사무실을 쓰게 되었고, 그는 기회를 포착했다.

그가 도시를 이해하는 데 컴퓨터 모델을 사용할 수 있다는 생각을 처음부터 했던 것은 아니었다. 방대하고 복잡한 국방 및 항공 우주 분야에서 시스템 공학이 성공하면서, 관리를 어떠한 방식으로 수행하는지에 따라 도시에도 적용할 수 있다는 희망을 가졌다. 당시는 미국 도시의 미래에 대한 큰 불안감이 일었던 시기다. 여름철 도심에서의 폭동이 거의 연례행사처럼 일어나면서, 부유층은 새로운 교외로 피난했고 일자리도 이동했다. 1969년 발간된 『어반 다이내믹스』의 서론에서 포레스터는 다음과 같이 서술했다. "오래된 도시가 처한 역경은 오늘날 국내에서 가장 눈에 띄고 대중의 관심을 불러일으키는 사회 문제입니다."[52]

콜린스와의 관계를 활용하여, 포레스터는 다양한 도시 주제에 걸쳐 전문가 의견을 들었다. 그는 주택, 노동시장과 같은 다양한 도시 구성요소가 어떻게 작동하고, 상호 연관되는가를 설명하는 수식을 개발했다. 이러한 관계를 컴퓨터에 프로그램으로 입력하여 도시의 성장, 정체, 쇠퇴 및 회복 방법을 설명하는 시뮬레이션을 개발했다.[53]

　『어반 다이내믹스』는 특정 도시에 적용할 수 있는 모델을 연구하기보다 도시의 일반적인 시스템 모델을 끌어내기 위해 노력했다. 그러나 그 책은 도시 정책 입안자들을 혼란스럽게 만들었다. 그 이유는 장소에 대한 이해가 부족했다기보다는 도출된 결론이 직관에 어긋났기 때문이다. 포레스터의 일반 도시 모델은 '정체 상태stagnant condition'에서 시작한다. 높은 실업률이 평형상태에 놓여 있고, 빈민가 주택은 과잉 공급되어 있고, 전문가를 위한 주택은 부족 상태인, 당시 미국 대도시 대부분의 특징을 반영하는 듯 보였다. 그런데 실업자 교육 훈련이라든지, 연방정부가 도시에 직접 원조하는 것과 같은 일반적인 도시 정책을 시뮬레이션하도록 모델을 설정하면 오히려 좋지 않다는 결과가 도출되었다. 논란을 야기한 더욱 놀라운 사실은, 빈민가를 철거하고 고급 상업용 및 주거용 건물로 대체하는 정책이 유리하다는 결과를 도출한 것이다. 이는 1960년대 말에도 상당히 논란이 되었던 도시발전 전략이었다. 그럼에도 불구하고, 「미국계획협회지 Journal of the American Institute of Planners」의 서평에서 한 서평가가 말했듯, 포레스터는 그의 방법론과 결과에 '꺾이지 않는 자신감'이 있었다.[54] 그러면서 자신의 책이 도시 연구 분야의 최신 연구에 대한 인용이 부족하다는 것을 쉽게 무시했다. 그는 "도시 행위와 동태성dynamics 측면의 관련 연구가 실제 존재하지만, 이를 확인하는 것은 거대하고 분리된 과업"이라고 기술했다. 도시계획에 대한 정규 교육을 거치지 않은 포레스터는 오로지 컴퓨터 시뮬레이션에 기초하여, 빈민가뿐만 아니라 공공 주택에 대한 연방정부의 보조금까지도 폐지해야 한다고 주장했다. 공공지원이 거주자들에게 가난의 덫이 되었다는 모델의 분석결과에 기초해서 말이다. 주택건설 과업 수행 중에 빈민가의 슬럼화 현상이 나타난다는 것은 오늘날 널리 알려진 문제이다. 1970년대 붕괴된 세인트 루이스의 프루이트 이고Pruitt-

Igoe 단지는 재앙과 같은 파국을 맞았고, 그 사건을 일으킨 당사자이기도 한 당대 사회과학자들이 힘들게 수행한 현장조사 방법론 역시 명백하게 실패로 끝났다.[55]

어반 다이내믹스는 어쩌면 컴퓨터 기반 도시 시뮬레이션 세대의 가장 야심 찬 시도일 수 있다. 그러나 그 기법은 도시문제에 시스템 분석을 적용하는 데 실패한 10년 간의 역사의 말미에 대두되었다. 역사가이자 사회학자인 제니퍼 라이트Jennifer Light의『전쟁에서 복지로: 냉전 시대 미국의 국방 지식인과 도시문제From Warfare to Welfare: Defense Intellectuals and Urban Problems in Cold War America』에 따르면, IBM이 2008년 금융위기 시기에 새로운 비즈니스를 도시로 전환하였던 것처럼, 방위 산업체는 군용 컴퓨터 기술이 발명되자마자 곧장 새로운 시장을 찾기 시작했다. 1957년 초에, 군사계획과 도시계획 사이 유사성을 연계하려는 의제가 제기되었다.[56] 냉전이 얼마나 오랜 기간 국방비 지출을 유지할 수 있을지 불확실한 상황에서, 라이트는 두뇌 집단들이 "그들 조직의 생존 가능성은 군사 시장을 넘어 혁신을 전이하는 방법을 찾는 데에 달려있음을 인지했다"고 주장했다. 1950년대 후반 TRW, 랜드RAND와 같은 방위 산업체는 도시 및 공공행정 저널을 발간하기 시작했는데, 라이트는 자기 경험에 기초하여 "시스템 분석과 컴퓨터 시뮬레이션과 같은 군사 운영 연구에서 태동한 기교와 기술이 어떻게 도시 관리를 위한 새로운 방향을 제시할 수 있는지를 제안한 것"이라고 이야기했다.[57]

결과는 그다지 인상적이지 않았다. 1960년대 초, 연방 기금이 투입된 커뮤니티 재생 프로그램의 일환으로, 피츠버그 시는 교통, 토지이용 및 사회적 서비스에 대한 공공 지출의 영향을 예측하기 위한 컴퓨터 시뮬레이션 개발을 시도했다. 즉시 문제가 발견됐다. 도시 고속화도로 건설에 따른 주택정리 정책의 영향을 계산한 프로그램은 상식 밖의 결과를 도출했다.[58] 기술은 도시의 역량을 확장하고 더 나은 의사결정을 지원하기보다, 상상력을 제한한다. 라이트는 다음과 같이 설명했다. 피츠버그의 계획가들은 "그들이 모델링을 할 수 있는 수준에 맞추어 그들의 질문과 문제를 설정하고 있음을 깨달았어요 … 이런 특성을 시뮬레이션 기술의 한계로 규정하기보다, 누군가 이 모델을 사용하기 원한다는 이유를 들어 정당화하곤 했지요." 컴퓨터의 한계에 사로잡혀, 그들은 단순한 모델이 더 좋았다고 주장했다. 그들의 말로 표현하자면, 복잡한 모델은 "현실 세계의 복제 사진판으로 … 어떤 용도로도 사용하기에 너무 복잡할 것이다."[59] 모델링을 통해 보여주고 실현할 수 있는 것이 없어지면서, 1964년에 시는 프로젝트 책임자를 해고했고, 연방 기금의 연장을 포기했다.[60]

심리역사학자들처럼, 1960년대 도시 모델 개발자들은 근사치에 의존하는 나쁜 습관을 가지고 있었다. 이로 인해 뉴욕에서는 엄청난 결과가 생겼다. 조 플러드Joe Flood가 2010년 출간한 『더 파이어스The Fires』에 따르면, 1969년 당시 뉴욕 시의 소방 본부장 존 오헤이건John O'Hagan은 도시에 화재 발생률이 크게 치솟고 노조가 자원을 더 많이 요구하자, 뉴욕 시 랜드 연구소New York City-RAND Institute의 조언을 받아들였다. 존 린제이 John Lindsay 시장은 1년여 전에 연구소와 싱크탱크 협력관계를 체결하였다. 랜드 연구소의 조언은 지방정부의 운영에 사이버네틱스적 사고를 적용하는 대담한 시도였다. 린제이 시장은 "최신의 현대적 관리 기법을 도시 정부에 소개했습니다. 국방부 장관 로버트 맥나마라Robert McNamara가 지난 7년간 국방부에 성공적으로 적용한 바 있어요"라며 그 시도를 설명했다. 랜드 연구소는 소방서의 업무와 대응시간을 단일 지표로 설정하는 데 초점을 두어 도시의 화재진압 시스템에 대한 컴퓨터 모델을 개발했다.[61] 랜드 연구소의 분석가들은 대응시간 지표의 유용성에 불안감을 가지고 있었다. 그러나, 대응시간은 신뢰할 수 있도록 측정 가능한 가장 손쉬운 지표였고, 덜 가변적이었으며, 간단한 모델을 구축할 수 있었다. 플러드의 설명에 따르면, "랜드 연구소는 운명적인 선택을 했다. 대응시간

자료를 모으고, 모델을 구축하는 데 최선을 다했다. 대응시간 지표가 갖는 결점에 대한 우려는 부수적인 것으로 치부했다."[62]

그들이 만든 가정과 왜곡은 바로 그 지점에서부터 악화되었다. 랜드의 모델은 소방대가 항상 출동 대기상태라고 가정하였는데, 실제 현실에서 "브롱스 같은 곳에서는 그렇게 될 가능성은 희박했다. 브롱스 같은 곳에서는 한 근린지역, 때로는 전 자치구의 소방대가 모두 동시에 진화작업을 위해 출동하는 경우도 있었다"고 플러드는 설명한다. 또 어설프게 손쉬운 방법으로 만든 모델은 교통이 마비되는 상황을 무시했다. 그래서 "모델은 출동 소요시간의 계산에서 교통량에 따른 혼잡을 감안하지 못했다. 예컨대, 모델은 대형트럭들이 혼잡한 출퇴근 시간대의 미드타운 맨하튼을 통과하는 시간을 자정에 퀸즈를 통과하는 속도로 통과할 수 있는 것처럼 계산했다."[63] 정치도 모델을 왜곡하는 데 일조했다. 랜드의 래 아치벌드Rae Archibald는 플러드에게 말했다. "만일 그 모델이 어떤 결과를 회신해 주었을 때" 소방 본부장 존 오헤이건이 "그 결과를 마음에 들어 하지 않는다면, 다시 모델을 돌리고 점검하고, 반복하게 요구할 겁니다."[64] 1971년 예산 삭감의 물결 속에, 랜드 모델은 직관과 다르게 가장 바쁜 소방대 몇 곳을 폐쇄하도록 권고했다. 순전히 응답시간 계산에 기초한 결론이었다.[65] 결과적으로 소방대 폐쇄 결정은 도시의 가난한 지역에 집중되었다. 남아있는 소방대에 수요가 급증했고 브롱스와 여러 이웃 지역이 불타버렸다. 플러드는 화재가 초래한 실향민 수를 50만 명 이상으로 집계했다.[66]

1970년대 중반까지 도시계획 및 관리를 위한 주요 분야에서 컴퓨터 모델 구축을 시도했었다. 포레스터의 포괄적 시스템 모델, 피츠버그 같은 토지 이용과 교통 모델, 그리고 더 좁은 영역에 초점을 둔 뉴욕 시 소방 본부를 위해 랜드가 구축한 운영 모델이 그 예이다. 이 모델들은 그 효과성에 있어 심각한 의구심을 불러일으켰다. 1970년대 중반을 지나자, 계획학자들은 도시 모의 시뮬레이션 장치가 모든 것을 포괄하고 예측할 수 있다는 초기의 생각을 재빨리 떨쳐버렸다. 1973년 더글라스 리Douglass Lee는 「미국계획협회지」에 투고한 "대규모 도시 모델을 위한 진혼곡Requiem for Large-Scale Urban Models"이라는 논문에서 그 종말을 노래했다. 리는 현재 캘리포니아 버클리 대학 도시계획학과 교수로 재직 중이다. 미국 교통부의 볼프Volpe 국립교통시스템센터 관련 모델을 구축중에 있으며, 당시 피츠버그 시에서 근무하며 모델을 자세히 연구한 경험이 있다.[67] 그 논문은 '7가지 원죄'라 지칭한 대규모 모델에 대한 통렬한 고발이었다. 7가지 원죄는 과도한 포괄성, 조악함, 빈약함, 완고함, 복잡함, 개성 없는 기계적 성질, 비싼 가격을 뜻한다. 리는 할 수 있는 가장 혹독한 논평을 포레스터에게 보냈다. 리가 포레스터를 어떻게 이해했는지 살펴보자. "그 MIT 교수가 어떤 사람이냐면, 간단한 주택 시장도 이해하지 못한 채 어떤 모델에 파묻힌 사람이예요 … 그러면서 상관도 없는 복잡한 특징들을 빼놓지 않고서 문제를 이해할 수 없다고 주장하고 있습니다."[68] 피츠버그 모델 분석가가 모델을 추적하기 쉽도록 단순화하는 동안, 포레스터는 더 정교하게 보이려고 자신의 모델을 장식했다.

도시계획 입안자들은 사이버네틱스와 시스템 다이내믹스 분야를 30년 동안이나 쳐다보지 않았다. MIT의 도시 시스템 실험실은 1974년 자금 부족으로 문을 닫았다. 1970년대 초반 포레스터의 도시 연구를 지도한 루이스 에드워드 알펠드Louis Edward Alfeld는 1995년에 이렇게 썼다. "지난 25년 동안 시스템 다이내믹스를 친숙하게 다루지 않았다 … 단순한 호기심의 대상이었고, 거의 들어보지 못한 과거의 유물이 되었으며, 대부분 무시당했다."[69] 같은 해, "진혼곡"에 대한 회고록에서, 리는 다음과 같이 주석을 달았다. "모델링은 대부분 가내 산업이다. 10년 전이나 20년 전이나 크게 다르지 않다. 계획과 컴퓨터 기술의 급변에도 불구하고, 대규모 도시 모델의 역할에 대해서는 답이 없는 상태이다. 모델이 살아있는 것이 모델 분석가들에게는 좋겠지만, 그렇다고 다른 사람들에게도 그것이 중요할까?"[70]

시스템 모델 분석가들은 1970년대 초 도시 분야에서 내쫓겼지만, 도시보다 덜 복잡한 민간의 시스템 분석에서 그 지식을 꽃피웠다.[71] 결과적으로, 그들의 망명이 영구적일 것 같지는 않다.

2011년 IBM이 50만 명 인구의 오레곤 주 포틀랜드에 어반 다이내믹스를 불러들이자, 사이버네틱스는 귀환에 성공했다. 1960년대에 전개된 시뮬레이션 작업은 컴퓨터의 제한된 데이터 수집 역량을 극복해야 했다. 사실상 무한한 처리 능력과 방대한 전자 자료의 저장소를 갖춘 IBM은 포레스터의 축소된 컴퓨터 모델을 포틀랜드에서 발전시켰다. 쉽게 이름 붙여진 '스마터 시티을 위한 시스템 다이내믹스'는 3천 개 이상의 방정식을 연결시켜 만들었다. 포레스터는 118개밖에 사용하지 않았었고, 그 중 42개만이 결과에 영향을 주었다.[72] 모델과 연동되는 웹사이트에서 『어반 다이내믹스』의 도표는 도시에서 상호작용하는 변수를 마치 스파게티가 얽혀 있는 모습을 연상하게끔 해부하였다. 마치 누군가 IBM 연구소로 어슬렁거리며 들어가, 낡은 어반 다이내믹스 책 한 권을 떨구면서, "이 새 모델 중 하나 주시오"라고 말하는 것과 같았다. 그렇게 해서 도시 모델링 및 시뮬레이션 분야에서 이룬 40년 동안의 고된 학습과 발전은 무시되었다.

리우의 IBM 딥썬더 시뮬레이션이 48시간 전에 강우량을 예측한 데 비해, 포틀랜드 모델은 10년 간의 기록 데이터를 토대로 한 반복계산으로 미래의 수년 간을 예측하여 장기계획을 위한 정보를 제공하도록 되어 있다. 1960년대 초 피츠버그의 모델이 1980년의 마스터플랜에 필요한 정보를 알려주기 위한 것이었듯이 말이다.[73] 계획가들은 서로 다른 제어 키를 활용해 프로그램에 질문을 할 수 있었다. 당시 포틀랜드의 수석 도시계획가 조 젠더Joe Zehnder는, "교통 정책 투자가 유아 및 초등 교육에 어떤 영향을 미칠까? 공원과 토지이용에 대한 의사결정이 온실가스 배출량에 어떤 영향을 미칠까?"와 같은 질문을 예로 들었다.[74] 그 소프트웨어는 답으로 결과치를 산출할 것이다. IBM은 정책 입안자들이 다양한 조건에 따른 파급효과를 산출하고 도시의 여러 시스템 간의 상호의존성을 조사할 수 있도록 돕는 "의사결정 지원 시스템"이라고 선전했다.[75]

어반 다이내믹스를 불러들이자는 아이디어의 발단은 포레스터가 한때 가르쳤던, MIT 슬로언 스쿨을 졸업한 IBM 전략가 저스틴 쿡Justin Cook이 제기했다. IBM은 2009년까지 산업계와 협력하여 시스템 모델 구축에 대한 깊은 지식을 축적했다. 쿡은 회사의 새로운 스마터 시티 의제에 적용하기 위한 기회로 생각했다. 그는 시범 사업을 물색하던 중 다음과 같이 말했다. "포틀랜드가 아주 좋은 대상지가 될 수 있다고 결정했습니다 … 포틀랜드는 향후 25년을 대비하여 도시계획을 수립하는 초입에 있습니다." 2009년 말, 그는 지속가능한 어바니즘의 대표적인 옹호자인 샘 아담스Sam Adams 시장에게 전통적인 컨설팅 참여 제안이 아닌, 쿡의 설명에 따르면, "공동 연구 프로젝트"에 가까운 사업을 제안했다.[76]

젠더에 따르면, 지역 경제학자 및 계획가들 사이에 "모델에 내재하는 복잡성 때문에 강한 회의론이 존재했음에도" 과업은 계속되었다. 이듬해, IBM은 젠더의 사무소 직원들, 지역 전문가들과 협력하여 방정식 지도와 시뮬레이션에 동력을 공급할 수 있는 시계열 데이터를 축적한 데이터베이스를 개발했다.[77] IBM은 샌프란시스코에 본사를 둔 비즈니스 시뮬레이션 개발 업체인 포리오Forio의 지원에 힘입어, 거미줄 같은 관계식들의 망을 짜기 시작했다. 곧바로 7천 개가 넘는(너무 복잡한 숫자) 방정식들로 늘어났다가 다시 600개(너무 단순한)로 줄었다가 최종적으로는 약 거의 3천 개의 방정식이 포함된 모델을 구축했다.[78]

시스템 다이내믹스가 도시 분야에 남긴 족적이 의문스럽다는 점을 감안하면, IBM이 도시계획에 사이버네틱스를 다시 도입하려는 결정은 처음에 염려했던 것보다 무모하지는 않았다. 젠더가 여러 워크샵에서 모델의 구성방식을 설명한 내용을 들어보면, 그 모델은 포레스터의 절차보다 크게 개선된 것으로 보였다. 작업은 주로 전임 시장 존 콜린스의 친구들과의 면담 후에, 실험실에 틀어박혀 이루어진 것 같다. 쿡이 과업 시작 전에 『어반 다이내믹스』에 대한 비판을 알고 있었는지 여부는 분명하지 않지만, 지역 전문가들은 즉시 오래전부터 제기되던 우려를 표했다. 그러나 쿡이 말했듯이, 도시에 시스템 모델을 구축하고 사용하는 환경은 상당히 바뀌었다. 쿡은 다음과 같이 말했다. "이제 여러분들은 이와 같은 모델을 선택하여 웹 인터페이스를 추가하고, 사람들이 모델과 직접 소통하게 할 수 있으며, 심지어 모델에 내재된 가정들을 바꿀 수도 있습니다. 이 방식은 매우 강력합니다."

그는 시스템 다이내믹스를 변호하면서, 다음과 같이 설득력 있게 주장했다. 이 방법은 "도시의 여러 부분들의 관계를, 사람들이 그 논리를 알 수 없는 블랙박스로 나타내는 대신 매우 명시적으로 드러내 보여줍니다. 우리는 시와 주민들과 더불어 일을 함에 있어서 그들이 모델의 내용을 들여다 보고, 그것이 어떤 것이라는 것을 이해할 수 있도록 하는 것이 특히 중요하다고 생각했죠."[79]

그렇지만 포틀랜드 모델은 포레스터 모델처럼 정책에 거의 반영되지는 않았다. 논쟁을 야기하는 터무니없는 모순을 쏟아내었던 포레스터 모델과 달리, 포틀랜드에서 IBM의 예측은 확실히 따분했다. 이 회사의 가장 떠들썩했던 홍보용 캠페인에서 가장 많이 볼 수 있었던 주장은 자치단체가 채택한 자전거 정책과 비만 감소 사이에 강력한 상관관계가 있다는 점이었다. 하지만 자전거를 좋아하는 포틀랜드 사람 누구도 이 사실을 알기 위해 3천 개의 방정식이 필요하지는 않았다. 젠더에게 계획 과정에서 모델의 역할에 대해 물었을 때, 부차적인 역할이었다는 반응이었다. "상관 관계를 보여주기 위해 사람들이 신뢰하는 방식으로 모델을 유지하거나 사용할 수 없다는 점이 입증되었다."[80] 그러나 쿡이 설명하고 젠더가 동의했듯이, 모델 구축의 진정한 효과는 사람들에게 도시가, '시스템의 시스템'이라는 것을 가르친 것이었다. 시스템의 시스템이란 말은 일찍이 콜린 해리슨이 스마트시티의 복잡성에 접근하는 IBM의 방식을 설명할 때 사용했던 구절이다. 젠더의 설명에 따르면, 그 결과 "다른 도시와 마찬가지로 포틀랜드도 사일로 안에서 운영된다는 점을 자각하게 했다." 사일로는 효과적으로 협력하지 않는 정부 부처를 지칭하는 용어이다. 그들의 결정은 도시의 다른 분야에도 영향을 미치지만, 사일로에 갇혀 좁은 시야로만 본다는 것이다.

포틀랜드 이후, 쿡은 IBM의 다른 사업부에 타 도시에 적용할 수 있는 소프트웨어 판매권을 넘겼다. 그러나 2012년 하반기까지 아무도 응하지 않았다. 향후 모델이 해소해야 할 과제는 여전히 너무 작은 얻는 가치에 비해 여전히 너무 높은 도시의 유지보수와 운영에 필요한 노력의 균형을 맞추는 것이다.[81]

포틀랜드는 IBM의 노력으로 1960년대 도시 시스템 모델이 야기한 재앙과 같은 결과를 피할 수 있었다. 부분적으로 IBM이 책임감을 가지고 모델을 만들었기 때문이기도 하고, 설계자가 초기 모델에 연연하지 않았기 때문이기도 하다. 그러나 도시에 대한 컴퓨터 시뮬레이션의 가치가 무엇인지에 대한 중요하고도 오래 지속되어 온 질문이 제기되었다.

마이클 배티Michael Batty는 도시 모델링 분야의 세계적 권위를 가진 런던대학의 CASACentre for Advanced Spatial Analysis의 설립자이자 책임자이다. 그는 1966년 맨체스터 대학교에서 경력을 쌓았다. 초기에는 모델링이 실패하여 평가가 좋지 못했지만, 도시 시뮬레이션 과학을 발전시킨 공로로 오늘날에는 높은 평가를 받고 있다. 2011년 "도시과학의 정립Building a science of cities"이란 글에서 그는 시스템 모델의 한계를 설명하고, 왜 시스템 모델이 초기에 실패했는지를 설명했다. 포레스터의 시스템 모델은 "도시를, 그 도시를 포괄하는 더 넓은 환경과 분리되어 하향식으로 조직 되는 것으로 보았다"고 주장했다. 시스템을 분석하는 포레스터의 모델은 폐쇄 루프closed loop를 상정해, 이와 관련한 요소가 모두 방정식에 포함된 것으로 보았다. 외부 환경, 적어도 문제가 되는 외부 환경은 없다고 가정 했다. 포레스터 모델은 정상 혹은 균형 상태에 어떤 행위가 가해지면서 다 른 균형 상태로 전환되는 것을 변화의 과정으로 이해했다. 배티는 "모델 을 설명하자마자, 바로 결함이 발견되었다"며 비판했다. "도시는 균형 상 태처럼 평온하지 않고, 더 넓은 세계와 쉽게 단절되지 않는다. 현실은 끊 임없이 변화하고, 시스템은 자동으로 평형 상태로 돌아가지 않는다. 사실 도시는 균형과는 거리가 멀다. 중심으로부터 위계적으로 정렬되지 않으 며, 주로 아래로부터 진화한다." 포레스터 이래 수십 년 동안, 복잡계 과 학은 180도 변했다. 기계적 메타포는 생물학적 메타포로, 그랜드 디자인 grand design은 진화적 과정으로, 폐쇄 루프는 개방된 장open field으로 대 체되었다. 배티의 결론은 정곡을 찌른다. "지난 50년에 걸쳐서야 시스템 을 자유롭게 조정할 수 있다는 개념이 더 이상 유효하지 않다는 사실을 깨 달았다."[82] 생태학자들은 생활 시스템에서 '안정성stability' 개념을 폐기한 지 오래다. 그럼에도, 사이버네틱스에는 인간과 자연 시스템의 행태를 이 해하는 방법으로 평형의 개념이 깊게 착근되어 있다.[83]

우리는 IBM과 다른 도시 시스템 모델 분석가들이 포틀랜드에서 사이 버네틱스를 다시 불러들일 때, 지난 과오에서 무엇인가 배웠기를 바랄 수 있을 뿐이다. 이론적 결함과 실행의 실패에도 불구하고, 포레스터와 그의 계승자들은 그들의 방법론이 사회과학과 정책 분석을 근본적으로 변화시 키리란 희망을 포기한 적이 없다. 『어반 다이내믹스』가 출간된 후 포레스 터는 20년 이상 거센 비판을 받아왔다. 그럼에도 불구하고, 그는 시스템 의 세계를 선포했다. 1991년 연설에서 그는 사람들이 "가족, 기업체, 그리고 정부가 마치 석유 정제시설과 비행기의 자동조종장치가 속해 있는 것과 같은 수준의 보편적인 동적 구조에 속한다는 생각을 받아들이려 하지 않는다"고 한탄했다.[84] 1995년 그의 제자 루이스 알펠트Louis Alfeld는 도시 시스템 모델의 결함에 대해서 "제한된 정보와 제한된 자원은 … 새로운 하드웨어와 소프트웨어 기술에 의해 극복될 수 있다"고 주장했다.[85]

그 동안 다양한 모델 분석 기술이 도시 분야에서 시스템 다이내믹스를 대체해왔고, 배티와 같은 연구자들이 그 과정에 참여했다. 그들은 시스템 다이내믹스가 실패했다는 징조를 목격했다. 시스템 모델이 거시적 차원의 행태를 모사하려 한 데 비해, 행위자 기반 시뮬레이션과 같은 새로운 기술들은 미시적 수준에서 빠른 병렬처리 컴퓨터를 사용하여 지속적으로 개인(혹은 행위자) 간 세밀한 상호작용을 시뮬레이션하고, 수백만의 동시적 행위에 따른 영향력을 측정한다. 유럽의 선도적인 기술 대학 중 하나인 ETH 취리히ETH Zurich에서 개발한 모델은 스위스의 720만 거주자의 실제 교통 행동 패턴을 성공적으로 복제했다. 포레스터의 정태적 방정식static equation과 달리, 마치 실제 사람처럼 혼잡한 교통상태와 같은 조건들의 순환과정을 학습하고 적용할 수 있다.[86]

우리가 도시 복제 소프트웨어를 심리역사학자들이 말하는 사회 규모의 예측 기준에 근접하게 만들어낼 희망을 가지려면 앞으로 수십 년의 연구가 필요하다. 과거의 노력들을 괴롭혔던 난제들 위에, 도시모델의 새로운 과제들이 떠오르고 있다. 핸드폰, 계측 기반시설, 디지털처리장치 등의 미래 모델에 빅데이터를 제공하는 바로 그 장치들이 도시가 실제로 기능하는 방식을 변화시키고 있다. 배티는 다음과 같이 설명했다. "동전의 양면과 같아요. 지역 차원의 새로운 통신 시스템은 실제 우리가 의사 소통하는 방식을 변화시킵니다. 이것은 단순히 측정의 문제가 아닙니다. 새로운 것의 출현에 관한 일입니다. 거기에는 새로운 상호작용이 무수히 발생하고 … 우리가 단 한 번도 장악해 본 적 없는 도시에 다이내믹스를 구축해 넣고 있습니다."[87] 새로운 기술이 개인의 행동을 바꾸기 때문에, IBM 모델이 비록 오늘 완벽하다 하더라도 내일은 구식이 될 수 있다. 모든 사람의 실시간 움직임을 측정할 수 있더라도, 우리가 가져야 할 것은 전체를 보는 식견과 큰 그림뿐이다. 개인이 존재하고, 말하고, 통근시간이 변하는 이유(아마도 그들의 핸드폰에 기록된 실시간 교통 보고서를 근거로 한)에 대한 이해 없이 그들의 행동을 정확하게 시뮬레이션 할 수 없다. 모델은 깨진다. 심지어 이런 새로운 행동들이 너무 빨리 진화할 가능성이 있어, 심지어 수정된 가정조차도 시뮬레이터에 프로그래밍 된 시간만큼 구식이 될 수 있다. 이론은 현실에 뒤쳐질 것이고, 도시가 작동하는 방식은 우리가 해독하고 모델링하는 것 보다 훨씬 더 빠르고 오묘하며 복합해질 것이다.

무언가를 측정하면 그 대상을 변화시킬 위험이 있다. 사회과학에서 말하는 일종의 불확실성의 원리이다. 1927년 독일의 물리학자 베르너 하이젠베르크Werner Heisenberg는 불확정성 원리를 "보다 정확하게 위치를 결정할수록 그 순간 측정되는 운동량은 더 부정확해지며, 그 반대도 마찬가지다"라고 설명했다.[88] 실험물리학자는 하나의 아원자 입자 속도를 측정하기 위해, 당구공처럼 측정하려고 하는 입자를 튕기게 하여 아원자의 상태를 변화시킨다. 아시모프는 과학적 측정의 근본인 불확정성 원리를 심리역사학의 중심 공리로 통합시킨 바 있다. 그는 『파운데이션』에 다음과 같이 썼다. "전적으로 무작위한 반응을 이끌어내기 위해서는 인간들이 심리역사학 분석을 알지 못하게 해야 한다."[89] 감지되고 모델화된 도시에서 사람들은 모델에 내재된 계획이나 정책이 지시하는 데로 행동할까, 혹은 그들의 선택에 따라 달리 행동할까? 어떤 행동을 취하든 그 행위는 모델의 가설을 깨거나, 결과를 의미 없는 것으로 만들 것이다.

이 모든 장애를 극복할 수 있다고 해도, 더 나은 모델이 더 좋은 도시를 만들 것인가에 대해서는 여전히 심사숙고 해야 한다. 초기의 모델을 낳았던 기술관료적 햐향식 도시계획은 오늘날 당시의 컴퓨터 코드만큼 구식이 되었다. 이제 시민들은 알아보고, 참여하며, 심지어 계획 수립 과정에 참여하기 원한다. 하지만, 복잡한 컴퓨터 모델은 기술적 불투명성을 다시 가져올 수 있다. 더글라스 리는 다음과 같이 덧붙인다. "블랙박스에 무엇이 들어가고, 무엇이 나오는지는 정확하게 안다. 하지만, 블랙박스 안에서 일어나는 변환 과정은 알 수 없게 된다."[90] 공무원들이 블랙박스의 안내를 의심 없이 받아들일 것이라는 말이다. 해리슨은 포틀랜드 모델 개발 초기, 시장이 "이 모델이 무엇을 할 수 있을 것인지에 대해 생각했는데 … 계획가들은 시장이 이 모델을 예언자의 하나로 여기고 있다고 생각했다. 모델을 통해 시장에게 무엇을 할 지 말해주어야 할 것 같았다. 계획가들은 매우 우려했고, 우리는 모델이 하나님의 계시 같은 것이 아니라고 시장을 이해하키는 데 애를 먹었다."[91] 모델이 일종의 계시가 아니라는 점을 시장에게 납득시킨 행위는 놀랄만한 IBM의 책임 있는 대응이었다.

겔런터는 이를 미러 월드의 최대의 위험으로 보았다. 우리가 미러 월드를, 현실을 설명 또는 묘사한 반영reflection이나 재현representation으로 보지 않고 현실 자체로 간주할 것이라는 것이다. 미러 월드의 에필로그 말미에 이르러 그의 소설 속 분신인 에디는 고함을 지른다. "나는 타오르는 불이 산소를 빨아들이는 것처럼, 미러 월드는 그 미러 월드로 모델화되는 그 대상(즉, 현실)으로부터 생명력을 빨아들인다는 것을 실제로 믿을 수 있어. 외적 현실은 불필요한 것은 전혀 아니지만 간접적인 것이 되고 … 미러 월드가 현실을 추적하는 대신 미묘한 변화가 일어나 현실세계가 미러 월드를 추적하게 될 수는 없을까?"[92]

컴퓨터 시뮬레이션은 실제 세계의 복잡성을 대체하기 때문에 매력적이다. 〈심시티SimCity〉는 그 모델이 단순하기에 중독성이 있는 것이다. 게임 참가자들은 예측 가능한 동역학을 이용하여 게임을 이기는 방법을 빠르게 생각해낸다(사실 초기 버전의 디자인은 바로 『어반 다이내믹스』에서 빌려왔다. 이 분야

연구의 추세에 따라 〈심시티 2013〉의 글라스박스GlassBox 시뮬레이션 엔진은 지금 정교한 행위자 기반 모델을 사용한다).[93] 하지만 현실세계의 현상들에 대한 최고의 수학적 모델조차 항상 현실을 근사치로 파악한다. 뉴턴의 법칙은 물리학자들이 원자 안의 아주 작은 물질을 보기 전까지 수세기 동안 유효했다. 설명이 어려운 새 물리학이 군림하고 새로운 모델인 양자역학이 개발되어서야 현실에 대한 보다 나은(그러나 아직 완벽하지 못한) 근사치를 제공할 수 있게 되었다.

포틀랜드에 어반 다이내믹스를 다시 도입하려던 IBM의 작업에 대해 알았을 때, 나는 한 악덕기업의 가면을 벗기려 했다. 그런데 내가 발견한 것은 어쩌면 오랫동안 묻혀 있는 과거의 일에 대해서 모르고 있으면서도, 전문가들의 말을 듣고 자기 실수로부터 배울 의지가 있는 기업이었다. IBM은 이제 도시의 시스템 모델의 정치적 한계를 알고 있다. 그러나 이 회사가 그들의 실천적 한계에 대한 더 근본적인 교훈을 받아들였는지는 모르겠다. 포틀랜드에서 일어난 사이버네틱스의 귀환은 더 큰 데이터, 더 큰 컴퓨터, 더 큰 모델이 포레스터의 단점들을 치유할 것이라는 것을 전제로 했다. 이 전제는 익숙히 알려진 것들이지만 공허한 상투어였다. 1973년 리는 다음과 같은 글을 썼다. "컴퓨터 속도 및 저장용량이 몇 배나 증가했음에도 불구하고…" 1960년대에 "모델링 분야의 진척을 가로 막았던 것은 하드웨어의 한계였고, 이제 더 커진 컴퓨터 용량으로 모델링의 진보가 가능하다는 사실을 많은 연구자들이 수긍하고 있다. 이런 믿음의 근거는 없다. 더 큰 컴퓨터는 더 큰 오류를 허용할 뿐이다."[94]

두 모델 이야기

IBM의 바나바르는 리우의 지능형 운영센터에 권한을 집중해도 괜찮을 것이라고 생각한다. 그는 "더 좋든 나쁘든 간에, 지방정부에 더 많은 권한을 부여했다"고 생각한다. 도시가 당면한 긴급한 상황, 특히 개발 도상국 시장들이 당면한 상황은 강력하고 새로운 소프트웨어와 풍부한 세부 정보로 무장하는 행위를 정당화하는 분명한 사례가 있다. 바나바르는 다음과 같이 말한다. "나는 우리가 그들이 더 나은 관리자가 되도록 올바른 도구와 올바른 자료를 제공해야 한다고 진심으로 믿는다."[95]

하지만 겔런터의 우려를 받아들인다면, 우리는 리우의 시장 에두아르도 파에스가 IBM과 협력하여 만든 미러 월드가 힘의 균형을 깨뜨리고 결정적으로 그들 편에 서지 않을까 걱정해야 한다. 지금은 파에스가 시민의 이익을 위해 행동한다고 주장한다. 그는 리우 운영센터를 소개한 홍보 영상에서 이를 자세히 설명했다. "시 정부에 입성한 이래 매일같이, 시민을 위해 이런 공간을 갖는 꿈을 꾸었습니다 … 시민들이 보호받고 있다는 사실을 알도록 말입니다." 파에스는 그의 가부장적 통치 철학을 숨기지 않았다. 가부장 문화는 브라질이라는 장소에서 그리 생소한 것도 아니다. 그렇지만 IBM이 이 새로운 기술과 관리 계획을 세계 도처에 전파하면서 이런 가부장주의도 같이 세계에 전해지지는 않을까? 진보주의자들이 권력을 잃고, 대신 시민을 억압하는 독재자들이 새로운 도구를 접수한다면 그 땐 어떤 일이 벌어질까?

브라질의 가장 유명한 음악가이자 〈이파네마에서 온 소녀The Girl From Ipanema〉를 세계에 선사한 보사노바의 천재 톰 조빔Tom Jobim은 "브라질은 초심자를 위한 나라가 아니다"라고 말한 적이 있다. IBM이 세간의 이목을 끌어 스마트시티에 대한 야망을 실현하기 위한 공개 행사의 장소로 브라질 같이 복잡한 곳을 선택한 것이 현명한 결정이었는지 의문이다. 브라질의 도시 만들기는 혼란, 불화 그리고 민중의 임기응변의 역사와 함께, 한 세기에 걸친 잔혹한 노예제의 사회적, 경제적 잔재를 해소하기 위한 투쟁의 역사를 담고 있다.

리우에서 걱정스러운 문제는 IBM의 미러 월드만이 아니다.

리우의 상류층 동네 위 언덕에 다닥다닥 붙어 있는 허술한 무허가 정착지보다 이 나라의 모순이 더 절박하게 드러나는 곳은 없다. 페레이로 파벨라Pereiro favela 빈민가와 주변 숲을 구분하는 경계를 따라, 한 무리의 사내 아이들이 콘크리트 블록, 레고 블록, 그리고 자기 동네의 진흙을 얼기설기 꿰맞추어, 자기들 커뮤니티의 정교한 축척 모델을 십 년 넘게 공들여 만들었다. 뉴욕 시립대학교City University of New York 인류학과 박사과정 학생인 알렉산드로 안젤리니Alessandro Angelini는 그 소년들과 소년들이 명명한 모델 프로젝토 모히뉴Projecto Morrinho를 몇 년에 걸쳐 연구했다.

리우 운영센터의 미러 월드와 흡사하게, 소년들의 모델은 파벨라 전체의 움직임을 한 눈에 볼 수 있는, 일종의 전시안적 조망을 제공한다. 그러나 모델은 또 레고 아바타를 배우로 삼아 일상적 거리의 이야기들, 즉 왜 거기에 사는 사람들이 그렇게 행동하는지를 통찰할 수 있게 해주는 이야기들을 연출하는 무대이기도 하다. 그 퍼포먼스를 찍은 안젤리니의 영화는 〈스탠드 바이 미Stand By Me〉 스타일의 서사시적 소년 시절 이야기에서부터 지역의 마약 두목이 댄스 플로어에서 총을 난사하는 거친 장면에 이르기까지 온갖 면면들을 보여준다. IBM의 모델이 실제와 거리를 두고 현실을 감지하는 데 반해, 소년들의 모델은 현장에서의 관찰에 의해 만들어진다. 그 모델은 심지어 정부의 시야로부터도 감춰진 파벨라의 사회적 선회social gyration를 풍부하게 반영하고 있다. 모델은 "무질서한 다중-감각 세계"에 대한 소년들 고유의 재현으로서, 겔런터는 이를 낭만적 세계관의 정수로, 또 미러 월드가 제거해 낸 인간다움의 한 측면으로 보았다.[96]

IBM의 창조물은 전체 도시를 융통성 없는 자료의 흐름으로 부호화하는 데 반해, 소년들은 보통의 빈민가 사람들의 삶에 대한 풍부한 구전 역사를 펼친다. 컴퓨터 모델은 무슨 일이 일어났는지를 알려줄 테지만, 소년들은 왜 그런 일이 일어났는지를 알려준다. 소년들의 접근 방식이야말로 의심할 여지없이 모든 공동체가 바라는 모델링 방식이며, 객관적인 물리적 측정의 모음이 아니라 살아있고 느낄 수 있는 유기체에 대한 주관적 이야기이다.

안젤리니가 가지고 있는 프로젝토 모히뉴 사진 한 장에는 근처의 진짜 광고판을 축소 복제한 광고판이 있는데, 사진에서 보면 소년들은 이 복제 광고판을 모델 속 파벨라를 내려다보게 높은 곳에 배치했다. 광고판에는 "하나님은 모든 것을 알고 있지만 밀고자는 아니다"라고 적혀 있다. 비록 소년들에 관한 2008년의 다큐멘터리에 대한 광고이긴 하지만, 지능형 운영센터에 있는 침묵의 관찰자들을 무의식 중에 가리키는 말이었다. 마치 소년들의 미러 월드가 도시와 그들의 삶 자체를 일련의 방정식, 근사치, 그리고 데이터 포인트들로 환원시키는 저 운영센터의 기술관료까지 탐지하는 것처럼 말이다.

smart cities

3장

내일의 도시

1850년대, 일데퐁스 세르다Ildefons Cerdà가 새로운 바르셀로나를 구상했을 때, 세르다는 철도회사나 전신회사에 근무하는 사람이 아니었다. 그는 다만 더 나은 도시를 만들기 위해 새로운 기술을 활용하고자 노력했을 뿐이었다. 하지만 오늘날에는 거대 기술기업들이 미래도시의 비전을 설정하는 데 주도적 역할을 하고 있다.

이 새로운 기술자들은 유비쿼터스 컴퓨팅 기술과 도시에 대한 과학적 이해를 이용하여 우리의 도시관리 방식을 변화시키려고 한다. 앞서 살펴본 바와 같이 도시화 과정에서 기술이 주도적 역할을 했던 것은 처음이 아니다. 산업혁명 시대의 대도시들은 증기기관과 전기의 발전에 의존했던 것만큼이나 통신과 정보처리 기술의 발전에도 의존했었다. 20세기에도 우리는 지속적이고 반복적으로 신기술을 수용하고 활용하여 도시를 개조해

왔으며, 새로운 과학적 아이디어는 신기술의 확산을 정당화하고 가속화하며 도시 개조에 앞장섰다. 그러나 도시 개조에 있어 과학과 기술의 도입은 종종 성공보다는 아쉬움을 초래했다. 우리 세대 이전에도 새로운 수단들을 도시문제 해결에 활용한 세대가 있었다. 그러나 우리가 과연 이번에는 시행착오 없이 잘 해낼 수 있도록, 과거의 실수로부터 배우고자 하는 현명한 자세를 취하게 될까?

전원도시에서 연담도시로

1800년대 말경 유럽과 미국의 여러 정부들은 오늘날의 중국, 인도, 그리고 아프리카가 처한 것처럼 끔찍한 도시위기에 직면해 있었다. 가난한 사람들은 사회적, 물리적 기반시설이 채 갖춰지기도 전에 급성장하는 도시로 몰려들었다. 도시에는 공해와 범죄가 넘쳐났으며, 주택과 교육시설, 의료시설은 턱없이 부족했다. 런던에서도 이러한 현상이 전 지역에 걸쳐 나타났으며 수백만 명이 극심한 빈곤에 허덕이고 있었다. 엘리트 지배계층은 유해한 환경의 도시 중심부를 그냥 방치한 채 교외지역을 개발하고자 했다. 일부 개혁가들도 빈곤층의 식량과 주택, 그리고 교육을 도와줄 새로운 사회제도나 기관의 설립에서 한발 물러서 있었다.

다른 사람들은 여전히 도시 그 자체가 문제의 근본적 원인이라고 주장했다. 영국 의회 서기였던 에베네저 하워드Ebenezer Howard는 "다시 시작하기"라는 단순한 해법을 제안했다. 자수성가한 이상주의자였던 그는 1871년 스물한 살의 나이에 농업을 배우기 위해 미국 네브라스카로 건너갔다가 곧 시카고로 넘어가 속기 기사로 몇 년을 일했다. 당시 대화재로 폐허가 된 시카고는 대체적으로 기존의 도로를 따라 서둘러 재건 중이었다. 하워드는 도시를 정비할 수 있는 절호의 기회가 낭비되는 것을 지켜보았다(1909년 다니엘 번햄Daniel Burnham의 야심 찬 계획 이후에야 시카고의 근대적 디자인이 뚜렷한 모습을 보이게 되고 또 오늘날 우리가 알고 있는 장엄한 공공 공간의 배치가 이루어졌다).

1876년 영국으로 돌아온 후 하워드는 급속히 악화되는 도시문제에 대처하지 못하는 정부의 무능력에 점점 더 좌절했다. 1898년 그는 유일한 저서인『내일을 향해: 진정한 개혁에 이르는 평화로운 길To-Morrow: A Peaceful Path to Real Reform』에서 도시계획과 설계에 대한 보다 합리적인 접근방법을 제안했다. 1902년에 이 선언문은 아주 재미있는 빅토리안 스타일의 공상과학 서적처럼 두툼한 분량으로 재발간되었는데, 전 세계 도시계획 마니아들에게는 단순하게 "전원도시"로 알려져 있다.

오늘날 컴퓨터가 스마트시티의 비전을 정의함에 있어 주된 기술적 표현을 제공하는 것처럼 하워드는 그가 생각하는 사회모델을 설명하기 위해 당대의 새로운 과학인 전자기학electromagnetism을 끌어왔다. 그는 도시와 농촌이 각기 다른 본질적인 특성을 통해 사람들을 끌어들이고 밀어내며 대립하는 "자석" 같은 기능을 한다고 주장했다. 도시가 직업과 사회적 상호작용의 기회를 제공하는 한편, 농촌은 맑은 공기와 값싼 토지가 있다. 도시의 공해와 비싼 임대료는 사람을 밀어내지만 농촌 생활의 지루함도 같은 작용을 한다.

하워드가 제안한 전원도시는 도시와 농촌이 지닌 매력적인 요소들을 결합한 새로운 유형의 주거지이자, 세 번째 자석이 될 것이었다. 유토피아를 위한 하워드의 계획을 대강 살펴보면, 그의 계획 중 상당 부분이 자동차 중심의 미국에서는 살아 남지 못했다는 것을 알 수 있다. 도심지와 밀집된 공동주택을 중요시하는 전원도시는 준교외의 확산이라기보다 오히려 뉴어바니즘New Urbanism에 가까워보인다. 뉴어바니즘은 걸어서 접근 가능한 근린을 강조하는, 1990년대의 미국을 휩쓴 디자인 운동이다. 그러나 도시 외곽으로 산업단지를 밀어내고 도심에 쇼핑몰과 같은 대규모 복

합단지에 상점들을 밀집시키는 것과 같은 하워드의 주장은 미국 교외화의 핵심 모티브이다.[1]

　당시 전원도시는 한국의 송도 같았다. 즉 네트워크 기술이 과거와의 과감한 단절을 뒷받침했다. 런던사람들이 백만 개가 넘는 석탄보일러에서 배출된 매연으로 질식되는 동안 하워드의 유토피아는 지자체의 깨끗한 전기로 작동하도록 되어 있었다. 1장에서 본 것처럼 최근에야 비로소 실현되고 있는 것을, 하워드는 1881년의 런던의 교외에서 기대한 것이다. 그보다 중요하게 『전원도시』는 도시문제에 대해 합리적이고 포괄적으로 접근하고자 했던 건축가, 기술자, 그리고 사회개혁가들 사이에서 확대되고 있던 운동에 활력을 불어넣었다. 대학들은 빠르게 도시계획가 양성 프로그램을 만들었고 제2차 세계대전 무렵에는 도시계획가라는 완전히 새로운 전문 직업이 등장했다. 이들 실무영역 전문가들은 유럽과 미국의 전역에서 전원도시에 고취된 커뮤니티들에 활기를 불어넣었다. 1939년 전국적 단체이던 미국지역계획협회Regional Planning Association of America는 과학적인 설계와 기술을 동력으로 하여 탈바꿈해가는 이 나라의 모습을 둘러싼 열광을 그려낸 영화를 제작했다. 이 영화는 같은 해 뉴욕의 만국박람회에서 상영되었다. 제너럴모터스의 전시가 있었던 이 박람회에서 영화는 전원도시의 비전을 시민들에게 직접 전달하였다. 역사가 로버트 카르곤Robert Kargon과 아서 모렐라Arther Molella는 이 영화에 대해 "우리는 잔디밭이 가꿔져있고 자전거를 타는 아이들이 있는 집, 그리고 깨끗한 공장에 출근하고, 소프트볼 경기를 하는 남자들을 본다"고 이야기 한다. 이는 오늘날 스마트시티의 야망을 예고한 것이다. "인류와 기술의 세계는 다시 한 번 균형을 이루고 있다. 잃어버린 에덴동산은 좋은 감각, 좋은 계획, 좋은 기술로 복원될 것이다."[2]

　『전원도시』는 20세기의 교외화를 위한 무대를 마련해주었다. 그러나 하워드의 계획이 대중의 마음을 사로잡게 된 데에는 스코틀랜드 출신의 생물학자로서 나중에 사회계획가로 전향한 저명한 패트릭 게데스Patrick Geddes의 도움이 컸다. 하워드가 아무것도 없는 깨끗한 곳에서 새롭게 시작하고자 했던 반면에, 게데스는 대규모 도시화가 문제가 되지 않을 것이라고 믿었다. 게데스가 명명한 '시민학Civics'은 당시 사회학의 새로운 분야를 실제적인 문제에 적용하는 것으로, 기존 도시의 물리적 구조를 개선함으로써 사회적 쇠퇴 문제를 다루고자 했다. 도시문제에 대해 절대적으로 온정주의적 접근을 취했던 하워드를 비롯한 이상주의적 계획가들과는 아주 대조적으로, 게데스는 도시가 발전하기 위해서는 모든 시민의 참여가 필요하다고 믿었다. 이상주의적 계획이 아무리 효과적이라 할지라도 그것만으로는 충분하지 않다. 카라곤과 모렐라는 다음과 같이 주장한다. "하워드는 계획을 제안한 반면, 게데스는 실천운동을 선포했어요. 이상주의자인 하워드는 어떤 변화가 도래할지를 지도 위에 제시한 반면, 게데스는 그 변화를 이루어 낼 사람들을 준비시키는, 시민정신citizenship에 대한 비전(시민학)을 정교하게 발전시켰습니다."[3]

　　진화생물학자로 교육받은 게데스는 초기 도시계획운동을 주도했던 엔지니어와 건축가들과는 정반대로 도시를 기계라기보다 유기체로 보았다. 게데스의 일대기 작가인 폴커 벨터Volker Welter는 "환경과 상호작용하는 생물의 형태, 발생, 그리고 성장은 게데스의 주요 관심사였습니다. 그의 초기 저작에서부터 마지막 저술에 이르기까지 평생의 연구 내용을 결정지었지요"라고 했다.[4] 이러한 고유한 시각을 통해 게데스는 도시와 도시의 진화에 대한 폭넓고 포괄적인 견해를 갖게 되었다. 그리고 이것을 하워드의 계획이 외면했던 도시와 농촌 사이의 깊어지는 갈등을 해결하는 데 사용하기로 결정했다. 게데스는 다음과 같이 썼다. "도시의 조성은 전 지역을 망라한다." 도시와 농촌은 같은 생물학적 시스템 내의 다른 부분일 뿐이었다. 게데스는 생물 분류에 대한 그의 초기 연구를 기반으로 그가 '지역 조사regional survey'라고 이름을 붙인 연구방법론을 개발했다. 이 방법론은 인간이 거주하는 모든 지역의 중심지로부터 교외에까지 이르는, 인간이 사는 모든 지역을 포괄하는 스냅샷을 찍기 위해 고안되었다. 이는 또한 인간거주지의 진화를 역사적으로 그리는 도구이기도 했다. 게데스는 1904년 런던대에 모인 열광적인 도시계획 지지자들에게 "도시는 공간 속의 장소 그 이상입니다. 도시는 시간의 드라마입니다" 라고 선언했다.[5]

그러나, 게데스가 1915년에 출간한 책 『진화 속의 도시Cities in Evolution』에 쓴 것처럼 그는 시민들이 "자신들의 도시의 역사 대부분을 망각하고" 있다고 생각했다. 시민들이 도시계획에 대해 진보적, 유기적, 그리고 과학적으로 접근하려면, 도시의 역사를 다시 학습해야 했다. 1892년 그는 에딘버러의 광대한 지역 조사내용을 전시함으로써 시민들을 교육하고자 했다. 게데스가 전망탑Outlook Tower이라고 이름붙인 시민교육센터는 에딘버러 중심에 있는 천문관측소 내에 위치한다. 방문객들은 지붕에서 출발하여 방 하나 정도 크기의 카메라 옵스큐라camera obscura(일종의 핀홀 카메라)에 표현되어 있는 광범위한 지역의 생생한 경관을 보는 것으로 시작한다. 지붕에서 내려오면서 시민들은 스코틀랜드, 유럽 그리고 전 세계를 통틀어 가장 큰 규모로 도시를 묘사한 일련의 방들을 지나게 된다. 이 방들은 오늘날 리우의 디지털 대시보드와 같은 것을 빅토리아 시대에 구현해 낸 선구적인 것이었다. 이 건물은 게데스가 지역에서 모은 방대한 자료들을 보관하기 위해 두 배 규모로 확장되었고, 그는 방문객들이 그 전체를 경험할 수 있도록 기획하였다. 방문객들이 1층에 도착하면 문 밖으로 나와 현실의 도시로 안내되었다.

20세기 초반 전원도시의 원리가 그대로 모방되면서 전원도시 운동은 전 세계적으로 빠르게 확산되었다. 게데스는 텔아비브를 포함하여 인도에 있는 십여 개의 도시에 대한 마스터플랜을 수립하고자 했다. 하지만 추종자들과 비평가에게 관심을 끈 것은 하워드의 정밀한 물리적 프로그램이었다. 제인 제이콥스Jane Jacobs는 1961년에 출간된 『미국 대도시의 죽음과 삶Death and Life of Great American Cities』에서 "하워드는 좋은 도시계획이란 일련의 정적인 활동이라고 생각했다. 매 경우마다 계획은 필요한 모든 것을 미리 고려해야 했다. 그는 그의 유토피아를 완성하는 데 끌어들일 수 없는 도시의 양상에는 관심이 없었다"고 하워드를 혹평했다.[6] 그녀는 게데스의 유산인 지역계획 운동에도 호의적이지 않았다. 그녀는 게데스로부터 영향을 가장 많이 받은 그의 수제자이자 미국의 도시사학자 루이스 멈포드Lewis Mumford를 경멸하였다. 그러나, 게데스가 도시를 만드는 데 있어 시민 참여를 주창했던 것을 잘 몰랐던 제이콥스는 본인의 저서에서 전망탑에 대한 야망을 다시 만들어 낸다. 그녀의 책은 평범한 지역조사를 담은 것이었다. 도시생활의 사회 생태를 주의깊게 연구하고 전체론적으로 분석하여 수많은 일반 독자들에게 평이한 글로 전달하였다. 하향식top-down 계획에 대한 그녀의 비평은 전적으로 도시에 대한 진화생물학자의 이해와 궤를 같이 한다. 역사학자 로버트 피시맨Robert Fishman은 제이콥스의 주장을 다음과 같이 요약했다. "도시계획의 엘리트는 건강한 도시들이 이미 갖추고 있는 보다 복잡한 질서를 전혀 이해하거나 존중하지 못했다. 그녀가 '곱게 짜인 섬세한 다양성close-grained diversity'이라고 부른 이 복잡한 질서는 큰 계획이 아니라 평범한 사람들의 작은 계획이 모인 결과이다. 그리고 작은 계획만으로 다양성을 만들어낼 수 있다는 것이 대도시의 진정한 자랑이다." 게데스는 자랑스러워했을 것이다.[7]

제이콥스는 하워드의 하향식 유토피아적 접근을 혹독하게 비판했으며, 이는 하워드의 접근을 적어도 서구에서는 더 이상 추구하지 못하게 만들었다.[8] 하워드의 방식은 비판할 점이 많았다. 하워드를 무리하게 따라하던 물리적 계획가들은 생기 넘치는 근린지역들을 파괴했고 미개간지를 생명이 없는 거대한 구조물로 만들었다. 톰 캄파넬라는 "전후시대 도시계획가들은 미국 역사에서 도시 반달리즘의 악명 높은 행동을 부추긴 자들이다"라고 말한다.[9] 전원도시의 꿈은 도시외곽의 무질서한 확장이라는 진부한 현실로 변모했다. 게데스의 또 다른 신조어인 '연담도시 conurbation'는 우리가 지금 살고 있는 지역의 조각보 같은 모습을 가장 잘 묘사한다.

자동차 전쟁

에베네저 하워드의 뒤를 따르는 거의 대부분의 사람들은 진보라는 이름으로 슬럼가와 농촌지역 같은 곳들을 개발하고자 하였다. 그들은 도시의 형태를 변화시켜서 도시의 문제를 해결하고자 했고, 새로운 기술에 의지해 그들의 새로운 설계를 급조하려 했다. 그러나, 그들이 기차, 전신, 전력망 예정지 주변 지역을 재조직하고자 했을 때, 이미 이러한 기존 기술들을 하찮게 만들 또 다른 기술이 등장하고 있었다. 그리고 그 기술의 파괴적인 영향은 도시를 계획하는 방식에 근본적인 변화를 만들었다.

이 모든 것은 헨리 포드Henry Ford의 제조업 경영 걸작인 디트로이트 조립 라인에서 시작되었다. 그때까지 사치품이었던 자동차가 하룻밤 사이에 대량생산 상품이 되었다. 자동차는 미국 도시들을 태풍 속으로 몰고 갔다. 오늘날 우리는 뉴욕 시가 자동차 의존에서 벗어나서 걷거나 대중교통을 사용할 수 있는 곳으로 생각한다. 그러나 1920년대 뉴욕은 이 새로운 이동 수단에 대한 열광의 온상이었다. 1920년 223,143대였던 차량 등록 대수는 1928년에는 675,000대로, 십년도 채 안 되는 기간 동안 세 배 가까이 늘어났다. 인구가 밀집된 대도시의 거리는 넘쳐나는 차와 트럭으로 제 기능을 하지 못했다. 1930년 2월 「뉴욕타임즈」의 헤드라인을 보라. "차량의 물결이 뉴욕을 굴복시키다: 대도시의 삶의 과정을 느리게 만드는 위협적인 교통 체증을 해소하기 위해 우리는 과연 무엇을 했는가?" 이 신문은 1935년에는 약 120만 대의 차량이 도로를 압도할 것으로 예측했다.[10]

엄청난 수의 자동차와 트럭이 인구가 밀집된 대도시로 유입되면서 자동차를 소유한 엘리트들과 혼란에 빠진 보행자 간의 폭력적인 갈등이 미국 전역에서 촉발됐다. 이 싸움은 말 그대로 도로에 피를 흘리며 계속되었다. 오늘날 대부분의 교통사고로 인한 죽음은 고속도로나 농촌지역에서 발생한다. 도시에서의 교통사고는 대부분 저속이어서 치명적이지 않다. 그러나 1920년대의 자동차는 거대한 괴물처럼 도시의 군중을 뚫고 지나갔다. 초기 자동차 시대의 사망자 대다수가 도시 보행자였다. 피터 노턴Peter Norton은 당시의 흥미로운 역사를 기록한 『트래픽 전쟁Fighting Traffic』에서 "제1차 세계대전 이후 미국의 도로와 거리에서 사망자와 부상자 수가 급속하게 증가했다"고 적고 있다. "휴전 후 4년간 프랑스 전투에서보다 더 많은 미국인이 교통사고로 죽었다. 이 사실은 충격으로 받아들여졌다."[11] 자동차와 트럭은 1920년대 초 뉴욕에서 해마다 15,000명의 사람을 죽였고, 1929년 한 해에만 1,300여명이 사망했다.[12] 난폭 운전자의 공격은 일상적이었다.[13] 어린 아이들이 그 공격으로 가장 큰 피해를 입었다. 아이들은 그때까지 자기들의 영역으로 여겼던 거리에서 놀다가 죽임을 당했다. 1925년 교통사고 희생자의 1/3이 아이들이었고, 그 수는 7천 명에 달했다.[14]

미국 거리에서의 이러한 전쟁은 최소 15년간이나 더 지속되었다. 1930년대 후반에 이르러서는 결국 자동차가 확실히 승리했다. 신문사, 커뮤니티 활동가, 그리고 공무원이 대규모 공공 의식 캠페인을 주도하여 도로에서의 무단 횡단과 아이들을 거리에서 놀게 하는 것은 위험하다는 것을 인식시켰다. 미국 도시의 미래 모습을 좌우한 것은 점점 많아지던 교통 엔지니어 전문가 그룹에 가담한 자동차 추종자였다. 이들은 근대화와 효율성이라는 두 광범위한 새로운 사상에 매달리며 도로 디자인의 새로운 과학을 발전시키고자 했다. 교통신호가 널리 도입되기 이전의 미국 도시는 오늘날 우리가 방콕이나 라고스에서 목격할 수 있는 지옥 같은 교통 체증이 발생했다. 과학적 방법을 적용해 교통체증을 감소시킬 수 있는 시스템을 이해하고 설계하기 시작하며 이 새로운 문제는 빠른 해결책을 제시받았다. 노턴은 새로 등장한 교통 엔지니어들에게 "도로는 효율성의 명목으로 통제되어야 하는 공공시설"이라고 이야기했다.[15] 하지만 경찰관부터 부모들, 도심의 협회들에 이르는 광범위한 이해관계자들이 현상 유지를 요구하며 뭉치자, 교통 엔지니어들은 전통적인 거리의 사용 방식이 낡고 시대착오적인 것이라며 논의를 근대화로 옮겨갔다.[16] 그들은 자동차를 자유의 조력자이자 미래의 열쇠로서 인류 최대의 성과이자 궁극적인 근대화의 이상이라고 떠받들었다. 이제 거리는 자동차의 필요와 용량을 중심으로 변경되어야 하는 것이었다.

미국에서 도로를 재설계하는 일은 근대의 교외지역 전원도시의 개념을 바꾸며 결국 전체 국가의 경관을 다시 설계하는 보다 확장된 프로젝트가 되었다. 포드가 대량 생산되는 차를 발명했다면, GM은 자동차 위주로 사회 전체를 조직하고자 했다. 1939년 뉴욕 만국박람회에서 자동차가 만드는 새로운 거주지 유형을 보여줬던 GM의 전시장은 방문객들로 장사진을 이루었다. GM이 전시한 퓨처라마Futurama는 미국의 미래 도시의 축척 모형으로, 현대의 도시와 상당히 닮아 있었다. 여기에 나타난 고속도로, 쇼핑몰, 그리고 교외의 전체적인 경관은 마치 후에 선벨트Sun Belt를 따라 건설된 도시인 애틀랜타, 피닉스, 혹은 달라스를 정확하게 예측한 것 같다. 이 모델은 지금 중국이 통으로 모방하려고 하는 것이다. 퓨처라마의 분명하고 의도된 결론은 새로운 도시가 단지 자동차를 수용하는 공간을 제공하는 것뿐만이 아니라 개인의 이동성과 자유를 위한 모든 잠재력을 취할 수 있도록 설계되어야 한다는 것이다. 1941년 12월, 퓨처라마의 이미지가 여전히 그들의 머릿속에서 춤추고 있을 때 미국인들은 유럽과 태평양 전쟁에 출정했다. 4년 후 그들이 집으로 돌아왔을 때 그들은 근대의 이상을 따라 모든 기술을 사용하여 그들의 삶을 재건하기로 결정했다. GM이 보낸 초대장에 한 세대가 자동차 안으로 들어섰고, 도시의 문제로부터는 멀어져갔다.

제2차 세계대전 이후 교통 엔지니어들은 미국 도시로부터의 탈출을 수용하기 위해서 대규모 도시고속도로 건설에 초점을 맞추었다. 캄파넬라는 "기록적인 숫자의 미국의 중산층들이 차를 사고 교외로 이주하였고, 도심의 인구는 줄어들었습니다. 도시는 세금 기반을 잃었고, 빌딩들은 버려졌으며, 근린지구는 엉망으로 망가졌어요"[17] 라고 당시의 상황을 요약했다. 자동차가 거리를 차지하도록 함으로써 도시고속도로는 교외 이주자들에게 도시 중심의 직장에 대한 접근성을 제공했다. 동시에 교통엔지니어들의 초창기 효율성 추구는 한때 풍요로웠던 도시생활을 빼앗아갔다. 텅 빈 도시를 자동차가 점유함에 따라 지속적인 쇠퇴가 뒤따랐다.

1950년대 말에 이르러, 샌프란시스코, 보스톤 그리고 전국의 여러 도시들에서 도시고속도로 프로젝트 반대운동이 조직됐다. 도시고속도로를 둘러싼 전쟁에서 교통 엔지니어링뿐만 아니라 도시계획 전체를 무력화시켰던 곳은 다름 아닌 뉴욕이었다. 뉴욕에서는 고속도로 건설로 수십만의 주민들이 살던 곳에서 쫓겨나고 있었다. 도시계획의 독재군주였던 로버트 모제스Robert Moses는 "중산층 가정이 차로 돌아다닐 수 있다면 뉴욕에 머물 것이며, 따라서 메트로폴리탄 지역을 위한 포괄적인 도로망을 설계하는 계획을 추진해야 한다"고 확신했다.[18] 모제스가 한번 마음을 먹으면 누구도 그를 막을 수 없었다. 모제스의 자서전 작가인 로버트 카로Robert Caro에 따르면 그는 "물어볼 것도 없이 미국 최고의 왕성한 물리적 창조자였다." 오랜 경력에서 그는 2012년의 물가로 치면 2,440억 달러(한화 약 250조) 규모의 공공 프로젝트를 계획하고 완성했다.[19]

주지사와 시장도 말릴 수 없었던 실세였던 모제스의 질주는 그리니치 빌리지Greenwich Village 주민들에 의해 마침내 좌절되었다. 1952년 모제스는 5번가 도로를 그리니치 빌리지 주민들이 아끼는 워싱턴광장공원을 관통하여 남쪽으로 확장할 것을 제안했다. 네 자녀의 엄마인 셜리 헤이즈Shirley Hayes와 제인 제이콥스를 포함하여 대부분 여성이 주도하여 엄청난 공동체의 반대운동이 일어났다. 1950년대 내내 전투는 계속되었다. 모제스는 계획을 지연시키면서 보행자 육교를 갖춘 지하차도와 같은 대안을 시도했다. 터널은 비용이 너무 비싸다고 여겼다. 그러다 1958년 기조가 바뀌었다. 활동가들은 단순히 도로계획을 폐지하는 것을 넘어 공원의 기존 통과도로마저도 폐쇄시키는 것에 성공했다. 오늘날에도 이 공원에는 그 도로의 흔적이 남아있다. 모제스는 프로젝트를 구하기 위한 마지막 노력의 일환으로 시 회계위원회의 연설에서 "아무도 이 계획에 반대하지 않습니다. 아무도, 아무도, 아무도, 단지 그 한 무리의, 한 무리의 엄마들을 제외하고는!" 이라며 분노했다.[20]

모제스는 워싱턴광장 패배 직후 공원 감독관직을 사임했다. 그러나 제이콥스와 그 동료들에 대한 보복을 곧 시작했다. 1961년 2월 모제스의 후배이자 새로운 도시계획위원회 위원장인 제임스 펠트James Felt의 명령으로 웨스트 빌리지의 철거와 재개발의 첫 단계로 노후도 조사가 시작되었다. 앤소니 플린트Anthony Flint가 『모제스와의 씨름Wrestling with Moses』에 쓴 것처럼, 1961년 2월, 제이콥스는 『미국 대도시의 죽음과 삶』의 원고를 낸 지 한 달 후, 「뉴욕타임즈」를 통해 이 계획을 알게 되고는 아연실색했다. "그녀가 막 써낸 책에서 살기 좋은 도시의 모델로 정의했던 그녀의 집과 이웃들, 바로 그 이웃들이 모제스가 추진하던 도시재생 기계의 대상이 된 것이다."[21] 노후도 조사는 그녀가 잘 아는 속임수였다. 제이콥스의 원고에 이미 적혀있었다. "그것은 언제나 근린지구가 슬럼인지를 판별하기 위한 조사로부터 시작한다, 그런 후 불도저로 밀어버리고 엄청난 돈을 벌 수 있는 개발업자의 손에 넘어간다."[22] 보헤미안과 소수인종의 펑키한 19세기 동네에 현대 중산층의 타워블록이 건설될 것이다. 모제스는 도시에서 전원도시를 꿈꾸었다. "그곳은 (모제스에게 있어) 처음부터 다시 시작하는 곳이었다"고 플린트는 보았다.[23]

노후구역 지정은 하워드(와 게데스)가 옹호하기도 했지만 모제스가 완성하고 손상시킨 도시계획 방안을 상징한다. 이들은 과학적 접근방식을 토대로 공학 기술이 도시계획을 이끌어 나가기를 바랐다. 카로에 의하면, 모제스는 그의 권력 중 가장 중요한 직책이었던 랜달섬의 트라이버로 교량국 Triborough Bridge Authority 본부에서 조사, 문서 작성 및 설계를 위해 제도사, 엔지니어, 그리고 분석가로 이루어진 팀을 구성했다고 한다. 모제스는 항상 예산편성을 위해 입법기관들을 설득하러 다니기 전에 미리 계획을 준비해 두었다. 그는 공공사업에 최초로 '삽 뜰 준비가 된shovel-ready' 방식으로 접근한 대단한 실천가였다. 정치인들이 재선 운동에 필요한 무언가를 찾고 있을 때, 그는 항상 준비된 대형 프로젝트를 가지고 있었다. 물리적 계획가들은 도시를 연구할 수 있는 우월한 능력으로 그들의 권위를 세웠고, 도시의 현재와 미래에 대한 논쟁을 규정했다.

그러나 웨스트 빌리지의 거주자들은 시의 노후구역 지정에 대해 반대하기 위한 조사 비용을 감당할 수 없었다. 대신 그들은 스스로 수집한 데이터를 중심으로 움직였다. 플린트에 따르면 "거주민들은 그들 스스로 연구를 진행하기 위해서 웨스트 빌리지의 블록별 상태에 대해 건물주, 거주민, 그리고 상점주들을 조사하는 자원봉사에 참여했다." 광고사에서 분석가로 일하던 한 자원봉사자가 분석한 결과는 그 지역의 주택은 과밀하지 않고, 잘 관리되고 있으며, 적절한 욕실과 부엌시설을 갖추고 있음을 보여주었다.[24] 신문사들도 자체 조사를 진행하였고, 주민들의 조사를 입증하였다. 압박이 높아졌다. 제이콥스가 노후지역 연구를 진행한 지 일 년이 채 안 된 1961년 말, 그 계획은 심의가 보류되었다. 제이콥스는 다시 한 번 시 당국과 모제스를 좌절시켰다.

제이콥스와 모제스의 싸움은 1960년대 미국 공공영역의 광범위한 갈등에서 본다면 작은 충돌이었다. 하지만, 그녀의 노력은 이후의 도시계획과 정책 결정에 대해 시민들의 급증하는 참여 요구를 위한 길을 터주었다. 하워드와 같은 가부장적 이상주의자가 세운 전통의 꼭대기에 있던 계획

전문가들은 위기에 빠졌다. 이들이 세웠던 도시에 대한 근본적인 가정이 무효화되면서 계획분야는 "오랫동안 계획이 전문적으로 해오던 물리적 간섭자로서의 태도를 버리게 되었다." 계획분야는 물리적 계획과 함께 사회적 계획을 수용하기 위해 수단을 재정비하였다. 캄파넬라는 말한다. "제도판은 자리를 피켓, 설문조사, 그리고 스프레드시트로 넘겼다. 계획가는 디자인과 설계를 넘어 정치학, 법학, 경제학, 사회학 등에서 새로운 연합을 찾았다."[25] 최종 결과물의 우수성보다는 계획 과정에 새롭게 초점을 맞추었고 참여를 확대하고자 하였다.

　　계획가들은 스스로의 역할을 재구성했다. 과거 그들은 목표지향적 엔지니어였다. 이런 방식의 엔지니어는 어떤 논평도 없이 이상적인 물리적 해법을 도시에 설계하곤 하였다. 그러나 그들은 이제 대화의 중재자로서 역할하고자 하였다. 그들은 공동체가 스스로 선택을 할 수 있도록 정보와 분석을 제공하면서 도시의 미래에 대한 대화의 장을 제공하였다. 심지어 1960년대의 광범위한 사회운동에 의해서 급진적이 된 새로운 세대의 학생들은 자신들에게 사회적 약자집단을 옹호하는 역할까지도 부여하면서 계획가의 역할을 더욱 확장해나갔다. 상황은 이미 인종적 소수자, 여성, 그리고 아이들에 대해 불리하게 되어있고, 논쟁은 개발자, 부패한 정치인, 그리고 계획부서 자체에 의해 진행되었기 때문에 계획가들은 경쟁하는 이해관계에서 단순히 중재만 할 수는 없었다. 그들은 스스로를 제이콥스 같은 도시 옹호자나 시민권 활동가의 이미지로 탈바꿈해 '힘 없는 사람을 위한 전사'가 되어갔다. 1960년대 후반에 이 지성적인 혼란은 도시계획을 마비시켰다. 뉴욕의 지역계획협회는 1968년 당시 대형 계획 중 하나인 2차 계획Second Plan(1차 계획은 1920년대에 만들어졌다)을 수립했다. 그러나 현재 협회장인 톰 라이트Tom Right는 당시 계획가의 역할이 변하는 것에 대한 갈등이 워낙 극심했기에 2차 계획은 현황만 겨우 문서화되었을 뿐 감히 그 어떤 구체적 권고도 할 수 없었다고 설명한다.[26]

반세기 동안 계획의 규모가 점점 더 커진 이후에 우리는 완전히 한 바퀴를 돌아 게데스가 처음 시작했던 곳으로 돌아왔다. 게데스는 기존 도시에 대한 보존과 외과적 재개발에 최고 권위자였고 대규모 빈민가 철거 사업을 강하게 반대했다. 1915년 그는 인도에서 다음과 같이 썼다. "내 생각에 철거 정책은 위생관리의 파란만장한 역사에서 가장 치명적이고 처참한 실수 중 하나로 인식 되어야만 한다."[27] 그는 그가 주장한 것을 실천했다. 1886년 결혼 후 그와 그의 부인은 에딘버러 제임스코트 근처의 공동주택건물 꼭대기 층으로 이주하였다. 그 후 몇 년 동안 게데스는 주변지역의 엄청난 수의 주거개선 프로젝트를 지휘하면서 가난한 사람들 속에서 살았다.[28] 그는 이러한 접근을 "보존 수술conservative surgery"로 묘사했다.[29] 그의 아들인 알라스데어Alasdair가 나중에 그의 부친의 취미였던 정원 가꾸기를 인용하여 다음과 같이 이야기했다. "주위의 최악의 집들을 뽑아내고 난 후 좁은 골목을 넓혀서 뜰로 연결하여 햇살이 들게 하였고, 아이들의 새로운 놀이공간과 노인들의 작은 텃밭으로 바람이 통하게 만들고자 했다."[30] 멈포드가 도시 재생에 대한 게데스의 접근을 묘사한 것처럼 "그는 도시와 인간을 하나의 전체로서 보았다. 그는 보수repair, 재개발renewal, 그리고 재생rebirth의 과정을 자연적인 현상으로 보았다."[31] 게데스 스스로에게 "꽃과 나무가 있는 이 곳, 그리고 집과 도시가 있는 다른 곳에 대해 현실적으로 글을 쓰겠다는 야망은 늘 같은 것이다."[32]

하향식이 나을까, 아니면 상향식이 나을까? 무엇이 도시를 건설하는 최선의 길일까? 하워드와 게데스가 함께 도시계획의 합리적이고 포괄적인 접근방법을 발전시키고자 했을 때조차도 그들의 방법은 정반대였다. 도시계획은 여전히 이 불일치를 해결하기 위해 고군분투 중이다. 이러한 문제에 제이콥스의 도전은 서구 사회에서 큰 그림을 보려는 노력에 여전히 지속적인 영향을 주고 있다. 「뉴욕타임즈」의 건축비평가인 니콜라이 오로소프Nicolai Ouroussoff는 2006년 제이콥스 사망 한 주 뒤에 "여론의 추는 이제껏 제이콥스에 우호적이었고, 이는 도시계획에 대한 공공의 이해를 왜곡시켰다. 그녀의 죽음을 애도할 때, 우리는 모제스에게도 약간의 애도를 표해야 할지도 모른다(모제스는 1981년에 사망했다)"고 쓴 바 있다.[33]

"위대한 야망으로 세상을 호령하던 도시계획 전문가들이 어쩌다 이렇게 하찮아졌을까?" 캄파넬라는 의아해한다. 이의 태반은 제이콥스의 잘못이다. "그녀는 빈민가 철거에 반대한 만큼이나 신도시 건설에도 반대했다. 전통적인 도시의 활력을 위협하는 그 어떤 것도 그녀에게는 적이었다. 그렇게 보수적이고 심지어 수구적인 입장이 한 세대를 완전히 뒤덮었을 수 있었는지 이상할 정도이다." 더 나쁜 것은, 그녀에게서 영감을 받은 젊은 계획가들이 "탄소배출을 줄이거나 집 없는 사람들을 위한 적정주택을 제공하는 프로젝트라 할지라도, 현재의 상태를 위협하는 것으로 여겨진다면 무엇이든 반대하는 제인 제이콥스 식" 도시 엘리트들의 님비주의에 동조해 왔다는 것이다.[34]

자동차 전쟁은 도시에서 기술의 역할에 대한 우리의 선택의 결과가 지겹도록 오래 지속되고 있음을 보여준다. 결국, 사회적 혼란, 도시와 농촌의 파괴, 도시계획의 불신에도 불구하고 자동차는 미국뿐 아니라 전 세계의 도시의 중심에 남아있다. 파리 지하철 혁신담당자인 조지 아마르 Georges Amar는 2011년 10월 뉴욕대 강연에서 "어떤 면에서 전쟁은 끝났다고 할 수 있어요. 자동차는 이제 이동 시스템의 한 부분이지요" 라고 말했다. 자동차에 의해 촉발된 투쟁은 보다 많은 시민 중심의 계획을 만들어 냈다. 그러나 도시들은 엄청난 비용을 지불했다. 우리는 앞으로도 오랫동안 계속해서 도시 기술에 대한 성급한 결정으로 많은 비용을 지불하게 될 것이다.

송도와 같은 곳에서 전원도시의 철학이 다시 살아나고 있고, 지금의 새로운 네트워크 기술에 의해 힘을 받고 있다. 무엇보다 효율성을 예언하는 거대 기술기업들의 미사여구는 1920년대 교통공학자들의 시나리우 한 페이지와 똑같다. 2011년 IBM이 개최한 주요 정상회의에서 CNN의 파리드 자카리아Fareed Zakaria는 스마트시티를 선전하면서 이 오래된 세계관을 전형적으로 보여주었다. 그는 다음과 같이 선언했다. "사회의 모든 것이 현대화되어야 한다. 모든 것이 스마트해져야 한다."[35] 그러나 우리가 비판적으로 살펴본 송도가 빠르게 도시화하고 있는 세계 많은 지역의 표준이 되고 있다.

오늘날 거대 기술기업들은 그들 도시의 비전을 '스마트'로 명명하면서 다른 것들을 열등한 것으로 여긴다. 그러나 과거의 교훈을 간과해서는 안 된다. 우리가 스마트시티를 설계함에 있어 잘못된 선택을 한다면 한 세기 후 우리의 후손들은 아마도 오늘날 우리가 무엇을 생각하고 있었는지 궁금해하며 헤매게 될 지도 모른다.

인터넷 발명

전원도시의 실망스러운 유산과 자동차 도입 과정에서의 지난한 싸움은 다가올 세기에 스마트시티 마스터플랜을 세울 수 있다고 생각하는 사람들에게 냉정한 교훈을 준다. 그러나 우리가 지금 새로운 기술을 만들어내는 방법 역시 20세기에 풀뿌리 혁명을 거쳤다. 이 과정 역시 스마트시티를 설계하는 방식에 있어 중요할지 모른다. 1960년대 자동차 전쟁이 절정에 다다랐을 때, 세계를 변화시킬 또 다른 기술 체계인 인터넷 위에 전선battle lines이 형성되고 있었다. 인터넷의 창조자는 인터넷을 어떻게 계획하고 구축할 것인가라는 딜레마에 직면했다.

인터넷의 본원과 그 경제적인 중요성은 경제성장과 기술적 혁신의 속성에 관한 보다 광범위한 논쟁의 한 부분이다. 산업혁명은 기술과 상품을 도입하면서 사회의 물질기반을 개조했다. 경제학자 타일러 코웬 Tyler Cowen과 같은 회의론자는 한줌의 획기적 혁신이 지난 백 년간의 미국의 경제 엔진을 몰고 갔다고 믿는다. 그는 미국경제가 19세기 후반과 20세기 초반을 거쳐 이룩한 혁신들이 비축한 것을 모두 소진했다는 증거로 생산성 증가, 투입(노동, 자본, 설비) 대비 산출물의 개선 속도의 하락을 목격한다. 그는 "오늘날 … 마법같은 인터넷을 제외하면, 물질적 의미의 생활은 1953년과 크게 다르지 않다. 우리는 여전히 차를 몰고, 냉장고를 사용하고, 전등 스위치를 켠다. 요즘에는 조광기조차 더 흔하다. 1960년대의 우주시대 TV 만화인 〈제트스톤The Jetstone〉에서 그려진 경이로움은 아직 다 실현되지 않았다 … 생활은 나아졌고 우리는 좀 더 많은 물건들을 소유했지만, 이전 두어 세대와 비교하면 변화의 속도는 느려지고 있다"고 썼다. 코웬은 기술적 진보의 진정한 원천이 커다란 혁신에 있다고 주장할 뿐 아니라, 인터넷과 같은 규모의 그 어떤 새로운 혁신도 현재는 찾아볼 수 없다고 생각한다. 결과는 피할 수 없는 "대공황"이라고 그는 결론지었다.[36]

코웬이 결핍을 보는 곳에서 구글의 수석 경제학자 할 베리언Hal Varian은 풍요를 본다. 베리언은 산업혁명의 위대한 혁신들이 먼저 발명된, 상호 연동 가능한 기술적 부품들이 있었기에 일어날 수 있었다고 보았다. 2008년 인터뷰에서 그는 이 과정을 '조합적 혁신combinatorial innovation'으로 묘사했다. 역사적으로 본다면, 혁신가가 새로운 발명을 위해 조합하거나 재조합할 수 있는 여러 구성 요소들이 사용 가능했던 시기가 있었다는 것을 알 수 있다. 1800년대에 그것은 호환성 부품이었다. 1920년대에는 전기제품이 있었다. 1970년대에는 집적회로였다. 지금 우리는 인터넷 구성요소를 가지고 있으며, 소프트웨어, 프로토콜, 언어, 그

리고 이 요소들을 조합하는 능력을 가지고 완전히 새로운 혁신을 창조할 수 있는 시대에 있다.[37]

기술 혁신에서 산출물보다 투입물에 초점을 맞추게 되면 코웬의 관점과는 다른 결과가 나온다. 이 관점에서는 어떻게 초기의 혁신이 나타났는지, 인터넷의 기술적·경제적 중요성은 어떤 것인지, 그리고 미래의 새로운 혁신 시대를 위한 가능성에는 무엇이 있는지를 다르게 이야기할 수 있다. 코웬에게 웹과 유비쿼터스 컴퓨팅(그가 이 기술을 인지하고 있는지는 의문이지만)은 백 년 전부터 시작된 기술혁명의 거의 마지막 주자이다. 그러나 베리언에게 웹은 백만 번의 작은 시도를 거쳐 잠재적으로 빠르고 변화무쌍한 창조를 위한 발판을 만드는 곳이다.

인터넷은 기술 혁신의 속성에 대한 상반된 두 가지 견해를 적절하게 보여주는 예이다. 1970년대에 통신회사들과 학계의 컴퓨터 과학자들은 미래 인터넷 설계방식을 놓고 싸움을 벌였다. 산업 엔지니어들은 X.25를 지원했다. 이는 컴퓨터 네트워크 상의 데이터 라우팅을 위한 복잡한 구조이다. 컴퓨터 과학자들은 보다 단순하고 협력적이며 유연한 접근을 선호했다. MIT 미디어랩 학장인 조이 이토Joi Ito는 이 싸움을 다음과 같이 묘사했다.

X.25와 인터넷의 싸움은 자금이 많이 지원되고, 정부가 지원하는 전문가들과 느슨하게 조직된 연구자와 기업가들 사이의 싸움이었다. X.25측 사람들은 모든 가능한 문제와 적용방법을 계획하고 예측하기 위해 노력했다. 그들은 안정된 대형 연구기관과 기업들이 소프트웨어와 하드웨어로 변환할 수 있는 복잡하고 매우 철저한 표준을 개발했다.

반면, 인터넷은 소규모 그룹의 연구자들에 의해 설계되고 사용되었으며, 주요 설계자 중 한 명이었던 데이비드 클라크David Clark

가 만든 '개략적인 합의와 실행 코드'라는 신조를 따랐다. 인터넷 표준은 정부들 사이의 대형 에이전시 대신에 작은 조직에 의해 운영되었고, 허가나 권위를 요구하지 않았다. 이들은 소박하게 명명된 'RFCRequest for Comment'를 발간하여 단순하고 가벼운 표준을 제안했다. 이는 소규모 그룹의 개발자들이 향후 인터넷이 될 요소들을 개발하여 통합하도록 했다.[38]

통신 산업은 차세대 인터넷의 설계와 구축을 대혁신으로 보았으나 학계에서는 이것을 조합적인 노력으로 보았다.

연구자들이 지지한 데이터전송 통신규약인 TCP/IP가 결국 승리했다. 결과적으로 우리는 더 편해졌다. TCP/IP는 단순해서 모든 조직이 신속하게 구현할 수 있었다. 그리고 TCP/IP의 개방성으로 누구나 자유롭고 저렴하게 연결할 수 있었다. 지속적으로 개선할 수 있는 유연한 속성은 가장 뛰어난 인재들이 보다 나은 인터넷을 만드는 데 기여하도록 고무했다. 그러나 가장 중요한 것은 모든 가능한 사용방법을 개발하거나 결함을 수정하는 일에 자유롭게 참여할 수 있게 함으로써, 사람들이 실험할 수 있게 한 것이다. 오늘날 인터넷을 가치 있게 만든 웹, 음성통신, 소셜 네트워크가 통신 업계의 엄격하게 정의된 네트워크 안에서 진화할 수 있었을지는 의문이다. 인터넷의 기술적, 사회적, 그리고 경제적 진화는 이토가 주장했듯이 "집중된 혁신에 대한 분산된 혁신의 승리"였다.[39]

스마트시티에서는 어떤 스타일의 혁신이 바람직한가?

시스코, IBM, 지멘스 그리고 다른 거대 기술기업들은 혁신적 상황을 염원하는 스마트시티를 계획하고 있다. 그들은 사물인터넷, 예측 분석, 그리고 유비쿼터스 비디오 통신과 같은 새로운 기술을 백 년 전에 전력망을 구축했던 것처럼 도시 안으로 엮고자 한다. 만일 그 계획이 성공한다면, 코웬은 그 혁신을 부정하기에 곤란한 지경에 이를 것이다. 그러나 지금까지 기술 대기업들이 한 것은 그저 단순하게 기존의 규격품들을 대충 꿰맞춘 것에 지나지 않는다. 새로운 핵심 기술의 R&D에 투자는 없이 말이다. 이것은 어느 면에서 조합적 혁신을 빼닮았다.

그럼에도 우려스러운 것은 기술 대기업들이 생각하는 도시의 진화 방식이 우리가 생각하는 것과는 다르다는 것이다. 우리는 적어도 부분적이나마 도시가 아래로부터 상향식으로 진화해야 한다는 것을 알고 있다. 그들은 광범위한 커뮤니티의 전문가, 공공 리더들 그리고 시민들의 의견을 거의 듣지 않고 기술, 사업 그리고 거버넌스에 대해 결정을 내린다. 그것이 그들을 퇴화시키고 있다. 스마트시티는 그럴 기회가 주어진다면 아래로부터 진화할 수 있다. 인터넷의 진화와 도시계획의 역사가 그 가능성을 보여준다.

그러나 인터넷이 어느날 갑자기 등장한 것이 아니라는 것을 인식하는 것 역시 중요하다. 미국 정부는 인터넷 개발의 착수에 중대한 역할을 했다. 「로스엔젤레스 타임즈」의 컬럼리스트인 마이클 힐트지크Michael Hiltzik는 "민간 기업들은 상업적 기회에 의문이 드는 너무 복잡하거나 이상적인 것에는 관심이 없다. 실제로 미국 통신 네트워크인 AT&T를 소유한 민간 기업은 인터넷을 강화시킨 기술을 개척한 국방부의 연구 네트워크인 ARPANet과 필사적으로 싸웠다."[40] 오늘날 인터넷을 발전시키고자 하는 소프트웨어, 하드웨어 그리고 네트워크 설계의 거의 모든 주요한 발전이 국립과학재단의 연구 지원에서 이루어진 것을 알 수 있다.

이것은 힘든 결정을 내리게 하는 딜레마다. 우리는 승자를 가려내고 우리의 노력을 모아 소수의 큰 개혁 프로젝트를 진행시켜야 할까? 스마트 그리드와 같은 스마트시티의 일부 프로젝트는 '아폴로 프로그램' 같은 대규모 혁신을 요구하는 것처럼 보인다. 그러나 나머지 대부분의 것들은 아직 명확하지 않다. 그렇다면 웹에서 했던 것처럼 다양한 실험의 토대를 마련하는 데 초점을 맞춰야 할까? 만일 둘 다 한다면 어떻게 둘 사이의 균형을 맞추고 생산적인 방식으로 둘을 결합시킬 수 있을까? 어떠한 답도 아직까지 명확하지 않다.

우리는 인터넷을 구축한 방식으로 스마트시티를 건설하는 방법을 아직 모른다. 그러나, 명확한 것은 도시를 건설하고 새로운 기술을 창조하는 최고의 방법에 대해 우리가 지금 아는 것으로부터 실행할 방법을 찾기 시작해야 한다는 것이다.

시급한 참여 필요

도시문제 해결에 대한 패트릭 게데스의 접근은 전체의 참여를 요구한다. 이는 일련의 작고 점진적인 변화들을 통한 대규모 개혁을 생각할 경우에만 성취 가능하다. 이것은 역사적으로 우리가 항상 도시를 건설했던 방식이다. 작가이자 건축가인 버나드 루도프스키Bernard Rudofsky는 『건축가 없는 건축Architecture Without Architects』에서 전통적인 도시들은 지역 문제에 대응하기 위하여 공동체의 모든 사람이 그 지역의 재료를 이용해 함께 설계하고 구축한 것으로 설명한다. 오랜 시간에 걸쳐 그들은 그 터를 점토, 돌, 그리고 진흙으로 된 건축물로 천천히 변화시켰다. 이 '공동 건축communal architecture'은 대단히 민주적이었으며, 권력은 분산되었고, 자유로웠고, 적응력이 있었다.[41]

인터넷 창시자는 가장 중요한 기술들의 설계에서 공동 건축과 같은 생각을 담았다. 우리 모두가 함께 인터넷을 구축했다. 이것은 인간 역사상 가장 참여적인 건설 프로젝트다. 그러나 참여에는 시간이 필요하고, 세계의 시급한 도시문제를 해결하기엔 늘 시간이 부족하다. 기후 변화는 도시화의 복잡한 움직임과 같이 움직인다. 도시들은 a)글로벌 온난화의 원인이자 동시에 b)그것의 최대 희생자, 그리고 c)해결책을 위한 가장 위대한 희망이다. 의료, 교육, 교통, 직업, 모든 것이 부족하다.

오늘날 가장 발전적인 도시들은 그들의 마스터플랜을 5년 단위로 수립한다. 이러한 대규모 보고서들은 이해가 상충되는 사안에 대해 수천 명이 숙고하고 의사결정을 내린 결과이다. 오랜 시간에 걸쳐 유기적으로 성장한 도시에서는 그러한 결정들이 작은 규모로 반복적으로 이뤄지고, 지역의 필요와 더 큰 세계적 경향에 대응하여 만들어질 수 있다. 그러나 우리의 건설 능력은 건설기술의 발전과 정신없이 돌아가는 부동산 개발업, 그리고 새로운 금융제도를 통해 가속화되었고, 도시 설계에서 이와 같은 역사적 방법은 무용지물이 되었다. 그 결과 빠르게 성장하는 도시의 건축물과 시설들, 도로의 입지에 대한 결정은 즉흥적이고, 제각각이고, 잘못된 정보로 이루어지게 된다. 1990년대 중국의 주장강 삼각주의 급격한 도시화에 대해 연구한 건축가 렘 쿨하스Rem Koolhaas는 학생들에게 "중국에서는 40층짜리 건물이 맥킨토시에 의해 일주일만에 설계된다"며 그곳의 계획 속도에 대해 설명했다.[42] 그러한 서두름 속에서 좋은 결정을 기대하기란 어렵다.

이상하게도, 물리적 세계가 구축되는 속도가 빨라지는 것처럼 인터넷이 대대적으로 깔리는 상황에서, 혁신의 속도는 둔화되거나, 적어도 훨씬 더 많이 복잡해졌다는 징후가 목격된다. 유비쿼터스 컴퓨팅은 아직 어려운 설계 및 기술 문제가 얽혀있어 이를 해결하는 데는 시간이 좀 더 필요하다. 1990년대 HP 최초로 유비쿼터스 컴퓨팅을 추진했던 진 베커Gene Becker는 실제 세상으로 컴퓨팅을 연결시키는 것은 초기 이상주의자들이 장담했던 것보다 훨씬 까다롭다고 주장한다. 베커는 유비쿼터스 컴퓨팅에 위축된 과학자의 목소리로 "유비쿼터스 컴퓨팅Ubicomp은 어려워요. 사람, 상황, 그리고 세계를 이해하는 것은 쉽지 않지요. 컴퓨터가 일상생활의 상황을 조정하는 것은 그만큼 쉽지 않은데, 기대치가 너무 높아요. 나는 유비콤이 10년이 걸릴 문제라고 이야기하곤 했는데, 이제는 100년은 걸릴 거라고 생각하기 시작했어요" 라고 했다.[43] 더 나아가 아담 그린필드 Adam Greenfield는 그의 저서 『에브리웨어: 유비쿼터스 컴퓨팅 시대의 시작Everyware: The Dawning Age of Ubiquitous Computing』에서 만일 유비쿼터스 컴퓨팅의 목표가 "사용자의 의지와 완벽하게 일치하며, 중단 없는 무형의 정보처리 어플리케이션이라면 … 아무리 노력해도 결코 달성하지 못할 것이다" 라고 주장한다.[44] 유비쿼터스 컴퓨팅의 선구자였던 제록스 파크Xerox PARC(제록스의 첨단연구소)의 마크 와이저Mark Weisers는 스크린 인터페이스 설계와 비교할 때 "유비쿼터스 컴퓨팅은 인간적 요소와 컴퓨터 과학, 엔지니어링, 그리고 사회과학의 아주 어려운 통합이 필요하다"고 했다.[45] 만일 우리가 시급한 해결책으로서 스마트시티를 생각한다면, 우리는 기대치를 다시 설정해야 할 필요가 있다.

그럼에도 불구하고 조합적 혁신을 통한 신속한 발전의 가능성은 우리를 감질나게 하는 도박이다. 인터넷이 우리에게 가르쳐준 것이 있다면, 그것은 유기적 진화가 반드시 느려야 한다는 법은 없다는 것이다. 비록 예측할 수 없을지라도 말이다. 그러나 스마트시티 기술에 대한 조합적 접근이 성공하기 위해서는 송도나 리우에서와 같은 시대착오적 비전으로부터 빨리 벗어나야 한다. 그리고 보다 광범위하고 보편적 생각들, 기술들 그리고 혁신가들과 함께 일해야 한다. 거대 기술기업들의 설계는 모두를 위한 모두의 문제를 해결하기 위한 시도로서 20세기의 온정주의를 21세기에 업그레이드 한 것들이다. 그러나 그렇게 함으로써 이런 설계는 스마트시티의 잠재력을 충분히 실현하지 못한다.

20세기 도시계획을 지원했던 기술은 불과 수십 년 후 실패한 꿈이 되었다. 결국 도시계획을 망치는 데만 일조했다. 계획의 정당성과 효과성으로 돌아가는 긴 여정은 계획과정에서 전체 공동체가 참여하는 새로운 접근방식의 개발을 요구한다. 미래의 도시를 계획하는 데 있어 위에서부터 아래로의 노력의 성공은 아래로부터 위로의 참여에 좌우될 것이다. 게데

164

스가 우리에게 길을 밝혀준다. 게데스의 자서전 작가인 헬렌 멜러Helen Meller는 "시민학을 정립한 게데스의 목적은 도시와 대규모 도시화에 대한 두려움을 없애고, 현대 도시문제를 해결하기 위한 개인들의 창의적 반응을 끌어내는 것이었다"고 했다.[46] 개인적으로는 겨우 두 번 만났지만, 오랫동안 게데스와 서신을 주고받으며 그를 가장 잘 아는 루이스 멈포드는 말했다. "게데스의 방식과 전망이 오늘날의 도시계획에 기여하는 바가 있다면, 그것은 바로 시간과 인내, 세부사항에 대한 고려, 과거와 미래의 세심한 상호 관계, 인간적인 경험과 목적을 유지하는 것, 그리고 무엇보다도 계획과 가장 긴밀하게 연결되어 있는 사람들인 소비자나 시민들에게 계획 과정의 필수적인 부분을 맡기려는 의지에 있습니다. 이것은 모두 관리자나 행정가가 경제나 효율성의 이유로 무시하고 싶어하는 것들이지요."[47]

　우리는 게데스의 사례를 잘 따라갈 수 있을 것이다. 이미 많은 시민 해커들이 길을 앞서가고 있다.

smart cities

4장

오픈소스로 만드는 도시

1970년 가을, 레드 번즈Red Burns는 소니 포타팩Portapak 비디오 카메라를 구입했다. 세계 최초의 휴대용 캠코더인 이 제품은 가격이 1,500달러 (현재의 물가로 환산하면 약 9,000달러), 중량이 20파운드(약 9kg)였다. 다큐멘터리 제작자인 그녀에게 "당시는 기념비적 순간이었다." 몇 년 후 그녀는 "비전문가들도 카메라를 조작할 수 있을 정도로 기술이 보급화되었으며, 약간의 무리를 한다면 구입할 수 있는 가격 덕분에 일반인들도 드디어 자신만의 영상을 찍을 수 있게 되었다"라고 글을 남겼다.[1]

2005년 이후 유튜브가 등장하게 되면서 우리는 영상을 제작하고 배포하는 방식을 혁신할 수 있었다. 디지털 비디오 카메라 가격이 급격히 하락한 덕분에, 불과 수백 달러만으로 누구나 단편 영화를 촬영하고 편집하며, 수십억의 잠재적인 웹 시청자에게 방송할 수 있게 되었다. 오늘날 판

169

매되는 휴대폰 대부분은 고화질 비디오 카메라와 정교한 편집 소프트웨어를 표준 사양으로 갖추어 일종의 소형 스튜디오가 되었다. 그러나 1970년대에 미디어 산업에 거대한 영향을 끼치고 의사소통의 방식을 변화시켰던 기술은 포타팩과 새로운 도시 통신망인 케이블 TV였다.

케이블 기술cable technology은 원래 산악 지역에 방송을 제공하기 위해 개발되었기 때문에, 오히려 도시에 뒤늦게 등장하게 되었다. 가장 초기의 시스템은 1948년 오레곤 주 아스토리아와 펜실베니아 주 마호니 시에 설치되었다.[2] 방송 신호가 계곡 지역까지 도달할 수 없었기 때문에 주민들은 '커뮤니티 안테나(약칭 CA, 셋탑 박스 뒷면에 보이는 약어 CATV는 여기에서 유래한다)'와 케이블로 연결되어야 서비스를 제공받을 수 있었다.[3] 그러나 1970년대 케이블 기술의 진정한 가치는 무선 전송에 비해 주파수 대역폭이 훨씬 더 크다는 점에 있었다. VHF와 UHF 방송 대역이 지역에 방송 채널 10여 개 정도를 제공했던 상황과 비교해볼 때, 케이블은 수백 개가 넘는 채널을 미국의 거대 미디어 시장에 제공할 수 있었던 것이다. 1984년에서 1992년 사이 도시와 교외의 케이블 네트워크를 구축하는 데 150억 달러 이상의 투자가 쇄도하였다. 해당 업계의 동업조합trade association은 이것을 제2차 세계대전 이후 "가장 큰 민간 구축 프로젝트"라고 표현하였다.[4] 케이블 TV는 오늘날 세상 모든 곳에 일반화되어 있기 때문에 과거 가정 대부분이 6개의 프로그램 채널만 수신했던 시절을 상상하기 힘들다. 그러나 테드 터너Ted Turner가 최초로 24시간 케이블 뉴스 채널(CNN)을 시작한 1980년만 하더라도 미국의 다섯 가구 중 한 가구(8,000만 가구 중 1,600만 가구)만이 케이블 채널에 가입했을 뿐이었다.[5] 번즈와 같은 비디오 아티스트는 케이블 TV를 마치 유튜브와 페이스북, 넷플릭스를 하나로 합친 것과 같다고 생각했다. 번즈는 이 뉴미디어의 가능성을 모색하기로 결심하였다. 그녀는 찰스 도란Charles Dolan과 제랄드 레빈Gerald Levin이 단지 몇 마일 떨어진 주택 지구에서 HBOHome Box Office를 시작하기 1년 전인 1971년에,

다큐멘터리 감독인 조지 스토니George Stoney와 팀을 이루어 뉴욕대학교에 AMCAlternate Media Center를 설립하였다. 과거 대기업의 통제가 드물었던 곳에서, 케이블이 많은 유통 채널을 갖게 되면서 번즈는 해당 지역 공동체가 케이블 채널을 어떻게 이용하는지에 관심을 가지게 되었다.

AMC는 수십 년 전 초기 케이블 네트워크가 처음 등장한 곳과 그리 멀지 않은 펜실베니아 주 리딩Reading에 상점을 설립했다. 1975년 국립과학재단National Science Foundation의 보조금을 받아 그들은 다소 원시적이지만, 양방향으로 상호작용하는 케이블 TV 네트워크를 구축하였다.[6] 그리고 분할 화면 디스플레이와 음성을 전송하는 전화선을 이용하여 초보자용 스카이프와 유사한 방식으로 다자간 영상 대화방을 3개의 양로원에 연결하였다. 번즈와 그녀의 팀은 이러한 TV 케이블에 연결하여 상담, 헬스케어, 교육 등의 사회 복지 서비스를 온라인으로 제공할 새로운 방법을 실험하고자 했는데, 이것은 시스코가 대한민국 송도에서 양방향 비디오에 기반을 두고 자체 스마트시티 비전을 세우기 불과 40년 전의 일이다. 오늘날의 소셜 네트워크와 매우 유사하게도 이들의 목표는 사람들을 서로 연결하는 것이었다. 번즈는 "우리는 이 시스템을 사회화하는 힘socializing force으로 활용하려는 의도적인 목표를 가지고 시작하였다"고 스스로 주장하였다.[7]

그러나 향후 작업이 진행되려면 제작과 교육이 광범위하게 필요하리라 믿었던 번즈의 예상과 다른 현상이 발생하며 그녀는 매우 놀라게 되었다. 자원봉사자들이 자신들의 콘텐츠로 프로그램을 채우기 시작했기 때문이다. 한 여성은 매주 채팅쇼를 제작하여 지역 정치인들을 인터뷰하고 널리 퍼져있는 시청자들과 음성 연결voice link로 질문을 받았다. 또 다른 사람은 여러 지역을 연결하는 채팅룸 스타일로 토론을 진행하기도 했다. 또한 번즈는 양로원 직원들의 인터뷰가 녹화된 비디오테이프를 보고 "우리가 계획했던 어떤 질문들보다 더 적절한 방식으로 고령자의 요구와 관련된 문제를 제기하고 있었다"고 회고하였다.[8]

그로부터 약 40년이 지난 후 번즈가 나에게 했던 설명을 빌리자면, 1970년대 아마추어 비디오와 케이블의 융합은 "이중의 악재"였다. 케이블 TV는 지방 정부가 규제하기 때문에, 해당 네트워크 사업자는 자신들이 운영하고자 하는 각 지역 당국과 프랜차이즈 계약을 체결해야만 했다. 그리고 많은 지역 공동체들이 '퍼블릭 액세스public access'를 이용하기 위해 새로운 채널을 충분히 제공받을 권리를 요구하기 시작했다. 번즈는 이 상황을 영리하게 활용하여 케이블 회사들과 협력해 더 좋은 거래조건을 제시하고 프랜차이즈 협상을 가속화하였다. 업계로부터의 자금 지원과 지방 정부의 후원을 받아, 그녀는 미국 10개 도시에 '지역사회 비디오 센터'를 출범했다. 그녀는 이곳에서 누구나 자신의 콘텐츠를 촬영, 편집, 방송할 수 있도록 교육 프로그램을 제공했다.[9] 공공 접근성을 개선하려는 활동가 네트워크가 확대되면서 거의 50년 동안 커뮤니티 방송Community Broadcasting을 가로막았던 장벽이 불과 몇 년만에 허물어졌다. 그들은 당시 혁신 네트워크 기술을 사용하여 정보·통신 기술이 도시민의 힘을 강화시켜 줄 수 있다는 것을 보여주었다. 시민들은 이를 기반으로 스스로의 필요를 충족하였고, 더불어 향후 활용될 만한 사업과 규제 방안의 맥락을 구체화할 수 있었다.

케이블은 1980년대 닥쳐올 미디어와 통신 혁명의 그림자에 불과했다. 번즈를 포함한 뉴욕대학교의 팀은 이러한 미래를 예감하고, 1975년 AMC의 업무를 실질적으로 수행할 수 있도록 뉴욕대학교에 대학원 프로그램을 만들어 차세대 미디어 및 기술 활동가들을 양성하는 계획에 착수하였다. 마클 재단Markle Foundation의 후원금을 종잣돈으로 삼아, 원격화상회의 전문가 마틴 엘턴Martin Elton이 책임자가 되어 1979년 뉴욕대학교에서 ITPInteractive Telecommunications Program를 출범하였다. 이후 1981년에서 1983년 사이에 도시 연구자인 미첼 모스Mitchell Moss가 여기에 합류하였고, 번즈가 1983년에 복귀하여 해당 프로그램을 향후 20년 동안 이끌어가기 전까지 해당 프로그램을 신속히 확장시켰다.[10]

ITP는 기술에 대한 하향식 사고에 도전하려는 야심을 품었다. 1981년 번즈는 당시 상황을 다음과 같이 열정적으로 설명하였다. "지금은 기술적 가능성의 시대이다. 당연한 이야기지만 신기술을 모색하는 데 가장 큰 투자자는 민간 부문에서 나왔다. 이들의 관심사는 명확하다. 바로 비용 효율성이다. 그러나 결론부터 말하자면 이들은 사람이 기술을 활용하여 시스템을 만드는 과정을 무시했다. 분리하거나 정량화하긴 어렵겠지만 적어도 이러한 독창적 과정은 기술의 가능성을 실현하는 데 중요한 요소이다."[11] 그녀가 설명했던 ITP의 핵심은 결국 "기술에 대한 집중을 멈추고 사람들에게 관심을 가져야 한다"는 것이었다.[12]

1980년대 초 번즈가 신기술의 등장이라는 자극을 통해 보았던 희망과 야심, 잠재적 갈등에 대해 내린 평가는 정확했다. 우리가 스마트시티 개발에 착수하는 현재 시점에서, 이러한 평가는 여전히 놀라울 정도로 정확하고 타당하다. 스마트시티를 건설하는 기술 중심의 대기업은 여전히 사람이 아니라 기술에 관심을 기울이고 있다. 비용의 효율성과 효과성에 집중하는 사회적 배경 아래, 기술을 활용하고자 하는 독창적 과정은 무시되기 일쑤다.

그러나 케이블 기술을 활용하여 공공 접근성을 개선하려고 했던 1970년대를 상기해보면, 새로운 정보 기술을 적용하려는 진정한 획기적 시도는 거의 대부분 아래로부터 위로 일어났다는 것을 알 수 있다. 20세기 전반에 걸쳐 해커들은 유용한 신기술이 널리 확산될 때마다 예측할 수 없는 방식으로 해당 기술을 열심히 적용하였다. 1970년대의 신기술이 휴대용 비디오 카메라와 케이블이었다면, 오늘날의 신기술은 스마트폰과 인터넷이다. 그러나 단방향 통신으로 고안된 케이블 기술 같은 기술을 재목적화하고 사회적 상호작용을 위한 상호 작용형 연결자로 변환하려는 근본적 충동들이 지속적으로 나타나고 있다.

SF 작가 윌리엄 깁슨William Gibson은 1989년 「롤링 스톤Rolling Stone」 지에서 다음과 같이 기술했다. "케이블 시대가 저물고 인터넷 시대가 온 것처럼, 대중은 사물에 대한 사용법을 제조사가 상상조차 못했던 방식으로 발견한다. 본래 분주한 회사 임원의 구술 녹음용으로 출시되었던 소형 카세트 레코더는 마그니즈다뜨magnizdat(홈테이핑 된 카세트 테이프)를 이끈 혁신적 매체가 되었을 뿐 아니라 폴란드와 중국에서 억압된 정치적 연설을 비밀리에 확산시킬 수 있도록 하였다. 삐삐와 휴대폰이 점차 마약 시장에서 중요한 수단이 된 것처럼, 어떤 기술적 성과물들은 전혀 예상하지 못한 방식에서 호기를 맞거나 필요한 것이 된다."[13] 대부분의 대중은 다양한 형태로 풍부하게 존재하는 이러한 신기술을 자신의 문제(반대 청원, 법 집행 회피, 음악 유통)를 해결하는 데 사용해도 크게 손해볼 것이 없다. 사람들이 기술을 어떻게 사용하는지에 관심을 기울이면, 도처에서 기술의 혁신을 발견하게 된다. 그렇다면 네트워크화, 프로그래밍화, 모듈화되고, 거리 자체가 점차 유비쿼터스화된다는 스마트시티의 특징들은 위에서 말한 깁슨식의 전용Gibsonian appropriation을 위한 궁극적인 매체가 될 수도 있다. 기업은 지금까지 스마트시티로 돈을 벌기 위해 사력을 다했다. 그러나 일반 대중의 눈높이에서 보면, 도처에 킬러 앱이 존재하는 것이다.

오늘날 시민해커와 예술가, 기업가들이 스마트시티 기술을 대할 때 자신만의 이용법과 디자인을 찾는 것은 혁명의 시작으로써 당연한 일이 겠지만, ITP는 이들의 초기 혁명에 주요한 구심점이 되었다. 그런 점에서 봤을 때 그리니치 빌리지의 옥상에 자리 잡은 IPT 연구실은 다양한 경험과 노하우, 인프라, 기술이 생동하는 도시문제들과 함께 어우러졌다는 점에서 이미 그 자체로 스마트시티의 축소판이라 할 수 있었다. 그 결과 ITP에서는 스마트시티의 폭 넓은 가능성에 대한 이야기를 꽃피웠으며, 이러한 도시를 상상하고 그것을 실제적인 능력으로 발휘해 낼 기술을 창조하는, 근본적으로 다른 접근방식이 만들어졌다. 기술 대기업이 소개할 하드웨어와 소프트웨어를 거대하게 발전시키기 위해서, 이곳 학생과 교수진은 보다 빠르고, 우수하며, 저렴하면서, 멋진 방법을 강구하고 있다. 기업의 R&D는 도시 생활의 지속가능성과 경제적 생산성을 높인다는 명목 아래 도시의 효율성과 통제에 집중한다. 그러나 잘 알려졌듯 ITP의 새로운 해커 선구자는 기업과 달리 자신들의 우선 순위를 친화력sociability과 회복탄력성resilience, 뜻밖의 재미serendipity와 즐거움에 둔다. "사용자는 기술을 어려워하며 그 디자인에 관여할 수가 없기 때문에 기술이 앱 개발을 주도하기 마련이다."[14] 번즈의 주장이다. 만약 시스코나 IBM의 패키지로 깔끔하게 포장된 스마트시티의 오픈소스형 대안이 개발된다면, 우리는 그것을 ITP에서 처음 볼 수 있을 것이다.

도시 해커

브로드웨이와 웨이벌리 플레이스Waverly Place에 위치한 ITP의 연구실에서 동쪽으로 1~2분 정도 걸어가면 세인트마크 플레이스St. Mark's Place의 모퉁이에 도달한다. 이곳의 3번가는 고가철도의 선로를 설치하기 위해 보통보다 폭을 더 넓힌 도로인데, 고가 열차는 1950년대 선로가 철거될 때까지 운행되었다. 정체가 극심한 이곳 3번가를 기준으로 뉴욕대학교 주변의 비교적 조용한 지역인 그리니치 빌리지와, 다세대 주택가, 헤어숍, 나이트 클럽이 즐비하여 보헤미안 분위기가 물씬 풍기는 동쪽 지역이 나뉜다. 학생들, 부랑객들, 뉴욕에 자리잡은 일본 힙스터들, 부유한 아이들이 이 좁은 인도를 차지하기 위해 거칠게 어깨를 밀고 다닌다. 북쪽으로 한 블록 올라가면, 펑크 음악의 대부 조이 라몬Joey Ramone의 유령이 그

가 생애 마지막까지 거주한 10층 아파트에 여전히 출몰하고 있으며, 1960
년대 후반 벨벳 언더그라운드Velvet Underground가 영광을 누렸던 나이트
클럽 일렉트릭 서커스Electric Circus가 입점했던 건물에 멕시코 음식점 체
인점이 들어서 있다.

　2003년, 그 길 모퉁이 세인트마크 에일하우스St. Mark's Ale House의
남자화장실에서 나는 생애 최초의 모바일 소셜 소프트웨어mobile social
software와 만났었다. 소변기 위의 벽은 맨하튼의 번화가에 필수적인 밈
meme을 순환하기 위한 일종의 인프라였다. 어쨌든 소변기 앞에 일정 시
간 서 있을 수밖에 없는 이용자들을 대상으로 프로모터들은 소변기 주
변에 스티커를 붙여, 일종의 포스트모던한 퇴적물을 만들었다. 화장실
의 가장 무시할 수 없는 장소에 붙여진 스티커에는 "닷지볼닷컴dodgeball.
com … 뉴욕 시가 당신의 활동 영역이라면 … 이제는 무선 웹을 이용할
수 있다!"라고 쓰인 글자들과 뾰족 머리를 하고 빨간 고무공에 머리를 맞
고 있는 한 아이의 그림이 그려져 있다. 이 스티커의 출처를 추적한 끝에
만나게 된 데니스 크로울리Dennis Crowley야말로 첫 번째 스마트시티 해
커일 것이다. 1990년대 후반에 크로울리는 쥬피터 커뮤니케이션Jupiter
Communications에 입사하면서 맨하튼으로 이사했는데, 쥬피터는 실리콘
밸리 인터넷 거품Internet bubble의 가장 열렬한 지지자 중 하나인 조쉬 해
리스Josh Harris가 창립한 시장 조사 회사였다. 뉴욕으로 이사하며 온라인
도시안내서를 자주 사용했던 크로울리는 곧 여기에 개선이 필요하다고 생
각하고, 그 대안으로 닷지볼Dodgeball이라고 명명한 웹 애플리케이션의 첫
번째 버전을 만들었다. 오늘날 우리가 크라우드소싱crowdsourced 앱이라
고 부를만한 닷지볼이 출시될 당시 그는 닷지볼이 단순히 그 당시 가장 인
기 있는 안내서인 '시티 서치City-search'의 일종이라고 할 수 있지만, 사용
자 자신이 리뷰를 쓸 수 있다는 점이 달랐다고 설명하였다.[15] 닷컴 버블이
붕괴되던 2000년 봄, 크로울리는 자신이 다니던 회사가 경쟁사에 인수되

면서 해고되었다. 그러나 그는 닷지볼 서비스를 홍보하려 마지막 월급 절반을 스티커를 제작하는 데 쏟아부었다. 크로울리가 쥬피터에서 사귄 친구들은 닷지볼의 추종자가 되었는데, 닷컴버블이 붕괴하며 난민이 된 이들을 크로울리는 애정을 담아 '키즈kids'라 부르곤 했다.

이후 크로울리는 빈디고Vindigo라는 스타트업으로 이직했는데, 빈디고의 '팜파일럿PalmPilot' 앱은 모바일 기기용으로 출시된 첫 번째 도시 가이드 중 하나였다. 스마트폰이 본격적으로 상용화되기 전에 사용된 팜파일럿은 "무선과는 관계 없는 개인용 디지털 보조기기"로 알려진 포켓 컴퓨터PDA로, 매일의 일정계획을 적는 종이 수첩을 대신하는 디지털 대체물이 되었다. 이 시기는 3G 이전이었고, 와이파이는 막 시장에 나와 확산되기 시작할 즈음이었기 때문에 팜파일럿에는 무선 연결기능이 없었다. 따라서 PC에 팜파일럿의 데이터를 입력할 때마다 거치대에 팜파일럿을 놓고 버튼을 누른 뒤 시리얼 케이블을 연결하여 데이터를 동기화해야 했다. 기타 다른 팜파일럿 앱처럼, 빈디고는 사용자 기기 상의 가이드 내용을 업데이트하기 위해 일일 동기화를 사용했다. 이 방식은 꽤 영리한 부분이 있었는데, 빈디고는 이를 활용해 빈디고 앱 사용자에게서 현실 세계의 변화에 대한 정보를 받아 반영하기도 했다. 예를 들어 어떤 곳이 더 이상 영업을 하지 않는다거나 하는 정보 말이다. 크로울리에게 있어 이러한 방식은 무선 연결이 불가능한 상태에 대한 기민한 해법인 동시에, 도시 디지털 인프라의 공백 문제에 원활히 대처할 하나의 교훈이 되었다.

크로울리는 퇴근 이후 닷지볼 작업을 계속하였는데, 닷지볼은 점차 소셜 웹에서 상당한 잠재력을 보이기 시작했다. 닷지볼에 가입한 사용자 수백 명은 2000년 말까지 맨하튼을 비롯한 도시 4곳에서 레스토랑과 바에 대해 1,600개가 넘는 리뷰를 남기고 있었다.[16] 그러나 크로울리는 닷지볼을 취미로 남겨두었다. 그는 빈디고에 있던 시절을 회상하며 "나는 빈디고를 소셜social로 끌어들이려 노력했지만, 당시에는 소셜이라는 개념이 없었으니까"라고 말했다.[17] 더구나 크로울리는 시제품이 나오기도 전, 폐업하는 경우가 허다한 벤처 기업의 생리상 또 다시 실직자가 되었다. 버몬트로 이사한 그는 겨울 동안 스노보드 강사로 일하고 난 후 ITP 등록을 위해 뉴욕으로 복귀했다.

2002년 첫 학기 동안, 크로울리는 닷지볼의 두 번째 모바일 버전(내가 바에서 보았던 광고 버전)을 제작하였다. 1999년, 통신사 스프린트Sprint는 '무선 웹Wireless Web'이라는 브라우저를 갖춘 초기 단계의 휴대전화를 출시했다. 그러나 그 서비스가 이용자에게 큰 인기를 끌지는 못했다. 이용 가능한 콘텐츠 수가 너무 적었고, 화면은 너무 작았다. 그러나 과거 빈디고가 했던 것처럼, 무선 웹은 사용자들이 필요로 하는 콘텐츠를 그들의 손에 쥐어주는 것을 더 쉽게 실험할 기회를 제공했다. 스시를 먹으려면 어디로 가야 하나? 최고의 햄버거는 어디에서? 멋진 칵테일은? 이러한 질문에 실시간으로 답변하는 무선 연결망이 마침내 이루어진 것이다.

그러나 크로울리는 자신의 기술적 구원을 바로 목전에 두고 있었다. 2003년 3월 마이스페이스MySpace와 페이스북의 전신인 프렌드스터Friendster가 출시되자 디지털 사회 인맥은 해당 도시 전역에 빠르게 확산하였다. 크로울리가 2011년에 당시를 이렇게 회상했다. "프렌드스터는 나의 ITP 첫 해와 두 번째 해 사이에 생겨났지. 나는, '좋아, 프렌드스터가 이제 토대를 마련했어. 많은 사람들이 이제 프로필을 만들고, 친구 요청을 보내고, 야구 카드처럼 친구를 모으는 법을 알게 되었지'라고 생각했어. 나는 이제 소셜 네트워크가 어떤 것인지 얘기할 수 있게 되었어. 이제 사람들에게 '닷지볼은 프렌드스터랑 비슷한데, 휴대폰을 위한 서비스야'라고 알려줄 수 있게 된 거지. 사람들은 이제야 닷지볼을 이해하기 시작했어."[18]

크로울리는 닷지볼 세 번째 버전에서 프랜드스터의 사회 인맥 개념 social circle을 가져와 이것을 그가 빠르게 축적하고 있었던 사용자 창작 데이터베이스에 실시간으로 쌓아가고자 했다. 당시 프렌드스터는 곧 흐지부

178

지되었는데, 일단 친구를 모은 다음에는 할 일이 없었기 때문이다. 그러나 프렌드스터와 달리 닷지볼에게 있어 소셜 네트워크는 닷지볼 유저들이 만들어가는 정보 공유 콘텐츠를 필터링하는 완벽한 메커니즘이었다. 크로울리는 소셜 네트워크 및 정보를 SMS 문자 메시지의 즉각성과 친밀성으로 결합하는 서비스를 상상했는데, 젊은 사람들은 이미 도시 주변에서 친목 모임social gatherings을 만드는 데 이를 사용하고 있었다.

오늘날, 우리는 모바일 상에서 활용가능한 풍부한 소프트웨어 생태계를 당연하게 여기지만, 2003년, 우수한 모바일 소프트웨어를 제작하는 일은 재정이 탄탄한 스타트업에게도 힘든 과제였고, 학생에게는 거의 불가능에 가까웠다. 무선통신업자들은 웹을 열린 공간으로 두지 않고 '울타리 정원walled garden'을 쳐서 무선 웹에 진입하려는 콘텐츠 제공자에게 요금을 받았다. 이것은 AOL이나 컴퓨서브CompuServe, 프로디지Prodigy와 같은 1980년대 온라인 서비스에서 빌린 비즈니스 유형이었다. 이들은 구독자에게 접속하는 대형 판권업자들에게 높은 수수료를 부과했고, 그 서비스에 접근하려는 구독자에게도 부과했다. 정원의 울타리는 업계의 약점이었다. 설상가상으로 모든 무선 통신사업자들이 각기 다른 기술을 사용하면서 수년 간 모바일 웹의 성장을 방해하는 장애물이 되었다.

크로울리는 빈디고가 무선 데이터가 부족한 곳에서 어떻게 작동했는지 상기하면서, 닷지볼을 범용 모바일 버전으로 제작하기 위한 차선책을 찾았다. 빈디고가 무선 데이터가 부족한 곳에서 작동했던 것처럼, 크로울리는 울타리 정원을 피해가는 법을 찾아내었다. 그가 발견한 차선책은 다름 아닌 이메일이었다. 2003년 그가 닷지볼의 범용 모바일 버전을 제작하기 시작할 무렵, 스마트폰은 여전히 희귀했지만 최신 모바일 기기는 단문 이메일을 무선으로 주고받을 수 있었다. 크로울리는 동급생이자 닷컴 난민이었던 알렉스 레이너트Alex Rainert를 끈질긴 노력으로 영입했으며, 닷지볼의 이메일 기반 인터페이스를 구축하기 시작했다. 이들은 코딩 작업으로 몇 달 동안 고생한 뒤, 웹 개발에 활용되는 오픈소스 언어인 PHP로 짠 수천 개의 복잡한 실행문을 ITP 서버에 실행하였고, 서버는 도시 전역의 모바일 '키즈'가 전송할 이메일을 기다리며 끈기있게 대기하였다.

크로울리와 레이너트는 이메일 교환기를 설치해 두고 나서, 닷지볼을 진정한 소셜 네트워크로 전환하게 만든 다음 작업에 착수했다. 바로 이들이 '체크인check-in'으로 불렀던, 새로운 디지털 행위를 발명하는 것이었다. 크로울리는 체크인이 "전 세계의 할 일 없는 친구들에게 네 위치를 세계적으로 방송하는 방법"을 제공했다며 너스레를 떨었다.[19] 크로울리와 레이너트는 노력 투입을 최소화하는 영리한 코딩 시스템을 개발했다. @Tom and jerry로 이메일을 보내면, 당신은 엘리자베스 거리에 위치한 톰앤제리에 체크인하게 된다. 엘리자베스 거리에서 ITP 모퉁이에 있는 작은 술집인 톰앤제리는 기자와 투자자 대상의 비공식 브리핑 룸을 제공하고 있어 두 사람이 자주 이용하는 장소였다. 이처럼 무선 이메일(및 이후 SMS)을 통해 친구들에게 당신의 체크인을 알리고 함께 메시지를 전달할 수 있다. 예를 들어, "@Tom and jerry! 행복한 시간을 보내고 있어요."[20] 처럼 말이다.

닷지볼은 마치 새로운 약물처럼 도심 현장을 강타했고, 체크인이 쇄도하기 시작했다. 크로울리가 쥬피터와 빈디고, MTV(비록 짧은 기간이었지만)에서 일할 때 만난 프랜드스터의 친구이자 파티광 '키즈'들은 닷지볼의 가장 활발한 유저가 되었다. 전날 밤의 아수라장은 데이터베이스로 영원히 옮겨졌고, 블로그에는 닷지볼의 체크인 꼬리표check-in tailings로만 설명 가능한 필름이 끊겨 흥청망청했던 전날 밤의 이야기가 올라오기 시작했다. 크로울리는 "기즈모Gizmodo에 첫 블로그 포스팅이 올라온 다음에는 「뉴스위크」나 「타임」이 적당한 기사거리를 찾아 블로그를 뒤지기 시작했어." 라고 회상한다. 닷지볼은 급속히 확산되었고, 크로울리와 레이너트는 닷지볼을 대학 내 영리 목적의 벤처기업으로 전환했다. 대학원 시절의 회원 수는 학생과 친구 300여 명에서 시작하여, 신생기업으로 출발하자 1천 명으로 증가했고 1년 뒤에는 3,000명 이상이 로그인했다.[21]

닷지볼은 맨하튼 디지털 지식층digerati의 가상 제어판virtual dashboard이 되었기 때문에, 그 데이터베이스에 기록된 친구 관계망과 사용자들이 생성한 체크인 흐름은 새로운 종류의 도시 미디어urban media를 형성했다. 크로울리와 레이너트가 새로운 경험들을 만들고자 열심히 디자인한 닷지볼은 새로운 친구를 많이 사귀는 데 매우 유용한 차별점이 있었는데, 보통은 직접 아는 친구의 체크인만 볼 수 있지만, 닷지볼은 친구의 친구가 근처에 체크인하면 인사하라고 독촉하는 알림 문자가 전달되기 때문이다. 뿐만 아니라 닷지볼은 로맨틱 중매자가 되어 어떤 유저에 대해 '호감(반함)'을 알리고 당신이 근처에 체크인하면 그나 그녀에게 당신과의 만남을 권고하는 알림 메시지를 전달하는 실험을 시도하기도 했다.

닷지볼은 디지털 부동산 업계의 매우 중요한 부분이 되었고, 크로울리는 이것의 가치를 베스트셀러 『해리 포터와 아즈카반의 죄수』의 호그와트 비밀 지도에 비유했다. 이 마법의 지도는 호그와트에서 해리 포터가 작은 점으로 표시된 친구들의 위치를 실시간으로 추적하기 위해 사용했다. 2004년 5월 이 책이 영화로 상영되었을 때, 크로울리는 닷지볼의 잠재성을 이것에 비유한 시각적 어휘로 바꾸어 투자자에게 설명하였다. 닷지볼의 잠재성은 이내 캘리포니아 인근에 퍼졌고, 구글의 창립자 래리 페이지Larry Page와 세르게이 브린Sergey Brin이 이것을 매우 마음에 들어하여 2005년 5월에 신생기업 닷지볼을 인수하였다.

닷지볼이 모바일 웹의 후속 개발에 끼친 영향력은 실로 엄청났다. 휴대폰의 키패드, 초보적 모바일 이메일, 상징 및 지명의 습관적인 은어만을 가지고, 크로울리와 레이너트는 다른 해커들이 웹 서비스의 접근 차단을 교묘하게 피해가도록 했다. 반대로, 이 서비스는 무선산업계에 모바일 기반의 새로운 소프트웨어에 대한 거대한 수요를 보여줌으로써 앱 시장을 촉진하는 데 일조했다. 초기 소셜 네트워크에서 위치 문제가 얼마나 중요하고 까다로운지를 강조하였을 뿐 아니라, 두려운 '전 여친 문제'를 포함하여, 불쑥 나타나는 문제들에 대해 일부 창의적인 해결책을 제시하기도 했다. 무엇보다도 닷지볼은 어떻게 하면 세상 어디에서나 소셜 소프트웨어와 우리가 함께 잘 지내고, 잘 즐길 수 있는지 보여주었다.

크로울리는 도처에 있는 스마트시티 해커의 전형이다. 도시 경제학자는 도시의 번영이 시민들이 상업과 교육, 엔터테인먼트를 위해 상호작용할 기회를 창출하는 것에 있다고 생각한다. 그러나 여기에 전 세계가 사용할 수 있는 새로운 방법을 창조하기 위해서는, 도시를 직관적으로 이해하는 사람이 필요하다. 좋은 어바니즘good urbanism에 대한 제인 제이콥스의 역작, 『미국 대도시의 죽음과 삶』은 말 그대로 그리니치 빌리지에 보내는 연애편지인데, 바로 크로울리에게 영감을 주고 그가 닷지볼에 대한 구상을 품게 해준 바로 그 그리니치 빌리지에 대한 이야기이다. 이 책은 이러한 멋진 거리가 사람들이 우연히 조우할 기회를 어떠한 방식으로 제공하는지 찬미했다. 크로울리는 닷지볼을 일종의 엔진으로 디자인했다. 이 엔진은 우리가 자리에서 바로 일어나 새 친구를 사귀도록 끊임없이 지원하여, 예치기 못한 잠재력을 증폭시키는 원동력으로 만들었다. 제이콥스가 아직 살아 있다면, 그녀는 닷지볼을 어떻게 평가했을까? 도시설계에 있어서 가장 훌륭한 새로운 발상들에 반하는 말일지는 몰라도, 나는 이 소박한 체크인 시스템이 그 모든 발상을 이길 것이라고 생각한다.

그림의 떡

2002년 여름 무렵, 또 다른 기술이 전 세계 스마트시티 해커 사이에서 붐을 일으키고 있었다. 특히 뉴욕은 더욱 그러하였다. 크로울리가 닷지불 작업을 하고 있는 동안, 나는 기술인tinkerers, 오픈소스 신봉자open source believers, 무선 지지자wireless enthusiasts들로 구성된 한 무리를 조직하고 있었다. 우리는 스스로를 'NYCwireless'라 이름 짓고 매월 첫 번째 화요일에 정기적인 만남을 가졌다. 이 모임은 초저녁에 새로운 무선 기기에 대한 실연 설명과 토론으로 시작하였고, 끝은 거의 항상 바에서 맥주를 마시며 한밤중이 되어야 일어나곤 했다. 빈 잔과 병이 널브러져 있는 테이블 주위에서, 열 명 정도의 괴짜geek들은 도시 전역으로 무료 네트워크를 확산시킬 계획을 공유했다. 우리의 발 아래에는 무선 라우터, 안테나, 패치 케이블이 가득한 자전거용 메신저 가방들이 놓여 있었다.

　그러던 어느 밤, 나는 어떤 바에서 여분의 군용 노트북 하나를 말 그대로 휘두르는 해프닝으로 하루를 끝낸 일이 있었다. 맨하튼을 공용 인터넷 서비스로 밝히려는 이 십자군 전쟁에서 만난 나의 상대는 테리 슈미트 Terry Schmidt였는데, 그는 무선 네트워크와 모바일 컴퓨팅에 매료된 엔지니어였다. 내가 당시 초기 무선 운동의 중심에 선 커뮤니티 조직자라면, 슈미트는 해당 기술을 밀어 붙여 맨하튼의 수많은 공해 가운데서도 무선이 전달되는지를 확인하고자 했던 '미친' 과학자라고 할 수 있었다.

　그보다 한 달 전, 나는 생애 처음으로 최고의 도구이자 무기를 선택했다. 슈미트는 플랫아이언 빌딩Flatiron Building 근처 5번가의 가랑비 속에서 있었고 우리는 잠재적인 스폰서에게 새로운 무선 핫스팟 프로젝트를 홍보하려는 중이었다. 내가 다가가자 슈미트는 활짝 웃었고, 자신의 파나소닉 터치북 스크린의 물기를 소매로 닦아내며 "이 노트북은 내구성이 매우 좋아. 먼지와 모래 오염을 방지하는 군용 규격에 … 고무 개스킷, 눈부심 방지 스크린. 한 부채청산업자에게 400달러에 샀어" 라고 설명했다. 보안을 걸지 않았던 5번가 근처 한 사무실 아래의 핫스팟에 접속하고 있었지만, 슈미트와 도시공해방지city-proof 기능을 갖춘 그의 컴퓨터는 미래의 비전이었다. 그의 옆에서 작지만 둔탁한 케이스를 잡고 있었던 나는 마치

183

사이버펑크 소설의 보조 캐스팅 멤버처럼 느껴졌다. 나도 슈미트와 같은 물건을 가져야겠다고 생각했고 그날 밤 당장 주문했다.

그날 밤 바에서, 슈미트는 나를 보며 "터프북을 함께 부숴버리자! 이 케이스를 시험하고 싶어!"라고 미친 듯이 소리쳤다. 준비를 마친 후, 우리는 함께 그 터프북을 휘둘렀는데 바 안에 있던, 영문을 모르는 사람들은 우리의 행동을 괴짜들의 한풀이 시합으로 여기고 환호했다. 놀랍게도 우리가 휘두른 터프북은 정말 튼튼해서 작은 조각도 튀지 않고 반복된 충격을 견뎌냈다. 바텐더가 이제 그만하라며 고함을 지르자, 슈미트가 다시 앉아 터프북의 덮개를 열며 나에게 미소를 지었다. 반복된 충격 후에도 그의 리눅스 운영 시스템이 어떠한 작은 결함도 없이 시동되었기 때문이었다. 맥주를 마시며 비싼 장난감을 부숴버리는 일은 시간 때우기 가장 좋은 방법이긴 하지만 슈미트는 이를 진지한 업무로 생각했다. 한 도시에 핫스팟 하나를 야외에 설치하는 것은 심한 피해를 입을 가능성이 있었는데, 그런 점에서 터프북은 그의 신뢰를 얻었다.

전 세계에 와이파이가 확산되기까지는 대략 10년의 시간이 흘렀다. 요즘 거의 모든 장소에 접속 가능한 핫스팟이 있어 노트북을 열고 쉽게 이메일을 체크할 수 있다. 사용하기 위해 암호나 추가비용을 요구하는 경우는 있지만 사람들은 당연히 카페와 도서관, 공항 터미널에서 무선 접속이 가능하다고 생각한다. 1990년대 후반, 모바일 컴퓨팅에 대한 관심은 커지고 있었지만, 이를 지원할 네트워크 인프라가 없었다. 따라서 무선 통신업자가 이 시기 모바일 광대역 네트워크를 구축하기 시작했으나, 2000년 정보통신산업의 거품이 생기면서 그 속도는 달팽이처럼 느려졌다.

이후 와이파이가 도래했다. 그 명칭은 '하이 파이hi-fi' 오디오에서 따온, 마케팅 요소가 가미된 것이다. 와이파이가 가능했던 이유는 1985년 미연방 통신위원회가 통찰력 있게도 전파 스펙트럼 일부를 특정한 허가 없이 실험적으로 사용하도록 승인해 주었기 때문이다. 이후 몇 년 동안 저주파대는 주로 차고 문 개폐기와 무선 전화용으로 사용되었다. 전자 레인지의 떠돌이 방사선stray radiation의 방해를 받기 쉬웠기 때문이다. 엔지니어들은 이 주파수를 '정크 스펙트럼junk spectrum'으로 불렀다. 그러나 1990년대 중반 무렵, 저렴하고 강력한 차세대 디지털 신호 처리 칩이 개발되어 정크 스펙트럼을 광대역의 노다지로 바꿀 수 있게 하였다. 무선통신 발전의 발판이 마련된 것이다. 와이파이는 이 새로운 기술과 '확산 스펙트럼spread-spectrum'이라 불리는 주파수 도약 기술을 사용했는데, 이 기술은 2차 세계대전 당시 여배우이자 발명가였던 헤디 라마르Hedy Lamarr와 작곡가 조지 안실George Antheil이 어뢰 유도용으로 고안한 것으로 이 기술을 이용하면 어떠한 전파 방해도 우회하여 신호를 보낼 수 있었다.[22] 그 결과, 컴퓨터는 예전 유선통신만큼 많은 데이터를 공공 공중파public airwaves로 가입비 없이 전송할 수 있었다. 무선 근거리 통신망WLAN은 수년 간 사무실이나 창고에 보급되어 있었지만, 시스템 제조업체들마다 사용하는 표준이 서로 달랐다. 1999년 IEEE 802.11b로 알려진 범용 Wi-Fi 표준이 비로소 확립되자 시장은 빠르게 통합되었다. 애플은 자사의 에어포트AirPort 계통 기지국과 수신기를 통해 해당 기술을 대중화시켰고, 대량 생산이 가능하게 만들었다. 이제 몇백 달러만 들이면 오후 한나절에 무수히 많은 접속점을 켤 수가 있다.[23]

　　무허가 대역unlicenced bands이 자유롭게 풀린 상황에서도 와이파이의 유용성을 심하게 제한하는 몇 가지 규제는 존재했다. 예를 들어 와이파이 기기의 방송 출력은 1와트로 제한되었다. 신호가 켜져도 근린지역 전체를 덮을 수 없었고, 도달 범위는 완벽히 일반 주택의 실내 용도로 한정되어 있었다. 사실 이러한 표준은 설계 단계에서 그렇게 설정된 것이었다. 그 희미한 신호는 실외에서 사용할 정도로 도달하지 못했다. 교외 지역에서 와이파이는 주차장 건너편으로 몇 비트 안되는 정보조차 전달하기 힘들 것이다.

와이파이의 범위 제한을 극복하려는 첫 번째 시도는 옥상에서 시작되었다. 역사는 반복되고 있었다. 1901년 여름, 무선의 개척자라 불리는 리 디포리스트Lee de Forest가 라코타 호텔Lakota Hotel의 옥상과 자신이 교수로 재직하던 시카고의 일리노이 공과대학의 강당에서 최초의 무선 전신wireless telegraphs 실험을 시도하였다.[24] 거의 100년 후, 신세대 무선 괴짜들radio geeks이 도시에 대역폭을 쏘아보내기 위해 다시 한 번 사다리에 올랐다. 와이파이가 시중에 대대적으로 깔리자마자, 이들은 제한된 전파력을 장거리에 이를 수 있는 집속 전파 빔focused radio beam으로 집중시키는 기발한 수단을 개발하였다. 그들은 사방으로 에너지를 확산하는 스톡 전방향 안테나stock omnidirectional antennas를 지향성의 '섹터sector 안테나' 및 '야기Yagi 안테나'로 대체하였는데, 이 안테나들은 정원 호스의 노즐처럼, 신호를 좁은 줄기로 집중시킨다(집에서 만든 범위 확장 모형인 '캔테나Cantenna'는 프링글스 감자칩 깡통을 포함해 6.45달러 상당의 부품으로 만들 수 있다).[25] 그들은 샌프란시스코, 시애틀, 포틀랜드, 런던의 옥상에 이러한 세트를 장치하고 대도시 전역에 걸쳐 뻗어 있는 무선 백본 네트워크에 연결했다. 무선 백본 네트워크는 전파 사용 요금이 없는 기존 통신망 그리드와는 독립된 통신망 그리드를 말한다.

　　뉴욕에 밀집한 고층 빌딩들은 장거리 무선 전파를 차단하였지만, NYCwireless는 옥외 와이파이로 이 문제를 해결할 수 있었다. 즉 뉴욕의 높은 밀도는 하나의 단일 저전력 와이파이 핫스팟만으로도 맨하튼의 작지만 번화한 공원과 광장, 또는 아파트 단지까지도 커버할 수 있음을 의미했다. 나는 온라인 잡지 「살롱Salon」에서 어떤 사람이 자신이 아끼는 샌프란시스코의 어떤 까페 앞 벤치를 불태웠다는 기사를 접한 뒤, 뉴욕 시 전체에서도 이런 일이 실현될 수 있다는 것을 깨달았다. 나는 인터넷의 대규모 지형학을 주제로 박사 논문을 쓰던 중에, 이 문제를 반대로 접근하고자 했다. DSL단자와 100여 미터도 떨어지지 않은 거리에서, 와이파이를 어떻게 활용하여 시민의 주택과 직장, 오락시설과 연결할지 고민하게 되었다. 나는 시애틀 와이어리스Seattle Wireless라는 웹사이트에 이러한 취지의 메모를 올렸는데, 장래에 전 세계의 무선 커뮤니티들이 회합하는 구심점을 만드는 계기가 되었다. 며칠 내 슈미트를 비롯한 몇몇 사람들이 나에게 이메일을 보냈고, 우리는 직접 만날 계획을 세웠다.

2001년 5월 1일, 노동자의 날에 첫 번째 NYCwireless 모임이 이루어졌다. 모두들 맨하튼의 작은 오피스텔에 살고 있었고(내 오피스텔은 단 275 평방 피트였다), 자체 클럽하우스가 없었던 관계로, 우리는 맨하튼 유니언 스퀘어Union Square의 스타벅스에서 모였다. 슈미트는 그가 가진 도시 해킹 능력을 뽐내기라도 하듯, NYCwireless의 첫 번째 핫스팟을 구축하고 그 모임 시간에 맞춰 작동하도록 했다. 그 전 주에 슈미트는 벽을 부수는 작업을 시작했다. 슈미트는 그가 특별히 맞춤식으로 제작한 드릴의 날을 이용하여 18인치 두께의 벽돌벽을 뚫어 이더넷 케이블을 그의 어퍼 이스트 사이드Upper East Side 아파트에서 그가 이웃 건물의 커피숍에 빌려준 무선 라우터까지 늘였다. 그는 몇 주 후 CNN 기자에게, 자기 집을 개조한 동기는 사람들이 공통으로 가지고 있는 이타심이었으며, "나는 내가 사용하는 것 이상의 대역폭을 가지고 있고 그것을 무료로 공유하려고 한다"라고 말했다.[26]

이렇게 소박하게 출발하여, 우리는 다음 해에 무료 와이파이를 설치하기 위한(기부 받은 장비와 자원봉사 인력, 대역폭 비용을 충당하고 장비를 설치할 공간을 제공하는 호스트로 구성된) 게릴라 모형guerrilla model을 완성했다. 그리고 우리의 아파트 창 외부와 이스트 빌리지East Village의 톰킨스 스퀘어 파크 Tompkins Square Park를 마주보는 동네 가게인 alt.coffee 까페 앞에 무선 라우터를 달았다.

그런데 거의 이와 동시에 우리들이 디지털 랜드 러시에 있음을 발견했다. 알고 보니, 와이파이를 거리로 가져 오려는 사람들은 비단 우리만이 아니었던 것이다. 하지만 무료로 제공하려 했던 이들은 우리밖에 없었다. 당시 버라이즌Verizon과 티모빌T-Mobile과 같은 무선 대기업뿐 아니라 보잉고Boingo와 같은 스타트업까지 합세하여 우리의 공공 공간을 상업적 전쟁터로 만들려고 했다. 이러한 상황에서 우리는 와이파이의 무선 공유지가 기업의 식민지로 전락할 것을 우려했는데, 불행히도 2002년 12월 AT&T와 Intel, IBM이 공동으로 전국에 유료 핫스팟 네트워크 20,000곳를 구축하기로 협약하고 신규 벤처기업 코메타 네트웍스Cometa Networks를 설립하면서 우리의 우려는 현실이 되었다. 따라서 우리는 NYCwireless의 전략을 바꾸었다. 즉 가장 중요한 공공 공간을 파악하고 우리의 DIY 무선 인프라로 '무단 정착하기'로 계획했는데, 이는 이미 무료로 제공되는 어떤 대안이 있다면 유료 핫스팟은 돈을 벌지 못할 것이란 발상으로부터 나온 것이었다. 그러나 업계가 결탁하면서 우리는 게릴라 전술을 넘어선 행동이 필요하다는 점을 깨닫게 되었다. 우리는 대역폭에 비용을 대고 안테나를 장착할 장소를 제공할 파트너가 보다 많이 필요했다. 그리고 NYCwireless의 공동설립자인 마르코스 라라Marcos Lara가 브라이언트 공원Bryant Park 운영자들에게 전화하여 드디어 커다란 돌파구를 찾게 되었다.

오늘날 맨하튼 중간지대를 방문하게 되면, 42번가와 5번가의 교차로에 자리한 뉴욕 공공도서관의 웅장한 거석 뒤에서 세계 어떤 도시보다 가장 활기찬 공공 공간 하나를 발견할 수 있다. 화창한 봄날 브라이언트 공원은 점심 식사 후 휴식을 취하는 회사원으로 북적이고, 겨울에 아이스 스케이팅 링크가 본격적으로 모습을 드러낸다. 그러나 1988년부터 브라이언트 공원 재생공사Bryant Park Restoration Corporation의 주도 하에 이루어진 광범위한 보수 공사를 마치기 전까지는 브라이언트 공원도 1980년대 뉴욕의 많은 상업 지역과 마찬가지로 마약 거래와 매춘 소굴이 되어 악화 일로를 걷고 있었다. BRPC의 주도로 공원은 맨하튼 중간 구역의 거실로 재생되었다. BPRC는 1980년대 뉴욕에서 처음 설립된 상업활동촉진지구의 정비조직 중 하나로, 상업 부동산 소유주가 자금을 지원하는 일종의 준정부적 주민 조직인데, 지방정부가 긴축 운영에 돌입한 시절에 경찰 순찰 및 위생 서비스 감축에 대응하여 활동했다.

많은 상업활동촉진지구는 위생과 안전 문제 외에도, 지역의 매력을 높이기 위해 편의시설을 제공했다. 라라는 브라이언트 공원 관계자들에게 공원 전체에 해당하는 10에이커 면적을 세계 최대의 도심 핫스팟으로 만드는 야심 찬 와이파이 프로젝트를 제안했다. 우리는 공원이 와이파이를 통해 상업적 활기가 넘치는 주변 업무 지구와 적극적으로 연결될 것이라 주장했다. 공원 관계자들도 최근 노트북과 휴대전화 덕분에 사람들이 점심시간 후에도 공원에 머문다는 사실을 알고 있었기에 자원해서 무선 인터넷 서비스를 설치하겠다는 우리의 제안을 반겼다. 때마침 인텔이 최신 저전력 제품인 노트북용 와이파이 지원 센트리노 프로세서Centrino processors를 출시하고 무선 장비를 제공하게 되면서 우리의 노력이 탄력을 받게 되었다. 브라이언트 공원은 연결된, 모바일 컴퓨팅의 미래에 대한 독특한 쇼케이스가 되었다.

2002년 6월 25일, 슈미트는 스위치를 조작하여 브라이언트 공원에 안테나 3개의 네트워크를 가동시켜 이곳을 가히 21세기의 장소로 만들었다. 그해 여름, 3,000여 명이 로그인했는데, 당시 와이파이 기능을 탑재한 기기가 매우 적었다는 점을 감안하면 놀랄 만큼 많은 사람이 몰린 것이었다. 매주 월요일 밤, HBO가 공원의 서쪽 언저리에 대형 스크린을 설치하여 영화를 상영할 때마다 네트워크는 더욱 활발히 작동하였다. 슈미트가 그 모퉁이 카페에 NYCwireless의 첫 노드를 켠 지 1년 남짓 만에 우리는 공원에서 맥주로 자축하며 휴식을 즐기고 있었다. 슈미트는 나를 보며 씩 웃으며, "다음은 뭐야? 네 그림의 떡은 뭐야?"라고 물었다.

나는 그때 우리가 도처의 지역사회들이 베껴갈 수 있는 모델을 생각해냈다는 것을 알았다. 이는 자발적인 해커와 바로 구입할 수 있는 저렴한 장비, 건전한 공공공간에 관심이 있는 기관들의 지원 등으로 이루어진 모델이다. 나는 맨하튼의 금융지구 지도를 꺼냈다. 해당 지구의 도심 연합 Downtown Alliance(또 다른 상업활동촉진지구)은 뉴욕의 가장 오래된 공원인 볼링 그린Bowling Green에 핫스팟을 구축하기 위해 이미 우리를 고용했다. 당시 내가 주목했던 코메타Cometa 사는 기술 전문 언론사에 모든 미국인이 도보나 운전으로 5분 내로 도달하는 거리에 핫스팟을 설치하려는 계획을 홍보했다. 나는 이러한 상황에서 바로 핵심 금융지구에서 이들을 물리칠 수 있는 현장 6곳을 체크했다.[27] 그리고 우리는 다음 해 맨하튼 남쪽 모퉁이 전역에 7곳의 핫스팟을 설치하여 세계 최초의 무료 인터넷 지역을 만들었다.

이러한 초기 프로젝트들은 시 정부가 공공 와이파이 보급을 가속화할 수 있는 토대를 마련하였다. 이제 상업활동촉진지구는 새로운 도시 관리 방식을 실험하는 장소로 간주되었다. 그리고 많은 사람들이 이 지구에서 이러한 행동을 할 수 있으면 지방정부도 가능하리라 생각했다. 2005년 필라델피아는 시 규모의 무선 프로젝트를 과감히 발표하고 시민들과 함께 지자체 무선 운동을 시작했다. 7장에서 검토하겠지만 필라델피아의 프로젝트는 결국 실패했다. 그러나 전 세계에서 지역사회 수천 곳은 성공적으로 공공 와이파이 네트워크를 구축했다. 모든 와이파이가 무료는 아니지만 유료로 제공되는 경우라도 이는 인재와 관광객을 유치하고 지역 광대역 시장에 경쟁을 촉진하는 데 영향을 미쳤다.

브라이언트 공원은 전 세계에 공공 와이파이의 꿈을 전파하는 성공 사례의 전시관이 되었다. 그러나 이는 통신 업계에 직접 도전함을 의미하였다. 특히 42번가와 6번가의 교차지구에 입지한 대기업인 버라이즌 본사는 공원의 서쪽 절반에 긴 그림자를 드리우게 되었다. 나는 10년이 흐른 지금 이곳에서 여전히 전 세계의 방문객을 만나며 인터넷 가상 공유지와 도심의 물리적 공유지가 연결되는 힘을 보여주곤 한다. 파리 지하철Paris

Metro 혁신 담당 책임자인 조지 아마르George Amar는 2005년 당시 우리 모임이 자신이 생각을 근본적으로 변화시킨 계기가 되었다고 말하며, 브라이언트 공원이 도시 교통시스템에 끼친 영향에 대해 언급했다. 인터넷 접속이 불가하던 시절, 공원은 그저 근처 회사원들의 휴식 장소에 불과했으나, 인터넷 접속이 가능해진 이후 공원은 거대한 지하철역의 디지털 대기실이 되었다.

　오늘날, 지역 사회 무선 그룹들은 전 세계에 새로운 핫스팟을 설치하는 활동을 지속하고 있지만, 그들의 원래 리더들은 새로운 직장을 구하거나 가족을 꾸리러 떠났다. 이들의 활동이 한창일 때 남긴 유산은 때때로 가장 의외의 장소에서 부활하기도 한다. 2011년 가을 월가 시위Occupy Wall Street의 본거지인 쥬카티 공원Zuccotti Park은 원래 도심 연합Downtown Alliance의 핫스팟 장소 중 하나였다. 비록 그 핫스팟은 2005년 공원이 재개발될 때 영구히 해체되었지만, 시위대는 다른 핫스팟에 신속하게 접근하여 비디오 영상을 업로드하였다. 역설적이게도 사유공간이지만 개방되어 있는 이 아트리움은 세계에서 가장 중요한 금융기관 중 하나인 도이치은행Deutsche Bank의 미국 본사 안에 있는데, 은행은 도심 연합Downtown Alliance에 회비를 납부하여 간접적으로 해당 핫스팟 운영 자금을 지원하고 있었다.

　그러나 지금까지 NYCwireless에서 가장 가치 있는 일화는 벨죠 하머 Veljo Haamer의 이야기이다. 그는 유럽 발트해 국가인 에스토니아에 무료 인터넷을 성공적으로 확산시킨 인물이다. 특히 2002년에 방문한 브라이언트 공원에서 영감을 받아, 귀국한 후에 전국에 무료 인터넷을 설치하였다. 그는 2011년 기자와의 인터뷰에서 "뉴욕은 나에게 힘을 주었으며, 수도 탈린과 에스토니아를 변화시켰다"고 말했다.[28]

시민들이 제어하는

일반적으로 기술 혁신의 생명 주기는 수개월 내에 측정된다. 2005년 무렵 크로울리와 라이너트는 닷지볼을 구글에 매도하고 구글 뉴욕 지사에 매장을 오픈했다. 그러나 크로울리는 자신이 근무했던 빈디고 사가 소셜 소프트웨어에 관심을 갖도록 고군분투했던 것처럼, 구글이 닷지볼의 잠재력을 인식하도록 만드는 데 오랜 시간이 걸렸다. 결국 2009년 3월 구글은 쇠퇴 일로를 걷던 서비스를 폐쇄해버렸다.[29] 한편, 지방정부가 공공 무선 인터넷 접속 시설을 대규모로 공급하자 지역의 무선 운동 서비스는 조용히 사라지게 되었다. 그러나 ITP를 돌이켜 볼 때 도시 해킹 시도의 의미는 사물인터넷Internet of Things의 산업적 비전에 직접 도전하면서, 이것을 감지하고 실재화하는 마술의 길을 열었다는 점이다.

시스코나 IBM의 칸막이 사무실에 갇혀 있으면, 사물을 인터넷 연결시키기 위한 세계적 수준의 우선순위 목록이 존재할 것이라는 것을 상상할 수 있다. 만약 그러한 목록이 있어서 분재 화초를 끼워 넣는다면 그 순위는 하위에 속해 있을 것이다. 하지만 우리가 가장 기본적인 욕구인 인간의 생리적 요구를 고려한다면, 산소를 뿜는 '트위터 하는 고무나무'야말로 명백한 가치를 가진다. 식물을 잘 기르지 못하는 사람이라면, 살아있는 공생적 파트너의 생명을 유지하는 일이 도전적 과제일 수도 있기에 많은 학생들이 그것을 크라우드소싱한다 해도 크게 놀랄 일은 아닐 것이다.

1950년대 복고풍의 판촉용 필름에서 보타니콜Botanicalls 프로젝트의 전문 해설가는 "오늘날의 식물들은 학대받고 무시당한다고 오해받고 있다"고 설명하며, "점점 기술 중심으로 자동화되고 있는 현대적 생활과 사회가 우리의 잎이 무성한 초록색 친구인 식물들의 공간을 없애고 있습니다"라고 주장한다.[30] 바쁜 대학원생 공동체 생활 속에서 식물의 장기적인 생존 전망은 여전히 희박했고, 2006년 지속가능성에 대한 수업에서 개발된 보타니콜은 소셜 네트워크와 사물인터넷의 차원에서 원예 문제에 접근하였다. 이것은 문제에 대한 명쾌하고 단순한 차선책으로서, 약간의 기술을 활용함으로써 집단 행동group behavior의 변화를 조직화 할 수 있었다. 우선, 학생들은 작은 컴퓨터를 식물의 뿌리 사이에 끼운 수분 센서에 연결하고 네트워크 어댑터를 통해 그것을 인터넷으로 연결했다. 수분 측정값이 클라우드의 웹서버에 올려지면, 그들이 고안한 소프트웨어는 해당 데이터를 분석하고, 건조함을 감지하는 경우, 도움을 요청하는 알람이 울리게 했다. 즉 트위터와 전화 시스템에 접속되어 있어, 그 기계는 "식물이 인간에게 도움을 요청"하도록 했다.[31] 식물의 '친구들'은 그 트위터 스트림을 팔로우하여 식물의 수분 요청을 확인하고, 돌봄을 통합적으로 조정하기 위해 그들 사이에 메시지를 교환하고, 식물의 갈증이 해소되었을 때 감사 인사를 받는다.

보타니콜이 보여준 기발함만큼이나 놀라운 점은 해당 이슈를 활기있게 만드는 것이 얼마나 쉬운 것인가 하는 것이다. 불과 몇 년 전만 해도, 네트워크로 연결된 센서를 구축하는 것은 모든 것을 처음부터 다시 시작하여 회로를 구축해야 함을 의미했다. 예전 같았으면 학생들이 자신들의 발명품을 홍보하기 위한 재미가 가득한 비디오를 찍는 대신, 연기가 나는 납땜 인두를 쥐고 피곤한 눈으로 회로 더미를 뚫어져라 보고만 있었을 것이다. 보타니콜은 새로운 접근을 모색하는 수천 개의 프로젝트 중 하나일 뿐이었지만 이것은 전 세계의 시민해커, 학생, 예술가가 사물인터넷에 대한 자신만의 비전을 창안하도록 이끌었다.

사물인터넷의 많은 대상들처럼, 보타니콜 또한 마이크로컨트롤러microcontroller로 불리는, 세상에 잘 알려지지는 않았지만 그야말로 유비쿼터스한 종류의 컴퓨터에 의해 작동한다. 마이크로컨트롤러는 현대 기계 세계의 두뇌인데, 엘리베이터에서 TV 리모콘에 이르는 모든 기계의 작동을 관리한다. 개인용 컴퓨터처럼, 프로세서, 메모리, 입력/출력 시스템으로 구성되어 있다. 그러나 PC와는 달리 마이크로컨트롤러는 작고, 단순하며 값싸다. 그것은 게임하는 것처럼 쉽게 워드 프로세서를 작동시킬 수 있는 범용 기계가 아니며, 단지 몇 가지 기능만 수행하도록 최적화되어 있지만, 고장 없이 반복적으로 그러한 기능을 잘 수행한다. 빛, 소리(보타니콜의 경우는 수분)를 측정하는 센서가 기능을 구동하도록 한다. 마이크로컨트롤러에 사전에 로딩한 코드는 이 측정치들을 분석하여, 적절한 대응을 결정하고 나서, 다른 애드온add-on에 지시를 중계한다. PC는 스크린이나 프린터에 출력한다면, 마이크로컨트롤러는 다른 기기에 (정보를) 출력해서 물리적인 세계에 작용한다.

ITP의 교수진은 1990년대에 상호작용하는 예술 작품을 제작하기 위해 마이크로컨트롤러를 실험하기 시작했다. 1990년, 다니엘 로진Daniel Rozin은 830개의 작은 나무 타일로 놀라운 모자이크 '거울'을 조립했는데, 타일은 그 각각의 자체 마이크로컨트롤러로 조작된다. 거울을 보는 사람을 중심으로 비디오 카메라와 짝을 맞추어 모터가 타일의 방향을 바꾸며 서로 다른 음영을 만들어낸다.[32] 그 결과 지속적으로 변화하는 형상의 작업은 마치 화가 척 클로스Chuck Close의 작품을 연상시키는 모자이크 초상화로 나타났다. 그러나 그 당시 마이크로컨트롤러로 작업하려면 가파른 학습곡선을 통과해야 했다. 마이크로컨트롤러는 범용 산업 부품으로서 전기 엔지니어들이 복잡한 회로를 고안하기 위한 것으로 설계된 것이지 예술가용 장난감이 아니었기 때문이다.

2004년 무렵, 다른 2명의 ITP 강사인 댄 오설리반Dan O'Sullivan과 톰 이고Tom Igoe는 마이크로컨트롤러를 손보고 가르치며 장래 하드웨어 해커용 입문서를 집필하기에 충분한 경험을 축적했다. 그리고 그들은 『물리적 컴퓨팅: 컴퓨터로 물리적 세계를 감지하고 제어하기Physical Computing: Sensing and Controlling the Physical World with Computers』를 집필했다. 그러나 마이크로컨트롤러는 주변장치 인터페이스 컨트롤러PIC, Peripheral interface

Controller처럼 애호가나 해커가 주로 다룰 수 있는, 전원만 연결하면 바로 작동하는 플러그 앤 플레이plug-and-play 방식의 장치가 아니었다. 2011년 그의 작업실을 방문했을 때 이고는 나에게 단순한 검정 마이크로칩을 보여 주었는데, 이것은 회로판을 연결하는 데 사용되는 금속 와이어 레그wire legs가 달려 있어서 마치 사무실 벤치에 놓여있는 실리콘으로 만든 곤충처럼 보였다. 그는 "대부분의 마이크로컨트롤러는 아직 빈약해" 라고 한탄하면서 "마이크로컨트롤러를 실행시키려면 그 주변에 꽤 많은 양의 회로를 구축해야 하지. 마이크롤컨트롤러를 위한 간단한 소프트웨어 인터페이스가 없어서 코드를 로딩할 별도의 하드웨어 부품이 항상 있어야 해" 라고 덧붙였다.[33] 그가 필요로 했던 것은 값싸고 단순한 마이크로컨트롤러였다. 이것이 있으면 학생들이 자기 컴퓨터에 신속하게 코드를 로딩해 회로 설계가 아니라 응용 설계에 집중할 수 있기 때문이었다. 물리적 컴퓨팅에 관심이 있는 대다수의 사람들은 공학자가 아니라 해커와 예술가 집단이었다. 필립 터론Phillip Torrone은 일종의 현대판 「파퓰러 사이언스Popular Science」잡지인 「메이크Make」(「메이크」는 후일 하드웨어 해커용 대중과학 매거진이 된다)의 블로그에서 이를 다음과 같이 설명했다. "열심히 만든 성과물을 그 유명한 저서인 『전자공학의 예술Art of Electronics』에 싣고 사람들에게 멋진 인상을 남기는 것도 중요한 일이지만, 그 외의 대부분의 사람들은 그들의 버닝맨Burning Man 의상에 붙은 LED가 깜빡이게 하는 것을 원할 뿐이다."[34]

물리적 컴퓨팅의 어려운 학습 방법에 대한 해법은 이탈리아의 실리콘 밸리인 이브레아Ivrea 지역에서 나왔다. 그 곳은 이탈리아의 선구적인 컴퓨터 제조사 올리베티Olivetti사의 연고지로 유명한데, 아쉽게도 오래 가지는 못했지만 2000년대 초 이곳은 매우 영향력 있는 디자인 학교, IDIIInteraction Design Institute Ivrea의 소재지였다. ITP가 그랬던 것처럼 IDII는 하드웨어 중심의 기술인들을 모았는데, 곧 콜롬비아 출신의 예술가 헤르난도 베러건Hernando Barragan을 포함한 산업용 마이크로컨트롤러의 개선을 주도했던 학생들의 집결지가 되었다. 특히 프로토타이핑 플랫폼prototyping platform이었던 베러건의 '와이어링Wiring'은 물리적 컴퓨팅을 실험하고자 했던 비 공학도들이 한 걸음 더 발전할 수 있는 든든한 도약대를 제공하였다. 이고에 따르면, 학생들은 범용 및 산업용 마이크로칩 주변에 맞춤 회로를 바로 구축하는 대신, 센서, 조명 및 기타 액추에이터들을 점진적으로 덧붙여 가며, "하드웨어 스케치sketch with hardware"를 하는 방식을 적용하였다. 뿐만 아니라 보다 신속하게 제어 코드를 작성하고 디버그하고 업데이트하여 새로운 상호작용형 경험들을 개발할 수 있었다.

이브레아는 후원사인 텔레콤 이탈리아Telecom Italia의 새 경영진이 지원금을 끊었을 때인 2005년 문을 닫았지만, 강사였던 마시모 반지Massimo Banzi와 데이비드 쿠아르틸레스David Cuartielles는 아두이노Arduino 프로젝트를 설립하여 사업을 진행했다. 아두이노라는 이름은 근처 술집에서 따왔지만, 이는 동시에 17세기 이탈리아 왕으로 군림한 지역 귀족인 이브레아의 아르뒤노Arduin of Ivrea를 뜻하는 것이기도 했다.[35] 또한 미래의 물리적 컴퓨팅 프로젝트에서의 아두이노의 역할에 대한 열망의 표현으로서, 아두이노는 문자 그대로 '진실한 친구'를 의미한다. 아두이노는 이고를 포함한 참여자들의 글로벌 커뮤니티를 이용했는데, 아이고는 이 프로젝트의 핵심적인 참여자였다. 이곳에서는 하드웨어상의 모든 것이 오픈소스이고, 누구나 그 원래의 설계 위에 자신만의 변형을 설계하고 제작할 수 있었다.

오늘날, 열 개 정도 되는 온라인 사이트에서 누구나 손 안에 들어오는 아두이노를 구입할 수 있으며, 마이크로컨트롤러를 사용하면 실용 프로젝트를 짜는 데 드는 수고를 하지 않아도 된다. 아두이노는 USB 케이블을 컴퓨터에 바로 꽂아 곧장 자신의 프로그램을 로딩할 수 있으며, 다양한 확장보드add-on boards나 '쉴드shields(아르뒤노를 칭하는 또 다른 말이다)' 그리고 센서 등을 사용하여 인터넷과 세상을 연결시키는 것이 가능하다. 물론 아두이노로 작업을 진행해도 보통의 예술가나 설계자가 LED를 깜박이도록 하는 데 여전히 2~3시간 정도는 소요된다. 그러나 산업용 마이크로컨트롤러처럼 생경한 언어로 쓰인 등반 장비 사용설명서를 보고 수직 벽돌벽vertical brick을 오르는 것과 같이 학습과정이 어렵지는 않다. 일단 숙달되면, 아두이노는 계산과 물리적 객체를 결합하는, 믿을 수 없을 정도로 복잡한 설계를 가능하게 할 수 있다. 「메이크Make」 매거진의 터론은 다음과 같이 질문한다. "영화 엑스맨X-men의 프로페서 X가 타는 스팀펑크Steampunk 스타일의, 말도 하고 술도 따를 수 있는 휠체어를 가지고 싶은가?", "땅에 그림을 그리거나, 썰매로 눈 위를 달리는 로봇을 만들고 싶은가?" 그의 답은 "아두이노!"이다. 그에 따르면 아두이노의 마술은 단순하지만 "너무 단순한 것은 아니다"라는 점을 지적한다. 아마추어는 약간의 차용한 코드와 기성 부품을 사용하여 새로운 발상을 재빨리 시제품prototype으로 만든다. 터론은 이에 대해 이것은 "순간접착제이지 정밀한 용접은 아니다"라고 결론내렸다.[36]

모든 새로운 기술이 그러하듯, 아두이노의 진정한 파괴력은 새로운 생태계에서 스스로를 더욱 번성시킬 수 있는 자생력에 있다. 지금까지 성장의 측면에서는 문제가 없는 것 같다. 내가 이고와 대화를 나누었던 2011년까지 30만 개 이상의 공식 상표가 붙은 아두이노 기기가 판매되었으며, 연말까지 계획된 것이 무려 50만 개에 이르렀다. 우리는 파생 설계와 복제물을 포함하여 100만 개 정도의 아두이노가 시중에 '엄청나게 풀릴 것'이라고 예상했다.[37] 전 세계의 예술, 기술 클럽들은 아두이노 워크숍을 개최해서 ITP나 이브리아에 가서 습득할 수 있었던 기술적 내용을 교육했다. 라디오섹RadioShack도 이 대열에 합류해서, 2011년 휴가시즌 동안 애호가용 보급 상점으로 복귀하여, 선물용 아두이노 스타터 키트 및 도서를 판매했다. 전 세계의 교사들이 아두이노를 이용해서 물리학과 컴퓨터 사이언스를 가르치고 있으며 그 경험을 블로그에 올렸다. 터론은 "향후 5년에서 10년 내에, 전자공학과 물리적 컴퓨팅을 가르치는 모든 학교에서 아두이노가 사용될 것이다" 라고 예측했다.[38]

이고는 이처럼 가격도 저렴하고 사용법도 용이한 마이크로컨트롤러의 진정한 잠재성이 새로운 컴퓨팅 환경의 창조에 도움을 주는 클러스터와의 네트워킹에 있다고 보았다. 간소한 디자인lean design과 대량 생산에 힘입어 아두이노 보드의 소매가격은 25달러로 내려갔다. 와이파이 쉴드 Wi-Fi shield를 더하면 50달러 추가 비용이 발생하겠지만 가격은 계속 하락할 것이다. 이고는 마이크로컨트롤러의 가격이 저렴할 필요가 있다고 생각했다. 그는 다음과 같이 말한다. "마이크로컨트롤러가 100달러 이상이라면, 사람들에게 컴퓨팅에 대해 가르치는 것이 아니라, 오로지 컴퓨터에 대하여서만 가르칠 수 있게 돼. 100달러의 가격이 노트북 컴퓨터보다 저렴하다고 하더라도, 여전히 사람들은 이걸 하나의 컴퓨터처럼 다룰 걸. 또 모든 아이디어와 프로젝트들이 하나의 컴퓨터 안에 있어야만 할 거야." 그러나 가격이 내려가면, 이고가 강의에서 명명했던 것처럼 "네트워크로 연결된 대상"이 아니라, 대상들의 전체 네트워크가 될 것이다. 그는 "나는 (학생들이) 하나의 매체로서 컴퓨팅에 대해 사고하기를 원해. 그들은 하나의 중심 프로세서에 제한될 필요가 없어. 모든 대상과 기기는 그 자체의 뇌, 즉 프로세서를 가질 수 있어" 라고 주장하였다.[39]

와이파이 제한을 받지 않기에 아두이노는 도시의 거의 도처에서 사용할 수 있을 만큼 충분히 저렴해지고 있으며, 도시 감지 및 구동urban sensing and actuation의 시민 구축 인프라가 칡덩굴처럼 폭발적으로 증가할 만한 원재료가 될 수 있을 것이다. 한 예로, 뉴욕 기반의 디자이너 리프 퍼시필드Leif Percifield가 개발한 시스템인 '돈 플러시 닷 미dontflush.me'(나를 흘려보내지 마세요)를 들 수 있다. 다른 많은 오래된 도시처럼, 뉴욕은 하수와 빗물이 모두 단일 배수구 네트워크를 사용하고 있다. 일반적으로 복합 유출수는 주변 수로로 방류되기 전에 하수처리장에서 처리되지만, 비가 많이 오면, 도시의 거리를 지지하는 식물이 호우를 감당할 수 없어, 빗물과 하수의 혼합 오염물이 도시의 강으로 바로 방류되며, 이는 연간 약 270억 갤런에 이른다.[40] 그러나, 퍼시필드가 이베이에서 구입한 아두이노를 근접 센서와 15달러짜리 휴대폰에 연결함으로써, 장치는 유출 파이프 outflow pipe 위에 장착되어, 인터넷을 통해 욕실에 위치한 홍수 경고 표시등에 경보를 전송하게 된다.[41] 그 결과, 홍수가 발생하는 동안 하수 방류를 줄이도록, 사람들이 변기에 물을 내리지 않도록 촉구하는 게릴라 센서 망guerrilla sensor net이 되었다. 이처럼 사람들의 행동을 변화시킴으로써 도시의 하수 인프라에 대한 수억 달러의 개조 비용을 절약할 수 있었다. '돈 플러쉬 닷 미'와 같은 프로젝트는 시민들이 사물인터넷이 연결되는 대상과 그 이유를 결정하는 미래의 모습을 보여준다. 사물인터넷은 오늘날 산업의 몽상가들이 생각했듯 단순히 원격 감시 및 관리용 시스템이 되는 것이 아니라, 지역 시민의 물리적 세계에 대한 마이크로컨트롤러가 될 수 있다.

그리고 이 점이 아두이노의 성장이 미칠 수 있는 범위의 파괴력을 나타낸다. 아두이노가 영리한 선택의 기술이 될 수 있는 모습들이 뒤섞인 적용 사례를 터론이 제시했다. "커피가 언제 준비되는지 커피 포트와 트윗하고 싶은가?", "편지함에 실제 메일이 왔을 때 전화로 알람을 받는 것은 어떨까?" 역시 답은 "아두이노!"이다.[42] 아두이노는 우리가 거주하는 친밀하고 일상적인 인간 척도의 공간 및 대상들에 대한 사려깊은 지성을 구조화할 수 있는 도구를 제공한다. 이것은 우리로 하여금 사이버공간과 물리적 세계 사이의 비트와 원자를 실어 나르는 수백만의 작은 웜홀, 코드 튜브와 회로를 유기적으로 연결할 수 있도록 도와준다. 빅데이터 대신, 실제로 중요한 몇 비트를 수집하고 전파할 수 있도록 한다. 웹을 구축한 것처럼, 사용자에게 한 번에 하나씩 작은 부품의 힘을 부여함으로써, 스마트시티 하드웨어를 구축할 수 있다. 보타니콜은 사물인터넷이 얼마나 유치할 수 있는지 또는 얼마나 유용하고 사회적일 수 있는지 동시에 보여준다. 무엇보다 중요한 것은 이것이 미래의 창조적 가능성을 암시한다는 사실이다.

그러나 이고는 그것을 '사물인터넷'이라고 부르는 것에 찬성하지 않을 것이다. 사물이 접속되어 있고 작은 전자 뇌, 눈 및 모터를 장착한 것은 사실이지만, 그에게 이것은 '소셜 테크놀로지social technology'*다. 예전에 휴대용 비디오를 가졌던 레드 번즈의 마법처럼, 기술이 아닌 사람에 관심을 기울이게 하는 창의적 촉매제 말이다. 이고는 아두이노와의 작업을 통해 이것이 '사람들 간 관계를 형성하는 구실'이 된다는 것을 발견했다. 즉 사람들은 아두이노로 작업할 때마다 다른 이들에게 어떤 도움이 필요한지 질문한다. 누군가 새로운 프로젝트를 할 때마다 그들은 다른 사람들에게 가서 그것을 보여줄 것이다. 게임이나 다른 기술을 사회적 윤활제로 사용했던 것과 동일한 방식으로 그것을 사용할 것이다. 이는 사람들이 서로 대화하도록 만든다. 오늘날 사물인터넷의 문제는, 우리가 이 매체를 통해 서로에게 자신을 표현할 새로운 방법을 찾을 잠재력을 깨닫지 못하고 사물 그 자체에 너무 집중한다는 것이다.[43]

전 세계 전자 제품 제작사들이 알고 있듯, 성공의 가장 큰 징조는 홍콩의 정북쪽, 중국의 '산자이shanzhai' 공장에 의해 회사의 제품이 복제되는 것이다. 수천 개에 달하는 이 치열한 경쟁 업체들은 항상 다른 업체보다 먼저 틈새 시장을 노리고 있다. 2011년, 한 학생의 고장 많은 아두이노 문제를 해결하던 중, 이고는 무언가가 꺼져있음을 알아 차렸다. 리셋 버튼이 일반적인 적색이 아니라 녹색이었던 것이다. 그것을 뒤집어 보고, 그는 보드에, 아두이노 팀의 애국적 제조 품질 표시인 이탈리아 플래그 로고

---

* 소셜 테크놀로지는 역사적으로 두 가지 의미로 쓰여왔다. 첫째는 19세기부터 쓰이기 시작한 소셜 엔지니어링을, 둘째는 21세기에 쓰이기 시작한 소셜 소프트웨어를 서술하는 말로 사용되고 있다. 이 글에서는 후자의 의미를 가리킨다.

가 없다는 것을 알아챘다. "학생에게 구매처를 물어보았더니 베이징에 있
는 상점에서 샀다고 하는 거야. 복제품이었던 거지." 이고는 웃으며 회상
했다.[44] 드디어 산자이가 복제를 시작했다. 아두이노가 복제할 가치가 있
다면, 그것은 진정한 성공에 도달한 것과 다름없다.

smart cities

5장

풀뿌리에서 시작되는 유토피아

"인공적인 도시에는 핵심적인 성분이 빠져 있다." 크리스토퍼 알렉산더Christopher Alexander는 1965년 봄 「건축 포럼Architectural Forum」에 이렇게 썼다. "고색창연한 고대 도시들과 비교하면, 인공적으로 도시를 창조하려는 근대의 시도들은 인간적 관점에서 볼 때 완전한 실패다." 알렉산더는 자신이 '자연적인 도시'라 부른, "길고 긴 시간을 통해 어느 정도 자연발생적으로 진화해 온 매력적인 도시"들에 대해 존중심을 보였다. 그렇지만 제인 제이콥스 같은 비평가들에게는 참을성을 거의 보여주지 않았다. 알렉산더의 주장에 따르면 이들은 "거대한 근대도시가 그리니치 빌리지와 이탈리아의 언덕 마을의 혼합물이 되기를 원했다." 알렉산더는 이런 고대도시들의 외형만이 아니라 그 유전자까지 복제하기를 원했다. 그는 말한다. "오늘날 많은 설계자들이 과거의 물리적이고 조형적인 특성만을 동경하는 것 같다 … 그들은 오래된 것들의 외형적 특성만을 모방하고 있을 뿐이다. 그들은 내적인 본질을 발굴하는 데 실패했다."[1]

알렉산더는 거대한 도시들이 지닌, 거대한 복잡성 속의 질서를 알아보는 능력이 있었다. 그는 버클리대의 환경디자인대학 교수였지만, 수학자로 훈련 받았고, 수학적 유추를 통해 도시의 구조와 역학을 파악했다. 알렉산더에게 단일용도지역과 막다른 골목cul de sac으로 이루어진 전후 교외지구의 확산은 구조적으로 '나무'처럼 보였다. 나무는 개별 요소가 엄격한 나뭇가지 형태의 위계구조 속에서 위쪽과 아래쪽이 이어져 있지만, 가지들 사이에는 아무런 연결이 없다. 알렉산더에게 이런 인공적 도시들의 구조와 배치는 지나친 하향식 질서를 적용한 것이었으며, 개별 요소들은 각각의 하위요소들을 포함한 채 주변의 다른 요소들과 격리되어 있는 러시아 인형처럼 보였다.

그러나 "도시는 나무가 아니다" 라고 알렉산더는 그의 글에서 주장한다. 오랜 시간에 걸쳐 유기적으로 발전한 도시들은 서로 중첩되는 연결들의 풍부한 그물망을 가지고 있는데, 이 그물망이 그의 수학적 두뇌에는 반격자semi-lattice로 보였다(이 책에서는 간단하게 격자라는 용어를 사용할 것이다). 격자구조 내에서, 개별 요소들은 서로 다른 많은 집합의 부분이 될 수 있다. 그들은 계층구조로 연결될 수도 있고, 평평한 네트워크 내에서 상호 연결될 수도 있다.

근대적 커뮤니티의 부족한 상호작용을 격자구조가 어떻게 풍부하게 할 수 있는지 설명하기 위해, 알렉산더는 버클리에 있는 그의 사무실 근처 약국 바깥에 설치된 신문 가판대를 예로 든다. 명목상으로는 가게의 일부지만, 보행자들이 신호등이 바뀌기를 기다리는 동안 머리기사를 살펴볼 때는 길모퉁이의 필수적인 한 부분이 된다. "이 효과는 신문 가판대와 신호등을 상호의존적으로 만든다"고 알렉산더는 주장한다. 신문 가판대와 사람들, 보도 그리고 교통신호를 조작하는 전기적 자극까지 함께 엮여서 독특한 도시적 장소를 구성하는 놀라운 복잡성의 네트워크를 이룬다. 다양한 요소들이 오밀조밀하게 모여 있는 그리니치 빌리지나 피렌체가 어째서 그토록 풍부하고 온통 놀라움으로 가득한 도시로 느껴지는지, 로스앤젤레스의 단일용도 교외지역이 왜 그렇게 공허하고 진부하게 느껴지는지를 결정하는 것이 바로 격자구조다.

알렉산더의 주장에 따르면, 인공적인 디자인을 망치는 것은 복잡성에 대항하는 위계구조다. 이론적으로 반격자 내의 요소들은 다른 어떤 것과도 결합할 수 있기 때문에, 20개의 요소로 이루어진 나무구조가 최대 19개의 부분집합만을 포함할 수 있는 데 반해, 같은 20개의 요소로 이루어진 격자구조는 백만 개가 넘는 서로 다른 부분집합을 포함할 수 있다. 오래된 위대한 도시의 지도와 자동차 중심의 근대 교외지역의 설계를 비교하면 이 점을 명확하게 볼 수 있다. 도시에는 여러 개의 가로와 공공 공간이 교차한다. 도시의 어떠한 두 지점 사이를 연결하는 많은 경로가 존재한다. 사람, 장소, 그리고 길에 놓여진 사물과 상호작용하면서 도시를 가로지르는 길들이다. 그러나 교외지역에서는, 간선도로와 지선도로로 분기되는 위계구조가 단 하나의 경로를 강요한다. 도시는 가능성을 포함하는 열린 격자망이고, 교외지역은 막다른 골목들의 세계이다. 알렉산더는 "이런 구조적 복잡성의 결여, 즉 나무구조와 같은 특성이 도시에 대한 우리의 관념을 그르친다"라고 했다. 이런 문제에 대한 치유책을 찾기 위해 이후 십여 년간 알렉산더와 동료들은 전 세계의 전통적인 도시를 연구하여 시간이 흘러도 변치 않는 디자인 요소들을 추출해냈다. 이것은 알렉산더가 버클리의 모퉁이에 대해 묘사한 것처럼, "그 속에서 시스템의 변화하는 부분들이 … 함께 작동할 수 있는 변화하지 않는 그릇"이다.[2] 그 결과는 1977년에 『패턴 랭귀지A Pattern Language』로 출판되었으며, 격자 친화적 도시 건설의 참고서가 되었다.

세인트마크 에일하우스에서 나는 처음 닷지볼을 접했다. 그로부터 십 년 후인 2011년, 나는 다시 그 건물 앞에서 아이폰을 들고 데니스 크로울리의 최신 앱인 포스퀘어Foursquare로 이스트 빌리지의 격자 구조를 살펴보고 있었다. 나무와 격자, 그리고 패턴에 관한 알렉산더의 아이디어는 1970년대 이래 건축과 도시설계에는 직접적인 영향을 주지 못하고 언저리에 머물러 있었다. 반면 컴퓨터과학에는 엄청난 영향을 미쳤는데, 그의 저작들은 객체 지향형 프로그래밍의 개발에 영감을 주었다. 알렉산더가 말한 길 모퉁이의 물체들처럼, 재사용 가능한 코드 모음들을 격자 구조 내에서 함께 결합하여 사용하는 '모듈화의 철학'은 오늘날 소프트웨어 디자인을 지배하고 있다. 여기에는 아이폰 앱 개발자들이 이용하는 오브젝트-CObject-C 언어도 포함된다.[3] 도시를 격자구조로 인식한 알렉산더의 비전이 도시를 바라보는 나의 시야를 길러주는 소프트웨어 디자인의 토대가 되고 있다는 사실을 깨닫게 되면서, 알렉산더의 격자구조와 내가 보는 도시 사이, 그 50년 간의 순환고리는 완결되었다.

　포스퀘어는 내 전화기를 휴대용 스캐너로 변화시켰다. 포스퀘어의 기본화면에는 레스토랑이나 바, 가게, 심지어 푸드트럭까지, 근처의 매력적인 장소들의 리스트가 배치되어 있다. 위쪽에 있는 큰 버튼은, 지난 2년 간 전 세계의 수십억이 넘는 다른 사람들이 그랬듯이 내게도 체크인을 하라고 권한다. 닷지볼에서는 체크인 하고 싶은 장소의 철자를 타이핑한 후, 시스템이 '타임스퀘어Times Square'를 제대로 못 읽어 '타임스퀘어 성인영화관'에 잘못 체크인하지 않기를 빌어야 했다. 반면 포스퀘어에서는 지도 위에 핀을 표시하는데, 자동적으로 만들어지는 주변 장소들의 리스트에서 원하는 장소를 클릭하여 선택하고 당신의 깃발을 꽂으면 된다.

격자 속으로 더 깊이 파고들어 주변 장소에 체크인한 사람을 클릭하면, 최근에 방문한 친구들과 그들이 찍은 사진, 그곳에서 할 만한 일이나 먹어야 할 것들에 대한 트위터 크기의 팁을 발견할 수 있다. 이 앱의 레이더 기능은 백그라운드에서 계속해서 작동하면서 내가 가볼 만한 근처 커피숍에 대해 알려준다. 이 커피숍은 내가 구독하는 '목록'에 포함된 것인데, 이 목록은 친구가 만든 주변 장소에 관한 안내서다. 이런 목록들을 통해 '뉴욕 시 최고의 버거'나 '첼시의 미술관' 같이 다른 사람들이 탐험할 만한 장소의 모음을 새롭게 수집하고 구성할 수가 있다. 디지털 혁명의 기기들은 우리가 거리를 걷는 동안 다른 곳에서 온 메시지에 파묻혀 막상 주변에 있는 것에는 관심을 갖지 못하도록 만든다. 포스퀘어는, 자연발생적인 만남과 뜻밖의 발견을 불가능하게 만드는 디지털 기기에 대한 속죄의 의도로 만들어졌다. 포스퀘어는 닷지볼보다 훨씬 더 효과적으로, 도시의 물리적 격자들 위에 새로운 디지털 격자를 덮어씌우고 그 둘을 코드로 연결했다. 이건 아마도 회의적인 크리스토퍼 알렉산더조차 신도로 만들 수 있을 소프트웨어일 것이다.

　　4장에서 우리는 ITP와 같은 곳들이 더 인간 중심적인 스마트시티 기술을 위해 어떻게 새로운 디자인을 창조하고 있는지 보았다. 그러나 ITP는 앞에서 살펴본 기업주도형 스마트시티에 대한 대안을 만들려는 반대 흐름, 즉 오픈소스와 소비자기술에 기반한 시민해킹의 중심지 중 하나일 뿐이다. 지구 전역에서 다른 사람들도 이런 토대 위에 무언가를 쌓아 올리고 있다. 미래에 이들은 완전히 다른 종류의 스마트시티를 창조하게 될 것인데, 그곳에서는 컴퓨터와 네트워크가 새롭고 기묘하지만 매우 인간적인 방식으로 다른 사람들과 주변의 사물들에 연결할 수 있도록 우리를 도울 것이다. 그러나 스마트시티 기술에 대한 그들의 아이디어가 실질적인 힘으로 발전할 수 있을까?

　　내가 바로 이곳 세인트마크에서 크로울리와 마지막으로 맥주를 마신

지 3년이 흘러 있었다. ITP 이후에, 크로울리와 알렉스 레이너트는 닷지볼의 규모를 키우는 데 자원을 투입하도록 구글을 설득하느라 별 성과 없는 2년을 보냈다. 하지만 사교적인 닷지볼 패거리들은 "시계 바늘은 하루에 몇 번이나 겹쳐지는가?" 혹은 "스쿨버스 안에 골프공이 몇 개나 들어가는가?"와 같은 질문을 통해 입사지원자들을 선발하는 회사와는 잘 맞지 않았다.[4] 2007년 그들의 계약이 만료되었을 때, 레이너트는 웹 디자이너로 돌아갔으며 크로울리는 중고 자전거를 타고 맨하튼의 로어 이스트 사이드Lower East Side를 배회하면서 실직상태로 일 년을 보냈다. 세상이 그의 비전에 동조하기를 기다리는 동안, 크로울리는 만일 구글이 닷지볼 프로젝트를 포기한다면 더 크고 더 나은 대체물을 만들겠다고 닷지볼 커뮤니티에 약속했다. 2009년 1월 14일, 구글이 닷지볼 서비스를 중단하겠다고 공표했을 때, 포스퀘어의 작업은 이미 진행되고 있었다. 그날 저녁, DIY시티DIYcity라는 이름의 시민해커 집단이 첫 모임을 가진 후에 나는 크로울리와 프로그래머인 나빈 셀바두라이가 계획하고 있던 새로운 앱에 대해 설명하는 것을 들었다. 그 앱은 닷지볼 초창기 이후에 등장한 모든 새로운 기술을 활용할 예정이었다.

두 달 뒤 텍사스의 오스틴Austin에서 열린, 인터넷 스타트업 커뮤니티의 최신 유행을 보여주는 가장 큰 연례모임인 사우스 바이 사우스웨스트 인터랙티브 페스티벌에서 포스퀘어가 시작되었다. 포스퀘어는 즉시 기술 엘리트들의 상상력을 사로잡았고, 닷지볼이 사라지면서 잠시 중단되었던 체크인이 다시 밀려들었다. 이후 이 년에 걸쳐 포스퀘어는 트위터나 페이스북의 초기시절보다도 더 빨리 성장했다. 2011년 8월에는 천만 명이 넘는 사용자들이 매일 평균 삼백만 체크인을 기록했다.[5] 2012년 초가 되자 전 세계적으로 약 15억 개의 체크인이 기록되었다. 크로울리가 닷지볼을 통해 창안한, 그 당시 급속히 발전하던 '로컬, 소셜, 모바일' 소프트웨어 부문을 포스퀘어가 장악했다. 2009년 같은 페스티벌에서 시작한 고왈라Gowalla(오스틴에 기반을 두고 있었는데, 틀림없이 고향 덕을 보았다!)를 비롯하여 이 부문에는 **빠른 추격자들이** 여럿 있었는데, 이들은 따라가는 데 실패했다. 페이스북은 처음에는 포스퀘어를 매입하려고 시도하다가, 나중에는 자체 서비스인 플레이스Places로 경쟁했고(크로울리의 ITP 동급생이었던 마이클 샤론Michael Sharon이 지휘했다), 그 다음 2011년에 고왈라를 매입했으나 2012년 3월에 결국 해당 서비스를 중단했다(이 모든 움직임은 이후 페이스북이 모바일 앱 분야에서 선두주자를 따라잡기 위해 보여준 더욱 필사적인 노력의 전조였다. 2012년 모바일 사진 앱인 인스타그램을 십억 달러에 매입한 것이 그런 노력의 한 예이다). 유명인들은 행사와 파티를 홍보하기 위해 포스퀘어를 이용하기 시작했다. 뉴욕시의 새로운 테크놀로지 스타트업들을 소개할 때마다 테크놀로지 기업가였던 자신의 초창기 시절을 즐겨 회상하던 당시 시장 마이클 블룸버그는, 2011년 4월 16일 포스퀘어 사무실을 방문해서 뉴욕 시의 첫 번째 공식 '포스퀘어의 날($16=4^2$)'을 선포했다. 2011년 8월에는 백악관 참모가 유세 중인 오바마 대통령을 체크인하기 시작했다.[6]

나는 도시의 격자구조를 보여주던 스마트폰을 주머니 속에 집어넣고 쿠퍼 스퀘어Cooper Square의 포스퀘어 사무실을 향해 걸어갔다. 포스퀘어 사무실은 「빌리지 보이스Village Voice」 신문이 이십 년 넘도록 다운타운downtown 대항문화의 연대기를 기록해왔던 곳 바로 위층에 있었다(두 조직 모두 2012년에는 그 건물을 떠날 예정이었다. 포스퀘어는 남쪽으로 몇 블록 떨어진 소호Soho의 브로드웨이 568번지로 옮겨갔고, 「보이스」는 학교를 위해 자리를 비워줄 계획이었다). 크로울리는 ITP시절로부터 공간적으로나 철학적으로 멀리 벗어나지 않았지만, 이제는 다른 사람들과 함께 PHP코드를 서둘러 만드는 대신, 기술산업의 가장 인기있는 투자자들에게서 모은 7,000만 달러 이상의 자금을 가지고 있었다. 건물 바깥의 동네는 빠르게 젠트리피케이션이 일어나면서 새로 온 사람과 오래된 사람들, 부자와 가난한 자, 힙스터와 낙오자 사이의 창조적 긴장으로 고동치고 있었다. 2008년까지, 바워리Bowery 건너편에서는 하룻밤에 6달러만 주면 구세군 숙박소의 간이침대를 빌릴 수 있었다. 지금은 남쪽으로 겨우 15미터 떨어진 바워리 호텔에 묵어야 하는데, 거기서는 스위트룸이 하룻밤에 600달러나 한다.

2011년 5월 초순 금요일 오전 10시, 흐트러진 차림의 이십대 풋내기 몇몇이 맥북을 쑤셔넣은 자전거용 메신저백을 메고 포스퀘어 사무실로 출근하고 있었다. 포스퀘어와 함께 불태운 지난 밤으로부터 직원들이 천천히 회복하면서, 트윗과 체크인을 알리는 소리들이 귀뚜라미 울음처럼 퍼져 나갔다. 자신들이 제공하는 서비스의 선도적 사용자가 되는 것은 언제나 힘든 일이기는 하지만, 더욱이 그 서비스가 새로운 사람을 만나고 마실 장소를 찾는 쉬운 방법을 제공하는 것이라면 그에 따른 대가를 지불해야 하는 법이다. 프로그래머와 디자이너들의 빠르게 성장하는 무리에 둘러싸여, 크로울리는 사회적 웹의 군주들인 페이스북의 마크 저커버그Mark Zuckerberg와 트위터의 잭 도시Jack Dorsey의 신분에 합류하는 길을 밟아가고 있었다.

엘리베이터 옆에 설치된 스크린에서는, 포스퀘어로 들어오는 체크인의 격류가 실시간으로 표시되고 있었다. 동영상으로 표현된 지구가 천천히 회전하면서, 창조적 계급creative class이 자기 위치를 알리는 체크인의 반짝임이 전 세계의 인기있는 장소들을 보여주고 있었다. 스마트한 젊은이들이 스마트폰으로 저녁식사, 마실 것, 춤출 곳을 준비하면서, 베를린, 스톡홀름, 암스테르담이 환하게 불타올랐다. 각각의 체크인을 통해 그들은 포스퀘어 앱의 '배지badge'를 얻기 위한 임무를 수행한다. 여기서 '배지'는 하룻밤에 네 군데의 술집에 체크인하거나('완전 취했어!Crunked!') 한 달 동안 헬스클럽에 열 번 체크인 함으로써('체육관 쥐Gym Rat') 얻을 수 있는 일종의 상징적 보상이다. 크로울리는 윌리엄스버그 다리Williamsburg Bridge 위를 달리다가 이 아이디어를 얻게 되었다. 다리 위에 스프레이페인트로 그려진 〈수퍼 마리오 형제〉에 나오는 버섯 그림을 보고, "도시를 탐험하면서는 왜 보너스를 얻지 못하는가?"라는 생각이 떠올랐다고 회상한다.[7] 이런 배지형태의 보상은 포스퀘어가 닷지볼에 비해 개선된 많은 요소 중의 하나일 뿐이다.

어째서 포스퀘어는 닷지볼이 실패한 곳에서 광범위한 성공을 거둘 수 있었을까? 이것은 풀뿌리 스마트 기술이 규모를 확장하는 데 필요한 능력에 대해 무엇을 가르쳐줄 수 있을까? 여기에는 세 가지 요소가 있다.

첫째, 모바일 앱을 위한 새롭고 도달 가능한 시장이 있었다. 아이폰의 신속한 확산은 새로운 소프트웨어에 대한 거대한 수요를 창조했으며, 사용자들의 인터넷 경험을 통제하기 위해 통신사들이 사용하던 장벽은 빠르게 무너졌다. 2007년 6월 아이폰이 발매되자마자, 해커들은 서드파티 소프트웨어*를 설치할 수 있도록 아이폰의 운영시스템을 '탈옥'하는 방법을 알아냈다. 일 년이 지난 2008년 7월, 애플은 아이튠즈 앱스토어 서비스를 개시함으로써 이런 움직임을 수용했다. 앱스토어는 모바일 기기용 소프트웨어의 구매자와 판매자가 만나서 몇 번의 클릭만으로 쉽게 거래를 할 수 있는 장소를 창조했다. 비록 웹처럼 개방적인 것은 아니었지만(애플은 많은 앱들을 규제할 수 있었고 실제로 그렇게 했는데, 특히 이메일과 같이 iOS 운영시스템의 핵심 기능과 겹치는 것들을 금지했다), 이것은 커다란 발전이었다.

둘째, 앱은 신규 사용자의 등록과 해당 서비스와의 상호작용을 훨씬 쉽게 만들었다. 닷지볼을 이용하기 위해서는 복잡한 절차를 거쳐야 했다. 우선 웹사이트에 가서 등록을 하고, 해당 이메일이나 문자메시지 코드를 자기 휴대전화의 주소록에 추가해야 했으며, 그 후에 체크인 하려는 장소의 이름이 시스템에 있는 지도 상의 이름과 일치하도록 철자에 유의하면서 체크인 요청을 타이핑해야 했다. 그러나 앱스토어에서는 소비자들이 새로운 소프트웨어를 훨씬 쉽게 이용할 수 있었다. 저녁식사 때 친구에게

---

* 서드파티 소프트웨어(third party software), 제3자 소프트웨어. 제3자가 만들어 제공하는 소프트웨어. 예를 들어 아이폰의 운영체제와 핵심적인 앱은 애플이 공급하지만, 여기서 작동하는 수많은 앱들은 대부분 다른 제작자들이 만든 것이다.

서 포스퀘어에 대해 소개를 받고 몇 초 만에 포스퀘어 앱을 다운로드할 수 있고, 주문한 음료가 도착하기도 전에 체크인을 할 수 있었다. 이것이 스타트업에 미치는 효과는 혁신적이었다. 일단 앱이 인기를 얻으면 기업인들은 투자자들에게 정확한 다운로드 통계를 건넬 수 있었고, 개발과 마케팅 비용을 급격하게 늘리는 데 필요한 자금을 확보할 수 있었다.

셋째이자 가장 중요한 요소는, 포스퀘어의 성공이 크로울리가 빈디고와 닷지볼에서 얻은 경험의 결과라는 것인데, 이 경험은 크로울리가 아이디어를 끌어낼 수 있는 저장고가 되었다. 주변 장소를 추천하기 위해 친구들과 사용자 자신의 습관에서 정보를 추출하는, 포스퀘어의 또 다른 똑똑한 기능인 레이더Radar와 탐색Explore은 그가 여러 해 동안 꿈꿔온 것이었다. 관련 산업 전체가 단순히 개인 위치를 공유하는 수준의 개념에 머물러있을 때에도, "지도 위에 핀을 꼽는 것 이상을 하도록" 크로울리는 늘 스스로를 밀어붙였다고 말한다.[8] 크로울리는 닷지볼을 통해 사용자가 어디에 있는지를 아는 것은 생각보다 큰 가치가 없으며, 오히려 정말 가치있는 것은 이러한 정보를 활용하여 사용자가 새로운 경험을 얻도록 하는 데 있다는 것을 배웠다.

다음으로 포스퀘어는 전체 앱 세계의 중심이 되고자 했다. 즉 업계 용어로 '플랫폼 사업'을 하는 것이다. 닷지볼 이후 몇 년 동안, 고정된 문서 형태였던 인터넷은 다양한 출처에서 정보들을 선별해 이를 다시 공유하고 재결합해 구현할 수 있도록 진화했다. 크리스토퍼 알렉산더가 이상화한 고대 도시들처럼, 웹은 그 자체가 격자구조가 되었다. 이런 변화 속에서 트위터처럼 가치 있는 정보를 축적하고 통제하는 회사는 핵심적인 전략적 위치를 차지하게 되었다. 포스퀘어도 사용자들의 체크인이나 장소 설명 기능 등을 통해 유사한 정보를 비축했지만, 트위터와 마찬가지로 이를 활용할 모든 가능성을 탐색하지는 못했다. 이제는 비축한 정보를 개방해서 스스로를 소셜 웹의 기반시설 중 하나로 변화시킬 때가 왔다.

트위터를 비롯한 많은 회사들처럼, 포스퀘어도 초기에 응용 프로그램 인터페이스API, application program interface를 발표했다. API는 다른 사람들이 포스퀘어에서 정보를 뽑아내고 이를 이용하여 스스로의 앱을 만들 수 있도록 허용하는 구조화된 메커니즘이다. 내가 포스퀘어에 남긴 체크인을 내 링크드인 프로필에 다시 올릴 수 있도록 해당 앱에 권한을 허용하는 것이 이러한 메커니즘의 예이다. API 덕분에 포스퀘어는 스타트업과 해커들의 생태계를 구축할 수 있었다. 이들은 포스퀘어의 사업적 가치를 높여 주었을 뿐 아니라 포스퀘어가 미처 생각하지 못했거나 수백만 이용자들에게 필요한 핵심 기능이라고 보지 못한 수천 가지의 새로운 기능을 창조했다. 해커 커뮤니티와의 연계를 위해 셀바두라이Naveen Selvadurai는 '핵 데이hack days' 행사를 개최했다. 이 행사에서는 포스퀘어에 접속하여 작동할 소프트웨어를 만들기 위해 포스퀘어 직원이 외부인들과 함께 작업하도록 했다. 내가 좋아하는 앱 중 하나인 '돈잇앳Donteat.at'은 뉴욕대학교의 컴퓨터과학 학생인 막스 스톨러Max Stoller가 만들었다. 이 앱은 뉴욕시의 보건 검사 데이터베이스와 이용자의 포스퀘어 체크인을 결합해 만일 이용자가 마지막으로 체크인 한 레스토랑이 불합격 판정을 받았을 경우 경고해준다. 다음 해 여름 포스퀘어가 스톨러를 인턴으로 채용한 것을 보면 크로울리도 이 앱이 마음에 든 것이 틀림없다.[9]

이제 40,000개가 넘는 앱이 포스퀘어의 API를 사용하고 있으며, 그중 많은 수는 포스퀘어보다도 훨씬 많은 사용자를 가지고 있다. 이로써 포스퀘어는 전체 웹과 전 세계에 위치 서비스와 장소 정보를 제공하는 도매상이 되었다. 포스퀘어는 사실상 도시운영시스템urban operating system의 위치를 차지하게 되었고, 이것은 IBM이나 시스코가 창조한 어떤 것보다도 개념적으로 몇 광년을 앞선 것이다. 크로올리가 '지도에 핀 꽂기'라고 조롱했던 원격 측정telemetry과 사물 추적이, 실제로는 기술계 거인들이 세속적 사물 인터넷을 유지하기 위해 제공하는 킬러 앱으로써 아직

215

까지도 자리매김하고 있는 것이다. 크로울리가 중요하게 여긴 것은 디지털의 말랑말랑한 부분인데, 이것은 도시의 격자체계 내에서 물리적 지점과 가상의 지점 간의 연결을 만들어주는 것이다. 포스퀘어의 공동창업자인 나빈 셀바두라이가 포스퀘어에 올린, "나빈은 포르체따Porchetta의 돼지고기 샌드위치를 추천합니다"라는 팁이 나빈이 지금 실제로 어디 있는지, 심지어는 포르체따가 어디 있는지에(110 이스트 7번가) 대한 정보보다 더 중요하다. 포스퀘어는 모바일, 소셜 사용자들에게 그들이 어디 있는지 알아내도록 도와 주기만 하는 것이 아니다. 포스퀘어는 우리가 가능하리라고 한번도 상상조차 못한 방식으로 사용자들을 주위 환경과 깊숙이 접속시킨다.

포스퀘어의 성공은, 소셜 웹의 격자가 가진 개방적이고 유기적인 구조가 어떻게 사람 중심의 스마트시티를 만드는 강력한 도구가 될 수 있는지 보여준다. 크로울리의 화려한 부상은 셀 수 없이 많은 해커들이 도시에 대한 그들 스스로의 유토피아적 비전을 코드화하도록 고무했다. 그러나 처음부터 거의 완성된 모습으로 태어난 트위터나 페이스북(두 서비스 모두 기본적인 상호작용 모델의 핵심은 처음 출발한 이래 거의 변하지 않았다) 같은 소셜 미디어의 부상과는 달리, 오랜 인큐베이션 기간이 필요했던 포스퀘어의 사례는 스마트시티를 밑에서부터 만들어가는 것이 얼마나 어려운 일인지를 보여준다. 기술은 다양하고 이들을 하나로 엮기는 어려우며, 사람과 도시격자들 간의 상호작용을 잘 디자인하는 것은 까다롭고 복잡한 일이다. 크로울리의 머리 속에서 포스퀘어의 윤곽이 구체화되기까지, 그리고 빈디고와 닷지볼을 작업하는 데에만 거의 십 년이 걸렸다. 그의 야망 중 많은 부분은 아직도 실현되지 못한 채 남아있다.

사용자와 그들이 거주하는 도시로부터 배운 새로운 교훈에 응답하면서 포스퀘어는 계속해서 진화했다. 2012년 초, 사용자들이 갑자기 체크인을 하지 않게 되면서 포스퀘어는 변화의 시기를 맞았다. 크로울리는 스타트업들의 현황을 추적하는 주요한 뉴스 사이트인 테크크런치TechCrunch에 이렇게 말했다. "나는 스스로에게 물었습니다. 우리가 무언가를 망쳤나? 그러나 실제로는 사람들이 (체크인을 하기보다는) 친구의 위치를 알아내기 위해, 무언가를 찾기 위해, 또는 추천 서비스로서 포스퀘어를 이용하고 있기 때문이라는 것을 알게 되었습니다." 트위터는 더 일찍 전환의 시기를 성공적으로 헤쳐 나갔다. 이제는 친숙해진, 유명 트위터 사용자들과 그들을 구독하는 대중들 사이의 비대칭적 관계가 모습을 갖췄던 2009년이 바로 그 시기이다. "처음 시작했을 때는 참여를 늘리는 데만 초점을 맞추게 돼." 크로울리는 말했다. "그리고 나서 충분한 성장이 이루어지고, 어쨌든 멋진 일이 일어나고 있다고 말하게 되는 시점에 도달하지. 또 일정 시점에 이르면, '와우! 소비모델이 실제로 작동하기 시작했구나!' 하고 말하게 돼."[10] 포스퀘어의 첫 삼 년은 크라우드소싱 방식으로 이루어진, 세계의 도시에 대한 대규모 조사작업과 같았다. 이제 포스퀘어의 과제는 그 결과를 추출하여 요청이 있을 때마다 적절한 추천을 제공하는 것이다.

크로울리를 성공적인 기업가로 만든 것은 그가 스스로를 위해 원했을 법한 것을 만들었다는 사실이다. 그러나 문제는 포스퀘어가 거대한 기업으로 성장하면서도 근본에 충실한 상태로 유지될 수 있을 것인가 하는 것이다. 나는 크로울리를 거의 십 년간 알고 지냈으며, 그의 학생시절 프로젝트가 거대한 사업으로 진화하는 것을 지켜보았다. 크로울리의 책임이 매일 더 커지면서, 그 후 상당기간 그를 직접 만나지 못했다. 투자를 유치해야 하는 현실의 압박 때문에, 포스퀘어를 통해 수익을 창출해야 한다는 필요성이 사용자들을 기분 좋게 만든다는 목표와 경쟁하기 시작한 것은 아닌지 의심스러워졌다. 투자자들의 기대는 높았다. 2013년 초에 포스퀘어가 네번째 자금 조달을 모색할 때, 가장 큰 후원자인 벤처투자자 프레드 윌슨Fred Wilson은 "포스퀘어는 실제 사람들과 그들이 가는 장소에 대해 그 누구보다도 많은 정보를 가지고 있다"고 자랑했다.[11]

2011년에 있었던 나의 방문이 끝날 때쯤, 크로울리는 개발 중인 새로운 기능에 대해 이야기하기 시작했다. "우리는 … 예언적인 추천 기능과 관련한 아이디어를 계획 중이야." 그는 이 기능이 어떻게 작동할지를 설명했다. "예를 들어, 내가 보통 오후 12시 15분경에 체크인을 한다면, 포스퀘어는 오전 11시 45분에 네가 이전에 가본 적은 없지만 좋아할 만한 주변의 점심식사 장소를 다른 사람들의 방문기록을 근거로 추천하는 메시지를 보내줄 수 있을 거야." 이것은 스마트시티 신봉자인 나조차도 한번도 고려해 본 적 없는 경험이다. 언제든지 해당 기능을 끌 수도 있으니, 이런 기능은 내가 마땅히 흥분할 만한 것이었다. 그렇지만 나는 빅데이터를 가지고 도시를 고치겠다고 약속하는 기업의 엔지니어들과 이야기할 때 드는 불편한 기분을 느꼈다. 나는 포스퀘어에서 그런 기능을 원하는지 확신하지 못했다. 그러나 마케터들과 광고업자들이 그 기능을 원한다는 것은 확실했다.

크로울리는 포스퀘어 출범 후 첫 해에 이를 묘사할 때 도시를 더 쉽게 이용할 수 있고 더 흥미롭게 탐험하도록 만드는 방식이라고 말하곤 했다. "체크인하세요. 당신의 친구들을 찾으세요. 잠겨 있는 당신의 도시를 여세요"라고 포스퀘어의 웹사이트는 제안한다. 처음에 포스퀘어는 도시의 격자구조 속에 존재하지만 우리가 직접 볼 수는 없는 것들, 예를 들어 친구들, 좋은 음식, 좋은 시간을 노출시킴으로써 이런 일을 했다. 이때는 서점의 책장들을 살펴보는 것과 같은 무작위성과 발견의 요소가 존재했다. 그러나 데이터 추출과 추천 기능이 전면에 등장하면서, 포스퀘어는 뜻밖의 발견과 자발성을 계산해 내려는, 돈키호테 같은 시도의 위험성을 안게 되었다. 포스퀘어의 도시는 격자구조처럼 보일지도 모르지만, 이제는 숨겨진 알고리즘을 통해 정교한 나무구조가 되어가는 것이 아닐까? 포스퀘어는 사용자 스스로 탐험하도록 권유하는 대신, 우리의 구매가능성에 기반해서 미리 결정된 경로로 우리를 안내하게 되지 않을까?

DIY시티

    대부분의 사람들에게 컴퓨터 시대는 1981년에 판매를 시작한 IBM PC와 함께 시작되었다. 하지만 진짜 컴퓨터 광들에게 개인용 컴퓨터 혁명의 서막이 열린 것은 1975년 MITS 알테어 8800의 판매가 개시된 시점이었다. 알테어는 연산 능력에 대한 접근성을 극적으로 민주화했다. 당시 인텔의 Intellec-8 컴퓨터는 기본구성만으로 2,400달러가 들었다. 그리고 이 컴퓨터를 위한 소프트웨어를 개발하는 데 필요한 모든 부가장치를 포함하면 10,000달러에 달했다. 알테어는 같은 인텔 8080 마이크로프로세서를 사용하고도 400달러 이하로 부품 세트를 팔았다. 그러나 구매자는 스스로 부품을 조립해야 했다.[12] 열성적인 취미를 가진 사람들은 재빨리 '실리콘 밸리 홈브루 컴퓨터 클럽Silicon Valley's Homebrew Computer Club'과 같은 모임을 만들어서 요령과 비결을 공유하고 이런 DIY 컴퓨터의 부품을 교환했다. 홈브루는 컴퓨터 산업에서 IBM의 지배를 무너뜨리게 될 애플의 공동창업자인 스티브 잡스Steve Jobs나 스티브 워즈니악Steve Wozniak 같은 혁신가들의 훈련 캠프였다. 워즈니악은 애플I과 애플II를 개발하는 동안 홈브루에서 지속적으로 시연을 했다고 한 적이 있다.[13] 이렇게 큰 연산 능력이 이렇듯 많은 사람의 손에 놓여진 것은 이전에는 결코 없었던 일이다.

    PC가 유토피아적 아이디어에서 괴짜들의 장난감을 거쳐 대량 판매 시장으로 나아간 것처럼, 모바일 앱, 커뮤니티 무선 네트워크, 오픈소스 마이크로컨트롤러를 포함하는 풀뿌리 스마트시티 기술들도 비슷한 경로를 따르고 있다. 새로운 시민해커 커뮤니티들이 이런 기술들을 이끌고 있는데, 이들은 데스크탑 해커 초기 세대의 이상이었던 기술에 대한 접근성의 급진적 확장, 공개적이고 협업적인 디자인, 그리고 컴퓨터가 긍정적인 변화를 위해 이용될 수 있다는 아이디어를 공유한다. 1972년, 또 다른 실리콘 밸리의 해커 그룹인 자칭 '인민 컴퓨터 회사People's Computer

Company'는 최초의 소식지를 발행하면서 표지에 다음과 같은 선언문을 실었다. "컴퓨터는 주로 인민을 위하는 대신 인민에 대항하여 사용되고 있다." 그리고, "인민을 해방하는 대신 통제하는 데 이용된다. 이 모든 것에 도전할 때다. 우리는 인민 컴퓨터 회사를 필요로 한다."[14] 우리가 살펴본 바와 같이, 이 주장은 오늘날의 스마트시티 기술을 묘사하는데 있어서도 똑같이 유효하다. 다시 한번, 자기조직화 된 해커들이 주도하는 해결책은 마찬가지로 설득력을 가질 수 있다.

그렇지만, 새로운 기술을 어떤 식으로 사용할 것인지에 대한 막연한 아이디어가 어떻게 대항문화운동이 될 수 있을까? 가끔은 이름만으로 충분한 경우도 있다. 또 다른 ITP 졸업생인 존 제라치John Geraci는 작명에 소질이 있는 시민해커다. 2004년 내가 ITP에서 가르친 '무선 공공 공간 Wireless Public Spaces' 수업에서 그는 무선 핫스팟과 커뮤니티 미디어를 결합한 네이버노드Neighbornode를 만들었다. 각각의 핫스팟에는 신호 범위 내에 있을 때만 사용 가능한 고유의 지역 게시판이 설치되었다. 하지만 메시지들은 한 줄로 서서 귀에서 귀로 말을 전달하는 게임처럼 개별 사용자에 의해 노드에서 노드로 전달될 수 있었다. 인기 있는 게시물은 오늘날 트위터에서 대량으로 리트윗되는 것과 같은 방식으로 도시를 가로질러 퍼져 나갈 수도 있었다. 네이버노드는 저렴하고 사용하기 쉬웠는데, 오픈소스 소프트웨어와 75달러의 링크시스Linksys 무선 라우터로 이루어져 있었다. 제라치가 「뉴욕타임즈」에 말한 것처럼, "마이크로소프트의 워드를 컴퓨터에 설치할 수 있는 실력이면, 커뮤니티 핫스팟을 설치할 수 있었다."[15]

4년 뒤, 제라치는 고독한 벤처 자본가인 유니언 스퀘어 벤처스Union Square Ventures의 프레드 윌슨Fred Wilson으로부터 새로운 프로젝트를 위한 영감을 얻었다. 소셜 웹의 가장 성공적인 투자자 중 하나인 윌슨은 매디슨 스퀘어 공원Madison Square Park에 있는 대니 마이어스Danny Meyers의 버거 판매대인 쉐이크쉑Shake Shack의 팬이기도 했다. 쉐이크쉑은 다른 사람들에게도 큰 인기를 끌었을 뿐만 아니라 뉴욕 기술 스타트업 분야에 있어 일종의 영혼의 허브였다. 맨하튼 플라티론Flatiron지구의 조밀하게 중첩되는 격자의 노드이기도 했다. 매일 정오 때면, 배고픈 사람들이 공원의 구불구불한 통로를 따라 한 시간을 기다려야 할 만큼 줄이 길게 늘어섰다.

트위터의 가장 초창기 투자자 중 하나인 윌슨은 늘 트위터 서비스의 유용성을 보여줄 수 있는 새로운 사회적 이용방식을 찾고 있었다. 2008년 그는 @shakeshack이라는 트위터 계정을 만들었다. 이 계정을 구독하면 함께 점심을 먹을 사람들을 조직할 수 있었다. 보다 더 중요한 점은, 이것이 쉐이크쉑의 줄을 짧게 줄이는 방법이었다는 것이다. 그는 자신의 인기 블로그에 다음과 같이 설명했다. "단 한 사람만 줄을 서있으면, 함께 점심을 먹고 싶은 사람은 재미있는 사람들과 생생한 토론을 하며 자연스레 합류하면 되었다."[16] 사람들은 곧 쉐이크쉑의 줄에 대한 보고를 해당 계정으로 알리기 시작했다. 일주일도 지나지 않아 그 지역 프로그래머인 휘트니 맥나마라Whitney McNamara는 들어오는 모든 보고를 @쉐이크쉑의 타임라인에 다시 포스팅하는 92줄의 펄Perl 코드를 대충 손보았고, 이것은 대기 줄의 현재 길이를 크라우드소싱 방식을 통해 실시간으로 표시해주는, 최초의 '트위터봇Twitter bot' 중 하나가 되었다.[17]

쉐이크쉑 트위터봇은 지역 웹이 블로그 너머로 빠르게 움직이고 있음을 제라치에게 보여주었다. 졸업 후에, 제라치는 작가인 스티븐 존슨 Stephen Johnson과 함께 아주 작은 특정지역에 국한된 최초의 뉴스 사이트인 '아웃사이드.인outside.in'을 공동 창립했다. 아웃사이드.인은 블로고스피어blogosphere에 지리적 감각을 도입하여, 인근에 있는 수천 개의 블로그들을 종합함으로써 새로운 종류의 가상 신문을 만들어 냈다. 그러나 가정이나 사무실에서만 사용 가능한 도시 웹은 제대로 된 것이라고 할 수 없었다. 모바일 장치들을 통해 데스크탑에서 해방될 때에야, 도시 웹은 실제 세계의 문제를 해결하는 데 사용될 수 있었다. 제라치는 이 모델이 한 벤처사업가가 자기 버거를 빨리 먹을 수 있게 해 주는 것보다 훨씬 커다란 가능성을 가지고 있음을 깨달았다.

2008년 10월 28일, 제라치는 자신들 스스로의 스마트시티를 만들고 싶어하는 괴짜들이 성장할 수 있는 무리를 모으고, 그들을 고무시킬 수 있는 DIYcity.org 웹사이트를 출범시켰다. 그는 다음과 같이 썼다. "오늘날 우리의 도시들은 인터넷 이전 시대의 유물이다." "지금 당장 필요한 것은 새로운 유형의 도시이다." 그는 마치 약 40년 전 인민의 컴퓨터 회사의 선언문에 무의식적으로 응답하듯 계속 써 나갔다. "개방성과 참여, 분산된 본성과 빠르고 유기적인 진화라는 점에서 인터넷과 닮은 도시, 중앙집권식으로 운영되지 않고 모두에 의해 창조되고 운영되며 개선되는 도시, DIY시티."[18] 그는 "전 세계 모든 지역의 사람들이 자신들의 도시에 대해 생각하고, 이야기 나누고, 궁극적으로는 웹 기술을 통해 도시들이 더 잘 작동할 수 있도록 만드는 도구를 개발하는" 장소로서의 온라인 커뮤니티에 대한 비전을 약술했다.[19]

제라치와 나는 2008년 가을과 초겨울까지 계속 접촉을 유지했으며 9번가와 3번가가 만나는 곳에 있는 내 아파트에서부터 이스트빌리지를 한 바퀴 도는 긴 산책을 함께 하고는 했다. 그 지역은 풀뿌리 스마트시티 프로젝트들의 전시장 같은 곳이었다. 그 곳에서는 우선, 9.11 테러 공격 이후 인터넷 접속에 도움을 주기 위해 NYCwireless의 자원봉사자들 중 하나가 2001년 10월 초에 설치한 무료 핫스팟을 지나가게 된다. 다음에는 제라치와 ITP 동료인 모힛 산트람Mohit SantRam이 그의 아파트에서 첫번째 네이버노드 클러스터를 시작한 블록을 지나가게 된다. 그 다음에는 크로울리와 살바두라이가 포스퀘어의 첫번째 버전을 코딩하느라 열심히 작업하던 카페를 지나친다. 제라치가 DIY시티를 만들기 위한 그의 아이디어를 공유하는 동안, 우리는 이런 초기의 노력을 다시 검토함으로써 도시를 브레인스토밍 도구로 활용했다.

DIY시티는 하룻밤만에 버섯처럼 자라났다. 제라치는 드루팔Drupal을 이용해 사이트를 만들었는데, 누구나 특정한 도시 혹은 특별한 문제를 다루기 위한 새 그룹을 쉽게 만들 수 있도록 허용하는 오픈소스 시스템이었다. 한 달도 안되어서 상파울루, 코펜하겐, 포틀랜드, 쿠알라룸푸르에 이르기까지 지역 조직들이 생겨나기 시작했다. 2009년이 시작될 무렵에는 수천 명의 웹개발자, 도시계획가, 환경디자이너, 학생, 공무원들이 이런 노력에 합류했다. 제라치는 2009년 1월 14일 (구글이 닷지볼을 폐쇄하겠다고 공지한 것과 같은 날이다) 샌프란시스코의 소프트웨어 개발자인 숀 새비지Sean Savage의 도움을 받아 미국 동해안과 서해안에서 모임을 조직했다. 그의 목적은 막 발생하고 있는 DIY시티 운동에 대해 브레인스토밍을 하기 위해 최초로 프로그래머들과 도시계획가들을 한 자리에 모으는 것이었다. 컴퓨터광들을 위한 인기 블로그인 보잉보잉BoingBoing의 무료 광고 덕택에 두 모임은 자리가 가득 찼다.

　　그러나 DIY시티는 단지 논의만을 위한 것이 아니었다. 제라치는 그 운동이 "어디에 있든, 어느 도시의 거주자들이든 간에, 자신들의 지역을 더 낫게 만드는데 쓸 수 있는 한 벌의 도구"를 만들기 원했다. 그는 모임이 열리기 직전의 가을, 최초로 도시가 후원한 앱 공모전인 민주주의를 위한 앱Apps for Democracy이 열린 워싱턴DC를 주목했다. 제라치는 그 앱 공모전이 고무적인 아이디어이긴 했지만, 결과물에 너무 제한이 없었고, 지나치게 정부 데이터에 의존했으며, 시민들의 문제 대신에 프로그래머들 자신이 바라는 것이 중심에 놓였다는 결론을 내렸다. 그래서 그는 교통수단의 공유, 버스 추적, 전염성 있는 질병의 확산 추적 등 제시된 문제에서 출발하는 일련의 DIY시티 챌린지를 개최했다. 과정을 가속화하고 도구보다는 사용자에 초점을 맞추기 위해, 그는 심지어 교통량 조사를 위한 트위터봇처럼, 크라우드소싱 방식의 디자인 해결책 핵심 부분을 지정하기도 했다. 또한 경쟁을 도입하는 대신에 제라치는 전체 커뮤니티가 하나의 해결책을 위해 협업하는 접근법을 채택했다. 이는 레드 번즈의 ITP가 가졌던 협업적 문화가 적절한 순간에 다시 출현한 것이다. 제라치는 개발자들을 모집했으며, 심지어 챌린지에서 해결책을 만드는 과정에서 스스로 팀에 참여해 작업하기도 했다.

당면 목표는 DIY시티의 접근 방식이 제대로 작동한다는 것을 보여줄 빠른 성과 몇 개를 만들어 내는 것이었다. 겨우 몇 주에 불과했던 행사기간이나 상금이 없었다는 점을 고려할 때 그 결과는 인상적이었다. 첫 번째 챌린지는 당시 야후가 도로에 설치된 센서와 무선통신망으로 휴대폰을 익명 추적해서 제공하던 교통속도 데이터에 기반한, 개인화된 문자 알림 서비스인 DIY교통DIYtraffic이었다. 몇 년 후에 생겨날 웨이즈Waze 같은 크라우드소싱 방식 교통 앱들의 인기를 미리 예언하듯, DIY교통은 공식 알림에 이용자들이 자신들의 보고를 추가하는 것 역시 허용했다. 지역 기반 소프트웨어가 "한번 만들면, 어디서나 작동될 수 있는" 방식의 재사용 가능한 도구가 되어야 한다는 점을 제라치가 중요시했기 때문에, DIY교통은 스킨 방식을 적용했다. 이것은 기초를 이루는 소프트웨어의 가장 바깥층만 간단히 변경하면 누구나 자신의 도시에 같은 서비스를 설치할 수 있다는 것을 의미한다.

또 다른 챌린지는 공공보건에 초점을 맞추어, 구글 플루 트렌드Google Flu Trends에 영감을 받은 '식시티SickCity'를 만들어 냈다. 둘 다 인터넷 활동을 추출해서 전염병을 지도화하기 위한 도구이다. 플루 트렌드는 독감의 증상과 치료에 관련된 용어의 검색에 의존하는데, 구글은 이용자의 아이피 주소에 기초하여 각각의 검색에 지리적인 꼬리표를 붙일 수 있다. 식시티는 보다 더 노골적인 방식으로, 트위터의 흐름에서 단순히 '독감'과 '열' 같은 핵심단어를 조사한다. 비록 구글처럼 질병을 가리키는 용어의 목록을 작성하기 위한 세련된 자동화 방식을 갖추지 못했으며, 자료의 개수 또한 훨씬 적음에도 불구하고 식시티는 플루 트렌드에 비해 몇 가지 이점을 가지고 있었다. 첫째, 사람들은 보통 질병이 확실히 나타나서 구글에 치료방법을 검색하기 전에 먼저 소셜 네트워크에 증상에 대해 알리는 경향이 있다. 둘째, 식시티는 더 작은 스케일에서 추세를 볼 수 있는 능력을 제공했다. 반면 구글은 식시티가 공개된 후 거의 일 년 후인 2010년 1월까지 도시 레벨의 각 구역에 대한 정보를 공개하지 않았다. 마지막으로, 식시티는 조사하는 핵심단어를 바꾸는 것만으로 식중독에서 불안증에 이르기까지 어떤 종류의 공공보건 문제에도 적용할 수 있었다.

밤샘 마라톤 협업 프로그래밍을 통해 창조된 식시티는 DIY시티의 가장 성공적인 챌린지였으며 열광적인 오픈소스 복제를 통해 널리 퍼져갔다. 제라치에 따르면 72시간 만에 백 곳이 넘는 지역에서 식시티가 설치되었다. 질병통제센터와 협업으로 만들어진 구글의 프로젝트처럼 과학적으로 검증되지 못했고, 돼지독감 발생 시에 잘못된 정보가 넘쳐나기도 했지만, (당시 아프지 않은 사람들이 해당 질병에 대해 토론함으로써 트위터의 정보가 오염되었다) 식시티는 도시문제에 접근하기 위해 사회적 상호작용에서 정보를 얻는 가벼운 웹 앱의 잠재력을 보여주었다.

그리고 나서, DIY시티는 성장만큼이나 빠르게 사라졌다. 단 한번의 모임과 다섯 번의 챌린지 후에 제라치는 어려운 선택을 했다. DIY시티 챌린지가 종료되고 2년 후, 2011년에 맨하튼의 리틀이태리Little Italy에서 커피를 마시면서 제라치는 당시를 회상하고 웃었다. "아기가 태어났고, 직업은 없었고, 나는 DIY시티의 성공에 대한 준비가 되어 있지 않았어요." 그리고 어떤 사회적 혁신가라도 그렇게 말하겠지만, 개념적 성공이 항상 재정적 성공으로 이어지는 것은 아니다. "어떻게 하면 임대료를 낼 수 있게 될까?" 그는 궁금해 한다. "이건 DIY시티뿐 아니라 전체 DIY 운동이 여전히 해결하지 못한 질문입니다." 제라치가 DIY시티 프로젝트를 위한 비즈니스 모델을 찾기 위해 애쓰는 동안 프로젝트의 초기 에너지는 소실

되었다. DIY시티 사이트에서 만들어진 지역 그룹들은 다른 포럼에서 그들의 토론을 진행해 나갔다. "사람들은 뭉쳐 있어야 할 필요를 느끼지 않았던 거죠"라고 그는 결론지었다. 제라치는 스타트업 세계로 복귀했다. 그는 후에 이렇게 말했다. "DIY시티는 자연적인 수명을 다한 것이었다. 그것은 스스로의 유용성보다 더 오래 버텨내지 못했다."[20]

그러나 DIY시티는 이후 몇 년간 출현할 시민해킹 그룹을 조직하는 데 있어 영감과 촉매이자 청사진이 되기에 충분할 만큼은 살아남았다. 그것은 PC가 아닌 소셜 미디어, 모바일 컴퓨터, 공개 정보와 함께 젖을 뗀 세대의 인민 컴퓨터 회사였다. 맨하튼에서 열린 단 한번의 DIY시티 모임의 참석자들이 이후 풀뿌리 스마트시티 운동을 형성할 시민해커들의 핵심 그룹이었다는 것은 우연이 아니다. 크로울리와 셀바두라이는 몇 달 후에 포스퀘어를 출범시켰다. '오픈플랜Open Plans*'의 닉 그로스먼Nick Grossman과 필립 애슐록Philip Ashlock은 오픈소스 시티웨어cityware**의 보고인 시빅코먼스Civic Commons***를 시작할 뿐 아니라 온라인 311 시스템****을 위한 오픈소스 소프트웨어를 만들게 된다. 메트로폴리탄 교통국Metropolitan Transit Agency 국장의 정책자문역인 네이트 길버트슨Nate Gilbertson은 삐걱거리는 관료제를 뚫고 정보 공개 계획을 밀고 나가고, 그의 동료인 사라 카우프만Sarah Kaufman은 이를 끝까지 해 내게 된다.

제라치가 묘사했듯이, DIY시티는 완전히 상향식 조직이었다. 명령을 내리는 사람은 아무도 없었다. 나서는 사람들에 의해 움직여지고, 해야 할 일이 무엇인지 찾고, 그것을 했다. ITP처럼, "DIY시티는 느슨하고 협업적이며 개방되어 있었고, 바로 그 점이 DIY시티를 작동하게 만들었다."[21] 제

---

* 기술과 참여를 통해 더 나은 도시를 만드는 것을 목표로 한 소프트웨어 팀이며 2015년에 폐쇄되었다. Openplans.org 에서 현재도 이들이 수행한 프로젝트를 볼 수 있고 제작한 소프트웨어를 내려 받을 수 있다.
** 소프트웨어나 하드웨어와 같은 작명방식으로 도시에 필요한 프로그램 혹은 통합된 도시정보시스템을 의미한다.
*** wiki.civiccommons.org 원래의 사이트를 보존해 놓은 곳은 archive.civiccommons.org
**** 미국에서 사람들이 전화를 걸어 각종 서비스 정보를 찾고 불평을 제기하고 문제를 신고할 수 있는 가장 인기 있는 상담 전화의 번호이다.

라치가 제공한 것은 사람들의 에너지를 집중할 수 있는 렌즈와, 이를 앞으로 밀고 나갈 수 있도록 해 주는 잘 만들어진 이름이었다.

스마트시티의 킬러 앱

2011년, 밋업닷컴Meetup.com의 새로운 마케팅 슬로건은 "인터넷에서 떠나기 위해 인터넷을 활용하자"였다. 2002년에 출범한 밋업Meetup은 사람들이 공유하는 관심이나 취미를 중심으로 대면접촉을 하게 도와서 온라인과 오프라인의 삶을 이어주는, 오늘날에는 보편화 된 하이브리드 소셜 네트워크의 초기 개척자였다. 10년이 지나지 않아 전 세계에서 천만 명 이상의 사람들이 십만 개가 넘는 그룹으로 모여들었다. 그 성취를 기록하면서 창업자인 스콧 하이퍼만Scott Heiferman은 다음과 같이 회상한다. "나는 인터넷과 TV가 있다면 지역 공동체는 중요하지 않다고 생각하는 종류의 사람이었습니다. 내가 이웃에 대해 생각하는 것은 오로지 그들이 나를 귀찮게 하지 않기를 바랄 때뿐이었습니다. 2001년 9월 11일에 월드트레이드센터가 무너졌을 때, 나는 9.11 이후의 그 시기에 이전 어느 때보다 더 많이 이웃들과 대화하고 있는 자신을 발견했습니다."[22]

밋업의 매력은 사회적 상호작용을 위해 사람들을 불러모으는 것이야 말로 스마트시티를 위한 진정한 킬러 앱이라는 사실을 강력하게 일깨워준다. 그러나 우리는 수천 년에 걸친 도시 진화 역사의 가장 최근 부분을 쓰고 있을 뿐이다. 도시의 목적은 늘 사람들의 모임을 촉진하는 것이었다. 우리는 줄곧 도시의 다양성을 찬양하지만, 하버드대의 에드 글레이저Ed Glaeser 같은 경제학자들이 주장하듯이, 사실 도시는 같은 생각을 가진 사람들이 서로를 찾아내고, 무언가를 하도록 도와주는 소셜 검색엔진과 같다. 그는 2010년에 출판한 책, 『도시의 승리Triumph of the City』에서 이렇게 주장한다. "도시에 사는 사람들은 자신과 잘 어울리는 관심사를 가진 더 넓은 범위의 친구들과 접촉할 수 있다."[23] 우리가 도시성과 연결 짓는 커다란 건물들은 단지 이 모든 교환이 가능하게 하도록 지원하는 시스템에 불과하다. 어떻게 도시가 성장하는지에 대해 연구하는 물리학자 제프리 웨스트Geoffrey West는 "도시는 사회적 네트워크들 간의 상호작용을 모아 놓은 결과물이다"라고 설명한다.[24] 그리고 도시는 이러한 관계에서 자라난 문명과 문화의 저장소다. 도시설계 이론가인 케빈 린치Kevin Lynch가 일찍이 표현했듯이, 도시는 "집단적 역사와 이상의 보존을 위한 방대한 기억 시스템이다."[25] 기반시설을 공유한다는 측면에서 볼 때 도시가 활동을 조직하는 효율적인 수단인 것은 사실이다. 그러나 효율성이 우리가 애초에 도시를 건설한 이유는 아니다. 효율성은 그저 인간적인 접촉을 촉진시키는 부수효과일 뿐이다.

비록 도시적 사회성이 시대를 초월한 것이기는 하지만, 우리는 이를 새로운 스케일로 경험하고 있다. 고대도시의 시장과 궁전, 사원에서 발생된 소통과 교환의 중심에서부터 인간 거주지의 규모는 성장하고 성장하고 또 성장해왔다. 오늘날 가장 커다란 거대 도시들은 일하고 놀기 위해 수없이 많은 집단으로 모인 수천만의 사람들을 한데 묶어준다. 밋업(그리고 포스퀘어) 같은 새로운 기술은 사람들이 현대의 거대 도시가 제공하는 사회적 상호작용을 위한 광대한 기회의 바다를 항해하도록 돕는 데 필수적인 역할을 하고있다.

우리는 주로 도시의 물리적 측면에 초점을 맞추는데, 이는 물리적 측면이 가장 파악하기 쉽기 때문이다. 그러나 통신 네트워크는 도시의 필수적인 사회적 과정을 우리가 실시간으로 볼 수 있도록 해 준다. 통신 네트워크는, 도시적 사회성을 가능케 하는 것만큼이나 도시의 급변하는 층위를 연구하는 데에 없어서는 안 될 도구이다.

전화는 한 세기 이상 동안 도시생활에서 핵심적인 역할을 담당해 왔다. 사이버네틱스에서 영감을 얻은 사회과학자들은, 1960년대의 도시가 보이던 사회적 네트워크의 발전에서 통신이 차지하는 핵심적인 역할에 대해 최근에 들어 연구를 시작했다. 이 시기에 프랑스의 지리학자인 장 고트만Jean Gottmann은 미국 북동회랑*의 도시 간 전화 발신 패턴을 지도화했다. 1961년에 출간된 그의 저서 『메갈로폴리스Megalopolis』에서 고트만은 메사추세츠 주 알링턴에서 버지니아 주 알링턴에 이르기까지 도시화의 확산이 어떻게 글자 그대로 끊기지 않고 뻗어 나가 단일한 대규모 도시로 작동하고 있는지 묘사하고 있다. 지도로 가득찬 한 장chapter에서는 미국 동부해안 위아래로 연결되는 전화 통화량의 증감을 상세히 분석한 후, 전화가 뉴욕이나 워싱턴 같은 거대한 도시들이 전체 국가에 대해 경제적, 정치적, 사회적 지배권을 행사하는 수단이라고 주장한다. 이런 도시들은 수신 통화량보다 발신 통화량이 훨씬 많은데, 이는 그 도시의 거주민들이 정보를 모으고 본부에서 배후지로 결정사항들을 전파하기 때문이다. 1980년대에 뉴욕대의 미첼 모스Mitchell Moss는 이런 분석을 전 세계로 확장했다. 그는 비슷한 자료를 사용하여 월스트리트의 금융기관과 미드타운의 미디어 거대기업들이 전체 글로벌 시장을 강화하고 지배하는 데 새로운 통신 기술을 활용하고 있다며 그들이 어떻게 지구적 차원으로 정보교환 불균형을 확대하는지를 보여주었다.[26] 2008년 MIT의 센서블시티랩SENSEable City Lab은 이 연구를 슈퍼컴퓨터 시대로 가져왔다. '뉴욕 토크 익스체인지New York Talk Exchange'는 AT&T의 글로벌 네트워크를 통해 이루어진, 뉴욕과 세계 사이의 일 년 분의 전화통화를 시각화했다. 회전하는 지구의 삼차원 이미지 위로, 빛나는 선들이 뉴욕에서부터 뻗어

---

* 보스턴에서 워싱턴DC 사이의 미 동북부 지역이며 미국에서 가장 인구밀도가 높은 곳이다.

올라가 전 세계의 종속도시들 위로 비처럼 쏟아져 내리는 모습은 전화통화의 흐름을 보여준다.

연구자들이 도시 간의 통신이 아닌 도시 내의 통신 흐름에 주목하는, 즉 도시의 사회성에 관한 연구를 시작한 것은 극히 최근의 일이다. 2006년 센서블시티랩의 또 다른 프로젝트인 리얼타임 로마Real-Time Rome는 전체 도시의 이동과 통신을 지도화했다. 텔레콤 이탈리아Telecom Italia의 이동통신망에서 모은 가입자 정보에 기초해서, 프로젝트는 2006년 월드컵에서 이탈리아가 우승하던 시기, 도시를 가로질러 움직이고 통신하는 수백만의 팬들을 보여주었다. 이로써 리얼타임 로마는 한 도시의 매이지 않은 집단 정신을 시각화 한, 최초의 생생한 뇌파검사 결과가 되었다.[27] 트위터나 포스퀘어 같은 소셜 네트워크를 통해 위치 정보를 포함하는 자료의 새로운 출처들이 급증하면서, 도시적 사회성에 대한 이런 진단들은 보다 널리 퍼지고 매력적으로 바뀌었다. 가장 주목할 만한 프로젝트 중 하나는 2011년 5월 11일에 일어난 긴축재정 반대 시위를 트위터 소통량으로 시각화한 것이다. 사라고사대학 연구진이 만들어 낸 이 비디오는 디지털 발작을 일으키고 있는 한 국가의 소셜 네트워크에 관한 6분간의 스냅사진이다.[28]

도시의 사회성에 좋은 점만 있는 것은 아니다. 도시는 성장하면서 사회 문제 역시 만들어 낸다. 큰 도시들은 보편적으로 높은 범죄율과 더 많은 질병의 문제를 가지고 있다. 그러나 소셜 테크놀로지는 거대 도시화의 문제에 접근하는 우리의 능력을 강화해주기도 한다. 이런 기술이 창조되는 방식은 이 사실을 명확히 보여준다. 포스퀘어의 API 작업실이든 DIY 시티의 밤샘 해커톤hackathon이든, 풀뿌리 스마트시티 해커들은 모두 연결하고 협업하고 공유하려는 욕망이라는 활기찬 DNA 조각을 공유한다.

이들은 도시적 사회성을 더욱 더 증폭시키는 도구를 만들기 위해 대면 접촉의 용이성, 다양한 재능과 관심 같은 대도시의 사회성을 최대한 활용한다. 이런 접근법을 통해 풀뿌리 해커들은 커다란 기술기업과 구별되는 강점을 가지는데, 대기업에게 있어 개방성이란 종종 실현 불가능한 문화적 변화이기 때문이다.

사회성은 도시의 미래에 대한 가장 큰 위협인 지구온난화에 대응하는 새로운 도구 역시 제공하게 될 것이다. 도시들은 해안을 따라 위치하는 경향이 있기 때문에, 극지방의 얼음이 녹아 해수면이 상승하게 되면 특별히 큰 위험에 노출된다. 기후변화에 관한 전지구적 협약이 존재하지 않는 상황에서, 암스테르담에서 뉴욕에 이르기까지 도시들은 대도시 기후 리더십 그룹Large Cities Climate Leadership Group(약칭 C40)과 같은 조직체를 통해 온실가스배출 저감을 위한 자체적인 협력을 시작했다. 스마트 기반시설에 투자함으로써 효율성을 높이려는, 기술 업계의 스마트시티 비전은 이런 도시들의 노력에 매우 큰 힘이 된다. 그러나 효율성만으로는 충분하지 않다. 세계의 선도자 중 하나인 암스테르담에서조차 배출량은 아직도 증가하고 있기 때문이다.

사회성을 활용한 온실가스 배출 감축방안 중 유망한 접근 하나는 디자인 전문가들이 '제품 서비스 통합 시스템product-service systems'이라고 부르는 것인데, 대부분의 사람들은 이를 간단히 '공유'라고 부른다. 공유의 기본 아이디어는 생산에 많은 에너지가 소비되는 상품을 보다 더 집약적으로 사용함으로써 애초에 많이 생산할 필요가 없도록 만드는 것이다. 자동차 공유 서비스인 '집카Zipcar'를 예로 들어보자. 자동차를 소유하는 것에서 가입하는 것으로 변화시킴으로써, 집카는 자신들의 공유자동차 한 대가 약 스무 대의 자가용을 대체한다고 주장한다.[29] 자동차 한 대를 임대하는 데 필요한 기존 업무의 상당 부분을 자동화함으로써, 스마트 기술은 집카를 실용적인 것으로 만드는 데 지대한 역할을 수행했다. GPS를 이용한 원격측정은 차량의 위치와 사용거리를 추적하고, 웹과 무선통신 서비스는 집중화 된 임대사무소를 없애서 차량이 가까운 곳에 위치할 수 있게 한다. RFID 카드를 이용한 신원 확인은 차량을 빌린 사람이 차문을 열수 있게 해준다.

그러나 집카가 스마트하기는 해도 아주 사회적이라고 할 수는 없다. 하지만 같은 비즈니스 모델을, 사용하지 않는 차가 있는 사람들과 연결시켜주는 사회적 소프트웨어에 적용하면 갑자기 집카조차 필요가 없어진다. 샌프란시스코에 기반을 둔 '릴레이라이드RelayRides'는 회원들이 자기 차를 서로 빌려주도록 도와주는데, 회원 간의 신뢰와 바람직한 행태를 촉진하기 위해 사회적 평판 시스템을 이용한다. 비록 보험회사들이 뒷걸음쳤지만 3개 주가 차량 공유자들이 보험적용에서 제외되지 않도록 보호하는 법을 통과시켰다.[30] 이 모델이 퍼져 나가면서 이제는 온갖 종류의 값비싼 개인 소유 자산을 서로 공유하는 피어투피어P2P 시스템을 움직이는 소셜 테크놀로지가 존재한다. 에어비앤비는 같은 방식으로 단기 숙박을 위한 집을 빌려줄 수 있게 하는데, 2011년에 전 세계적으로 5백만 회의 예약을 기록했다. 에어비앤비가 가격을 무기로 전통적인 숙박업과 경쟁하는 것은 사실이지만, 이런 서비스들은 익명의 상거래를 인간적인 사회적 만남으로 바꿈으로써 우리가 보다 효율적인 행위를 선택하도록 이끌어 준다. 익스피디아에서 영혼 없는 호텔방을 예약하기보다는 에어비앤비에서 샌프란시스코에 있는 시인의 아파트를 임대하는 것이 훨씬 더 보람 있는 일일 것이다.

공유시스템은 빠른 속도로 설치될 수 있으며, 대개의 경우 추가적으로 필요한 기반 시설은 웹뿐이다. 그리고 여기에는 구체적인 환경적 이익이 따라온다. 호텔에서 하루 밤을 지내는 경우 평균적인 미국 주택에서 하루 밤을 보내는 것보다 탄소배출이 적기는 하지만, 애초에 호텔을 짓는 일 자체가 사용 수명기간 동안의 전체 탄소배출량 중 상당한 몫을 차지하기 때문이다.[31] 건설은 믿기 힘들 만큼 낭비적인 경제부문이다. 유엔의 지속가능건축위원회Sustainable Buildings and Climate Initiative에 의하면 건축물의 건설과 수리, 해체가 선진국 고형폐기물 배출의 약 40%를 차지한다고 한다.[32] 사무실 설계에 관한 세계적인 전문가 중 하나인 건축가 프랭크 더피Frank Duffy는, 적어도 선진 경제의 경우 앞으로 필요한 건물은 이미 다 건설되었다고 주장한다. 우리는 이 건물들을 보다 집약적으로 이용하기만 하면 된다.[33] 사회성은 우리에게 공유의 동기를 부여해서 이런 목표를 달성할 수 있게 하는 전략이며, 사회적 소프트웨어는 이를 보다 광범위하게 실천할 수 있는 도구를 제공한다.

풀뿌리의 결함

이러한 새로운 도구들은 무엇이 실제로 도시를 작동하도록 하는지 볼 수 있게 하는 더 나은 렌즈가 된다. 더 나아가, 도시적 사회성을 위한 완전히 새로운 격자를 그 위에 접목시킬 수 있도록 도와주기도 한다. 그러나 시민해커들은 아래에서 위로 만들어지는 스마트시티에 대한 비전을 현실화할 준비가 되어있을까? 하나의 앱, 한 번의 체크인, 하나의 API 호출, 한 개의 아두이노, 한 개의 핫스팟, 이렇게 하나씩 하나씩 스마트시티를 유기적으로 진화하게 할 수 있을까? 어쩌면 그럴지도 모른다. 그러나 그 모든 약속에도 불구하고 풀뿌리에도 역시 해결해야 할 결함이 많이 있다.

"지금은 사람들이 자신의 모자를 공중에 던져버리고 생각을 해야 할 시간입니다." 내가 레드 번즈에게 그녀의 학생들이 ITP에서 만들어내고 있는 모든 모바일, 소셜, 감지장치 등으로 채워진 세상이 어떤 모습일지 예상해 달라고 요청했을 때 그녀가 어깨를 으쓱하며 한 말이다. 아마도 나는 좀 더 구체적인 비전을 기대했던 것 같은데, 번즈는 그런 분위기에 못을 박았다. ITP는 모바일 웹과 소셜 미디어의 영향 속에서 자라나서, 스마트시티를 위한 인간 중심의 디자인을 실험하고 있는 전 세계의 젊은이들이 벌이는 활동의 소우주다. DIY시티는 거대 기술기업들이 판매하는 것과는 확연히 다른, 즉 공개적이고 사회적이며, 참여적이고 확장 가능한 새로운 유토피아의 비전을 잠깐 보여주었다. 그들은 대형 중앙 컴퓨터가 아닌, 웹을 모방한 스마트시티를 만들어 내기를 원했다.

역사는 스스로의 약속을 지키지 못한 실패한 계획들과 가짜 유토피아들로 얼룩져 있다. 혹은, 종종 그러하듯 기대하지 않았던 방향으로 진화한다. 번즈가 보기에 퍼블릭액세스public-access TV는 기대에 미치지 못했다. 그녀는 다음과 같이 회고했다. "저는 지금 퍼블릭액세스를 살펴보고 있습니다. 그런데 사람들이 제가 기대했던 방식으로 이용하지 않고 있어서 실망했습니다." 심지어 ITP조차도 기대와는 다르게 되었다고 번즈는 말한다. "저는 ITP가 가정폭력과 같은 사회적 프로젝트들을 다루리라고 생각했습니다. 그렇지만 그럴 수 있는 도구가 생겼을 때, 사람들은 그것을 가지고 놀고 싶어했습니다."[34] 스마트시티에 대한 기업들의 비전이 가진 위험성이 효율성 하나에만 초점을 맞추는 것이라면, 그들의 강점은 목적이 명확하다는 것이다. 상향식 스마트시티의 유기적 유연성이야말로 스스로의 가장 큰 적이다.

반대하는 사람들에게도 일리가 있다. 그들이 보기에 시민해커들은 기계장치를 가지고 놀거나 그걸로 떼돈을 벌고 싶어하는, 선한 의도를 가진 좋은 아이들이다. 반면 도시의 지도자들은 지구온난화나 노후화되는 기반시설, 과중한 공공서비스 부담과 같이 당장 풀어야 할 진짜 문제들과 씨름해야 한다. 그들에게는 아두이노를 가지고 놀 시간이 없다. 그들에게 필요한 것은 향후 십년 동안 도시 전체의 배관을 다시 설치하는 데 적용할, 지속가능한 산업 수준의 공학적 능력이 필요하다. 풀뿌리가 새로운 아이디어의 원천은 될 수 있겠지만, 도시의 지도자들에게 필요한 것은, 합리적인 가격으로 안전하고 효율적이며 신뢰할 수 있는 튼튼한 기반시설을 설계하고 설치할 수 있는 사람이다. 그런 측면에서 볼 때, 그들은 옳다. 풀뿌리 수준에서 작동하는 것의 규모를 키우는 것은 오직 소수만이 해결해낸 도전이다. 심지어 그 많은 자원을 가진 포스퀘어조차 확장 가능한 데이터베이스 기획을 실현해 내기까지 가슴 아픈 작동 정지를 수차례 겪어야 했다(비록 최악의 문제 중 하나는 대규모 스마트 기반시설의 전형인 아마존의 클라우드 컴퓨팅 서비스의 작동 정지에서 비롯된 것이기는 하지만).

설사 시민해커들이 성장에 따르는 기술적 장애를 극복할 수 있는 경우에도, 그들은 대부분 거기까지 가려고 하지도 않는다. 그들은 소수의 집단을 위한 문제를 해결하지만, 자신의 설계를 더 많은 청중과 연결할 수 있는 것으로 개선하려는 노력을 유지하지 못한다. DIY시티의 제라치가 설명하듯이, "어떤 스마트시티 앱의 원본인 첫 번째 버전을 만드는 것은 정말로 쉽다. 일곱 번째 버전까지 끌고가서 도시 전체 인구가 사용할 수 있게 하는 것은 완전히 다른 이야기다."[35] 그러나 소프트웨어의 규모를 키우고 개선하는 것은, 거대기업과 전문적인 엔지니어들이 특별히 잘하는 바로 그런 종류의 작업이다. 앞으로 보게 되겠지만, 산업수준의 공학과 풀뿌리 땜질을 효과적으로 통합하는 방법을 찾는 것은 스마트시티를 제대로 건설하기 위한 열쇠 중의 하나다.

그렇지만 더 큰 문제는, 일관성 있는 이데올로기나 정체성에 대한 인식의 부재다. DIY시티는 일시적인 성공이었으며 이제 인민 컴퓨터 회사에 비교될 만한 것은 존재하지 않는다. 그리고 우리가 보았듯이 그 에너지는 무선 인터넷 전문가, 아두이노 해커, 웹 개발자 등 서로 다른 기술 커뮤니티들로 흩어져 버렸다. 개방성과 협업을 중요시하기 때문에 혁신이 가속화되기는 하지만, 여전히 그들의 초점은 오직 기술에만 맞춰져 있다. '시민 기술' 운동이 연합하고 있다는 인상은 강해지지만, 명확하게 공유된 목적은 갖지 못했다.

심지어 ITP에서도, DIY시티가 남겨놓은 미완의 선언을 완수할 새로운 추진력을 얻기 위해 더 큰 목적을 갈구하는 분위기를 느낄 수 있다. 2011년 나의 방문이 끝난 후, 엘리베이터에서 번즈가 새로 온 교수인 존 쉼멜John Schimmel의 소매를 끌어당겼다. 그는 장애인들이 뉴욕 시의 가로와 보도를 통행할 수 있도록 돕기 위한 정보를 수집하는 크라우드소싱 작업을 지원하기 위해 액세스 투게더Access Togerher라는 앱을 만들고 있었다. 그를 향해 엄지를 치켜 세우면서 번즈가 말했다. "이게 제가 하고싶고 하려던 일입니다." 번즈의 젊은 시절 그녀를 움직였던, 사회 변화의 바람을 공유하는 학생이 많지 않다는 것에 대한 그녀의 좌절감을 읽을 수 있었다. ITP 학생들은 (크로울리가 그랬듯이) 촘촘하게 엮인 그들 집단 내의 사회적 역학에 대해서는 종종 날카로운 감각을 보여주지만, 힘든 연구에 참여하는 사람들이 그러하듯이 그들을 둘러싼 더 큰 세상에 대한 시야를 잃는 경우가 자주 있다. 그러나 다음 세대의 인민 컴퓨터 회사가 태어날 장소가 이곳이 아니라면, 어디서 그런 일이 일어날 수 있을까?

어쩌면 새롭게 선봉에 선 이들 스마트시티 해커들은 단지 기계장치를 가지고 놀면서 쓸데없는 생각에 매달려 있는 아이들일지도 모른다. 뉴욕과 샌프란시스코의 풍족한 '창조 계급' 구역에 모여 있는 이들이 자신들의 문제들을 먼저 해결하려 한다고 해서 우리가 놀랄 일인가? NYC무선 인터넷의 경우, 맨하튼의 잘나가는 동네를 넘어서 가난한 지역의 광대역통신 프로젝트로 다시 초점을 맞추기까지 여러 해가 걸렸다. 이런 해커들은 도시에 사는 다양한 사람들을 모두 대표할 수 없을 뿐 아니라, 다른 사람을 돕는 것이 자신들의 의무라는 생각조차 하지 못하는 경우가 많다. PC와 퍼블릭액세스 유선방송의 선구자들과는 달리, 이들은 개인적인 기술을 일상적으로 접하면서 자라났다. 해킹은 사회 변화를 추구하기 위해 이용하는 것이기보다는 개인적 이득을 위해 소비재의 통제권을 빼앗으려는 시도인 경우가 더 많아졌다. 하지만 기업이 우리에게 떠먹여 주려는 것과는 다른 종류의 스마트시티를 만들 도구들을, 변화를 원하는 더 많은 활동가들, 예술가들, 디자이너들의 손에 쥐어 준다면 새로운 사회운동이 나타날 수 있지 않을까?

레드 번즈에게 있어, 비디오의 진정한 매력은 시각적 스토리텔링을 민주화 했다는 것이다. 필름은 전문가를 위한 것이다. 필름은 현상하고 편집해야만 하는데, 이것은 시간을 잡아먹는 까다로운 과정이며 많은 훈련이 필요한 일이다. "그렇지만 비디오로 작업하면 즉시 볼 수 있어요"라고 번즈는 이야기한다. "비디오는 누구든지 그 사용법을 배울 수 있는데, 이 사실이 소통방식을 완전히 바꿔 놓았습니다." 비디오는 실시간이며, 이것이 실제 사람들에게 힘을 부여한다. "우리는 현장에 나가서 지역사회의 사람들에게 이 장비를 사용하는 방법을 가르치고, 사람들이 원하는 것을 할 수 있게끔 학생들을 훈련시켰습니다."

번즈는 어퍼웨스트사이드Upper West Side의 위험한 교차로에 대한 비디오를 만들고, 이를 시청으로 가져가 새 신호등을 요구한 그룹에 대해 회상했다. "그들은 신호등을 얻어냈어요. 저는 그게 기술에 관한 것이 아니라는 걸 깨달았습니다. 그건 지역사회를 조직하는 문제였지요. 제 생각에는 그것이 변화를 만들어 냈습니다. 제가 관심을 가진 부분은, 아무도 목소리를 낼 수 없었다는 사실입니다."[36]

smart cities

6장

가지지 못한 사람들

몰도바의 수도 키시너우Chişinău는 더웠다.

2010년 8월, 동유럽은 수십 년 만의 최악의 열기로 끓어 오르고 있었다. 러시아 전역을 휩쓴 산불로 대기는 연기로 가득 찼고, 치솟은 기온은 수천 명의 목숨을 앗아갔다. 그러나 몰도바의 수도를 짓누르는 가장 큰 문제는 경제상황이었다.

구 소련 지역에 위치한 작은 내륙국 몰도바는 루마니아와 우크라이나 사이의 구릉지역에 숨겨진 농촌 마을들로 이루어진 곳이다. 과거 몰도바는 공산당 정치국원들이 은퇴 후 거주지로 욕심내는, 러시아의 플로리다 같은 곳이었지만 이제는 유럽에서 가장 가난한 나라가 되었다. 1991년 소련이 해체된 후, 에스토니아와 같은 과거 공화국들은 서구식 개혁을 수용하며 성장해 나갔다. 그러나 몰도바는 공산주의자들의 영향력에서 결코 벗어나지 못했다. 1990년대 잠시 일었던 민주적 개혁에 대한 관심이 곧

가지지 못한 사람들

사라지자, 공산당은 2001년 선거를 통해 권력을 다시 획득했다. 이후 십 년간 경제가 붕괴됐으며, 노동연령 인구의 1/4은 일자리를 찾아 해외로 떠나버렸다. 이십 년 전 몰도바는 언어와 문화를 공유하는 이웃 루마니아보다 부유한 국가였다. 그러나 내가 방문했던 2010년 몰도바의 일인당 국내 총생산은 급속히 발전 중이던 루마니아의 1/4에 불과했다.

2009년 봄, 결국 몰도바는 한계점에 도달했다. 2009년 4월 치러진 선거에서 공산당이 근소한 차이로 의심스런 승리를 거두자 이에 분노한 시민들은 거리로 뛰쳐나왔다. 당시 탐사 보도기자인 나탈리아 모라르Natalia Morar와 소수의 소셜미디어 전문가들이 조직한 몰도바의 '트위터 혁명'은, 몇 해 전 이웃국 우크라이나에서 일어난 '문자 혁명'의 뒤를 이은 것이었다.[1] 시위대는 도시 중심에서 화톳불을 피우고 분노에 찬 시위를 벌였다. 같은 해 6월, 의회가 대통령을 선출하지 못한 채 의회가 해산되었다. 그리고 이에 따라 치뤄진 조기선거에서, 공산당에 반대했던 정당들이 연합을 통해 가까스로 승리를 거머쥐었다. 몇 개월 후, 그들은 경제 개혁 및 부흥에 대한 도움을 얻고자 서방에 손을 내밀었다. 당시 나는 세계은행의 초청을 받아, 새 정부의 'e-변혁e-Transformation' 프로젝트의 첫 단계를 돕기 위한 자리에 갔다. 스마트 기술을 통해 몰도바의 낡은 관료주의를 현대화하려는 프로젝트였다. 그러나 몰도바인들은 이미 소셜미디어가 일으킨 봉기와 함께 자신들만의 디지털 변혁을 시작한 상황이었다. 우리가 할 수 있는 일은 그들이 이를 지속시킬 방법을 찾도록 돕는 것뿐이었다.

나는 몰도바에 대해 별 다른 기대를 갖지 않았다. 몰도바는 이미 재능 있는 인재들을 돈벌이가 더 좋은 다른 지역에 빼앗겼고, 외부의 투자 또한 고갈된 상황이었다. 세계은행 역시 내게 그다지 좋은 인상을 주지 못했다. 세계은행은 수십 년을 농촌 기반 시설에 투자하며 도시의 성장을 지연시키기 위해 노력하다가, 뒤늦게야 지구의 새 도시 현실을 다루려 하고 있었다. 플리커Flickr나 텀블러Tumblr처럼 첨단 스타트업의 트렌디한 이름이 익숙한 내 귀에 'e-변혁'이란 말은 1980년대에서나 온 이름처럼 들렸다. 그러나 세계은행 총재인 로버트 졸릭Robert Zoellick이 이 계획의 시작을 알리기 위해 직접 몰도바를 여행할 것이라는 소식을 접하자 귀가 번쩍 뜨이기 시작했다.

2005년 조지 W. 부시 행정부의 국무차관이었던 졸릭은 외교정책과 관련하여 현대 미국 역사 이래 가장 흥미진진했던 연설 중 하나를 했는데, 연설에서 그는 주저하는 중국을 향해 자국의 안정에만 초점을 맞추지 말고 '책임 있는 이해당사자responsible stakeholder'로서 국제문제와 관련한 더욱 적극적인 역할을 수행하라고 촉구했다. 그는 1990년대에 독일 통일 조정을 돕는 역할을 하기도 했으며, 최근에는 수단 정부가 배후였던 인종 청소 사건을 중재하기 위해 다르푸르Darfur 지역을 수차례 방문하기도 했다.

또한 졸릭은 외부 세계와 정보를 공유함으로써 세계은행의 비밀주의 문화를 무너뜨리고 있었다. 2010년 4월에도 그는 새로운 정보 공개 계획을 발표하며 세계은행이 오랫동안 공개하지 않았던 통계들을 무료로 온라인에 발표했다. 이 통계에는 세계개발지표, 아프리카개발지표, 그리고 (유엔의 빈곤퇴치 노력의 진전을 추적하는) 새천년개발목표지표가 포함되었다. 그는 몰도바 발표 이후, 프로그래머 대회를 열어 이러한 자료들이 개발 분야 실무자들을 위한 앱을 만드는 데 쓰일 수 있도록 유도했다.

몰도바에서 세계은행의 과제는 꽤 긴급한 것이었다. 일 년도 채 남지 않은 다음 선거에서 몰도바의 미숙한 자유민주주의가 살아 남으려면, 개혁과 경제적 성과를 빨리 만들어 내야 했다. 유권자들의 높은 기대에 부응하지 못하면 몰도바는 가난하지만 꽤 익숙해서 안정적이게까지 느껴질, 이전의 공산주의 통치로 되돌아갈 수도 있었다. 그러나 몰도바는 졸릭이 세계은행 개혁을 위해 사용했던 개방성에 관한 아이디어들을 곳곳에 뿌리 내리게 할 기회의 땅이기도 했다.

'e-변혁'의 목적은 소련 시절의 잔재인 서류 기반 관료주의 시스템을 없애고 모든 정부 서비스를 온라인으로 바꾸는 것이었다. 몰도바에서는 2010년까지도 해외 취업비자 취득 등의 기본적인 업무를 위해서 수도까지 멀고도 값비싼 여행을 해야 했다. 새 정부는 세계은행에서 5년간 지급한 이천삼백만 달러의 대출을 통해 'g-클라우드g-cloud(고정 장치와 모바일 장치 모두에 서비스를 제공할 수 있도록 하는 클라우드 컴퓨팅 기반 시설)' 설치와 새 디지털 신원확인 프로그램 제작, 그리고 온라인 서비스에 대한 민간투자 장려 법률을 새로 제정하고자 했다. 대부분의 농촌 사람들이 아직도 매트리스 밑이나 뒷마당 구덩이 속에 저축할 돈을 숨기는 나라에서, 이러한 새 규정들은 모바일 금융의 시대를 열게 할 것이었다. 졸릭은 (그날 시작된 여러 회의 프로그램 중 하나일 뿐인) 우리의 워크숍에서 그가 몰도바에 머물 하루 중 한 시간 반을 보냈다. 그의 참여는 우리 프로젝트의 중요성을 증명하는 것이었다. 세계은행의 입장에서 최초로 시도한 이러한 방식의 프로젝트는 다른 많은 국가에 모범사례가 될 가능성을 충분히 가지고 있었다. e-변혁은 표면적으로 볼 때 신자유주의라는 외부 이념이 이끌었다는 점, 그리고 기술에 초점이 맞춰진 상태로 긴급히 이뤄졌다는 점에서 개발원조로서는 최악의 경우에 해당했다. 그러나 민중의 조직력으로 이루어진 트위터 혁명이 보여주었듯이, 몰도바인들은 변화를 갈망하고 있었으며, 변화를 이루는 데 있어 모바일 기술이 필요함을 깨닫고 있었다. 세계은행의 도움으로 몰도바인들은 곧 찾아올 변화를 앞두고 있었다.

궁핍이라는 공산당의 유산과 현재의 풍부한 디지털 문화가 주는 부조화는 키시너우의 어디에나 존재하고 있었다. 어느 날 나는 딸에게 줄 선물을 찾으러 중앙도로의 시장을 돌아다녔다. 하지만 도시 상업 기능의 거의 전부를 담당하던 그곳에서 볼 수 있었던 것은 야채와 칙칙한 색의 셔츠, 학용품과 같은 기본적인 물건뿐이었다. 지역 경제에 스테이플러 이상의 물건은 찾아보기 어려웠다. 하지만 모퉁이를 돌자 한 광고 포스터가 붙어있었는데, 도시 전역에 새로 깔린 광통신 네트워크를 통해 초당 100메가비트의 인터넷 서비스를 월 20달러에 제공한다는 내용이었다. 몰도바는 맨하튼이나 샌프란시스코보다도 더 빠르고 저렴한 광대역 인터넷 시스템을 보유하고 있었다. 미국이었다면 정책입안자들이 광대역 기반시설에 대한 저조한 투자 때문에 쩔쩔매고 있을 터였다. 하지만 이곳, 작고 가난한 몰도바의 사람들은 이를 실현시킬 방법을 찾아냈던 것이다.

고속 연결망의 빠른 확산은 몰도바가 가진 잠재력의 고삐를 풀어놓았다. 만일 디지털이라는 불확실한 미래에 대한 몰도바의 변화의 바람이 정부만의 힘에 의한 것이었다면, 나는 훨씬 더 회의적이었을 것이다. 그러나 몰도바의 변화는 기업가 정신이라는 빠른 성장의 파도를 타고 나아가고 있었다. 2010년까지 약 칠천 명 가량을 고용하고 있는 기술기업이 키시너우에 오백 개 이상 생겨났다. 엔지니어들로 이루어진 이 작은 사업장들은 연간 일억 오천만 달러 이상의 아웃소싱 작업을 전 유럽의 기업고객으로부터 수주했다.[2] 이는 공개적으로 운영한 경우만을 집계한 결과이다. 세계은행의 분석가들은 프리랜서 웹 프로그래머들이 오데스크oDesk나 이랜스Elance 같은 아웃소싱 사이트를 통해 서비스를 판매한 후, 해외계좌를 통해 대가를 받아가는 식의 연관 그림자 산업이 위 금액의 절반 규모에 달하는 경제행위를 창출하고 있다고 보았다. 러시아의 임금이 뛰어오르자 십 년 전 그곳에서 생겨났던 일자리들이 더 싼 노동력을 찾아 남쪽으로 이동하고 있던 것이었다. 그러나 이는 일시적인 현상이었기 때문에 이를 기반으로 신속히 고부가가치 산업의 토대를 쌓는 과정이 필요했다. 노동비용이 더 저렴한 동쪽과 남쪽의 터키, 우즈베키스탄 등의 지역에 임금에 민감한 직업을 빼앗기기 전에 몰도바가 가치 사슬 위쪽으로 올라설 시간은 몇 년밖에 남아있지 않은 상황이었다.

이것이 몰도바의 실험을 성공시키기 위해 e-변혁이 처리해야 할 초기 기술 버블의 취약성이었다. 이를 위한, 그리고 몰도바의 민주적 변화의 광범위한 성공을 이루기 위한 가장 좋은 방법은 외국에 나가 있는 몰도바인들의 마음을 움직이는 것이었다. 전 세계에 흩어져 있는 수십만의 똑똑하고 젊은 몰도바인들의 존재는 엄청난 두뇌 유출의 상황을 보여주고 있었다. 마이크로소프트에만 이백 명이 넘는 것을 비롯해, 이들 중 수천 명이 해외 기술기업에 고용되어 있었다. 실리콘 밸리의 이주 엔지니어들을 연구한 애너리 색스니언AnnaLee Saxenian에 따르면, 남한, 대만, 중국, 인도 모두가 두뇌유출을 '두뇌순환brain circulation'으로 바꿈으로써 자국의 기술 버블을 만들어 냈다.[3] 몰도바에 필요한 것은 이들 국외거주자들이 고향으로 돌아와 자신과 그들이 가진 사회적 네트워크를 지역 경제에 다시 연결하는 일이었다. 이는 해외의 몰도바인들이 공산당에 가장 강력히 반대한 사람들이었다는 점, 그리고 페이스북과 같은 소셜 사이트들을 통해 몰도바의 현안에 활발하게 참여한 사람들이었다는 점에서 볼 때 전혀 나쁘지 않은 일이었다. 이전에도 해외거주자들이 투표에 참여할 수는 있었지만, 그러기 위해서는 거주 국가에 위치한 대사관까지 가야만 했다. 만약 e-변혁으로 그들이 있는 곳에서 투표를 직접 할 수 있게 된다면, 혁명은 영원히 지켜질 것이었다. 그리고 이는 인도, 중국 등의 이민자들이 귀향 후 사업을 일으켰던 것처럼, 언젠가 있을 몰도바인들의 성공적인 귀향을 맞이할 무대를 설치하는 일이 될 것이었다.

ICT4D

몰도바에서의 경험은 나를 괴롭혔다. 몰도바의 고질적인 빈곤 문제와 만연했던 사회악은 빠른 결과를 얻기 위해 기술을 사용해야 하고, 정부가 모두를 위해 일하도록 만들어야 한다는 판단을 더욱 굳게 만들어주었다. 그럼에도 불구하고, 같은 여름 2010 상하이 세계 엑스포에서 시스코가 전시한 디지털 유토피아에 가난한 사람들은 철저히 배제되어 있었다. 리우의 시장 에두아르도 파에스에게도 가난한 사람들은 그저 올림픽의 무탈한 시작과 브라질의 세계화를 위해 IBM 소프트웨어로 측정되고 관리되어야 할 대상일 뿐이었다. 앱 스타트업과 오픈데이터 해커들의 사이버 유토피아에 들어가기 위해서는 대학 학위는 물론 맨하튼 중심지의 아파트와 400달러짜리 핸드폰, 그리고 힙한 인맥을 가지고 있어야 했다. 모든 곳에서, 기술의 혜택을 가장 필요로 하는 사람들은 실종되었고, 심지어는 새로운 기술 엘리트들에 의해 억압당하고 있는 것만 같았다. 이천년 전 『국가The Republic』에 플라톤이 쓴 내용은 현재 출현 중인 스마트시티에 있어서도 유효한 것으로 보인다. "모든 도시는 아무리 작아도 실은 둘로 나뉘어 있다 – 가난한 자들의 도시와 부자들의 도시. 이 둘은 서로 전쟁 중이다."[4]

같은 시기, 록펠러 재단Rockefeller Foundation 또한 비슷한 결론에 도달했다. 스마트시티를 서두르는 사이, 가난한 사람들이 뒤처지거나 더 나쁜 상황으로 떨어질 위험이 있다는 결론이었다. 록펠러 재단은 처음 출발한 1913년부터 이미 현대 도시문제에 깊이 관여해 왔다. 일 년 전인 2009년, 이 재단은 『도시의 세기: 허비할 시간이 없다Century of the City: No Time to Lose』라는 경고가 담긴 제목의 책을 출판하며 자선 커뮤니티가 행동에 나설 것을 요청했다. 이 책은 2007년 이탈리아의 알프스 근처의 재단 소유 벨라지오Bellagio 피정센터에서 열린 워크숍 중, 전 세계의 전문가 그룹이 발표한 연구 요약서다. 이 책은 역사를 통틀어 급속한 도시화가 사회 불평등 증가와 긴장을 늘 동반했다고 주장하며, 강력한 사례 제시를 통해 행동에 나설 것을 촉구했다. 19세기 뉴욕과 런던은 가난한 사람들을 끔찍한 주거환경에 몰아넣고는 그들 중 절반이 공장에서 죽어 나갈 때까지 일을 시켰다. 냉전 이후 방치된 베이징 지하 벙커에 버려진 이주노동자들이 점거한 중국의 그림자 도시들에서, 선적용 컨테이너에서 잠을 자는 두바이의 인도, 파키스탄 외국인 노동자들에 이르기까지, 오늘날 도시의 급격한 발전은 불평등을 다시금 전례 없는 규모로 만들어 내고 있었다.

맨하튼 중심가의 천오백만 달러짜리 고층 복합 건물에 위치한 록펠러 재단 본부에서 가난한 사람들의 삶의 개선에 관한 문제를 논한다는 것이 처음에는 조금 불편하게 느껴졌다. 그곳은 로비 위로 아트리움이 솟아 있고, 마야 린Maya Lin의 조각품인 〈북위 10도10 Degrees North〉가 혼잡한 외부의 도로로부터 고요한 피난처로 자리하는, 화강암과 목재, 대나무로 이루어진 사치스러운 요새였다. 그러나 2010년 여름 자선단체의 도시개발 부국장인 벤저민 데라페냐Benjamin de la Peña를 만났을 때, 나는 록펠러 재단이 도시를 얼마나 긴급한 문제로 생각하는지, 또 얼마나 새롭게 헌신할 준비가 되어있는지를 생생하게 받아들이게 되었다. 데라페냐는 딱딱 끊어지는 필리핀 특유의 억양으로 나를 환영하며 그의 사무실로 안내했다. 사무실에는 도시와 기술에 대한 책들이 모서리가 접히거나 색색의 접착식 메모지가 잔뜩 붙은 채로 쌓여 있었다. 그가 하버드에서 받은 도시계획학과 학위 또한 벽에 걸려있었다. 그가 내게 해준 설명에 의하면 데라페냐는 도시와 스마트기술의 운명은 더 이상 분리할 수 없는 것이라고 생각하지만, 도시에 관한 정보의 폭발적인 증가는 가난한 사람들에게 기회인 동시에 거대한 위험이라며 우려했다. 유엔은 2050년이면 삼십억의 사람들이 슬럼에서 살 것이라고 우려 속에 추정한 바 있다. 이들에게 있어 스마트시티를 만들기 위한 노력은 과연 무엇을 의미할까?[5]

여기엔 해답보다 질문이 더 많다. 가난한 자들과 다른 소외된 집단에게 과연 어떠한 새로운 경제적 기회들이 존재하는가? 지자체들이 새로운 기술과 정보를 이용해 스스로의 e-변혁을 가능케 할 수 있을까? 가난한 자들이 착취와 통제 가능한 도구들에 의해 새로운 종류의 희생의 고통을 겪게 되지는 않을까? 데라페냐에게 있어 도전은 가난한 자들이 성공할 수 있는 기회, 또는 이를 유지할 수 있는 기회들을 찾아내는 것, 더불어 혹시

모를 최악의 상황으로부터 그들을 보호하는 것이었다. 그러나 그에게는 자선기관이 이를 가능케 할 수 있을 명확한 방법을 갖고 있다는 것을 타인에게 설득할 방법이 필요했다. 그는 도시와 정보, 그리고 이 둘의 통합 지점에 있는 수많은 기회와 도전들에 대한 예측을 필요로 했다.

우리의 만남이 끝난 후, 나는 브라이언트 공원Bryant Park의 무료 무선 인터넷 구역이 나올 때까지 짧은 몇 블록을 걸었는데, 그곳은 연구계획을 작성하기에 아주 좋은 장소였다. 나는 오랫동안 빈곤 커뮤니티에서 이루어지는 기술과 정보 이용에 대해 관심을 가져왔다. 대학생 시절, 나는 전화선으로 연결하는 아파트 전자게시판 시스템을 운영하면서 (별 성과는 없었지만) 가난한 동네 아이들이 무료 이메일 계정을 신청할 수 있도록 도운 적이 있었다. 대학원 시절에는 동료였던 리차드 오브라이언트Richard O'Bryant와 함께 보스턴 공공 주택 프로젝트를 위한 무선 네트워크 설계를 돕기도 했다. 그 후에는 정신보건기관 퇴원자들 위한 과도기 주택 건설 사업을 하는 비영리기구 커뮤니티 액세스Community Access와 NYCwireless와의 제휴 사업을 주도했다. 나 역시 도시 빈곤 문제와 무관한 사람이 아니었기 때문에, 1994년 여름에는 당시 미국에서 두 번째로 가난한 도시였던 뉴저지의 캠던Camden과 그 주변 저렴주택을 개발하는 사업의 인턴으로 일하기도 했다.

지난 10년간 시기 적절히 이루어진 기술 변화와 빈곤 종식을 위한 국제적 노력은, 성장하고 있는 새 학문분야와 활동가들의 움직임에 새로운 중심점을 제공했는데, '개발을 위한 정보통신기술Information and Communication Technologies for Development(보통은 조금 덜 거추장스러운 약자인 'ICT4D'라고 줄여 쓴다)'이 이를 지칭하는 말이다. 1990년대 말, 인터넷이 선진국에 사회, 경제적 변화의 힘을 불어넣었을 때 사람들은 어떻게 하면 이런 혜택을 개발 도상국에도 수출할 수 있을지 생각하기 시작했다. 2000년 유엔이 발표한 새천년개발목표는 당시 하루 2달러 이하로 살아가던 30억 명에 대한 새로운 국제적 관심을 환기시켰다.[6] 이후 몇 년간 전 세계 빈곤 커뮤니티에서는 교육, 건강관리, 경제개발을 위한 도구로 컴퓨터와 인터넷을 보급하는 수천 개의 프로젝트가 출범했다.

맨체스터대의 개발정보학 교수 리처드 힉스Richard Heeks는 2008년까지 일어난 거대한 규모의 연구들과 행동양식들을 회고하며, 이들이 하나의 움직임으로써 명확히 자리매김했음을 시사했다. 이러한 움직임의 첫 흐름이었던 'ICT4D 1.0'은 대부분 무모한 실패로 끝났었다.

제한된 시간 안에 손에 잡히는 성과를 보여주어야 한다는 압박속에서, ICT4D에 참여한 개발자들은 누구나 할 만한 일들을 했다. 그들은 개발 도상국의 빈곤 커뮤니티에 복제 가능한, 이미 나와있는 신속한 해결책들을 찾았다. 빈곤이 주로 농촌지역에 집중되어 있었기 때문에, 그들은 1980년대와 1990년대 초 유럽과 북미 외곽지역에 대량으로 설치되었던 농촌지역의 텔레코티지telecottage나 텔레센터 telecenter를 해결책으로 생각했다. '인터넷에 연결된 PC를 한 대 이상 갖춘 방 또는 건물'을 의미하는 이 방식은 빠른 설치가 가능했고, 그 성취를 눈으로 볼 수 있다는 점에서 매력적이었다. 뿐만 아니라 빈곤 커뮤니티에 각종 정보와 통신 그리고 서비스를 제공했고, 대부분의 ICT4D 포럼에 파트너로 참여한 정보통신기업에 매출을 제공할 수 있었다. 그 결과 콜럼비아의 인포카우카InforCauca에서 말리의 클릭스CLICs, 인도의 기안도트Gyandoot에 이르기까지, 멋진 이름의 프로젝트들이 쏟아져 나오기 시작했다.[7]

최종사용자의 참여나 재정보다 마케팅과 홍보에 더 노력을 쏟은 텔레센터는 결국 사라져갔다. 힉스는, "슬프게도, 이러한 노력은 종종 실패와 한계 그리고 이야기거리로 전락해 버리고 만다"라고 이야기했다.

텔레센터의 가장 큰 실패 사례는 놀랍게도 전 세계 기술 학계에서 가장 존경받는 기관 중 하나인 MIT 미디어랩Media Lab의 작품이었다. 리틀 인텔리전스 커뮤니티Little Intelligence Communities(줄여서 링코스Lincos라고 한다)는 위성 인터넷에 연결된 선적용 컨테이너에 '디지털 마을회관'이라 부르는 장비를 장착한, 눈부신 디자인을 가진 작품이었다.[8] 이 작품의 기존 목적은 격오지에 이 상자를 공중투하해 그곳 사람들을 교육, 문화, 그리고 상업의 글로벌 웹으로 연결시키려는 것이었다. 2000년, 첫 번째 링코스 텔레센터가 코스타리카의 산마르코스 데타라주San Marcos de Tarrazu에 설치되었다. 하지만 문을 연지 겨우 이 년 반만에 초기 운영지원금이 바닥나 결국 문을 닫았다. 코스타리카에는 텔레센터가 딱 하나 더 설치되었는데, 코스타리카 공과대학에 위치한 이 텔레센터는 전국에 위치한 링코스들의 네트워크를 감시하는 역할을 할 것으로 예상되었지만 계획된 네트워크는 영영 만들어지지 못했다.

도미니카 공화국에서 링코스를 보다 대규모로 적용하려는 노력이 이어졌지만, 보조금에 지나치게 의존하려는 재정계획뿐 아니라, 컨테이너를 이용한 멋진 디자인은 그 자체로 심각한 결함이 되었다. 처음에는 도미니카 농촌지역에 60개의 링코스 상자를 퍼뜨릴 계획이었지만, 곧 30개로 축소되었다. 그리고 겨우 5개를 설치한 시점에, 컨테이너 디자인이 전통 구조물과 어울리지 않는다는 이유로 폐기되었다. 정부 관리자들은 MIT의 엔지니어들에게는 너무나 혁명적이었던 컨테이너 디자인이 도미니카에서는 명확한 빈곤의 상징이었음을 발견하게 되었다. 도미니카인들은 그런 디자인을 받아들일 생각이 전혀 없었다.

"링코스 컨테이너는 서구인들과 서구에서 훈련 받은 기술 관료들의 머리에서 나온 것이었다"고 연구자 폴 브런드Paul Braund와 앙케 슈비테이 Anke Schwittay는 2006년 결론지었다. "그들의 전반적인 디자인 방법론에는 지역의 고유한 디자인이나 소재, 요구가 포함되지 않았고, 그 결과 이 방법으로 만들어진 생산품들은 디자이너들이 봉사하고자 했던 바로 그 사람들에 의해 거부당했다."[9]

우리를 위한 컴퓨터

링코스의 실패에도 굴하지 않고, 2005년 MIT 미디어랩의 공동설립자인 니콜라스 네그로폰테Nicholas Negroponte는 '어린이 한 명당 노트북 한 대One Laptop Per Child'라는 야심찬 계획을 발표했다. 이 대담한 계획의 목적은 개발 도상국 어린이들에게 대당 100달러 이하인 수백만 대의 노트북을 보급하려는 것이었다. 2012년까지 이들은 40개국 이상에 약 250만 대의 컴퓨터를 보냈다.[10] 많은 후퇴를 겪었음에도 이 프로젝트는 많은 사람들에게 성공 사례로 간주되고 있는데, 이 프로젝트가 새로운 클래스의 저가 노트북인 넷북의 개발을 제대로 자극시켰기 때문이다.

그렇지만 같은 시기 노키아Nokia와 그 경쟁자들은 25억 대가 넘는 휴대폰을 판매했다. 이를 통해 2006년 30억을 조금 넘던 이동통신 가입자들의 수는 2011년 거의 두 배인 59억으로 늘어났다.[11] 특히 세계에서 가장 가난한 대륙, 아프리카에서 이러한 변화는 충격적이었다. 예컨대 우간다의 경우, 이제는 휴대폰이 전구보다 더 많다.[12] 2011년 영국의 일요 발행 신문인 「옵저버Observer」는 머리기사에서 다음과 같이 밝혔다. "아프리카의 10억 인구 중 절반이 휴대폰을 가지고 있으며, 이는 단지 통화만을 위한 것이 아니다."[13] 그리고 2012년, 부유 국가는 마침내 개발 도상국에 적정가격의 컴퓨터를 공급하게 되었다. 당시 케냐에서 일어난 대한민국의 삼성과 중국의 화웨이Huawei 사이의 가격전쟁은 스마트폰 가격을 100달러 아래로 내려가게 했다.[14] 한 산업분석가는 2017년까지 아프리카의 인구 절반이 스마트폰을 소유할 것으로 보았다.[15] 지구 전역을 가로질러, 진정한 의미의 유비쿼터스 컴퓨팅은 저가 노트북보다 스마트폰으로 이루어질 운명이었다.

휴대폰의 경제적 효과는 전세계 도시 빈곤층의 변화를 촉진시켰다. 120개국에 대해 이루어진 2009년 세계은행의 연구는 휴대폰 보급률이 10% 증가할 때마다 국내총생산이 0.8%씩 올라간다는 사실을 밝혀주었다. 세계은행 수석경제학자 크리스틴 전-웨이 창Christine Zhen-Wei Qiang은 "휴대폰은 이전의 어떤 기술보다 더 많은 사람들의 삶에 더 큰 변화를, 더 빨리 만들어 왔다. 휴대폰은 가장 빠르게 확산되었으며 개발을 위한 가장 변혁적인 단일 도구가 되었다"고 주장했다.[16] 남아공 유색인종 거주구역에서 이뤄지는 기술 활용을 연구한 도시계획가 낸시 오덴달Nancy Odendaal은, 이 소박한 기기가 "생계를 가능하게 해준다는 점이 결정적인 요소"라고 말했다.[17] 휴대폰은 일과 교육, 건강을 위해 없어서는 안 될 존재가 되었다.

개발 도상국들은 유비쿼터스 유선 네트워크를 건설하기 위해 오랫동안 힘들게 노력해왔다. 많은 곳에서, 전화선을 설치하면 도둑이 잘라서 그 안의 구리를 팔았다. 그러나 무선 네트워크는 더 빠르고 안전하게 건설될 수 있으며, 많은 사람에게 신속하게 접속의 이점을 제공할 수 있다. 광섬유 네트워크를 건설하는 비용이 한 가정당 수천 달러가 드는 데 비해, 무선 광대역 연결을 제공하는 데는 비용이 오십 분의 일 밖에 들지 않는다.[18] 그 결과, 전 세계 모바일 광대역 가입자의 80%가 개발 도상국에 분포하게 되었다.[19] 무선 인터넷은 포용의 기반시설이다. 도시 전체에 저렴한 접속망을 제공하는 데 있어 그 어떤 방식도 무선 인터넷의 속도와 비용을 따라갈 수는 없다.

스마트폰과 모바일 광대역 연결을 위한 기반시설이 자리를 잡자, 빈곤층을 겨냥한 서비스가 폭발적으로 늘어났다. 신생 기업들은 부유 국가의 데스크탑 웹에서 태어난 사업 아이디어를 거대 도시 빈곤층을 위한 문자 기반 서비스로 전환하였고, 이들이 모인 혁신의 중심지 또한 여럿 생겨났다.

전 세계 슬럼 거주자의 육 분의 일이 살고있는 인도에서 휴대폰은 일과 교육을 위한 효과적인 기회들을 창조해 냈다. 인도의 실리콘 밸리인 벵갈루루에 본사를 둔 '바바잡Babajob'은 일용노동자, 가정부, 운전사 등 비공식 부문에서 일하는 수백만 명을 위한 문자 기반 소셜 네트워크다. 한 기술전문 블로그는 이 서비스를 "농촌마을을 위한 링크드인LinkedIn"이라 묘사했다.[20] 벵갈루루에 위치한 또 다른 비영리기관인 '마푸니티Mapunity'는 구글의 복잡한 지도 서비스를 모방하여, 모바일 기기를 활용한 전화기의 이동과 택시의 무전기를 통해 교통 속도를 측정한다. 이를 바탕으로 실시간 교통 정보를 문자로 보내준다.[21] 남아공의 '닥터매쓰Dr. Math'는 문자로 가정학습 서비스를 제공한다. 같은 서비스를 제공하는 미국의 '칸 아카데미Khan Academy'의 경우, 녹화된 영상강의와 대화방에 접근하기 위해 고가의 노트북과 고속 인터넷 연결이 필요하다.[22]

케냐에서는 수백 명의 사람들에게 최초의 재무 서비스를 제공하는 새로운 무점포 금융시스템의 척추 역할을 모바일이 담당한다. 돈을 의미하는 스와힐리어를 따라 이름 붙인 '엠페사M-Pesa'는 2007년을 시작으로 지금은 천오백만 명 이상이 이용하는 시스템이 되었다. 비용이 많이 드는 지점망 구축은 물론, 심지어 현금자동입출기의 설치도 없이, 엠페사는 작은 소매점을 은행창구로 활용한다. 몇 초 만에 전자이체를 확인해 주는 안전한 절차를 통해 고객들은 클릭 몇 번으로 현금을 인출하거나 예치할 수 있다. 그러나 케냐가 전자이체를 더 많이 이용하게 되자, 대부분의 거래는 실제 현금으로 교환되지 않고 전적으로 전자 시스템 내에서 흘러 다니게 되었다. 케냐의 지배적 무선 통신사업자인 사파리콤Safaricom은 영국 정부로부터 백만 파운드의 보조금을 받아 공공서비스의 일환으로 엠페사를 만들었고, 이익이 생길 거라고 전혀 기대하지 않았었다. 그러나 엠페사는 이년 만에 손익분기점에 도달했고 이제는 수익의 육 분의 일이 엠페사에서 나오고 있다. 최대 이용 시간대에 엠페사의 네트워크는 초당 이백 개 이상의 거래와 케냐 국내총생산의 20%을 처리한다.[23] 인도 전역에서도 엠페사의 서비스가 시작되고 있으며, 이곳에서도 역시 수억의 가난한 사람들에게 금융서비스를 제공할 수 있을 것이다.

이제는 세계 대부분의 도시에 어떠한 종류로든 무선 서비스가 존재한다. 그러나 네트워크 장비 주요 공급자 에릭슨Ericsson은, "다음 십억 명의 가입자에게 도달하기 위해서는 전력공급망 밖의 농촌지역으로 네트워크를 확장해야 한다"고 지적한다.[24] 에릭슨은 전력 공급 기반시설이 없는 외딴 지역에 사용하기 위한 고효율의 태양에너지 이용 기지국을 개발했다. 소비자 측면에서는, 2010년 보다폰Vodafone이 인도에서 태양광 전원 휴대폰을 32달러에 시판했다.[25] 현대의 통신 서비스가 농촌지역에 도달함에 따라, 새로운 지역 경제가 창출됨으로써 도시로의 이주가 줄어들 가능성을 추정해볼 수도 있다. 그러나 반대로, 더 넓은 농촌지역을 도시의 사회, 경제적 삶에 접속시킴으로써 그들의 도시로의 이주를 가속화시킬 수도 있다.

휴대폰을 이용해 이주를 추적한 케냐의 한 연구는 새 진입자들의 이주 비율이 놀랄 만큼 높다는 사실을 밝혀냈다. 연구기간인 2008년에서 2009년 사이, 새 진입자들은 수도의 가장 큰 슬럼인 키베라Kibera에 평균적으로 겨우 2개월 이내의 기간만 머물렀다.[26] 인류학자인 미리암 드 브라윈Mirjam de Brujin이 남부 사하라지역의 베두인족 캐러밴에 대해 입증한 바에 따르면, 이들은 주기적으로 휴대폰 서비스가 가능한 지역을 통과하기 위해 전통적인 경로를 변경했다.[27] 심지어 토착민들조차 글로벌 경제와 연결되어 있기를 원했다.

개발 기관들은 휴대폰이 이제 막 일어나는 개발을 통해 선사하는 엄청난 기회들을 포착하기 시작했다. 개발정보학 교수인 리처드 힉스는 ICT4D 운동이 PC에서 모바일 기기로 넘어가는 주목할 만한 전환점을 발견했다. "우리는 인터넷 접속으로 가는 길의 갈림길에 서있다"고 말한 그는 2008년 논문의 결론에서 다음과 같이 말한다. "우리는 현재 아프리카

마을의 0.5% 미만만이 접속 가능한, PC를 기반으로 한 길을 계속 밀고 갈 수도 있다. 혹은 이 길을 이탈하여 이미 많은 빈곤 커뮤니티에 접근 가능한 기술로 옮겨갈 수도 있다."[28] 학자와 활동가들만 새 모델을 요구하는 것은 아니다. 2013년 1월, 구글의 에릭 슈미트Eric Schmidt 회장은 급속히 발전하는 아프리카 도시 몇 군데를 일주일 간 방문하고 경제적 기회를 위한 도구로써의 기술의 역할을 직접 발견했다. 그는 "이 새로운 세대는 더 많이 기대하고 있으며, 그것을 얻기 위해 모바일 컴퓨팅을 이용할 것이다"라고 말했다.[29]

이후 십 년간 휴대폰은 더욱 저렴해지고 더 널리 보급될 것이다. 적당한 교체비율과 지속적인 스마트폰의 가격 하락을 가정하면, 지금부터 10년 후에는 도시 빈곤층 수억 명을 포함한 세계 인구의 절반이 본질적으로 슈퍼 컴퓨터나 마찬가지인 기기를 주머니에 넣고 돌아다니게 될 것이다. 초당 100메가바이트가 넘는 전송속도를 가진 광대역 무선 네트워크가, 슬럼을 포함하여 도시 전체를 밝힐 것이다.

하지만 휴대폰이 전 세계 도시 빈민을 위한 새로운 경제적 수단인 것만은 아니다. 이동통신망은 사람들의 이동 및 도시의 성장, 삶의 질, 경제활동 등을 실시간으로 관찰할 수 있는 관측소로써 자리매김하고 있다.

지구의 맥박 짚기

2011년 11월 뉴욕 유엔총회, 외교관들로 가득찬 방의 조명이 꺼졌다. "지금이 2009년이라고 상상해 보십시오. 비는 늦어지고 식량과 연료 가격은 상승합니다." 유엔의 '글로벌 펄스Global Pulse' 프로젝트 책임자인 로버트 커크패트릭Robert Kirkpatrick이 말했다. "이 상황이 이동통신사의 수집 정보에서는 어떻게 보일까요?"[30] 그는 곤궁의 표시가 되는 신호들을 빠르게 열거한다. 경제적 불안감이 커지면서 사람들은 휴대폰 통화 시간을 더 짧게 더 자주 충전할 것이다. 엠페사와 같은 지불 시스템에서는 소액대출의 체납이 증가할 것이다. 생존을 위해 농업용 자산을 내다 파는 가정들이 가축 판매업자들을 찾는 전화가 급증할 것이다. 일자리를 찾기 위해 도시로 옮겨온 농부들이 넘쳐나면서 농촌에서 구매한 전화가 도시 기지국을 통해 접속되는 일이 늘 것이다.

2008년 금융위기는 전 세계 빈곤층에게 큰 타격을 입혔다. 세계 금융 시장을 통해 전염병처럼 퍼져 나가던 금융위기는 피라미드 아랫부분에도 동일한 충격을 주었고, 그만큼 식량과 연료 가격 또한 치솟았다. 같은 행사에서 반기문 유엔 사무총장이 설명했듯 유엔 관리자들은 이 위기가 "가장 가난하고 취약한 사람들에게 그 즉시 고통을 가할 것이라는" 점을 확신했다. 그러나 경제적 연쇄반응은 유엔의 통계학자들이 쫓아갈 수 없을 만큼 빨리 움직였다. 그에 따르면, "우리가 새로운 것을 목격하고 있다는 것은 명백했다. 금융 위기의 충격은 급속도로 국경을 넘어 번져갔다." 수억의 가정이 빈곤으로 떨어지면서 십년 치에 해당하는 경제적 이익이 하룻밤만에 증발했다.

반기문은 (유엔의 기준으로 볼 때) 신속하고 단호하게 움직였다. "정책적 민첩성이 그토록 필요한 적은 일찍이 없었다"고 그는 설명했다. "우리가 전통적으로 사용해 온 20세기의 도구로는 더 이상 국제개발물을 추적하기 힘들었다. 각 가구 수준에서 어떤 일이 일어나고 있는지 우리가 측정할 수 있을 때는 피해가 이미 일어난 후였다." 영국과 스웨덴 정부가 엔젤 투자자로 나선 가운데, 글로벌 펄스는 2009년 4월 '세계 충격 취약성 경보 시스템'이라는 이름으로 출범했다(이후 명칭이 바뀌었다). 이 프로젝트는 사회, 경제적 위기의 조기경보시스템을 만들기 위한 새로운 실시간 정보 출처 개발을 담당했다. 글로벌 펄스는 지난 한 세대를 통틀어 공공 인구통계학에서 가장 큰 진보적 걸음이 될 예정이었다.

가치지 못한 사람들

가난한 나라들이 할 수 있는 것보다 훨씬 더 철저하고 일관성 있는, 권위있는 미국의 인구조사를 검토해 보자. 이 조사는 어마어마한 자원을 사용하고는 언제나 수백만 명을 빠뜨린다. 십 년에 한번 조사가 시행되기 때문에 개선할 기회 또한 많지 않았다. 인구조사의 결과를 갱신하기 위해 덜 포괄적인 중간조사가 시행되기는 하지만, 전체 인구조사는 집집마다 자료를 수집하는 인구조사원이 육십만 명 이상 필요하기 때문에 십 년에 한 번밖에 시행되지 않는다. 유엔의 방법론도 비슷하게 몸이 무겁다. 글로벌 펄스가 발행한 2011년 연례보고서의 관찰에 따르면, "집집마다 방문해서 조사하는 전통적인 자료수집 방식은 … 완료까지 수개월 혹은 심지어 몇 년이 걸릴 수 있으며 이런 과업을 위한 방식으로는 끔찍하리만큼 불충분하다."[31]

이런 방식의 반대쪽 끝에는 시장조사나 여론조사를 하는 사람들이 사용하는 방법이 있다. 자료수집을 속박하는 정부의 제약조건에서 벗어나서, 이들은 사용가능한 조사방식이나 통계기법은 어떤 것이든 활용하여 거의 아무 때나 정보를 모을 수 있다. 이들은 새로 출현하는 추세를 파악하기 위해 매일 조사 항목을 고칠 수 있고 관찰 결과를 미세하게 조정할 수 있다. 그리고 이들은 조사 방식을 넘어서 신용카드 거래내역, 상점 방문자, 웹브라우징 습관 등의 실시간 개인 정보에서도 거의 무제한적인 자료를 끌어올 수 있다. 이들은 최근 일어나는 사건에 대한 단서를 얻기 위해 거시 경제 통계의 꼬리를 뒤적이는 대신, 실물 경제에서 무엇이 일어나고 있는지 초단위로 보여주는 현미경 수준의 감지 장치에 자신들을 연결한다.

유엔의 위기감지능력을 현대화하기 위해 커크패트릭은 빈곤 국가의 사회, 경제적 정보에서 곤궁 신호를 수집할 새 방법을 탐구하는 전 세계의 다양한 연구 파트너들과 협력관계를 맺었다. 가장 유망한 실험 중 하나는 휴대폰을 이용한 조사 도구를 개발한 보스턴 소재 회사 재나Jana에 의한 것이었다. 재나는 MIT 미디어랩의 동문인 네이선 이글Nathan Eagle의 독창적 결과물인데, 그는 케냐의 학생들에게 휴대폰 앱 개발을 가르치며 몇 년을 보냈었다. 간호사들이 문자메시지로 농촌지역 진료소의 혈액재고를 보고하는 시스템을 만드는 과정에서 그는 참여도가 급격히 떨어지는 것을 발견했다. 혈액 재고에 대한 최신자료를 요청하는 문자메시지에 응답하는 간호사들에게 보상을 할 방법이 필요했다. 미국으로 돌아온 후 이글은 조사 응답자들에게 약간의 통화시간을 보상으로 주는 시스템을 개발했다. 현재 재나는 수백 개의 휴대폰 회사들과 제휴관계를 가지고 있으며, 전 세계 20억 명이 넘는 잠재적 응답자에게 도달할 수 있는 시스템을 가지고 있다.[32]

글로벌 펄스는 재나의 시스템을 이용해 다음과 같은 간단한 질문들을 문자로 발송했다. "당신은 지난 7일 사이에 아팠는가?" "만일 15달러가 있다면 어디에 쓰겠는가?"[33] 수천 명의 응답자들이 재나의 서버에서 무료 통화시간을 보상으로 받았는데, 이 무료 통화 시간은 이동통신사들의 과금 시스템으로 직접 전달되었다. 커크패트릭은 이런 게릴라식 조사가 전통적인 데이터 수집방식을 대체하지는 않을 것이며, 조사의 틈새를 메우고 전통적인 조사의 설계를 도울 것이라고 주장한다. 하지만 만일 이러한 접근 방식이 일상의 필요에 대응하기에 충분히 정확하고 신뢰할 만한 것이라고 증명된다면, 빈곤 국가들의 데이터 수집 능력은 금방 부유한 국가들의 수준으로 뛰어오르게 될 것이다.

글로벌 펄스는 또 다른 프로젝트에서 웹을 이용해 실시간 미시경제 신호를 수집했다. 전 세계 약 오백만 개에 달하는 상품의 온라인 가격을 모니터링하는 프라이스스태츠PriceStats와 함께 일하면서, 연구자들은 빵 같은 기본 식품의 가격을 매일 추적했고 이는 정부의 일반적 월간 조사 방법과는 다른 방식이었다. 놀랍게도, 이 방식은 전자상거래가 널리 퍼져 있지 않은 국가에서도 작동했다. 인터넷 사용자가 몇 명 안 되는 국가에서도 온라인 광고를 통해 대부분의 가격 정보를 얻을 수 있었다.

이러한 새 조기경보 네트워크들은 상당히 유망해 보였지만, 커크패트릭은 유엔총회 대표단들의 기대를 재빨리 누그러뜨렸다. "이건 실시간 데이터의 잠재력을 확인하기 위한 첫 번째 연구에 불과합니다"라고 그는 지적했다. "우리는 아직 맥박을 발견하지 못했습니다. 다만 맥박을 재기 위해 손가락을 어디에 놓아야 하는지 잘 알게 되었을 뿐입니다." 이 데이터가 실제로 쓰일 수 있게 하기 위해, 글로벌 펄스는 헌치워크HunchWorks라는 협업 웹사이트를 만들었다. 이 사이트에서는 연구자들과 유엔 직원, 정부 관리들이 데이터에 대한 통찰을 공유할 수 있었다. 참여자들은 이 데이터를 이용해 가설을 세우고, 이를 평가하고 토론한 후, 이것이 실제 행동으로 고무될 수 있기를 바라며 완성된 문서를 해당 정부에 발송한다.

글로벌 펄스는 다음 단계의 ICT4D를 향한 개발 커뮤니티의 노력을 이끌고 있다. 새로운 기술을 가난한 사람들에게 보급하기 보다는, 이들이 이미 사용하고 있는 기술을 활용하여 이들을 더 잘 이해하기 위해 노력하고 있는 것이다. 글로벌 펄스는 감지능력 분야에서 상대의 힘을 이용하는 일종의 무술을 펼치고 있는 것이다. 글로벌 펄스가 초대받은 국가에서만 활동할 수 있다는 점은 결국 프로젝트의 유효성에 대한 한계로 작용할 것이다. 또 실시간으로 가난한 사람들의 세부적인 처지를 포착하는 그들의 능력은 슬프게도 많은 국가에서 쉽게 받아들여지지 않을 것이다. 대부분의 정부는 빈곤층과 취약층 보호에 자신들이 실패하고 있다고 주목받기를 원치 않기 때문이다.

물고기 잡는 법을 가르치기

옛날 옛적에, 미국과 유럽 도시 보행자들은 배설물 폭격의 공포 속에 살아야 했다. 근대적 위생 설비가 도입되기 전 "물조심Gardez l'eau"이라는 외침은 누군가 도로에 요강을 쏟는다고 예고하는 것이었다.[34] 런던 같은 도시들이 19세기 급격히 성장하면서, 개천에서 강과 호수에 이르기까지 가능한 모든 수역이 개방된 오물통이 되었다. 콜레라가 반복해서 창궐하고, 1858년의 '대악취 사건Great Stink(당시 영국 의회는 템스강에서 나는 악취를 숨기기 위해 하원의 커튼을 라임에 적셔야 했다)'이 발생하고 나서야 정부는 행동에 착수했다.[35]

오늘날, 개발 도상국 도시의 새 세대 거주자들 사이에서도 이런 불쾌한 관습이 되살아나고 있는데, 이는 무계획적인 도시 성장 및 위생 시설 투자 부족에 대한 임시 적응 방편이라 할 수 있다. 케냐의 수도 나이로비의 거대 슬럼, 키베라Kibera에 거주하는 시민들은 요강 대신 어디서나 구할 수 있는 비닐봉지를 사용하고 있다. 그러나 그 절차는 똑같다. 웅크렸다가, 창가로 다가가서, 던진다. 현지 사람들이 비웃는 의미로 '스커드 미사일'이라고 부르는 이 날아다니는 배설물 꾸러미는 양철 지붕과 불운한 보행자들 위로 비처럼 떨어진다. 19세기 런던과 비교할 때, 그 결과가 확실히 더 낫기는 하다. 비닐로 된 무덤에 봉해져 있는 까닭에 병을 옮기는 미생물들이 잘 퍼져 나가지 못하기 때문이다. 런던에서는 오염된 급수원을 통해 전파된 콜레라에 의해 1853년부터 1954년까지의 기간에만 일만 명 이상이 사망했다.[36] 키베라에도 수인성 질병이 있기는 하지만, 그 정도 규모는 아니다.

약 25만 명이 살고있는 키베라는 아프리카에서 가장 큰 슬럼 중 하나다.[37] 하지만 2008년 구글 지도로 이 지역을 찾아 위성보기와 지도보기를 번갈아 해 보면, 키베라가 사라지는 것을 볼 수 있다. 키베라는 어느 순간만 거기 존재한다. 골목과 도로가 이루는 복잡한 문양의 태피스트리 속에 숨겨진 녹슨 양철 골판이 덮인 판잣집들은 우주에 떠 있는 카메라로부터 결코 숨겨지지 않는다. 하지만 지도보기를 누르면 키베라는 사라지고 텅 빈 공간이 그 자리를 대체하는데, 이는 정부가 제작한 지도가 아직도 그 지역을 과거에 존재했던 숲으로 인식하기 때문이다. 지도에서의 키베라 지역 누락은 관리들과 일반인들이 키베라를 어떻게 보고 있는지를 말해 준다. 사람들이 알고 있는 것은 이십오만 명이 맨손으로 미래를 건설하기 위해 애쓰고 있는 현실이 아닌, 스커드 미사일과 같이 선정적이고 끔찍한 이야기뿐이다.

슬럼에 살고 있는 사람들에 대한 기본적인 정보를 갖지 못한 외부인들에게 슬럼은 그저 보이지 않는 곳으로 인식되기 쉽다. 비록 리우데자네이루에서의 하향식 감시가 빈곤 커뮤니티에 대한 원격 탐지의 심각한 문제성을 보여주었지만, 사실 슬럼들은 기록됨으로써 얻게 되는 것이 훨씬 많다. 존재를 인정받는다는 것은 포용을 위한 가장 기본적인 행위이다. 슬럼이 속한 공식적인 도시 내에서 자신의 권리를 주장하기 위해서는, 먼저 장소가 측정되고 지도화 되어야 한다. 많은 슬럼 거주자들이 자신들의 커뮤니티를 측량하기 위해 직접 행동에 나서며 새로운 도구와 방법으로 스스로를 무장했다. 컴퓨터를 이용한 도시 지도 제작은 반세기나 된 아이디어이며, 원래 미군과 국세조사국에 의해 개발된 것이다. 그러나 슬럼을 지도화 하려는 대규모의 작업은 1994년 인도의 도시 푸네Pune에서 처음 시작되었다. 지역의 건축가와 계획가로 구성된 비정부기구 셸터 어소시에이츠Shelter Associates가 이 작업을 이끌었다. 단체의 설립자들이 학술지인 「환경과 도시화Environment & Urbanization」에 기고한 바에 따르면, "이 프로젝트는 가난한 이들이야 말로 자신들의 주거문제에 대한 해결책을 찾아내기에 가장 적합한 사람들이라는 철학에 기반하고 있다."[38] 그들은 공동출자한 저축을 통해 더 나은 주택에 투자하는 여성들의 비공식 네트워크인 반다니Baandhani와 협력하여, 슬럼 거주자들과 그들의 집 그리고 연료와 전기의 연결여부를 조사했다. 2000년에는 푸네 시에서 자금을 대기 시작했고, 불과 2년 만에 푸네에 있는 450개의 슬럼 중 약 삼분의 이를 조사하여 십삼만 가구를 지도화 할 수 있었다.

키베라를 지도에 올리려는 노력은 부유한 나라에서 온 두 명의 괴짜들에 의해 시작되었다. 에리카 하겐Erica Hagen과 미켈 마론Mikel Maron은 케냐의 커뮤니티 개발 그룹 세 군데와 손을 잡고 2009년 맵키베라Map Kibera를 출범시켰다. 그들은 슬럼에 있는 열세 개 마을에서 각각 한 명씩, 자기 커뮤니티에서 활동적인 이십 대의 청년 몇 명을 모집했다. 일반용 GPS 수신기 사용법에 대해 겨우 이틀 간 훈련한 후에 자원봉사 지도제작자들은 작업에 착수했다. 그들은 키베라 최초의 디지털 백지도를 구성할 수천 개의 도로와 골목길의 위치를 수집하기 시작했다. 자기 몸을 도구 삼아, 도보로 다니며 성장하는 커뮤니티 곳곳을 돌아다녔다. 결과는 신속하게 나왔다. "우리는 삼 주만에 첫번째 지도를 만들었습니다" 라고 마론은 회상했다.[39]

키베라에서 사용된 지도제작 기술은 전혀 그럴 법하지 않은 곳에서 왔는데, 케냐 최초의 근대적 측량 출처이기도 했던 과거 식민지배국 영국에서 온 것이었다. 이 기술의 개발은 정부와 시민 사이 갈등의 결과였다. 미국에서는 (그리고 덴마크와 뉴질랜드를 포함한 몇몇 다른 나라에서는) 누구나 디지털 도로지도를 무료로 사용하도록 정부가 허용하고 있다. 그러나 영국에서는 정부 지도제작 기관인 왕립측지조사국Royal Ordnance Survey이 이 자료를 엄격하게 통제하면서 2010년까지 사용자들에게 요금을 부과했다.[40] 이 정책은 아마추어나 학생처럼 별 수입이 없는 사람들이 지도를 이용해 새로운 디지털 서비스를 구축하려고 할 때 상당한 비용을 부과했기 때문에 많은 사람들이 혁신 장벽이라고 여겼다.

2000년대 초, 영국의 예술가들과 애호가들은 개인용 GPS 내비게이션에 기록된 위치정보를 잇는 방법으로 도로망을 디지털화하는 데 필요한 데이터를 신속히 수집할 수 있게 한다는 사실을 발견했다. 위키피디아의 협력적 지식 생산 모델에 영감을 받아, 2004년 영국의 컴퓨터 과학자 스티브 코스트Steve Coast는 오픈스트리트맵OpenStreetMap을 공개했다. 이제, 누구든지 영국의 도로망을 따라 움직인 기록을 업로드할 수 있게 되었다. 수많은 자원봉사자들이 체계적으로 영국의 모든 도시와 읍과 마을의 도로를 움직이면서, 무료로 사용할 수 있는 지도를 만드는 일에 착수했다. 여러 해 동안의 집단적인 측량과 주석 달기 끝에, 2013년 크라우드소싱으로 제작한 영국 도로지도가 거의 완성 단계에 이르렀다. 2010년 아이티 지진 때는 건물 붕괴로 지도제작기관이 사라지자 오픈스트리트맵이 구호기관에게 필수적인 정보를 제공했다.

1990년대에 슬럼 지도제작을 처음 시작한 인도의 활동가들은 빈곤 커뮤니티들을 기존의 도시계획에 포함시키는 자신들의 작업이 정부 자원의 정당한 몫을 확보하는 한 방법이라고 보았다. 그러나 맵키베라는 오픈스트리트맵의 새 온라인 지도와 함께, 새로운 도구에 더 초점을 맞췄다. 이들은 이 도구를 통해 커뮤니티가 미디어에 노출되는 방식과, 정부가 지역 문제를 다루게끔 압력을 넣는 방식을 변화시키고자 했다. 예를 들어 '키베라의 소리 Voice of Kibera'는 또 다른 오픈소스 도구인 우샤히디 Ushahidi로 구축한 시민제보 사이트였다. 우샤히디라는 이름은 스와힐리어로 '증언'을 의미하는데, 2008년 케냐의 선거 폭력을 감시하기 위해 개발되었다. 키베라의 소리는 커뮤니티에 대한 언론보도를 맵키베라에 표시함으로써 주민들이 자신의 생각을 문자로 보낼 수 있게 했다. 또 다른 맵키베라의 활동은 주민들을 모집하여 기반시설 사업의 진척 상황을 감시하게 한 것이다. 상당수의 사업들이 의회 의원들의 친구에게 넘어갔으며, 정부는 도급업체를 효과적으로 감시하거나 감독하지 않았다. 이 도구를 이용해서 주민들은 실제 건설상황에 대한 보고를 게시할 수 있었으며, 이는 정부 측 주장과는 모순되는 경우가 많았다. 시간이 흐름에 따라 느리지만 확실하게, 이 지도는 키베라에 대한 대중의 인식이, 날아다니는 배설물 봉지에서 실제 사람들이 사는 커뮤니티의 모습으로 바뀌도록 도움을 주었다. 마론이 "사람들은 키베라에서 사는 것을 좋아합니다. 그들이 꺼리는 것은 처

리되지 않은 하수가 그들의 집 옆으로 흘러가는 것입니다"라고 내게 이야기 했듯이 말이다.[41]

맵키베라는 빈곤 커뮤니티를 돕는 기술의 이용에 관한 우리의 생각이 바뀌었음을 보여준다. 우리는 세계의 슬럼에 우리가 원하는 만큼 노트북을 보낼 수 있지만, 누구에게도 그것을 사용하도록 강요할 수 없으며, 설사 그들이 노트북을 사용한다고 하더라도 이를 통해 의도한 효과가 나타날지는 확신할 수 없다. 유엔이 글로벌 펄스 같은 활동을 통해 먼 곳에서 발생하는 경제적 고통의 미세한 신호를 모두 추적할 수는 있지만, 위기가 확인되었을 때 개입할 수 있는 수단은 작년 이후 별로 변화된 것이 없다. 맵키베라는 빈곤 커뮤니티를 위해 적절히 사용된 오픈소스 도구들이 어떻게 가난한 사람들에게 힘을 부여하여 자신들이 직면한 문제에 관한 적절한 지식을 창조하게 하는지 보여준다. 하겐은 2010년에 쓴 글에서, "디지털 시대의 출현은 정보와 데이터에 대한 통제가 이제는 완전히 사라질 수 있음을 의미한다. 더 나아가 소외된 자들이 새 시스템 또는 유사 정보 시스템을 창조해 내고 이를 이용하는 것이 가능해졌음을 의미한다"고 맵키베라에 대해 설명했다.[42]

1990년대 이래, ICT4D 프로젝트는 대부분 리처드 힉스의 "가난한 사람들을 위해pro-poor"라고 부르는 접근법에 기반하여 움직였다. 그가 설명하듯이, '어린이 한 명당 노트북 한 대'와 같은 프로젝트에서는, "혁신은 빈곤 커뮤니티 밖에서, 하지만 그들을 위해서 이루어진다." 그러나 정말로 지속가능한 해결책을 위해서는 사람들이 프로젝트의 설계와 실행에 참여해야 한다. 힉스는 이 모델을 "가난한 사람들과 함께para-poor"라고 부른다. 외부인들은 '사용자가 개입하는 참여적 설계 과정'에서 빈곤 커뮤니티의 사람들과 함께 일한다.[43] 힉스는 이런 운동의 진화와, 휴대폰 같은 기술이 대중화됨에 따라 전적으로 가난한 사람들에 의해, 그리고 그들을 위해 진행되는 "가난한 사람들에 의한per-poor", 혁신의 두 번째 전환이 이루어질 것으로 예상한다. 비록 맵키베라는 서구인들의 새 기술과 설계 아이디어를 통해 가난한 사람들과 함께 한 프로젝트였지만, 동시에 가난한 사람들에 의한 혁신이 일어날 수 있는 틀을 만들어냈다.

지도제작은 개발 도상국의 슬럼을 개선하는 데 있어 엄청난 힘을 가지고 있다. 1850년대 존 스노우John Snow의 런던 콜레라 사망자 지도는 슬럼의 상태에 대한 대중의 이해를 바꾸었고, 결국은 런던에서 콜레라가 완전히 사라지는 개혁이 이루어지도록 했다. 인도에서는 슬럼의 지도제작이 도시계획의 관행을 바꾸도록 도왔다. 셸터 어소시에이츠에 따르면, 도시계획은 오랫동안 이들 커뮤니티를 "연속된 도시 지역이라기보다는 혼란스러움 덩어리"로 간주해왔다.[44] 그러나 두 경우 모두 정부의 대응은 고통스러우리만큼 느렸다. 맵키베라는 단순히 정부에 압력을 넣는 것보다, 지도를 이용해 커뮤니티 기반 계획에 힘을 불어넣는 것이 더 빠른 진전을 이룰 것이라는 희망을 제공했다.

슬럼을 보이지 않는 곳처럼 간주하고 이들을 지속적으로 무시하는 정부의 행위는 부조리한 일이다. 그러나 유엔이 열 명 중 여섯 명이 슬럼에 살고 있다고 추정하는 사하라 이남에서는, 이에 관심을 가진 외부인의 약간의 도움만으로 슬럼 거주자들이 스스로 지도를 다시 작성하고 있다.[45] 그러나 이런 일들이 저절로 생겨나지는 않을 것이다. 맵키베라가 주는 교훈은 명확하다. 빈곤 커뮤니티에 기술을 투하하는 것만으로는 불충분하다. 개선을 원하는 사람들은 기술이 필요한 사람들에게 그 기술을 어떻게 사용할 수 있는지를 가르쳐줄 수 있을 만큼 오랫동안 매달려 있어야 한다. 중국 속담에 이러한 말이 있다. "한 사람에게 생선을 주면 하루를 먹여 살리는 것이고, 생선 잡는 법을 가르치면 평생을 먹여 살리는 것이다."

디지털 격차에서 디지털 딜레마로

지난 20여 년 간 '디지털 격차digital divide'라는 간단한 제목이 기술과 빈곤층에 대한 정책 토론의 틀로 사용되었지만 이제는 더 이상 유용하지 않다. 기술에 대한 단순한 접근성만이 아니라, 기술을 활용해 좋은 것을 얻어내는 역량 자체의 결핍 문제이다. 세계은행이 주장하듯이, "모든 경제가 다 같은 것은 아니며, 모든 경제가 광대역 통신을 받아들여 그 잠재적 혜택을 거둬들일 동등한 준비가 된 것도 아니다."[46] 디지털 격차를 단순히 생각하면, 이 문제가 가진 자와 못 가진 자 사이의 단순한 이분법적 문제라고 믿기 쉽다. 그러나 실제로는 쉬운 해결책을 거부하는 서로 맞물린 딜레마들의 집합소다. 이는 개발 도상국에서는 물론 선진국에 사는 빈곤층의 경우에도 해당된다. 몰도바와 디트로이트, 키베라와 클리블랜드는 스마트 기술의 잠재력을 실현하는 데 있어 많은 유사한 문제를 공유하고 있다.

첫 번째 딜레마는 접근성과 대행agency의 문제이다. '어린이 한 명당 노트북 한 대'처럼, 기술을 가난한 사람들의 손에 쥐어주는 것은 하나의 단계다. 그러나 접근성만으로 기회가 만들어지기를 기대하는 것은 더 이상 적절하지 않다. 가난한 사람들이 기술을 확보하고 이를 활용하게 지원하는 것은 훨씬 더 도전적인 일이다. 이것이 ICT4D 활동 첫 세대의 고통스러운 교훈이다. 그리고 이 문제는 개발 도상국뿐 아니라 모든 스마트시티 프로젝트에 있어 고유하게 적용될 문제이다.

미국의 311 전화 핫라인의 경우를 보자. 311은 정부의 정보와 서비스에 접근하는 광범위한 이용 수단이 되었다. 표면적으로는, 웹 기반 서비스나 모바일 앱이 가진 사용 장벽이 거의 없는, 모든 스마트시티 시스템 중에서 가장 보편적으로 접근 가능한 서비스로 보인다. 311 서비스는 어디에나 있는 전화 네트워크로 운영되고, 하루 24시간 열려 있으며, 일반적으로 많은 언어가 제공된다. 뉴욕 시에서는 311 시스템에 하루 평균 6,000 통 가량의 전화가 걸려오며, 170개 이상의 언어가 제공된다.[47] 심지어 글을 읽거나 쓸 줄 모르는 주민도 311을 이용해 정부와 소통할 수 있다. 이보다 접근성이 더 좋은 시스템을 설계하기는 어려울 것이다. 그러나 311에도 그 자체의 숨겨진 디지털 격차가 존재한다. 콜롬비아 대학교가 뉴욕시 위생국을 위해 진행한 2007년 연구에 따르면, 소수 집단이 인구의 다수를 차지하는 가난한 동네에서는 쓰레기 수거를 빠뜨렸다고 311에 민원을 제기하는 경우가 훨씬 적다고 한다.[48] 역사적으로 불이익을 받아온 집단이 311을 덜 이용하는 것이 뉴욕 시만의 일은 아니다. 내가 2011년에 밴쿠버를 방문했을 때, 시의회 의원인 앤드리아 랭스Andrea Reims는 다언어 사회인 밴쿠버에서도 광둥어를 사용하는 대규모 인구 집단에서 비슷한 사례가 생겨났다고 설명했다. 영어를 모국어로 하지 않는 사람들이 311 시스템을 이용하지 않는 이유는 잘 파악되지 않지만, 추정하기로는 이런 새로운 방식으로 정부와 소통하는 것에 익숙하지 않기 때문이거나, 이민자 커뮤니티 내의 정부에 대한 정당하거나 불합리한 공포 때문이거나, 혹은 지역에서 문제를 다루는 방식과 관련한 문화적 규범이 다르기 때문일 것이다. 이유야 무엇이든 그 결과는 같다. 영어를 모국어로 사용하는 사람들은 민원을 더 많이 제기하며, 그들의 민원은 문제를 처리하는 자원이 불균형하게 배정되는 데 힘을 실어준다는 것이다. 이러한 불공평이 더 안타깝게 느껴지는 것은, 영어를 모국어로 사용하는 사람들은 이미 더 부유한 계층이라는 사실이다. 그들은 대체로 더 좋은 교육과 더 높은 수입을 받고 있는 사람들이다.

요점은, 스마트 시스템이 새로운 형태의 배제를 만들어 내지 않게 하려면 엄청난 경계가 필요하다는 것이다. 개발경제학자들은 빈곤을 측정하는 데에 오로지 일인당 수입이라는 지표만을 의지해 왔다. 오늘날 이들은 건강, 교육, 생활수준을 풍부하게 표현해 주는 다차원적인 측정 시스템을 점점 더 사용하고 있다.[49] 무엇이 가난한 사람들의 기술 활용을 막고 있는지 진심으로 이해하려면, 기술과 정보 활용 능력에 관한 다차원적 평가 시스템이 개발되어야 한다.

또 다른 딜레마는 빅데이터의 실시간 이용에 관한 것이다. 글로벌 펄스 같은 시스템들이 도시계획에서 재난 구호 프로그램에 이르기까지 모든 것에 관한 결정을 내리기 시작했다. 그렇지만, 데이터를 통해 문제를 가시화하는 것과 그 데이터로 대응책을 결정하는 것은 완전히 다른 문제다. 추측과 직관의 역할이 작아진다고 생각하기 쉽지만, 빅데이터로 인해 오히려 불확실성이 훨씬 더 증가할 수도 있다. 매일의 상황 속에서, 데이터를 이해하거나 신뢰하지 못하는 지도자들은 물러서서 자신의 직감에 의지하게 될 것이다. 더 나쁜 경우에는 위기 상황에서 단호히 행동해야 한다는 압력 때문에 불완전한 데이터를 경솔히 이용하고, 잘못된 결론을 성급하게 내릴 수 있다.

시민들을 대상으로 한 심도 깊은 대규모 데이터 수집은 그 자체의 딜레마를 안고 있다. 더 큰 공공의 이익을 고려하여 개인 및 소집단의 프라이버시 균형을 잡아야 할 필요가 있다. 모든 사회는 이와 관련하여 각자의 균형을 찾아야만 할 것이다. 키베라의 사례가 공식 지도에서 그들이 제외되는 것의 위험성을 강조하는 것과 달리, 대체로 가난한 사람들은 자신들의 커뮤니티를 측정하고 관리하려는 외부의 노력에 저항하려는 경향이 있다. 글로벌 펄스는 자신의 개인정보 보호수단에 대해 설명하느라 많은 애를 썼는데, 아마도 자신들이 사용하는 데이터 수집 도구들이 많은 나라에서 국가정보기관의 정보수집 방식과 경쟁할 수 있다는 점을 잘 알고 있기 때문일 것이다. 시민들을 돕기 위해 그들을 관찰하는 기술을, 정부가 시민들을 억압하기 위해 베끼거나 채택할 수도 있기 때문이다.

가장 힘든 질문은 가진 사람들이 가지지 못한 사람들의 운명을 바꾸기 위해 어떤 역할을 해야 하느냐 하는 것이다. 지난 수십 년간 구호 프로

가지지 못한 사람들

그램들의 목표는 빈곤 커뮤니티를 현대화하고 그들의 수준을 세계의 다른 지역의 기준에 맞춰 끌어올리는 것이었다. 지금까지 많은 시도들이 실패했는데, 이는 빈곤 커뮤니티가 이미 가지고 있는 지식과 자산을 고려하지 않았기 때문이다. 저렴한 스마트폰의 확산, 빠른 무선 네트워크, 오픈데이터 등은 이를 활용할 수 있는 기술과 함께 빈곤 커뮤니티의 자주적 개발을 위한 혜택이 될 것이다. 슬럼 거주자들은 가장 기초적인 자원으로 자신들의 집과 기반시설을 개량하고 개선할 만큼 매우 유능하다. 이러한 그들의 장점을 병행한 디지털 작업은 그만큼의 혁신을 만들어 낼 가능성이 크다. 그러나 스마트 슬럼이 그들 스스로 자립하는 일은 그것이 아무리 이상적이든 혹은 정치적으로 올바르지 않든, 비현실적인 미래일 것이다. 또한 "무언가를 하라"는 요구는 우리 스스로를 보호하기 위해서라도, 우리에게 언제나 존재할 과제이다. 힉스가 주장하듯이, "세계화가 이루어진 상황에서, 오늘날 가난한 사람들의 문제는, 이민이나 테러리즘 그리고 전염병 등을 통해, 피라미드 꼭대기에 있는 사람들의 내일의 문제가 될 수 있다."[50]

이 주장은 우리를 마지막 딜레마로 이끈다. 그것은 기본적인 서비스를 제공하는 데 있어서, 크라우드소싱과 정부의 미래 역할 사이의 관계다. 스마트시티에는 오픈스트리트맵과 같은 정부 바깥 사람들의 노력과 자원을 한데 모을 새 크라우드소싱 도구가 많아질 것이다. 정부는 이에 대해 과연 자신의 책임을 벗어버리는 것으로 응답할까? 부유한 나라에서는 시민이 주도하는 대안들이 확장될수록 재정 지출에 있어 힘겨운 선택에 직면한 정부들이 생겨날 것이다. 이들은 기존의 서비스에서 간단히 철수함으로써 가난한 사람들을 지원하는 문제에 커다란 빈틈을 만들어 낼 수도 있다. 정부의 책임이라는 개념이 아직 인정조차 되지 않는 개발 도상국 거대 도시의 슬럼에서는, 크라우드소싱 방식의 대안이 미래에 평등한 서비스를 제공해야 할 책임으로부터 정부를 자유롭게 만들어 줄 수도 있다. 크라우드소싱이 선진국에서 유행하는 것만큼이나 크라우드소싱은 그 자체로 매우 퇴보적이기도 하다. 크라우드소싱은 자원봉사자의 여분의 시간과 에너지를 전제로 한다. 가난한 노동자의 모든 날과 모든 순간은 기본적인 생존을 위해 바쳐져야 한다. 그것이 어떤 것이든, 정부의 서비스 중지는, 극단적으로 취약한 커뮤니티의 결정적 지원 기반의 제거를 의미하게 된다.

다루기 어려운 이런 딜레마들이 공학자와 기술자들에게는 몹시 불편하게 다가올 것이다. 확실히 정보 기술은 가난한 사람들이 스스로를 돕도록 지원할 수 있다. 그러나 지금까지 정보 기술의 가장 큰 효과는 가난한 사람들을 농장에서 꾀어내 도시의 무단거주자로 만들고, 그들도 부유해질 수도 있다는 달콤한 말로 그들을 무기한 기다리게 만드는 것이었다. 그들이 그러거나 말거나, 스마트 기술의 민주화는 빈곤 커뮤니티들이 그들 자신의 스마트시티 비전을 추구하는 것을 가능케 했다. BBC에 의하면, 아프리카 전체에서 50곳 이상의 기술거점, 연구소, 육성센터와 지원센터가 최근 문을 열었다. 나이로비에만 이러한 센터가 여섯 곳이 있다.[51] 결국, 우리가 생각하는 진정한 기술의 역할은 이들 새로운 혁신센터에서 일어나는 일들을 통해 찾아질 것이다. 다만 현재 내가 확신하는 것은, 키베라나 소웨토Soweto 혹은 다라비Dharavi 어딘가에서, 몇몇의 젊은 시민해커들이 세상을 변화시킬 만한 기술의 조각들을 꿰 맞추고 있을 것이란 사실이다.

smart cities

7장
시청 재창조

대기업에 의해서든, 무선 인터넷 활동가에 의해서든, 스마트시티 클럽 가입을 위한 첫 번째 전제 조건은 단연 세계적 수준의 광대역 인프라 시설 구축이다. 지난 10년 동안, 많은 도시들이 새 네트워크를 자체적으로 구축하며 스마트시티 클럽 가입을 가속화했고, 또 서로 경쟁해 왔다. 그러나 통신업계는 이러한 미국 전역에 걸친 시민 주도의 혁신에 대항해 왔다. 스마트시티를 둘러싼 첫 분쟁이 미국 민주주의 발생지인 필라델피아에서 일어난 것은 아마도 당연한 일일 것이다.

"치즈 스테이크, 크림 치즈, 우애의 도시는 잊어라. 필라델피아는 이제 노트북의 도시로 알려지길 원한다."[1] 「뉴욕타임즈」의 표현이다. 2004년 3월 5일 존 스트리트John Street 시장은 센터시티Center City의 러브 파크 Love Park에 모인 군중들 앞에서 필라델피아 무선랜의 첫 번째 핫스팟 기공식을 거행했는데, 이 야심 찬 프로젝트는 약 135제곱 마일의 필라델피아 도시 전역을 저렴한 와이파이로 덮는 계획이었다.[2] 당시 캘리포니아의 롱비치 같은 몇몇 소도시 중심지에서 공공 무선 네트워크를 구축한 바는 있었지만, 미국의 주요 대도시 중 도시 전체를 유비쿼터스로 조성한 곳은 필라델피아가 최초였다. 신기술 마니아였던 스트리트 시장은 네트워크가 경제적으로 침체된 필라델피아를 되살리는 동력이 될 수 있다고 보았다. 이 프로젝트의 CEO였던 그레그 골드만Greg Goldman은 몇 년 후 다음과 같이 회고했다. "프로젝트의 취지는 필라델피아를 더 살기 좋은 곳으로 만드는 것이었습니다. 존 스트리트는 이를 위한 기술의 힘을 이해하고 있었고, 그 힘을 시민들의 손에 넘겨주었습니다."[3]

도시는 곧 떠들썩해졌다. 2005년 「필라델피아 매거진」의 커버스토리는 도시의 부활에 대해 다음과 같이 자랑했다. "도시 전체를 무료 무선 인터넷의 와이파이 핫스팟으로 바꾸려는 스트리트 행정부의 계획은 1776년 이래 우리가 해 온 어떠한 일보다도 더욱 시민들의 긍정적인 관심을 끌었다."[4] 이 계획은 대담했고, 스트리트에게 정치적 위험이나 재정적 위험 또한 없어 보였다. 네트워크 프로젝트의 비용은 1천만 달러에 불과했고, 전적으로 민간자본으로 충당할 계획이었다. 사업은 연내에 시작하여 12개월 만에 완료될 예정이었다. 골드만은 이 사업이 필라델피아의 획기적 전환점이 될 것으로 가늠했다. 정치적 지원이 엄청났고, 사업 확장을 추진하는 민간자본이 있었다. 시민들의 참여 수준도 대단히 높았고, 언론도 강력하게 지원했다. 이 방식은 샌프란시스코, 샌디에고, 휴스턴, 마이애미, 시카고로 빠르게 복제되었다. 다른 도시들도 필라델피아의 선례를 따르게 되면서, 필라델피아 방식은 도시 무선화 계획에 대한 교과서처럼 인식되었다.

필라델피아는 민관파트너십을 추진하기 위해 인터넷 서비스 공급자인 어스링크EarthLink와 신속히 계약을 체결했다. 1990년대에 어스링크는 대규모 다이얼업dial-up 서비스 업체로 성장했다. 그러나 다이얼업 분야가 급속하게 쇠퇴하자, 그 분야에서 벗어나 광대역 통신망 시장으로 진출하려 노력하고 있었다. 1996년 통신사업의 경쟁력을 높이기 위해 입법화된 연방통신개혁은 지역의 전화회사들이 그 경쟁자에게도 새 고속 디지털 가입자 회선DSL의 사용을 허가하도록 명령했다. 하지만 지역 전화회사들이 명령을 느리게 이행하자 어스링크와 같은 경쟁사들을 위한 시설 설치는 크게 지연되었고, 경쟁사들은 시장 점유율 확보에 고전할 수밖에 없었다. 어스링크는 방향을 선회하여, 가정과 사무실에 직접 광대역 통신망을 제공하기 위한 방안으로 시의 공공 와이파이에 과감하게 베팅했다. 골드만에 따르면, 도시의 80% 정도를 와이파이로 접속할 수 있게 하는 필라델피아 공공 와이파이 계획에 따라 가로등 장착용 송수신기 3,500개 이상을 설치하는 데 약 2천만 달러가 필요했다.

필라델피아의 와이파이에 대한 애정은 빠르게 식었다. 골드만은 "프로젝트에 우호적이었던 모든 것이 적대적으로 변했다"며 애석해 했다. 스트리트 행정부의 부패 스캔들이 터졌고, 그가 추진했던 모든 계획들에 대해 비판이 일기 시작했다. 어스링크 또한 다이얼업 사업이 실패하자 시장에서 살아남기 위해 필사적으로 입찰에 참여하여, 다른 도시들의 무선 네트워크 사업을 과도하게 떠맡았다. 필라델피아 프로젝트는 거의 진척되지 않았다. 2007년 초, 회사의 오랜 대표이자 최고 경영자였던 개리 베티 Garry Betty의 갑작스런 죽음으로 어스링크는 더욱 혼란에 빠졌다.

프로젝트는 매번 문제가 발생했다. 젠트리피케이션이 진행된 필라델피아의 중심지 센터 시티는 역사 보존 구역 관련 규제로 장식용 가로등에 안테나를 설치하는 것이 금지되어 있었다. 무선랜을 설치해야 하는 기술자들에게 부유층이 거주하는 언덕의 가로수 거리는 끔찍한 곳이었다. 이런 복합적인 문제로 결국 정치권 유력인사가 거주하는 두 지역에는 무선랜을 설치하지 못했다. 에너지 그룹 엑셀론Exelon의 자회사인 페코PECO 에너지는 회사 소유 전신주에 무선 모듈 설치 요금을 과도하게 부과했다.

골드만의 표현을 빌리자면 그 회사는 "아주, 아주 골칫덩이였다. 돈만 챙겼을 뿐, 파트너는 아니었다."

하지만, 무엇보다 와이파이 기술의 자체 결함 때문에 '무선 인터넷 필라델피아Wireless Philadelphia'는 불행한 결말을 맞게 되었다. 4장에서 보았듯이, 와이파이는 건물 내부로 광대역을 제공하는 것은 고사하고, 대규모의 옥외 네트워크로 설계된 적이 없다. 골드만은 후에 "우리는 어스링크의 약속을 너무 곧이곧대로 믿었다"고 실토했다. 미국 전역의 다른 지역들도 유사한 문제에 직면했다. 캘리포니아의 롬폭Lompoc은 인구 42,000명이 거주하는 농촌 지역이다. 이곳은 지역 활성화 전략으로 인근의 군사 기지를 제외한 도시 전역에 와이파이를 설치했다. 그러나 곧 치장벽토stucco로 마감된 집들의 벽에 내장된 자재가 무선 신호를 차단하여, 많은 곳의 무선 인터넷이 내부 장치로 도달하지 못한다는 것을 발견했다.[5] 골드만은 와이파이 기술이 필라델피아 프로젝트의 치명적 결함이었다고 믿는다. 그는 "만약 기술이 제대로 작동했더라면, 다른 모든 문제들은 극복할 수 있었을 것이다" 라고 말한다. 2008년 3월 22일 「뉴욕타임즈」는 "인터넷 공급업체의 철수로 무선 네트워크 도시의 희망이 사라지다"라는 헤드라인을 내보내며 그간의 흥분을 가라앉혔다.[6]

필라델피아는 다른 많은 도시들이 무선 인터넷 사업을 착수하게끔 고무시키기도 했지만, 통신회사들의 거센 항의를 빚어내 지자체 주도의 광대역 통신망이 미국 전역에 생겨날 것이란 기대에 찬물을 끼얹기도 했다. 무선 필라델피아의 핫스팟 개관식이 끝나고 얼마 지나지 않아, 업계는 앞으로 고객을 두고 지방정부와 경쟁할 것이란 전망에 충격을 받고 반격을 시작했다. 지역의 주요 통신회사였던 버라이즌Verizon은 지자체가 광대역 통신망 네트워크 구축비용을 회수하기 위한 어떤 수수료도 부과하지 못하도록 하는 법안을 통과시키기 위해 필라델피아가 속한 펜실베니아 주의회에 로비활동을 벌였다. 결국 마지막 협상에서 필라델피아만 예외로

하여 법안이 통과되었다. 아마도 필라델피아는 펜실베니아주에서 공공 광대역 통신망 네트워크를 구축한 마지막 지자체가 될 것이다.

업계 로비스트들은 전국적으로 활동을 전개했다. 그리고 '펜실베니아 법'을 근거로 미국 내 약 절반의 주정부에서 장애물을 제거하는 데 성공했다.[7] 당시 존 레이보위츠John Leibowitz 연방무역위원회 의장은 전미통신담당관 및 고문협회 회의에서 "보더스Borders와 반스앤노블Barnes&Noble이 도서관 때문에 그들의 책 판매 매출이 위협받는다고 주장하며 시의 도서관 건설을 법으로 금지하도록 요구한다고 상상해 봅시다. 국회의원들은 아마도 이들을 비웃고, 바로 국회에서 내쫓을 것입니다. 그런데 바로 지금 와이파이 광대역 통신망 계획에 대해 똑같은 일이 벌어지고 있습니다. 그러나 모두가 이 상황을 너무 심각하게 받아들이고 있습니다"[8] 라고 비판했다.

'무선 인터넷 필라델피아'에 대한 업계의 강력한 반발과 그 결과는 현재 미국 내 수천 개의 도시에서 미래를 위한 자신들의 투자가 주법에 의해 제한 받고 있음을 의미한다. 통신회사들은 계속해서 지역의 노력에 격렬히 맞서고 있다. 콜로라도 주에서는 2005년 주민투표에 의한 찬성이 있을 경우에 한해 지방정부의 광대역 통신망 구축을 허용하는 다소 덜 제한적인 법안이 통과되었다. 롱먼트Longmont 시에서는 케이블 업계가 후원하는 로비 단체 '룩 비포 위 리프Look Before We Leap'가 2011년 시 소유의 광섬유망에 대한 주민투표를 중단시키는 광고에 30만 달러를 지출했으나 결국 성공하지 못했다.[9] 주민들이 시 소유 광섬유망에 대한 자금 지원을 찬성한 직후, 롱몬트의 전력사업을 운영했던 빈스 조던Vince Jordan은 어느 팟캐스트 방송을 통해 이 광고비가 인구 86,000명의 도시 역사상 지역 캠페인에 쓴 최대의 금액이었음을 지적했다.[10]

그러나 골드만은 '무선 인터넷 필라델피아'를 완전한 실패로 묘사하는 것 또한 부적절하다고 말한다. "필라델피아 프로젝트는 오늘날 모든 도시가 원하는 베타 프로젝트이다" 라고 그는 말한다. 광대역 통신망 시장에 진입하려는 지방정부의 모든 곳에서 그랬듯이, 공공 무선 인터넷 계획이 발표되자마자 광대역 통신망 가격이 곧바로 하락했다. 디지털 포용계획digital inclusion initiative에 따라 2천 세대 이상의 저소득 가구가 무료로 노트북을 기증받았고, 인터넷 요금이 인하되었다. 필라델피아에서의 시와 업계 간 싸움은 결국 이곳에 본사를 둔 지역 내 최대 고용주이자 케이블업체인 컴캐스트Comcast로 하여금 동부 해안 지역에 그들의 무료 와이파이 서비스 X피니티Xfinity를 제공하도록 만들었다. 지역의 거대 전화사업자인 버라이즌의 TV 상품만이 서서히 시장에 진입하고 있었을 뿐, 컴캐스트는 케이블 TV시장을 거의 독점하고 있었기 때문에 컴캐스트 가입자를 위한 이 무료 특전은 사실상 일종의 공공 와이파이 네트워크인 셈이었다.

결국 필라델피아는 무선 네트워크를 구축했다. 어스링크는 미국 전역에서 사업이 어려워지자 2008년 5월, 지자체 무선사업에서 완전히 철수하고 필라델피아의 자산을 청산한다고 발표했다. 어스링크가 필라델피아에 광대역 통신망을 무상으로 제공하려 했으나 시는 위험을 회피하기 위해 이를 거부했다. 시를 대신하여 2008년에 어스링크의 자산을 인수했던 지주회사 역시 이후 2년이 채 지나기 전에 파산했다. 필라델피아는 뒤늦게 이들로부터 네트워크를 다시 사들이기로 결정했다. 최종 비용은 겨우 200만 달러에 불과했다.[11] 필라델피아의 무선 네트워크는 이제 비디오 감시 카메라와 시 공무원의 휴대용 개인 단말기를 연결하여 공공 안전과 정부 운영을 위한 용도로 변경될 예정이다. 엄청난 혼란 끝에, 시로서는 통신망을 헐값으로 매입한 것이다. 이에 비해 뉴욕 시는 자체적으로 공공 안전용 무선 네트워크를 구축하는 데 5억 4,900만 달러를 지출했으며, 연간 운영비용만 3,800만 달러를 지출하고 있다.[12]

다행스럽게도, 필라델피아는 실패로부터 얻어낸 것이 있었다. 2007년, 필라델피아와 롬폭에서 무선 네트워크 프로젝트가 무산되던 때, 나는 AP통신사의 한 기자에게 말했다. "무선 네트워크는 모노레일과 닮았다.

기술은 불완전하고, 기대치는 과장되었으며, 결과물은 전혀 나오지 않았다."[13] 그것은 사실이다. 하지만 필라델피아 사례는 미국 내 수십 개의 다른 도시들이 관련 사업을 성공적으로 수행하도록 선도했다는 데에 의미가 있다. 테네시 주의 채터누가Chattanooga와 같이 오늘날 와이파이를 추구하는 도시들은 보다 체계적이고, 목적 지향적이며, 절제된 방식으로 프로젝트를 추진한다. 또한 유선 연결의 대체 수단이 아닌, 더 강력한 광섬유 네트워크에 와이파이 네트워크를 추가하는 경우가 많다. 나는 이들이 잘하고 있다고 본다. 그렇지 않다면 무선 네트워크 또한 시장 후보들이 정치적 목적으로 추진하는 컨벤션센터, 카지노, 그리고 종합운동장 건설과 같은 구태의연한 프로젝트들 중 하나에 불과해질 것이기 때문이다.

앱 낚기

무선 네트워크 구축과정에서의 힘든 싸움과 만성적 예산 부족에 발목을 잡혔던 도시들은 이제 스마트 기술을 실험할 덜 위험한 방법을 모색 중이다. 최근에는 더 많은 도시들이 소프트웨어 회사들과 프리랜서 해커들에게 정부의 공공데이터와 상금을 미끼로 주며 앱들을 개발하도록 해 왔다.

모든 것은 워싱턴 DC에서 시작되었다. 워싱턴 DC는 점점 더 제 기능을 하지 못하는 중앙 정부의 본거지가 있는 도시가 되어, 매리언 배리 Marion Barry 전 시장의 재앙적인 통치로부터 아직도 회복 중에 있었다. 1990년대 매리언 배리 시장은 그의 세 번째와 네 번째 임기 사이, 마약 소지 혐의로 감옥에 6개월 간 복역했다. 반면 DC 메트로폴리탄 지역은 지난 10년 간 실리콘 밸리에 이어 두 번째로 기술 고용이 많은 미국 하이테크의 허브로 성장해 왔다. 대부분의 일자리가 교외에 있지만, 많은 젊은 소프트웨어 기술자들이 듀퐁 서클Dupont Circle과 아담스 모건Adams Morgan 지역 주변의 젠트리피케이션된 동네에 거주하며 스타트업, 정부기관, 그리고 비영리 단체에서 일하고 있다.

2008년쯤 워싱턴 DC의 국면이 전환되기 시작했다. 재임 첫 해, 아드리안 펜티Adrian Fenty 시장은 시의 학교들을 구조조정 했고, 지역 치안을 확대하여 범죄율을 감소시켰다. 익명의 정보제공자들이 경찰서에 관련 메시지를 보낼 수 있게 된 데에는 기술이 중요한 역할을 했다. 시의 최고 기술책임자인 비벡 쿤드라Vivek Kundra는 그 해 초 시의 새 웹사이트인 'DC 데이터 카탈로그Data Catalog'에 수백 개의 정부 데이터 세트를 공개했다. 그 후 그는 지역 커뮤니티 기술 담당자인 피터 코빗Peter Corbett과 협력하여 웹사이트에 앱 공모전을 기획했다. '민주주의를 위한 앱Apps for Democracy' 공모전은 그 해 10월에 개최되었고, 지역 기술자 모임에 새 공공 데이터 자원을 이용하여 소프트웨어를 개발하도록 요청했다. 또한 공모전의 매력을 더하기 위해 5만 달러의 상금을 걸었다.

불과 30일 만에 지역 프로그래머들은 DC 데이터 카탈로그를 이용하여 47개의 웹사이트와 스마트폰 앱을 만들었다. 범죄, 건축 허가 그리고 기타 도시 운영에 관한 중요한 정보를 실시간으로 제공받는 아이폰 앱 '포인트 어바웃Point About'에서부터, 플리커Flickr 사진과 위키피디아 항목들을 토대로 유적지 여행자를 위해 맞춤 일정을 짜주는 구글맵 기반 매시업mash-up 앱인 'DC 히스토릭 투어Historic Tours'까지 개발되었다. 펜티 시장은 "전통적으로 정부가 해오던 규모에 비하면, 이 공모전은 예산이 많이 드는 사업이 아니다"[14] 라고 하면서, 공모전을 부족한 재정을 보완하는 절묘한 전략으로 활용하였다. 속도 면에서도 이 계획은 아주 빠르게 진행되었다. 쿤드라 사무실은 시가 통상적인 조달 경로를 통해 앱을 구입하려면 1년(최대 2년)이 걸릴 것으로 추정했다. 코빗과 쿤드라는 이 앱들이 200만 달러 상당의 현물 서비스에 해당하는 가치를 갖고 있으며, 5만 달러를 투자한 시 정부가 결국 40배 이상의 수익을 올린 것이라고 선전했다.[15] 쿤드라는 '민주주의를 위한 앱'과 '데이터 카탈로그'의 성공에 힘입어 버락 오바마 당시 대통령 당선인의 인수위원회에 합류하게 되었고, 그로부터 4개월 후 연방정부의 첫 번째 최고 정보책임자로 임명되었다.

워싱턴 DC의 첫 성공 이후 앱 공모전과 도시 공공데이터 모델은 급속도로 확산되었다. 스마트폰을 통해 시와 소통하고자 하는 시민의 요구는 증가했고, 경기침체로 인한 예산 감축의 상황에 직면한 시장들에게 이러한 저가의 기술 융합은 매력적인 수단으로 다가왔다. 경기부양 기금이 바닥나고, 재정 긴축이 지속되면서 앱 공모전과 도시 공공데이터의 조합은 거의 제로의 예산으로 혁신을 이룰 수 있는 모델이었다. 도시가 필요로하는 데이터는 대부분 온라인에 구축되어 있었으나, 문제는 그것이 정부의 각 웹사이트에 산발적으로 흩어져 있다는 점이었다. 도시가 해야 할 일은 그 데이터를 한 곳에 모으는 것이었다. 1년 사이 뉴욕, 샌프란시스코, 그리고 오리건 주의 포틀랜드 시 모두 비슷한 사업에 착수했다. 그리고 워싱턴 DC는 2009년에 제2회 '민주주의를 위한 앱' 공모전을 개최했다. 캐나다의 에드먼턴(2010), 네덜란드의 암스테르담(2011), 아일랜드의 더블린(2012)이 뒤를 이어 행사를 개최하면서, 몇 년 사이 이 행사는 전 세계로 빠르게 확산되었다. 한편 세계은행은 2010년 자체적으로 '개발을 위한 앱Apps for Development' 공모전을 개최하고, 이 모델을 개발 도상국에 수출했다.

앱 공모전의 성공여부는 정부 데이터를 시민과 지역 사업체들에게 가치 있는 자료로 재가공할 수 있는 기술팀들을 빠르게 모집하는 능력에 달려 있었다. 다수의 제안들이 평범했고 일부는 특정 소수만 이해할 수 있는 난해한 것들이었으나, 몇몇 제안들은 스마트시티의 미래에 대한 사고의 폭을 확장시켰다. 일례로, 뉴욕 시에서 개최한 제1회 빅앱스BigApps 공모전의 출품작인 '트리스 니어 유Trees Near You'를 보자. 이 앱은 위생검사 등급과 소음 민원 등 정부의 통상적 데이터 가운데 '가로수 통계'라는 독특한 데이터베이스를 이용했다. 2005년 뉴욕 시는 백만 그루의 나무 심기를 포함하는 PlaNYC라는 뉴욕 시 환경 플랜을 야심 차게 추진했다. 이 운동의 출발점으로 공원관리국은 1,100명의 자원봉사자를 모집하여 5개 자치구 전역의 모든 가로수의 수를 세고, 나무 별 생육 특성을 기록하도록 했다. 아이폰 사용자들은 도시 어느 곳에서나 '트리스 니어 유' 앱을 통해 주변에 있는 가로수의 종, 수령, 생태적 특징을 검색할 수 있었다. 어떤 관료도 기술 창업가 랜드 베커Land Becker가 "아름답고, 사색적이기까지 한 아이폰 앱"이라 부른 이 앱을 생각해 내거나, 여기에 재정을 쓸 생각을 하지 못했을 것이다.[16]

앱 공모전이 가능한 것에 대한 개념을 브레인스토밍하고 확대하는 데는 유용했으나, 장기적으로 볼 때 확장 가능하고 지속 가능한 성공은 거의 거두지 못 했다. 뉴욕에서 열린 두 번의 빅앱스 공모전에는 수백 개의 앱이 응모했지만, 사업화 기금을 받은 것은 '마이시티웨이MyCityWay' 앱 단 하나였다. 이 앱은 단순히 도시의 새로운 공공 데이터 세트를 검색하는 투박한 도시가이드 앱이다. 그리고 기금은 BMW의 '아이 벤처BMW's I Venture'가 후원한 백만 달러의 소위 눈먼 돈이었다. 아이 벤처 기금은 새롭게 출범한 전략적 펀드였으나, 경영진들은 산업에 대한 전문지식과 투자자에게 중요한 기업가치에 대한 심층적인 이해가 부족했다. 크라우드소싱에 의한 대중교통 앱인 '로디파이Roadify'를 개발한 2010년 대회 우승자는 약간의 엔젤펀딩을 받았다. '트리스 니어 유' 앱 개발자인 브렛 캠퍼Brett Camper는 다른 프로젝트로 자리를 옮겼다. 아이튠즈 스토어에 올린 '트리스 니어 유' 앱은 초기 상태에서 전혀 업데이트되지 않고 있다가 결국 2012년 말에 앱스토어에서 제거되었다. 사실 공모전을 통해 개발된 대부분의 앱들은 빠르게 폐기된다. DIY시티의 존 제라치는 앱 공모전이 "버전 1을 생산하는 데는 아주 유용하지만, 도시 정부가 필요로 하는 견실하고 완벽한 기능의 버전 7을 만들어 내기는 어렵다"고 지적했다.[17]

새로운 정부 데이터를 이용한 앱 공모전의 진짜 문제는, 우리가 목격한 바와 같이 문제를 정의하는 주체가 시민이나 정부가 아닌 프로그래머라는 데 있다. 첫 번째 앱 공모전의 유일한 요구 조건은 시에서 제공하는 데이터 세트 중 하나를 사용해야 하는 것이었다. 놀랍게도 이 조건은 지금껏 유지되고 있다. 하지만 뉴욕의 인터랙션 디자이너인 하나 쉥크Hana Schank는 2011년 뉴욕의 제3회 빅앱스 공모전 전 날, 날카로운 비평을 기고했다. "웹사이트와 앱의 발전은 최종 사용자가 무엇을 필요로 하는지, 그리고 그들이 일상에서 그것들을 어떻게 사용하는지를 주의 깊게 관찰하는 데서 시작한다. 빅앱스 공모전의 문제는 사용자들의 필요와 잠재적 사용자의 행태를 무시하고, 대신 막대한 데이터 더미로 시작해서 개발자들에게 그 더미로부터 무언가 참신한 것을 만들어 내라고 요구하는 것에서 시작한다는 데 있다."[18]

데이터 중심의 도시 앱 공모전은, 성취나 공공성과 같이 참가자들을 고무시키는 공모전의 주요 동기부여 요소들을 간과했다는 점에서 더욱 생각해 볼 필요가 있다. 현대 혁신 공모전의 선구자격인 '안사리 X 프라이즈 Ansari X PRIZE'는 일주일에 두 번 날 수 있는, 재사용이 가능한 우주선을 만드는 전례 없는 위업에 도전했다. 이 공모전은 단 한 가지의 고난도 문제를 정의함으로써, 민간 부문에서 미국 전역의 가장 뛰어난 엔지니어들과 야심 찬 기업인들의 상상력을 사로잡았다. 우승 상금은 천만 달러에 불과했지만 1억 달러의 민간 연구지원금을 이끌어 냈다. 8년이 채 안 된 2004년, 버트 루탄Burt Rutan이 만든 '스페이스십 원SpaceShipOne'이 모하비 사막에 착륙함으로써 도전은 성공했다. 상금도 중요하긴 했지만, 무엇보다 명성과 성취의 폭이 그들의 실질적인 동기가 되었다.

뒤를 이어 2009년 워싱턴과 2012년 뉴욕에서 열린 앱 공모전에서는 '문제의 정의problem definition' 단계를 추가하여, 보다 큰 규모의 시민 그룹이 그들이 원하는 앱에 대해 개발자와 함께 논의하도록 했다. 하지만 크라우드소싱에 의한 투표를 제외하고는, 다양한 아이디어를 몇 개의 중요한 문제로 추려내는 과정이 없었다. 2013년 열린 제4회 빅앱스 공모전에 이르러서야 뉴욕 시는 시민들의 가장 시급한 문제들에 대해 보다 깊이 알고 있는 다양한 파트너 기관들을 참여시켰고, 이른바 '빅이슈Big Issues'를 일자리, 에너지, 교육, 건강의 네 가지 카테고리로 규정했다.

회고해 보면 초기 '민주주의를 위한 앱' 공모전이 수백만 달러를 절약했다는 펜티의 주장 역시 오해의 소지가 많다. 사실 어떤 앱도 시민의 요구에 직접적으로 부응하지 못했다. 역설적으로 도시들은 공모전을 제외하고는 앱 개발에 전혀 예산을 사용하지 않았다는 것을 의미한다. 또한 이제까지 어떤 앱 공모전에서도 참가자들에게 그들이 개발한 코드를 정부에 양도하거나 공개하라고 요구하지 않았다. 이에 상금에 눈 먼 개발자들이 자신들에게 필요한 서버 구축이나 소프트웨어를 유지하는 데 공모전을 악용하기도 했다.

뿐만 아니라, 앱 공모전은 스마트시티 내에서 부자와 빈자 간의 격차를 눈에 띄게 드러냈다. '민주주의를 위한 앱' 공모전이 출범한 지 2년이 채 되지 않은 2010년, 워싱턴의 새로운 최고 기술책임자인 브라이언 시바크Bryan Sivak는 결국 공모전을 폐지했다. 그의 침울한 평가는 이렇다. "우리가 운영해 온 공모전뿐만 아니라 다른 많은 공모전에서 개발된 앱들을 보면, 스마트폰용으로 설계된 것들이 많다. 그러나 이들 앱이 제공하는 서비스를 정기적으로 이용할 사람들이 모두 스마트폰을 이용하는 것은 아니다."[19] 워싱턴 DC의 유명한 정치 블로그인 더 힐The Hill은 "이번 공모전은 쿤드라가 워싱턴 DC의 최고 기술책임자로서 추진한 가장 최신의 프로젝트로, 그의 이임 이후 대규모 감사를 받게 될 것이다. 그의 프로젝트들은 어느 것도 시 정부에 지속적인 영향을 주지 못한 것 같다."라고 신랄하게 보도했다.[20]

하지만 공모전이 일반 사람들을 배제시킨 것은 스마트폰에 초점을 두었기 때문만은 아니다. 프로그래머와 시민을 연결하는 정식 절차가 없었기 때문에, 프로그래머들은 당연히 네트워크에 연결된 엘리트 계층에게만 국한된 문제를 해결할 앱을 개발하려는 경향이 있었다. 더불어 다국적 언어나 소수 민족 공동체를 위한 앱을 만들거나 홍보하는 의미 있는 시도들은 앱 공모전에서 찾아볼 수 없었다.

한 가지 분명한 것은, 도시용 앱의 최적 아이템은 대중교통 분야라는 것이다. 대중교통 운영자들은 운행일정, 연착, 도착에 대한 정보를 수백만의 탑승자들에게 전달해야 하는 골치 아픈 문제에 직면해 있었다. 앱은 스마트폰 사용자 누구에게나 빠르고, 저렴하게, 유연하고, 이해하기 쉽고 편리한 방식으로 운행일정에 대해 실시간 업데이트를 제공한다. 2012년 초, 북미의 200개 이상의 교통관련 기관들은 '대중교통정보 제공규격General Transit Feed Specification'이라 불리는 기계 판독형 포맷을 사용하여 몇 가지 형태의 운행스케줄 정보를 게시하고 있었다. 이 포맷은 2005년에 구글 엔지니어인 크리스 해렐슨Chris Harrelson과 포틀랜드 시에 위치한 오리건 주 트라이밋 교통청Tri-Met transit authority의 기술관리자인 비비아나 맥휴Bibiana McHugh가 함께 개발한 것이다.[21]

공모전을 통해 개발된 앱들과 달리, 대중교통 앱은 개방된 정부 데이터를 이용하여 사업화가 가능하였고, 이를 뒷받침할 거대한 시장이 있었다. 하버드 대학교 케네디 스쿨 연구원인 프란시스카 로하스Francisca Rojas는 개방형 대중교통 데이터의 영향력에 대해 연구하고 있었다. 그녀는 대중교통 앱을 이렇게 설명했다. "대중교통 앱의 강점은 개발자들이 앱을 방치하지 않고 유지관리하고 기능을 향상시키는 데 있다. 사용자들은 대중교통 앱에 돈을 지불할 의사가 있고, 또한 개발자들이 앱을 향상시키도록 새로운 기능들을 지속적으로 제안한다. 그리고 대중교통 기관들은 새롭고 향상된 데이터 세트를 지속적으로 제공한다."[22]

대중교통 앱에 대한 투자는 또한 좋은 공공 정책이기도 하다. 이 앱들은 다분히 포용적이다. 앱의 혜택이 대중교통에 의존하는 가난한 노동자들에게 주어지기 때문이다. 보육과 긴 통근 시간의 균형을 맞추기 위해 고군분투하는 워킹맘에게 다음 버스의 도착 시간 정보는 삶에 커다란 도움이 된다. 또한 앱은 버스와 철도를 더 쉽게 이용할 수 있게 함으로써 사람들이 자가용을 두고 대중교통을 이용할 수 있도록 유도한다. 대중교통 이용은 이산화탄소 배출을 감소시킬 뿐만 아니라, 이용자가 온라인에 더 안전하고 생산적으로 빠질 수 있게 한다.

도시는 이제 특정 문제를 다루는 앱을 개발하는 쪽으로 관심을 이동하고 있다. 예를 들면, 영국에서 언덕이 많은 도시로 알려진 브리스톨에는 '힐스 아 이블Hills Are Evil'이라는 앱이 있다. 이 앱은 거동이 불편한 사람, 자전거 타는 사람, 스케이트보더, 노인과 유모차를 미는 사람들에게 두 장소 사이의 최적 경로를 알려준다.[23] 앱 공모전에서 얻은 경험으로, 2011년 뉴욕 시의 내부 기술부서는 개인이나 중소기업으로부터 앱을 신속하게 제공받을 수 있도록 소규모 소프트웨어 프로젝트의 경쟁 입찰 방식을 개혁하는 방안을 모색하기 시작했다.[24]

궁극적으로, 앱 공모전은 유용한 기술을 제공하는지 여부와 상관없이 장기적으로 경제에 긍정적인 영향을 미친다. 공모전은 기술자 커뮤니티와 도시 거주민, 그리고 방문자들의 삶의 질을 향상시키려는 정부 사이의 촉매 역할을 해 왔다. 해커들과 관료들은 서로 마찰을 빚거나 불신으로 서로를 대하는 대신, 도시의 오래된 문제들에 대해 새로운 접근법을 제시하고, 낯설지만 흥미진진한 가능성들을 탐색하기 위해 함께 일하며 배우고 있다.

데이터 중독자들

루돌프 '루디' 줄리아니Rudolph 'Rudy' Giuliani 시장은 법의 무딘 힘으로 한때 모든 것이 통제 불가능해 보였던 거대도시 뉴욕을 길들였다. 후임자 마이클 블룸버그Michael Bloomberg는 과학경영을 통해 시를 통치한 기술 관료로, 전 세계 무역업체들에 금융 데이터를 제공하여 비즈니스 왕국을 건설했다. 그는 "측정할 수 없으면, 관리할 수 없다"는 말로 유명한 인물이다.

2010년 봄, 블룸버그는 임기 3년 차에 들어서자마자 이러한 통계적 전통을 다지기 위해 스티븐 골드스미스Stephen Goldsmith에게 도움을 요청했다. 인디애나폴리스의 전 시장이었던 골드스미스는 경찰, 소방, 위생 및 건축 부서에 대한 광범위한 권한을 가진 행정부시장으로 취임했다. 그는 공공서비스의 민영화와 지방정부의 노동조합을 와해시키는 자로 명성이 높았다. 1990년대 인디애나폴리스에서의 재임기간 동안 그는 도로보수, 소방차 세척과 같은 수십 개의 공공서비스를 민간업체와 경쟁하도록 함으로써 시의 급여지급액을 1/4로 줄였다.[25] 콜로라도주 덴버의 재선 (2003~2011) 시장 존 히컨루퍼John Hickenlooper는 블룸버그가 골드스미스를 발탁한 의미를 잘 설명해준다. "시장이 하는 가장 중요한 임무는 시를 운영하기 위해 능력 있는 사람들을 고용하는 것이다." 골드스미스는 시 정부를 간소화하기 위해 채용된 블룸버그의 청부업자였던 셈이다.

골드스미스가 뉴욕 시에 부임한지 이제 막 두 달이 지난 6월, 나는 도시 문제에 적극적인 재단인 '리빙 시티Living Cities'의 할렘 본부에서 열린 브레인스토밍 세션에 참여했는데, 여기엔 지역 전문가들과 전자정부 종사자들이 함께했다. 나는 이곳에서 그가 제시하는 비전을 듣게 되었다. 골드스미스가 보기에 지난 백 년 동안 시 근로자들은 경직된 절차, 융통성 없는 업무규칙, 그리고 무분별한 체크리스트의 증가 속에 근무해 왔다. 때문에 그들은 비판적으로 사고하거나, 시민들의 필요에 부응해 현장에서 즉각적인 의사결정을 내리는 능력을 발휘할 수 없었다. 그는 시의 건축부서를 예로 들면서, 근로자들이 체크리스트의 네모박스에 생각 없이 표기하는 대신, 데이터마이닝을 통해 어떻게 빠르게 판단할 능력과, 변화하는 불확실성에 신속하게 대응할 능력을 갖게 되는지에 대해 설명했다. 엄격하게 짜여진 일정표 상의 순서를 따르는 대신, 근로자들은 위험요인 분석을 통해 그날 점검해야 할 우선순위를 확인할 수 있다. 그 다음 실제 점검이 이루어지는 동안, 또 다른 분석이 전문가가 시급히 점검해야 할 지점들을 파악해 낼 것이다. 골드스미스는 도시 근로자들이 기계적으로 일하기보다 지식 노동자로 바뀌기를 희망했다.

골드스미스가 제시한 접근법의 명시적 목표는 생산성과 효율성의 향상이었다. 그러나 인디애나폴리스에서의 민영화 노력과 마찬가지로, 이 접근법 또한 시의 강성 노조를 공격하기 위한 트로이 목마였다. 골드스미스의 개혁이 완전하게 실행되었더라면, 현장 근로자들의 통상 업무 속도만을 감독하는 중간관리자, 감독관 및 운행관리원들은 정리해고를 당했을 것이다.

이 인디애나 출신 부시장은 곧 뉴욕 시의 가두시위에 휘말리게 되다. 부임 몇 달 후 골드스미스는 위생국 효율화 계획을 발표했다. 자연감원과 함께 백여 명의 관리자들을 일선 근무로 좌천시켜 400개의 직무를 감축하려는 내용이었다. 시기도 최악이었다. 크리스마스 동안, 눈보라가 뉴욕 시를 강타했다. 골드스미스는 부재 중이었고, 폭설에 따른 비상사태 선포를 미적거렸다. 제설을 담당했던 위생국 근로자들의 불법 파업과 태업 혐의는 입증되지 않았으나, 퀸스 자치구의 일부 지역은 며칠 동안 눈이 그대로 쌓여 있었다. 이 사태는 1969년 존 린제이john Lindsay 시장이 초기 파업에 어설프게 대응하다 노조의 반발로 야기된 악명 높은 제설 사태와 놀랄 만큼 닮아있었다.[26] 이후 정치력을 회복하지 못한 골드스미스는 이듬해 여름, 재임 14개월 만에 사퇴했다.[27]

눈은 또 다른 데이터 중독자 시장이 시카고에 취임하게 된 계기가 되었다. 뉴욕에서 눈사태가 있은 지 정확히 한 달 후, 시카고의 리처드 데일리Richard Daley 시장은 더 심각한 폭설 사태에 직면했다. 폭설 대책이 엉

망인 와중, 시장의 수석보좌관이 호숫가 도로를 늑장 폐쇄하는 바람에 자동차와 버스가 눈에 갇히면서 수백 명의 시민들의 발이 묶였다. 데일리 시장은 이 기간 동안 22년의 재임기간 중 가장 심각한 비판에 시달렸다.[28]

2011년 5월. 백악관 비서실장 출신 람 이매뉴얼Rahm Emanuel이 시카고 시장으로 부임했다. 이때까지도 시카고 사람들은 폭설 피해에 대한 기억이 생생했다. 여름에서 가을로 넘어갈 무렵, 기상예보는 혹독한 겨울을 예고했다. 2010년의 폭설 동안 라디오 방송을 통해 제설작업 상황이 추적되던 뉴욕과 달리, 시카고는 2001년에 모든 제설기에 GPS 추적기를 이미 설치한 상황이었다.[29] 시 공무원들은 실시간 지도로 제설 상황을 지켜볼 수 있었다. 하지만 시민들은 이 정보에 접근할 수 없었다. 시장의 정치적 후원자들이 거주하는 지역과 거리가 특혜를 받고 있다는 신고가 빈번하게 접수되었다.

시카고 제설작업 사태의 투명성 결여는, 무료로 모든 데이터 접근이 가능했던 앱 공모전보다 훨씬 더한 시 정부의 전형적 운영 행태를 보여주었다. 시 정부가 수집한 방대한 양의 중요 데이터는 대부분 감춰져 있었다. 각 부서의 장들은 이러한 데이터를 단단히 움켜쥐고 서로 간 공유하기를 기피했고, 대신 단독으로만 공개했다. 이는 데이터가 그들 권력의 원천이자, 동시에 그들의 약점을 노출시킬 수 있는 수단이었기 때문이다.

그러나 글로벌 경제위기의 정점에 있던 2008년 11월, 버락 오바마의 대선이 몇 주 지나지 않아 이매뉴얼은 다음과 같이 말했다. "당신은 이 심각한 위기가 결코 헛되이 지나가기를 원하지 않을 것이다. (…) 위기는 오히려 우리가 이전에 하지 않았던 일을 하게 하는 기회가 될 것이다."[30] 이매뉴얼의 새로운 최고 기술책임자인 존 톨바John Tolva는 간단한 해법을 제시했다. 제설지도를 공개하는 것이었다. 그 결과 폭설 시 제설작업의 진행 상황을 보여주는 게임 형태의 제설 추적 지도인 '시카고 셔블스Chicago Shovels'가 탄생했다. 톨바는 또한 이 지도를 제설작업을 도와줄 시민을 모집하는 수단으로 보고, '스노우 콥스Snow Corps'라는 앱을 개발하여 제설 현장의 자원봉사자들과 눈에 고립된 노인들을 연결시켰다. 톨바의 데이터 중심 개혁은 뉴욕 시의 골드스미스와 크게 다르지 않았다. 다만 시의 근무 인력을 적정 수준으로 맞추기 위해 데이터 마이닝 기반의 조직도와 실적을 이용하는 대신, 시의 운영 데이터를 공개하여 시민들을 직접 움직이게 했을 뿐이다. 그는 기술을 사용하여 시 정부의 비용을 효율적으로 사용하는 자신만의 철학이 있었다.

공공 서비스에 대한 톨바의 시도는 "L"이라고 불리는 도시 고가철도의, 바람이 거세게 불던 플랫폼에서 시작되었다. 톨바는 그 날을 다음과 같이 회상한다. "시장 선거기간 동안, 람은 백 개 이상의 L 정차역을 순회했어. 매섭게 춥던 12월 어느 날 아침, 일찍 나는 L 정차역에 들어섰는데, 거기에는 마침 그와 나 둘 뿐이었지. 나는 그에게 다가가 물어봤어. '오픈 데이터에 대해 어떻게 생각하십니까?' 이매뉴얼은 되물었지. '투명성을 말씀하시는 건가요?'"31

"그의 관심을 끌어내기 위해서라면 제일 아픈 곳을 건드려야만 했어. 그래서 말했지. '아니요, 비용 절감에 대해 말하고 있는 겁니다.'" 사람들이 역 안으로 들어오기 시작했고 그들 주위로 밀려들었지만, 이매뉴얼은 아랑곳하지 않은 채 톨바에게 시선을 고정시켰다. 역으로 몰려드는 예비 유권자들에게 몸을 돌려 인사하기 전, 이매뉴얼은 톨바의 손을 잡으며 말했다. "당신의 이야기를 더 듣고 싶습니다." 5개월 후, 톨바는 시장 당선인의 인수위원회에 합류하라는 초대장을 받았다.

블룸버그가 숫자 애호가라면, 톨바는 데이터 중독자다. 그는 데이터에 집착하였고, 늘 더 많은 데이터를 찾아 다녔다. 시카고의 최고 기술책임자로 임명되기 전 톨바는 IBM에서 13년간 일했다. 그곳에서의 마지막 직책은 지방정부의 데이터기반 의사결정시스템을 홍보하는 '시티포워드 프로젝트City Forward project'의 책임자였다. 그가 감독한 프로젝트 중 하나는 웹 기반의 시티포워드 앱으로, 사람들이 다양한 통계 데이터를 사용해 전 세계 도시를 비교하는 기준을 만드는 것이었다.

2012년 초까지 톨바는 기차 플랫폼에서 시장과 한 약속을 지키기 위해 열심히 일했다. 그는 유엔의 글로벌 펄스Global Pulse와 같이, 문제 지역의 데이터를 철저히 수집하여 독자적 조기경보시스템을 구축하는 데 매달렸다. 나와 통화할 때마다 그는 쉽고 편리하게 빅데이터를 관리하고 분석할 강력 오픈소스 소프트웨어 툴을 줄줄이 늘어놓았고, 무료로 제공 가능한 개발 기술들에 들떠 있었다. 툴 중에는 거대 데이터베이스 관리 도구인 몽고DB와 통계분석언어 R이 포함되어 있었다. 몽고DB는 위치 기반 소셜 네트워크 서비스인 포스퀘어 동아리에서 배워온 것이라고 했다.

도시 빅데이터에 대한 수치 탐색의 초기 결과는 감질나는 수준이었다. 톨바에 따르면 "빅데이터를 분석하는 도구와 기법의 총체를 의미하는 IBM의 전문용어 '심층 분석법Deep analytics'은 투명성이나 성과관리 이상의 것에 관한 것으로, 우리가 인식하지 못한 연관성의 존재에 대해 보여준다." 한 실험에서, 톨바의 팀은 독거노인 지도를 제작하기 위해 거동이 불편한 사람들을 위한 식사배달 서비스인 '바퀴 달린 식사Meals on Wheels'의 일지를 시의 세무기록과 비교하고 대조하였다. 톨바는 말한다. "우리는 폭염과 한파 기간 중, 위급한 상황에 보살핌을 받아야 할 사람들의 목록을 작성할 수 있었지. 이것이 비용 절감의 수단이 될까? 맞아. 뿐만 아니라 생명을 살리는 도구이기도 해."[32] 실제 시카고에서는 겨울철 혹독한 기후로 많은 노인들이 생명을 잃고 있다.

톨바는 또한 보행편의성을 계량적으로 측정하는 '워크스코어 WalkScore'와 같은, 유명 데이터 기반의 온라인 지표들에 영감을 받아, '근린건강지표Neighborhood Health Index'를 개발하고 있었다. 근린건강지표는 대규모 매시업으로서 "우리가 가지고 있는 블록 단위의 지표들과 바람직하지 못한 일이 일어날 개연성을 암시하는 지표들을 모두" 통합하려는 것이었다. 시카고의 이 작업은 어떤 추상적 모델이 아니라 실제 데이터를 고려하는 것이긴 했지만, 섬뜩하게도 1960년대 도시 쇠퇴를 계산해내려 했던 사이버네틱스의 실책과 닮은 데가 있었다. 하지만 톨바가 전적으로 데이터에 혹해 있었던 것은 아니다. 그는 데이터가 문제의 진단도구에 지나지 않는다는 것을 알고 있었다. 진단도구로써의 데이터란 예컨대 "집이 망가질 것이라고 말하는 대신, 망가질 확률이 정상보다 높다고 말해주는 (지수로 신호를 줄 수 있다) 단일 데이터 포인트single data point"[33] 같은 것이다. 이런 데이터는 문제 지역에 사회복지사들을 배정하거나 지역 재활성화 자금을 배분할 때 이용할 수 있다. 톨바의 작업은 관료와 공무원들을 지식노동자로 변화시키려는 골드스미스의 비전과 매우 비슷한 전략이었는데, 다만 이를 노동조합의 와해 없이 한다는 것이었다.

시의 부족한 자원을 배분하기 위한 순위 분류 수단으로서 데이터 중심 관리를 반대하기란 어렵다. 하지만, 데이터 중심의 정부성과 평가방식은 왜곡된 정책을 만들어 낼 수 있다. 미국에서 가장 크고 오래된 데이터 주도 관리 시스템은 뉴욕 시 경찰국의 컴스탯CompStat 프로그램이다. 1994년부터 컴스탯은 전산화된 범죄신고 지도와 주간 점검회의를 결합시켰다. 주간 점검회의는 상관들이 국지적으로 치솟는 비정상적 불법 사태에 대해 일선의 지휘관들을 질타하는 회의였다. 실제로 컴스탯은 뉴욕 경찰국이 지역사회의 질서가 훼손되기 전, 범죄 다발 지역을 중심으로 경찰력을 배치할 수 있도록 해주었다. 1990년대 뉴욕 시의 범죄 발생률은 크게 감소했다. 비록 범죄 발생이 줄어든 것에 대해 십여 년 전 낙태 합법화로 위험에 처했던 십대의 감소나, 마약 관련 범죄 근절 등을 원인으로 설명하는 이론도 있었으나, 컴스탯 프로그램의 범죄 관련 효과는 수년 동안 널리 인정받았다. 그러나 이러한 효과에도 불구하고 최근에는 치안 활동에 대한 컴스탯의 영향력에 대해 비판이 일기 시작했다.[34] 범죄 신고율의 감소세가 꾸준히 유지된 것은 경찰이 범죄를 경미한 유형의 범죄로 재분류하고, 심지어 시민들이 처음부터 신고하지 못 하도록 방해했다는 사실이 밝혀졌기 때문이다.[35] 컴스탯은 데이터가 의사결정을 주도할 때, 데이터를 기록하는 방법에 대한 결정이 왜곡될 수 있음을 보여주었다.

그러나 여전히 데이터 중심 관리는 미래 건설에 있어 재정적으로 거부할 수 없는 효력을 지닌다. 아이러니하게도 이 효력은 볼티모어에서 가장 적나라하게 확인되었다. 볼티모어는 비평가들의 호평을 받은 텔레비전 시리즈인 〈더 와이어The Wire〉의 배경이 된 도시다. 이 시리즈는 컴스탯 스타일의 관리 방식에서 발생하는 파괴적인 부패의 영향을 맹비난했다. 그러나 마틴 오말리Martin O'Malley 시장은 첫 임기 동안 쓰레기 수거나 도로 보수와 같은 시의 공공 서비스 부문에 컴스탯 기법을 적용하여 1억 달러의 예산을 절감했다.[36] 볼티모어의 한 전직 관료는 2007년까지 그의 전 임기 동안 5억 달러를 절약했다.[37] 2만 달러의 설치 비용과 한 해 35만 달러의 운영비가 드는 데이터 기반의 관리 시스템은 그리 나쁘지 않다.[38]

톨바의 비전은 설득력을 갖는 분위기다. 빅데이터가 미래의 도시에 대해 무엇을 의미하는지에 대해 생각해 보라는 나의 요청에, 그는 간결하게 "특정 일화가 아닌, 도시의 상황이 우리에게 말해주는 것에 근거한 거버넌스와 정책수립"[39]이라고 대답했다. 시카고 시 정부를 데이터 주도의 운영조직으로 재창조하는 일을 하는 그의 파트너가 바로 크라임 매퍼crime mapper(사법당국에서 범죄 사건의 패턴을 지도화하고 시각화하는 분석담당관)라는 사실은 놀라운 일이 아니다. 미국에서 처음으로 지방정부의 최고 데이터책임자가 된 브렛 골드스타인Brett Goldstein은 바로 시카고 경찰국에서 왔다. 톨바에 따르면, "골드스타인은 시카고 경찰국에서 엄청난 양의 과거 범죄 데이터를 분석하여 얻은 사건 확률 곡선을 토대로 야간 범죄 전담

반을 재배치했다." 그러나 골드스타인은 새 직책을 맡고선, 단순한 경찰 보고서를 넘어, 범죄를 조장하는 조건들을 파악하는 데 도움이 되는 많은 사회경제적 지표들을 살펴볼 수 있게 되었다.

톨바는 더 큰 데이터와 더 심층적인 분석이라는 잠재력을 완전히 실현하려면 시 정부 내 문화의 변화가 필요할 것으로 본다. 다음은 그가 한 말이다. "만약 당신이 문화 변화를 담당하는 부서를 둔다면 아마도 문화의 문제를 잘못 다루는 것일 테고, 시청 전체로 변화가 확산되지도 않는다. 시장실이 데이터 주도의 의사결정을 대변한다고 해서 성공하지도 못할 것이다."[40] 그러나 빅데이터를 현명하게 이용하기 위해서는 문화 변혁 이상의 것이 필요하다. 빅데이터가 정책 결정에 점점 더 영향을 미치게 됨에 따라, 도시 지도자는 데이터를 평가하는 방법에 있어 보다 정교해져야 한다. 빅데이터는 그들이 오랫동안 신뢰해 온 단순한 통계 수치보다 훨씬 더 미묘한 것들을 보여주기 때문이다. 1960년대 뉴욕 시의 존 린제이 행정부에 대해 연구한 조 플러드Joe Flood에 의하면, 시장들은 흔히 제대로 이해하지 못한 채 새로운 데이터 분석 도구와 방법들을 옹호하고 나선다. "린제이 시장의 연설문을 작성할 때의 일입니다. 시장은 내게 '새로운 예산 과학new budget science'이란 문구를 연설문에 세 번이나 넣도록 했습니다. 그러나 시장은 실제 그 말이 무엇을 의미하는지 몰랐던 게 확실합니다."[41] 예산 담당 보좌관 한 사람이 플러드에게 한 말이다.

모든 정치는 지역적이다

앞에서 살펴본 것처럼 앱 공모전을 후원해 온 대부분의 도시들은 사용자의 욕구를 확인하고자 하는, 계획의 가장 중요한 과정을 빠트렸다. 톨바와 같이 수치 데이터를 다루는 내부 전문가들은 기술을 이용하여 정부

기관들의 효율성을 높이고, 동료들의 요구에 부응한다. 그러나 '메사추세츠 정치의 사자'로 불리는 팁 오닐Tip O'Neill의 유명한 말처럼 "모든 정치는 지역적이다all politics is local politics." * 그의 고향인 보스턴에서는 톰 메니노Tom Menino 시장이 시민들의 일상 문제에 대한 창의적 해법을 강구하는 기술을 이용해 스마트시티 건설에 착수했다. 2010년 그는 새로운 시민기술의 프로토타입을 만들어 낼 태스크 포스, '신도시정비국the Office of New Urban Mechanics'을 빠르게 발족시켰다.

메니노는 시민들을 먼저 내세움으로써 한 발 앞서 갔다. 만일 당신이 새로운 도구로 무엇을 만들어 낼 것인가를 탐구하기보다, 문제를 다루는 일에 더 중점을 맞추고 스마트시티를 건설하려 한다면, 메니노의 20년 재직 기간이 확실히 도움이 될 것이다. 그는 오랜 재직기간 동안 정치적 신경 시스템을 구축했는데, 이 시스템이 지역사회의 관심거리들을 메트로폴리탄 지역에 걸쳐 시청 직원의 블랙베리로 시시각각 퍼올렸다. 그러나 메니노는 담당 구역을 직접 순회했다. 2013년 초 은퇴 계획을 발표할 당시, 「보스턴 글로브」의 여론조사는 당시 널리 알려진 통계를 재확인하였는데, 그 내용은 메니노 시장이 자기 유권자의 반 이상을 개별적으로 만났다는 것이었다.[42] 따라서 그는 새로운 문제를 찾아내기 위해 대량의 데이터베이스를 분석하거나, 앱 공모전을 개최할 필요가 없었다. 그의 업무 목록은 이미 1마일에 달했다. 도시 시스템의 어디에 문제가 있는지를 깊이 알고 있으면, 대대적인 점검 없이도 세밀한 조정을 할 수 있는 것이었다.

신도시정비국이라는 이름은, 보스턴 시청으로 사용 중인 야수파 건축의 흉물스러운 건물 밑 깊숙한 곳에서, 작업복을 입고 기름 투성이의 기어박스를 살펴보는 기술자들의 이미지를 연상시킨다.[43] 이 사무소의 공동 대표인 나이젤 제이콥Nigel Jacob이 말한 것처럼, 신도시정비국의 이름은

---

* 정치가의 성공은 자기 선거구의 이슈들을 이해하고 그 이슈들에 영향을 미치는 능력에 바로 달려있다는 원칙을 압축적으로 표현한 말. 정치가들은 큰 무형의 관념적 이슈보다 자기를 선출하는 현지 사람들의 단순하면서도 통속적이고도 일상적인 관심사에 주의를 기울여야 한다는 것이다.

데이터에 심취했던 메니노 자신의 초기의 삶을 나타낸다. 1980년대 후반, 그는 시의회 의원이었다. 그의 비전은 도시 거주성에 초점을 둔 것이었고, 전적으로 전통적인 삶의 질 지표에 중점을 두었다. 이것은 일선의 구체적 성과에 집중하는 실용적 접근으로, 1994년 「보스턴 글로브」는 그에게 '도시 정비사'라는 별명을 붙여 주었다.[44] 다른 도시 시장의 기술참모들이 앱 공모전을 개최하고, 오픈데이터를 배포하거나, 데이터 분석을 하느라 분주히 움직이는 동안 보스턴 시장은 기술진들이 시민 참여를 위한 도구를 만드는 데 집중하도록 지시했다. 뉴욕 시의 공원 및 레크리에이션과에서 일했던 고위 관료이자, 제이콥과 함께 신도시정비국의 공동대표를 맡았던 크리스 오스굿Chris Osgood은 다음과 같이 설명한다. "기술은 우리 목표의 일부가 아니다. 기술은 단지 사람과 정부를 잘 연결시키기 위한 수단일 뿐이다."

시카고나 뉴욕과 비교하여, 보스턴의 제설 문제에 대한 접근방식을 살펴보자. 다른 도시들이 2012년 1월 제설 지도를 펼치고 있을 때, 신도시정비국은 겨울철 근린지역의 자원봉사자들이 인근 소화전을 자신의 관리 대상으로 해 달라고 요청할 수 있는, 웹 기반의 '어답트-에이-하이드런트 Adopt-A-Hydrant' 앱을 출시했다. 매년 5,000건 이상의 화재에 대응하는 것 외에도, 보스턴 소방서는 폭설 후 13,000개가 넘는 소화전에 쌓인 눈을 치워야 할 책임이 있었다. 다가올 폭설에 대비하여 '어답트-에이-하이드런트' 앱은 자원봉사자들이 '의탁 받은adopted' 소화전 위의 눈을 언제 그리고 어떻게 적절히 치워야 하는지를 문자 메세지와 이메일로 알렸다.[45] 이는 시민들의 노동력과 기존 휴대폰 네트워크를 이용하는, 흥미롭고 간결한 모델이자 저차원의 기술적 접근 방법이었다. 또한, 많은 돈을 쓰지 않고도 폭설에 도시가 무엇인가 조치를 취하고 있다는 것을 보여주었다. 하지만 이것이 실용적이었을까? 1월 출시 이후 6개월 만인 2012년 여름 소화전을 조사한 결과, 나는 겨우 10개 정도의 소화전만이 요청되었음을 알게 되었다. 나는 제이콥에 전화를 걸었다. 제이콥은 지난 겨울에 눈이 적게 와서 이 시스템을 아직 제대로 검증하지 못했다고 해명했다. 그는 "우리는 지구 온난화의 희생자였어… 시스템을 사용할 기회가 도무지 없었어"[46] 라고 혼잣말을 했다. 우리가 살펴본 대부분의 도시들과 비교할 때, 신도시정비국은 지방정부를 변화시키기 위해 기술이 어떻게 사용될 수 있는지에 있어서 근본적으로 다른 철학을 바탕으로 설립되었다. 오스굿에게 주어진 큰 기회는 수십 년간 지속되어 온 시 정부의 내부지향적 사고를 불식시키는 것이었다. 그가 볼 때 시 정부의 내부지향적 사고는 데이터 주도의 관리로 인해 증폭되고 있었고 시민들을 도시운영의 핵심에서 제외시키고 있었다. 오스굿은 "우리는 얼마나 더 빠르게 도로의 구멍을 메울 수 있는지, 얼마다 더 빠르게 공공장소의 낙서를 지울 수 있는지에만 너무 집중해왔다. 때문에 사실상 유권자들을 디자인 과정의 일부로 참여시키지 못한 채, 시 정부 자체 운영을 성급하게 최적화하려 한다" 라고 하면서 컴스탯 같은 프로그램에 내장된 접근방법을 맹렬히 비판했다. 그는 말을 계속했다. "위키피디아가 어떻게 구축되었는지를 생각해 보라. 구글이 누군가가 검색을 할 때마다 더 강력해지는 것을 생각해 보라. 위키피디아와 구글은 사람들이 그 구축과정에 아주 쉽게 개입하도록 해서 사람들 자신의 참여가 성과물의 일부가 되도록 함으로써 시스템의 성과를 강화해 간다.[47]

신도시정비국 팀은 크라우드소싱을 그저 설파하는 데 그치지 않고, 크라우드소싱을 통해 일을 수행했다. 신도시정비국은 자체 예산이 없었는데(제이콥은, 이는 이 기구를 '가볍게' 유지하고, '우리가 어떻게든 지키려 했던 스타트업의 기질'을 보전하기 위함이었다고 말했다), 제이콥과 오스굿, 그리고 다섯 명의 프로그램 운영자들은 도시 내 여러 부서에 흩어져 있으면서 시나 지방 및 국가 재단들의 많은 지원을 받아, 총 30만 달러의 자금으로 네트워크를 구축했다.[48] 이 네트워크는 기술 혁신 인력으로, 또래 도시들에 비해 상당한 규모였고, 신도시정비국 팀은 이를 최대한 활용했다. 제이콥은 다음과 같이 설명했다. "우리는 어떤 일도 우리 스스로가 하려 하지 않아. 대신 이미 우리와 유사한 목적을 가지고 우리와 협력하여 그 목적을 이행할 수 있는 사람들을 찾으려 노력하지." 그들은 세세한 일까지 챙기는 대신 전략적인 일에 머물렀다. "우리는 디자인에 대해 생각하고, 보다 대표적인 정책 현안들에 대해 생각해." 계약 상의 부정을 막기 위해 시행되는 조달 규칙은 신기술의 신속한 획득 능력을 제한한다. 신도시정비국은 많은 시간이 소요되는 입찰 과정을 거치지 않고 사용할 수 있는 금액 한도를 1만 달러로 하는 안을 받아들였는데, 이 한도를 제이콥은 "우리로 하여금 꼭 필요한 것에 대해서만 생각하게끔 하는" 유용한 제약으로 보았다. 이것이 일 처리를 빠르게 해 준다. "아주 적은 돈을 놓고 이야기하고, 몇 달이냐 몇 주냐를 놓고 이야기 하지.[49] 무엇보다 신도시정비국은 그 자체로 실험 실습실인 거야."[50]

보스턴에서는 시민에 대한 집중, 든든한 인적 자원, 프로젝트 범위에 대한 엄격한 통제, 기술 정책 추진 때마다 메니노 시장이 신문의 머리기사를 장식하지 않아도 되는 정치적 현실 등의 모든 요소가 합쳐져서 보스턴만의 확연히 다른, 거의 게릴라식 접근에 의한 스마트시티 건설의 길을 만들었다. 매사추세츠 반란*때의 긴급 소집병들처럼, 신도시정비국 팀은 신중하게 목표물을 고르고, 아주 작은 병력으로 빠르게 타격을 가했다. 이것이 이 팀이 놓치지 않는 점이었다. 제이콥은 일찍부터 앱 공모전의 출연자들이 어떻게 하는지를 알았다. "기본적으로 그들은 그들 자신을 위한 솔루션들을 개발하고 있었어. 이해가 되잖아? 보통 자기 자신의 필요가 개발의 동기가 되니까." 보스턴은 그 길을 따르지 않기로 결정했다. 오스굿이 본 바와 같이, 유권자에 대한 책임을 중시한 메니노 시장은 앱에 대해 보다 참여적인 접근방법을 택하도록 지시했다. 오스굿은 다음과 같이 말

---

* 1786년과 1787년에 매사추세츠에서 경제적 및 시민적 권리의 불공평에 맞서 일어난 무장 봉기를 말한다. 미국독립전쟁 참전 군인 대니얼 셰이즈(Daniel Shays)가 주도했기 때문에 셰이즈의 반란으로 알려져 있다.

한다. "시장 때문에 우리는 주민들이 안고 있는 문제들에 대해 이해하는 것과, 이 특별한 문제들을 어떻게 해결해야 할지에 대한 책임을 통감하고 있다." 신도시정비국이 만든 앱들은 보스턴 주민들, 그리고 "흥미롭고 창의적인 시험," 이 양쪽 모두에 유용한 것이어야 한다. 그렇게 만들어지는 앱은 아마도 수는 적겠지만, "지속 가능하며, 진화 가능한, 그리고 더 큰 반향을 불러일으키는 앱"이 될 것이다.[51]

기술을 변화의 촉매로 보는 다른 도시와는 달리, 메니노 시장은 기술을 부차적인 것으로 취급했다. 보스턴의 전략은 메니노 시장의 장기간 재임과 거버넌스 스타일이 만들어 낸 독특한 창작물이지만, 보스턴 외의 지역에서도 가장 보편적으로 실행 가능한, 시민을 위한 기술civic technology의 모델이 될 만한 것이었다. 보스턴의 전략은 스마트시티가 소프트웨어 기술자보다 정치학자에 의해 설계되는 것처럼 보이게 하는 최초의 접근방법이었다. 이 전략은 다른 사람들이 기술의 편익을 과장하는 지점에 더욱 교묘하고 신중히 접근한다. 제이콥의 평가는 시 정부와 시민, 그리고 혁신 간의 관계를 다루는 신도시정비국 팀의 조심스런 접근에 대해 말해주고 있다. "일반적으로 도시는 시민들이 무엇을 필요로 하는지에 대해, 그리고 사회 문제를 다룰 때 기술이 어떤 방식으로 사용될 수 있는지에 대한 이해가 극히 빈약하다고 생각해."[52]

스마트한 정치로 기술 혁신을 이끄는 보스턴의 접근 방식은 다른 도시 시장들의 관심을 끌었다. 나중에 제이콥은 내게, 2012년 8월 몇몇 미국 도시에서 자기와 같은 일을 하는 동급자들에게 신도시정비국의 성공을 어떻게 재현할 것인가에 대한 자문을 맡게 되었다고 말했다. 필라델피아는 맨 처음으로 자문을 맡아주도록 제의한 도시인데, "실제로 전화를 해서 '당신들이 하는 일에 대해 우리가 독점 사용권을 가질 수 있을까요?'라고 요청"했다고 자랑스럽게 말했다.[53] 그는 또한 보스턴에서 시작한 프로젝트 일부를 다른 도시로 확산시키는 일을 돕고 있다. 그 중 하나인 커뮤니티 플랜잇Community PlanIt은 에머슨 대학의 시각 및 미디어 아트 교수인 에릭 고든Eric Gordon이 지역주민 모임의 가치를 높이기 위해 설계한 온라인 게임이다. 우리가 이야기를 나누었을 당시 커뮤니티 플랜잇은 보스턴의 두 개 교외지역뿐만 아니라 디트로이트에서도 성공적으로 출시되었다.

보스턴 사례는 여러 도시에 바이러스처럼 퍼져 나가게 되었지만, 신도시정비국 또한 본거지 보스턴에서 리더십의 변화에도 살아남을 수 있을까? 메니노 시장은 2013년 시장선거를 마지막으로 기록적인 5선 임기를 마치고 퇴임했다. 제이콥과 오스굿은 다른 도시에선 얻기 힘들었던 시민들의 믿음을 자신들의 접근법을 통해 힘들게 얻어냈다고 생각했다. 제이콥이 본 바와 같이 "혁신의 초점을 업무의 절차와 개선에 두었던 일부 도시들은 … 분명히 문제가 있었다. 시간 배분을 줄이는 것은 쉬운 일이지만, 유권자들에게 출시된 프로그램, 특히 성공적인 프로그램이나 시민들이 참여하고 있는 프로그램에 반대 의견을 말하는 것은 매우 어렵다." 오스굿에게 있어 참여란 어떤 혁신보다도 정말 중요한 문제였다. 그는 이렇게 말한다. "시민 참여의 새 모델을 개선하는 일이나, 선거구민들의 삶에 가치를 더하는 일에 비해, 새 기술의 참신함은 이에 한참 못 미치는 2순위가 되어야 한다."[54]

제이콥이 보기에 기술 변화의 문은 시청이 주도하여 열었으나, 대부분의 변화는 시청 밖에서 일어났다. 제이콥은 다음과 같이 말한다. "나는 지금은 정부가 독점적으로 수행하고 있는 일들을 나중에는 시민들이 직접 해낼 것이고, 그에 따라 필요한 권한과 역량을 가지게 될 것이라고 생각해. 우리는 지금까지 해 오던 많은 역할들을 다시 생각해야 할 거야… 사람들은 정부나 스타트업이 보다 나은 삶을 만들어주기를 기다릴 것이 아니라, 그러한 삶을 스스로 만들어 갈 수 있어야 해."[55]

스마트에 모든 것을 걸다

지금까지 스마트시티 건설을 위해 미국이 해 온 시도들은 좀처럼 종잡을 수가 없었다. 그에 반해 급격한 경기 침체를 겪던 스페인의 사라고사Zaragoza 시는 스마트 기술로 물리적 경관, 경제, 그리고 정부를 완전히 재창조하고 있다.

"저기 안테나가 있네요." 다니엘 사라사Daniel Sarasa가 가리키며 말했다. 사라고사 중앙 광장인 플라사 델 필라르Plaza del Pilar 광장의 끝에는 스페인 출신 화가인 프란시스코 고야의 흉상이 있다. 그리고 그 건너편 가로등에 하얀 플라스틱으로 된 안테나가 미세한 꽃눈처럼 튀어나와 있었다. 그는 희미하게 보이는 이베리안의 소박한 석조건물, 바실리카 대성당이 드리운 겨울의 긴 그림자를 벗어나며 말했다. "이 광장이 온통 텐트로 가득 찼었죠."[56]

미국의 도시들은 2011년 가을, 월가 점령을 외치는 '99%'의 시위대에 직면했는데, 스페인에서는 이보다 수개월 앞서 시위가 일어났다. 사라고사는 스페인의 5대 대도시이며, 이 사라고사의 필라르 광장은 '15-M'(5월 15일 시위가 시작된 날) 운동의 진원지다. 시위가 절정에 이르렀을 때는 수만 명의 시민들이 광장에 모여 정부의 긴축정책에 반대하는 시위를 벌였다. 정부는 국가 채무를 안정시키고 국제채권시장의 환심을 사기 위해 긴축정책을 시행하고 있던 때였다.

미국의 시위대 진영이 무선 네트워크를 통해 온라인으로 조직되었다면, 사라고사에서는 시위가 막 확대되는 때에, 수년간 설치되고 있던 새로운 공공 와이파이가 가동을 시작하고 있었다. 사라고사 시장의 핵심 디지털 전략가 중 한 사람인 사라사는 1년 전 여론조사를 통해 시민들로부터 와이파이 안테나의 설치 장소를 제안 받았다. 플라사 델 필라르에서 본 안테나는 앞서 올해 봄 도시 전역에 설치된 일군의 안테나 중 하나였다. 5

월 15일이 다가왔을 때, 와이파이 네트워크는 마지막 베타 테스트를 거치는 중이었으며, 아직 정식으로 개통된 것은 아니었다. 하지만 시위대들은 와이파이 서비스가 있다는 것을 알고, 무리 지어 로그인했고, 전송 속도는 매우 느려졌다. 곧 시가 공공 와이파이를 폐쇄했다는 음모론이 트위터를 휩쓸었다. 사라사는 깜짝 놀랐다. "나는 그들에게 인근의 다른 핫스팟을 알려주고, 그곳에 가서 접속하라고 트윗 했습니다." 미국의 도시들은 경찰이 흔히 폭동 진압 장비를 갖추고 시위자들을 대응했다. 하지만 사라고사에서는 그렇게 하지 않고 시의 기관들이 소셜 네트워크를 이용해서 여기저기 무선 핫스팟이 산재한 전역에서 디지털 수단을 통해 평화롭게 반대의견을 표명하도록 이끌었다.

사라고사에 와이파이 네트워크가 완벽하게 구축되면, 200개 이상의 핫스팟이 디지털 마일Digital Mile, 스페인어로는 미야르 디히딸Millar Digital이라는 별칭이 붙은 채 구역을 뒤덮게 된다. 디지털 마일은 도시 중심의 필라르 광장에서 시작하여, 오랫동안 주목 받지 못했던 에브로 강Ebro River의 강변지역을 지나 2008년 세계 엑스포가 열린 곳까지 이어진다. 이 경로는 도시의 역사를 압축적으로 보여주는 역사 탐방 지역이기도 하다. 한쪽 끝은 필라르 성모 대성당Nuestra Señora del Pilar으로, 1681년 건설이 시작되어 20세기 중반에 와서야 완성된 성당의 타워가 자리하고 있다. 이 시기는 스페인이 세계 제국의 위치에서 전쟁으로 인해 피폐해지고 쇠퇴하던 때와 같은 시기였다. 이 지역의 또 다른 끝에는 2008년 도시 미래의 재구상을 위한 장소로 잠시 사용되었던 엑스포 단지가 있다.

사라사의 설명에 의하면, 디지털 마일은 사라고사를 '오픈소스 도시open-source city'로 만들기 위한 광범한 노력 중 가장 중요한 사업이었다. 그는 "우리는 뭔가 새로운 안을 찾아내야만 했다"고 디지털 마일을 설치하게 된 이유를 설명했다. 사라고사는 정치적, 경제적 수도인 마드리드와, 해변 문화 도시로 재부상하는 바르셀로나를 잇는 도로 상의 전략적 보루를 차지하고 있으면서도, 두 도시의 그늘에 가려져 있었다. "우리가 처음 일을 시작했을 때, 우리는 이곳이 마드리드가 아니라는 것을 알았죠. 여기에는 해변도 없습니다. 우디 앨런Woody Allen이 이곳에 영화를 찍으러 오지는 않을 테고 말이죠." 사라사가 우디 앨런 감독이 2008년 바르셀로나에서 촬영한 히트작 〈내 남자의 아내도 좋아〉를 언급하며 말했다. 사라고사가 지방의 허브도시 이상의 도시가 되기 위해서는 무언가 급진적 변화가 필요했다. 시가 MIT의 도시설계 교수들과 일하게 되면서, 디지털 마일 계획이 빠르게 구체화되었다. 도시와 디지털 기술에 대한 몇 권의 책을 쓴 미디어랩의 윌리엄 미첼William Mitchell과 MIT 도시설계 프로그램 학장인 데니스 프렌치맨Dennis Frenchman이 함께 팀을 이루었다. 프렌치맨은 이전에 한국, 영국, 아부다비에서 공공 공간의 활력 증진을 위해 새로운 디지털 기술들을 영리하게 적용한 스마트 스트리트smart street를 디자인한 적이 있었다. 예를 들면, 프렌치맨은 송도의 선행 모델인 서울의 디지털미디어시티에서 일련의 다층 스크린을 디자인했는데, 스크린들은 단지의 주된 보행자 전용 도로인 '미디어 스트리트media street'를 따라 끊김 없이 일렬로 펼쳐지게 되어 있었다. 이는 타임스퀘어의 눈부신 표지판들과 유사하지만, 어지럽게 뒤섞여 있는 광고 대신 전체 시스템이 예술 및 공예품, 축하 이미지 또는 비상 시 대피지시를 보여주는 단일 스크린처럼 작동했다.[57] 프렌치맨은 사라고사에 일련의 새로운 건축물들과 디지털, 그리고 물리적 도시의 연결을 엮는 공공 기술 전시회를 제안했다.

그날 이른 아침, 나는 사라사의 동료인 후안 프라다스Juan Pradas와 함께 문자 그대로 사라고사를 지도에 다시 등장하게 만든 디지털 마일 중심부에서 사라고사 투어를 시작했다. 대부분의 공항터미널보다도 더 큰, 거대한 새 철도역에는 날렵한 새 초고속열차들이 바르셀로나와 마드리드로 승객들을 태워 가기 위해 미끄러져 들어와 멈춰섰다. 열차는 이 역에서 바르셀로나와 마드리드, 어느 도시로도 두 시간이 채 걸리지 않는다.

이 역은 미니어처 빌딩 붐을 일으켰다. 철거가 안 되는 20세기 중반의 환상 교차로를 넘어가는, 프렌치맨이 설계한 우아한 횡단보도교를 지나면, 하얀 우윳빛 유리를 입힌 매끈한 세 동의 신축 건물에 이른다. 그중 2개의 큰 건물에는 예술 및 기술 센터the Center for Art and Technology(프라다스의 은어로는 캣CAT)가 입주할 예정이다. 케임브리지에 있는 미디어랩의 새 건물을 빼 닮은 이 건물은 작년 초 타계한 미첼의 마지막 원대한 꿈이었다. 외형만 닮은 것이 아니다. CAT 또한 예술가, 최신 과학기술 전문가 그리고 시민들이 스마트 기술로 사라고사를 개조할 가능성을 모색하는 장소가 되도록 되어 있다. 사라고사 시의 또 다른 고문인 MIT의 마이클 조로프Michael Joroff가 내게 말한 바와 같이, CAT은 단지 '싱크탱크think tank'가 아닌 '생각하고 행하는 탱크think-do tank'가 될 것이었다. CAT이 상향식 혁신의 원천이자, 시민 활동을 위한 오픈소스의 장이 되리라는 희망이었다. 세 건물 중 가장 작은 건물은 비즈니스 인큐베이터로 이미 개관했다. 그 안을 살짝 들여다보니 윙윙거리는 에스프레소 기계, 전자음악의 비트, 그리고 가볍게 키보드를 두드리는 손가락과 같은 디지털 디자이닝의 기분 좋은 웅성거림이 가득한 분위기다.

디지털 마일의 구역을 한정한 것은 물이었다. 물은 건조한 이 지역의 귀한 자원으로, 2008 엑스포의 테마였다. CAT을 떠나 우리는 MIT의 카를로 라티Carlo Ratti 교수가 설계한 디지털 워터 파빌리언Digital Water Pavilion을 비롯한 이곳 저곳 기술이 구현된 일련의 공공 공간들을 탐색했다. 디지털 워터 파빌리언은 사람들이 스마트 시스템과 소통하도록 돕는 동시에, 시스템의 프로그램을 작성하도록 고무한다. 이 파빌리언은 잉크젯 프린터처럼 작동하는데, 긴 두 줄의 살수기들이 뿜어낸 물이 지붕 덮개 위에서 아래로 흐르며 물의 장막을 만든다. 용기를 내어 뛰어들면 센서가 사람의 움직임을 파악하여 마법처럼 물의 흐름을 끊어 사람 크기만큼의 공간을 터준다. 사람이 지나간 뒤에는 다시 물의 벽이 닫힌다.

그러나 더 중요한 것은 이 파빌리온이 오픈소스 도시에 대한 생각을 프로그램의 여러 측면과 함께 문자 그대로 해석했다는 점이다. 아마추어 해커들은 제어장치에 텍스트 메시지를 보내, 물의 분사기를 조종하여 떨어지는 물방울의 패턴으로 메시지를 나타낼 수 있다. 약간의 휴대폰 조작을 통해 개인이 사라고사의 거리 풍경을 프로그래밍하게 되는 것이다. 전문가들에게는 분수에 새로운 동작을 추가하는 앱을 코딩할 수 있는 API가 있다.

더 많은 디지털 분수들이 계획되어 있다. 사라사는 인근 주거지역을 위한 공공수영장, 디지털 다이아몬드Digital Diamond 계획에 대해 설명했다. 그는 이 수영장이 인근의 서버팜server farm에서 나오는 폐열을 이용하여 사막지역인 사라고사의 차가운 밤을 따뜻하게 데울 것으로 기대한다. 강 건너편의 빈 엑스포 단지는, 그런 장소들이 늘 그렇듯, 시가 시설을 어떻게 재사용할 지를 궁리하는 동안 이러지도 저러지도 못한 채 그대로 방치 되어있다.

CAT을 지나 되돌아가면, 디지털 마일은 기존 도시를 구불구불 통과하며 플라자 델 필라를 향해 흐른다. 우리는 라 알모사라La Almozara 쪽으로 넘어가는데, 이곳은 과거에 화학공장이 있던 자리로 현재는 고층 건물 단지가 들어서 루마니아 이주민 노동자들이 커뮤니티를 이루고 있다. 알모사라 지구의 중심에서는 와이파이 핫스팟을 더 많이 보게 되는데, 근린지역의 커뮤니티 센터Centro Civico 주변에 많이 몰려 있다. 커뮤니티 센터는 스페인의 포스트−프랑코 사회주의 르네상스의 실용주의 유물인 저층의 상자형 벽돌 건물인데, 10층짜리 아파트 건물들로 둘러싸인 작은 광장에 서 있다. 사라고사는 21세기를 대비해 이러한 커뮤니티 센터들을 업그레이드하고 있다. 와이파이 프로젝트의 한 가지 부작용은 도시 전역의 17개 커뮤니티 센터 모두를 광섬유 선으로 연결하는 구실을 제공했다는 점이다. 틀림없이 옛 좌익 수비대원이었을 안내데스크의 나이든 수위는 돌아서서 캐비넷을 열고는, 반짝거리는 시스코의 라우터들을 드러내 보인다.

시의 새 정책으로 인해 발급된 보잘 것 없어 보이는 '시민카드'가, 사라고사에 설치된 가장 빠른 와이파이, 가장 큰 새 기술센터, 그리고 디지털 마일 그 자체 이상으로 사라고사를 변화시키고 있다. 이 시민카드는 거주자들만 발급 받을 수 있다. 당국에 등록되지 않은, 타 도시에서 온 사람들은 발급 받을 수 없다. 그러나 규칙은 스마트시티에서도 슬쩍 어길 수 있을 것 아닌가. 프라다스는 공유자전거 설치대에 시민증을 찍고 내가 탈 자전거를 하나 빼 주었다. 내가 몇 유로를 꺼내 들자, 그가 으쓱하면서 미소 짓는다. "괜찮아요. 제 딸아이 카드예요."

안면 인식과 예측 모델링의 세계에서 이 시민카드는 굉장히 단순한 혁신이지만, 사라고사의 도시 기능을 온라인과 현실 세계 모두에서 작동시키는 열쇠다. 공유자전거를 빌린 같은 카드로 와이파이를 사용할 수 있고, 도서관에서 책을 빌릴 수 있으며, 집으로 가는 버스요금을 지불할 수 있다. 상점과 카페는 카드 소지자에게 할인을 해 주는데, 이것이 프로그램을 크게 성공하도록 만들었다. 첫 해에 750,000명의 시 주민들 중 20% 이상이 프로그램에 가입했다. 사라사가 말한다. "모든 것이 참여에 관한 것이…." 프라다스가 사라사의 말을 끊고, 확신에 차서 선언한다. "이 카드가 도시에 대한 소속감을 갖게 해 주는 거죠."

시민카드는 도시가 작동하는 방식의 근본적인 변화를 기약한다. 일종의 게임과 같은 빈번한 사용자 프로그램frequent-user program이 계획되고 있는데, 이 프로그램은 버스 시스템과 와이파이 네트워크의 다량 사용자들heavy users에게 보상으로 '디지털 마일리지'를 제공한다. 사라사는 "시민카드는 사람들의 활동에 대한 엄청난 데이터를 만들어 내고, 이 데이터는 계획을 위한 강력한 도구가 된다"는 점을 지적한다. 도시 관리자들은 카드 사용 패턴을 통해 사람들이 어떤 방식으로 공공 서비스를 이용하는지 상세하게 알 수 있게 되고, 그에 따라 공공 서비스를 보다 전체론적인 관점에서 경영할 수 있게 된다. 글로벌 펄스가 개인 정보를 익명으로 처리하기 위해 모호하게 왜곡했던 것과는 달리, 사라사는 도시를 도시적 감지urban sensing의 세계에서 최적의 신원보증인referee으로 본다. "빅브라더Big Brother의 측면이 있다는 것은 우리도 알지요. 그러나 우리는 도시가 시민 프라이버시의 아주 좋은 지킴이가 될 수 있다고 생각합니다." 개인에 대한 식별이 가능한 데이터의 온라인 확산을 둘러싼 논쟁은 계속되고 있다. 그러나 이 문제를 다룰 좋은 아이디어가 거의 전무한 상황에서, 지방정부들이 개인의 데이터 관리인이 된다는 아이디어는 내게 흥미롭게 느껴진다. 그것은 과연 정부의 권력 장악일까, 아니면 고무된 리더십일까? 나는 후자 쪽으로 생각이 기운다. 하지만 미국 도시들이 이 역할을 맡으려 나선다고 생각한다면, 안타깝게도 그에 따를 막대한 책임을 감안할 때, 상당한 위험이 따를 것이란 생각이 든다.

사라고사는 떠오르는 스마트시티의 세계에서 누구도 따르지 못하는 도시다. 사라고사의 물리적 변화는 대담하지만 신중히 계산된 것이다. 시는 장차 스마트시티의 혁신과 경제 성장을 가능케 할 세계적 수준의 시설들을 건설하고 있지만, 커뮤니티 센터와 공공 공간들을 업그레이드 하면서 균형을 맞추고 있다. 시민카드는 시민권의 본질을 변화시킬 엄청난 잠재력을 가지고 있다. 그러나 카드 하나만으로는 문제의 해결책이 될 수 없다. 사라사는, 하지만 카드들이 함께 사용될 때 '혁신의 플랫폼'이 될 수 있다고 말한다. 혁신 플랫폼은 빈 땅에 높이 지어진 기업 도시, 아이폰을 들고 다니는 소위 힙스터들의 거주지도 아니고, 선거철 표제뉴스로 띄울 만한 컴퍼니 타운도 아니다. 이 혁신 플랫폼은 현실적 문제를 놓고, 즉시 사용할 만한 가장 유망한 도구들에 대해 장기적으로 생각하고 투자하는 현실의 도시이다.

그러나 이러한 모든 성공 가능성에도 불구하고, 사라고사 앞에는 험난한 길이 놓여있다. 디지털 마일이 조성된 지 5년이 지나면서 스페인의 경제 위기는 더욱 악화되었다. 엄청나게 파괴적이었던 1930년대의 내전 이래 그 어느 때보다 전망이 더 어두운 상황이다. 전체 실업률은 25%를 웃돈다. 2011년 직업통계에서 디지털 마일의 미래 관리자가 될 25세 이하의 실업률은 50%를 넘어서, 2011년을 분노의 해로 만든 원인이 되었다.

스페인의 경제적 어려움은 CAT을 사라고사의 시민과 기업 지도층이 결집하는 장소로 만들었다. 프라다스가 내게 설명한 바와 같이, 위기 이전에는 지역 기업들이 이 프로젝트에 거의 관심을 두지 않았다. 그러나 2012년 여름, 개관이 다가오자 그의 휴대폰은 지원을 제의하는 전화로 쉴 새 없이 울렸다고 한다. 하지만 젊은 층의 지지를 구축하는 것은 훨씬 더 어려운 일일 것이다. 일례로 과거, 오픈소스 해커 그룹과 무료 무선 인터넷 협동조합이 시와 협력관계를 구축한 적이 있었다. 이 지역에서 생산한 스카프의 '카치룰로 밸리Cachirulo Vally'라는 쾌활한 이름을 딴 디지털 워터 파빌리온의 지하에 만들어진 컨퍼런스 룸에서 모임을 가진다. 하지만, '15-M'시위로 결성된 새 운동 집단은 정부와 상대하는 것을 거부했다. 프라다스는 독립된 재단에 의해 운영될 CAT이 다양한 이해 당사자들을 한데 모을 수 있는 중립지대가 될 것이라고 본다.

스마트에 거는 이 도박의 위험은 최고조에 달했다. CAT은 2009년 정부의 마지막 대규모 경기부양 자금으로 지어졌고, 또 전국적으로 좌파가 패배한 가운데 간신히 살아남은 후안 알베르토 베요치Juan Alberto Belloch 시장의 취임에 뒤이어 개관을 했기 때문에 이 센터에 대한 사라고사의 모험적 투자의 결과는 아직 불확실하다. 그러나 사라고사는 시민 지도자들이 전체 커뮤니티의 염원을 반영한 큰 비전을 만들어 내고, 그 비전을 실현할 자원들을 동원할 때, 얼마나 다른 스마트시티가 출현할 수 있는지를 보여준 고무적 사례다. 풀뿌리 주도의 스마트시티는 소셜 테크놀로지의 가능성을 찾고, 기업형 스마트시티는 효율성의 성배를 추구한다. 그러나 사라고사에서는 오늘날 대부분의 현실 도시와 마찬가지로 시민 참여와 경제 발전이 역시 시급한 과제다.

사라사는 우선순위를 분명히 한다. "우리는 일자리를 만드는 기계를 만들고 있어요. 이 기계는 이 도시를 위한 일자리를 만들어 내야만 합니다."

스마트시티를 위한 리더십

2011년이 끝나갈 무렵, IBM은 리우데자네이루를 위해 성대한 파티를 열었다. 샘 팔미사노 IBM 회장은 스마터시티 포럼the Smarter Cities Forum 강단에서 질문을 던졌다. "다른 지도자들이 무엇을 할지 모르고 있는 듯한 사이, 시장들은 일을 진행시키고 있습니다. 어떻게 된 걸까요?" 팔미사노는 스마트시티를 기반으로 회사를 수십 년간 지속될 성장 궤도에 올려 놓고 이제 곧 은퇴를 앞두고 있었다. 에두아르도 파에스 리우 시장은 팔미사노의 평가를 기꺼워하며, 머릿속으로 '빅 블루'라 불리는 IBM을 불러들여 도시 운영센터를 건립하기로 한 자신의 결정이 가져올 정치적 이득을 계산했다. 팔미사노는 "거리를 청소하는 데는 민주당식이니 공화당식이니 하는 것이 없다"라는, 피오렐로 라과르디아Fiorello La Guardia 뉴욕 시장의 잘 알려진 말을 상기시키며 자신의 주장에 대한 근거를 댔다. 그는 다음과 같이 이야기를 끝맺었다. "시장들은 일을 진행합니다. 스마터시티 포럼의 리더들은 장기적 관점에서 생각하고 일을 처리합니다."[58] 최소한 다음 선거를 위해서.

시 정부는 오늘날 가장 실용적이고 효과적인 정부 계층이다. 싱가포르 정부의 대외정책 자문관으로 일하는 파르그 카나Parg Khanna와 데이비드 스킬링David Skilling 두 사람은 그들의 글 〈작은 장소로부터의 거대한 생각들〉에서 주장한 바와 같이, 국가 차원의 정체기에서 "전 세계의 시와 도가 글로벌 정책 이슈에 더욱 중요한 선도적 역할을 떠맡고 있다"고 이야기한다.[59] 도시는 규모가 더 커질 때조차 사람들로 하여금 협력하도록 만드는 공동 운명체 의식을 견지한다. 우리는 이 장 전반에 걸쳐 이러한 실용적인 관점이 도시에 작용되고 있음을 보았다. 평범한 시장이 유리창 너머로 자신이 운영하는 도시를 내다볼 때 눈에 보이는 것들을 생각해 보자. 믿음직한 대중교통, 안전한 거리, 양질의 보건과 교육과 같은 생색나지 않는 이런 사안들은 지자체 예산의 대부분을 차지하면서 잘못 운영되었을 때는 시민들의 분노를 불러온다. 시장들이 이에 대한 해결책을 간절히 구함에 따라, 새로운 기술들은 엄청난 매력을 갖게 된다.

IBM과 같은 회사들은 비즈니스용으로 구축한 솔루션들이 시 정부들의 문제를 풀 수 있다고 생각한다. 하지만 도시는 회사가 아니다. 거대 기술기업들은 기술에 대해 시장들을 교육시키는 데 5년을 소비했으나, 그들 자신은 도시가 어떻게 작동되는 지에 대한 이해가 아직 부족하다. 보스턴의 나이젤 제이콥은 다음과 같이 설명한다. 기술산업에서 "우리가 본 것은 실책뿐이었어. 기술기업들은 도시를 대략 하나의 기업체로 보려 하기 때문에, 무엇이 무엇을 견인하는지에 대한 수많은 가정들을 만들어 내지. 그러나 그들은 우리가 실제로 도시를 운영하는 방식의 엄청난 차원들을 자주 간과하곤 해."[60] 팔미사노 자신은 전 세계 많은 시장들이 비 이데올로기적인 기술 관료들임을 수긍할 수 있을 것이다. 하지만, 그의 직원들이나 고객들은 매일 도시 정치의 현실에 직면할 것이다.

공공문제에 대한 스마트솔루션을 설계하는 풀뿌리 방법에도 분명히 한계가 있다. IBM의 엔지니어들이 요청 받아 이뤄내는 따분하고, 지저분하고, 위험한 작업을 하려고 하는 시민해커는 거의 없다. 그들이 가진 무한한 창의성에도 불구하고, 앱 공모전은 여전히 광범위한 대중을 위한, 지속 가능한 가치를 갖는 결과를 생산하지 못하고 있다. 프랑스의 선도적 인터넷 활동가 다니엘 카플란Daniel Kaplan이 이 상황을 가장 잘 표현했다.

그는 앱 공모전의 결과를 "기껏 해야 일반 시민들에게는 일회적으로 유익할 뿐인 개념증명*(또는 공모 참가자들의 프로그램 능력 증명)"[61]이라고 일컬었다. 웹과 소셜 미디어를 통해 시민 참여를 활성화하기 위한 노력은 분명 힘든 일이다.

양쪽의 기술광들이 이런 도전적 과제들을 받아들이지 않는다면 누가 미래의 스마트시티를 설계할까? 결국 시장들과 그의 팀들이 해야 할 것이다. 그들은 한편으로는 대기업으로부터 기술을 사들이고 다른 한편으로는 같은 과제를 해결하려는 풀뿌리 노력을 지원하는 식으로, 안전한 양면 작전을 펼칠 것이다. 이 작전이 먹히지 않으면, 시 정부 자체의 솔루션을 구축하게 될 수밖에 없다. 시장들은 제한된 자원으로 일을 성취하기 위해 무슨 수라도 쓸 것이다.

하지만 스마트시티 계획에 시민 리더십을 위한 새로운 모델들이 생겨나면서, 많은 공개적인 질문들이 제기된다. 시는 산업과 풀뿌리 양쪽 모두에게 혁신의 기회가 있다는 것을 어떻게 확신시킬 것인가? 시는 책임을 떠넘기고자 하는 유혹에 굴하지 않고, 시민들이 새로운 공공 서비스를 창출하고 제공할 수 있도록 권한과 역량을 부여할 것인가? 또 공익을 위한 도시 데이터를 수집하고 취합하면서 그 데이터들이 악용되지 않도록 어떤 안전장치를 마련할 것인가? 이러한 이슈들 중 어떤 것도 바로 해결되지는 않을 것이고, 계속해서 발생할 것이다. 그러나 한 가지 분명한 것은, 이 이슈들은 아무도 다루려 하지 않은 것이기 때문에, 반드시 시의 리더들의 책상에 놓이게 될 것이라는 사실이다.

---

* 개념 증명은 기존 시장에 없었던 신기술을 도입하기 전에 이를 검증하기 위해 사용하는 것을 뜻한다.

smart cities

8장

시민실험실의 세상

피터 허쉬버그는 그의 노트북 컴퓨터를 빙그르르 돌려놓는다. 화면에는 검은 바탕 위 희고 굵은 글씨로 '오큐에이피아이OccuAPI'라는 글자가 쓰여져 있다. 그는 자기가 써 놓고도, "무얼 의미하는지는 나도 몰라. 하지만 마음에 들어" 라며 낄낄 웃는다.[1] 2011년 11월의 일이었다. 남쪽으로 열 블록 정도 떨어진 주코티 공원Zuccotti Park에서는 '월가를 점령하라 Occupy Wall Street'는 격렬한 시위가 절정에 이르고 있었다. 도시는 날마다 "99%"라는 구호를 외치는 시민들과, 진압장비를 착용한 채 맨하튼 전역을 순찰하는 호송경찰들의 행진으로 신경이 곤두서 있었다. 경찰 측 헬리콥터들은 성난 말벌 마냥 그들의 머리 위를 맴돌았다. 허쉬버그의 신조어 오큐에이피아이는 오픈 데이터와 앱이 만들어내는 시민—정부 간 쌍방향 기술의 미묘한 변화를 이 월가 운동의 흥분에 빗대어 담아내고자 했다.

미국에서의 청년운동은 비록 청중의 마음속에 자리하기까지 매우 오랜 시간이 걸리긴 했지만, 이제는 더 이상 낯선 일이 아니게 되었다. 이와 유사한 사건이 1967년쯤 일어났는데, 당시 수만 명의 젊은이들이 샌프란시스코의 헤이트 애시베리Haight-Ashbury 구역으로 몰려들었다. '사랑의 여름Summer of Love'으로 알려지게 된, 이 사회 실험의 온상에서 젊은이들은 집, 음식, 마약, 섹스 등 모든 것을 공유했다. 현실 도피와 환각으로 점철되었던 이 경험이 미국 사회에 끼친 엄청난 문화적 충격은 지금도 생생히 느껴질 만큼 샌프란시스코에 긴 그림자를 드리우고 있다. 그곳에서 허쉬버그는 헤이트 애시베리 언덕 바로 아래에, 새로운 창작 활동 공간인 그레이 에리아 예술재단the Gray Area Foundation for the arts을 세우는 일을 추진했다. 이 재단은 물리적으로나 정신적으로 60년대의 대항문화counterculture와 새로운 테크노-유토피아니즘이 서로 만나는 지점에 놓여 있다. 물리적으로도 재단의 위치는 트위터 본사나 버닝맨Burning Man의 본부, 어느 쪽으로도 몇 발짝 정도 떨어져 있을 뿐이다. 버닝맨은 매년 여름 네바다 사막에 한시적 도시를 조성하여 개최되는 급진적 예술제다.

히피들에게서 주로 영감을 얻는 허쉬버그였지만, 정치적인 면에 있어 그는 실용주의자였다. 그는 노트북 컴퓨터를 닫고 이내 장난기를 거뒀다. "자 보세요, 60년대 사람들은 기득권에 반대하며 시위를 했습니다. 그러나 오늘날의 우리는 그저 기득권의 API에 글쓰기를 합니다." 허쉬버그에게 있어 변화를 가속시키는 길은 혁신적 소프트웨어를 정부의 데이터베이스에 직접 연결시키는 것이었다.

샌프란시스코만큼 스마트시티 해커들이 가진 창조적 충동이 시 정부를 개혁하려는 노력과 직접적인 시너지를 이루는 곳은 없다. 이야기는 2010년 11월로 거슬러 올라가는데, 장기 집권하던 개빈 뉴섬Gavin Newsom

318

시장이 캘리포니아 주의 차기 부지사로 선출된 때였다. 후임 시장직을 놓고 십여 명의 후보자들이 나서고 있었고, 지역경제는 다시 한번 스타트업의 주도로 혁신의 부푼 물결을 타고 있었다. 허쉬버그에게 이 상황은 기술이 어떻게 시정 개선의 동력으로 활용될 수 있는지에 대한 공론의 장이었다. 가장 먼저 그는 시장 후보자들과의 워크숍을 소집했다. 그러나 워크숍은 그가 말한 '데이터 열광 신드롬enthusiastic data syndrome'에 압도되어 취지에서 벗어나 버렸다. 허쉬버그는 워크숍에서의 대화를 "디지털 괴짜들과, 비즈니스 이용자 간의 수준 높은 기술적 대화"였다고 말했다.[2] 시장 후보자들은 이를 알아듣지 못했던 것이다.

허쉬버그는 1960년대 국제청년당Youth International Party의 기본 지침서이자 명저인 『이 책을 훔치라Steal This Book』의 저자, 좌익 영웅 애비 호프만Abbie Hoffman을 환기시키며, 그가 이 시장 선거를 어떻게 다루었는지 설명한다. "이번 여름 우리에게 필요한 일은 훔칠만한 가치가 있는 아이디어들을 생각해 내는 것, 그리고 정치 엘리트들로 하여금 이를 혁신의 한 형식으로 생각하게끔 하는 것이지." '사랑의 여름'이 지난 지 40년도 더 된 2011년, 그는 '스마트의 여름Summer of Smart'을 제안했다. 스마트의 여름은 기념비적 시민해커톤civic hackathon으로, 시장 후보자들과 유권자들이 오픈 데이터와 같은 추상적 개념이 아닌, 구체적 수단에 관심을 기울일 수 있도록 계획되었다. 그리고 후보자들로부터 하향식 지략을 구하는 대신, 역으로 해결책들을 제시할 수 있게끔 했다. 이로써 샌프란시스코는 다시 한 번 사회 실험장이 될 참이었다. 그러나 이번에는 LSD가 아닌 정보기술의 놀라움이 사람들의 마음을 열 것이었다.

다음 단계는 일반인들의 참여를 독려하는 것이었다. 허쉬버그는 컴퓨터 기술 전문가, 예술가 및 활동가들을 어떻게 참가시킬지를 알고 있었다. 그레이 에리어 재단은 이미 이런 사람들로 이루어진 훌륭한 커뮤니티를 곁에 두고 있었다. 그러나 여기에 시 정부를 끼워넣을 필요가 있었다.

다른 도시에서 진행되었던 앱 공모전에서는 시 정부가 참가자들과 거리를 두고 관계를 유지해왔다. 시 정부와 시민들 사이에는 데이터 공유 외에 진정한 협력이 없었다. 이를 막기 위해 허쉬버그는 시의 혁신 담당 책임자 제이 내스Jay Nath와 연락을 취했다. 그는 시청에서 장래가 유망한 사람이었는데, 최근 전국 처음으로 자치단체의 오픈 데이터 입법을 관철시킨 일이 있었다. 덕분에 샌프란시스코의 공공기관들은 앱 공모전을 위한 데이터를 시장의 요청에 따라 무계획적으로 내놓지 않고, 법에 의해 안전하고 합법적인 방법으로, 가능한 한 많은 데이터를 시민들과 공유하게 되었다.

그러나 이런 진보적 입법에도 불구하고, 시는 공개되지 않은 엄청난 양의 데이터를 그냥 내버려 두고만 있었다. 내스는 시의 서버에 지난 10년간 쌓인 백만 건 이상의 경찰 보고서를 포함해 수백만 건의 디지털 데이터베이스가 숨겨져 있다고 추정했다. 내스는 가치 있는 서비스를 창출할 만한 사람들이 이 데이터를 손에 쥘 수 있도록 더 많은 방안들을 찾아내기를 원했다. 그는 "도시는 모노폴리 게임이다. 우리는 데이터의 관리 운영자다. 그리고 이 데이터는 공적 영역에 속한다"[3] 라고 말했다.

내스에게 개방은 이미 소기의 성과를 거두고 있었다. 수년 전 시에 부임한 이래 그는 수백만 달러의 예산과 12명의 직원으로 311 시스템을 운영하는 일을 감독해 왔다. 뉴욕에 본거지를 둔 비영리 단체 오픈플랜스 OpenPlans와 함께 그는 2010년 3월, 311 오픈 시스템을 출범시켰다. 처음으로, 누구든지 앱 제작을 통해 소음 민원, 서비스 요청, 도로 웅덩이 신고 등의 데이터를 시의 컴퓨터로 보낼 수 있게 되었다.

허쉬버그가 구상했던 바이기도 하지만, 새 시스템은 시민과 시 정부 간의 양방향 정보 교류를 크게 확대할 만한 잠재력을 지니고 있었다. 2011년 여름, 예산 절감으로 직원이 2명으로 줄었지만 그는 이렇게 말했다. 데이터 접근성을 확대함으로써 "나는 사실 더 많은 일을 해내고 있었다."

'스마트의 여름'은 세 차례의 주말에 걸쳐 열린 일련의 해커톤에서 절정을 이루었다. 허쉬버그는 이 해커톤이 "열광적"이었다고 회상한다. 해커톤은 금요일 오후 5시, 영감을 주는 이야기로 시작하여 매회 각기 다른 도시생활 분야를 다루었다. 첫 해커톤은 커뮤니티 개발과 공공예술을, 두 번째는 지속가능성, 에너지 및 교통을, 세 번째는 공중보건, 음식, 그리고 영양섭취를 각각 주제로 다루었다. 이 여름 동안 500명 가량의 하드웨어 해커, 소프트웨어 개발자, 학생, 예술가, 디자이너, 커뮤니티 활동가들이 만 시간 이상의 자원봉사를 통해 23개의 인터렉티브 프로젝트를 만들어 냈다.[4]

이전에 시가 주도하던 앱 공모전들과 달리 '스마트의 여름'이 성공을 거둔 이유는 문제에 대해 명확히 포커스를 맞춘 점과, 광범위한 이해관계자들이 서로 긴밀히 면대면 팀워크를 이룬 데 있었다. 내스는 교통, 주택, 학교 등 일상 문제의 일선에 있는 시의 관리자들을 모집하여, 시의 당면 과제와 직접 관련된 시민들이 해커들의 작업 방향에 도움을 줄 수 있도록 하였다. 허쉬버그는 느리고 못미덥기로 유명한 샌프란시스코의 뮤니 교통 시스템San Francisco Municipal Railway에 관해 이뤄진 한 토론이 인근 관제 센터 방문으로 이어졌던 일을 회상했다. 현장 방문은 주말 휴가를 포기하고 시의 일을 돕기 위해 모인 디지털 트레인스포터digital trainspotter들을 신나게 만들었다. 그러나 더 중요한 것은 이 방문이 공공부문 관리자들이 매일 직면하는 역량 문제와 제약요소를 여실히 보여주었다는 점이다. 현장 방문의 높은 열기는 그들로 하여금 주의를 집중하게 했고, 서로 협력하도록 만들었다. 허쉬버그는 "파트너들을 협업하게끔 만든 것은 신속한 표본 만들기prototyping였다"고 말한다.[5] 당시 시장 후보자들의 참여는 자원봉사자들의 마음을 감질나게 만들었는데, 그들의 헌신이 시민 생활에 실제적 영향을 줄 것이란 기대를 불어넣었기 때문이었다.

이 스마트의 여름을 통해 몇 가지 주목할 만한 앱들이 출시되었다. '굿 빌딩스GOOD-BUILDINGS'는 웹에서 찾을 수 있는, 보행 환경 요소 지표와 같은 시와 관련된 정보들을 조합하여, 사람들이 지속가능한 건물 내에서 상업 공간을 찾을 수 있도록 안내하는 앱이다. 또 다른 앱인 '마켓 가디언스Market Guardians'는 게임기법의 원리를 이용한다. 가장 적극적인 참가자들에게 가상의 점수와 증표를 주는 것이다. 이 앱은 젊은이들로 하여금 도심 근린지역에서 건강 식품을 파는 상점들을 추적해, 신선한 음식의 구매가 어렵거나 너무 비싼 지역의 지도를 만들도록 유인한다. 선거 3주 전인 10월, 우승팀들은 시장 후보자 포럼에서 각자의 프로젝트들을 발표했다. 내스는 시 정부 동료들에게 "뜻을 같이 하며 서로 소통하는 사람들의 이 모임은 문제를 명확하게 규정하는 길일 뿐 아니라 문제를 해결하는 길이기도 하다"며 이 행사가 제시하는 메시지를 강조했다.[6]

2012년, 그레이 에리어 재단은 시민 해킹 운동을 주도하고 있는 허쉬버그의 후배 제이크 레비타스Jake Levitas와 함께, 스마트 기술 관련 시민참여civic engagement 모델을 정교히 만들어 수출하기 시작했다. 그 일환으로 샌프란시스코와 싱가포르에서 현재 '도시 프로토타이핑Urban Prototyping'이라고 불리는 행사들을 개최했다. 다음 행사가 2013년 초 런던에서 이어졌는데, 세계적으로 10여 차례 더 이어질 가능성이 있었다. '스마트의 여름'이 시민들의 높은 열기와 비기술인들nontechies의 참여를 혁신의 핵심으로 추구했던 것과 달리, 도시 프로토타이핑은 질적인 면과 지속성에 초점을 둠으로써 시민들의 기대를 높였다. 그 과정은 도시의 디지털 및 물리적 요소들을 결합한 프로젝트, 특히 다른 곳에서도 쉽게 복제 가능한, 오픈소스 디자인을 공모하는 것으로 시작됐다. 샌프란시스코에서는 100개 이상의 제안이 접수되었고 그 중 18개가 채택되었다. 채택된 프로젝트는 최대 1,000달러의 자금과 작업공간 및 레비타스 그룹의 기술을 지원받았으며, 시 또한 샌프란시스코의 미드 마켓 지구mid-Market neighborhood 거리에 그들의 시제품들이 설치될 수 있도록 지원했다. 이 팀들은 스마트의 여름을 되새기며, 자신들의 디자인을 실현하기 위해 주말마다 '메이커톤makeathon'에 모였다.[7]

스마트의 여름은 괴짜들의 비주류 운동을 시민적 논의의 중심으로 끌어들인 기발함 그 자체였다. 더 중요한 것은, 정부와 시민이 기술을 사용하여 당면 과제를 위해 함께 일할 수 있는 새 모델을 확립했다는 것이다. 샌프란시스코는 기업들이나 생각하는, 표준화된 기성품 소프트웨어를 단순히 설치하는 일은 이제 하지 않을 것임을 보여주었다. 샌프란시스코는 스스로 생각하는 스마트시티, 그리고 미래를 자유롭게 시험 제작해 볼 수 있는 도시가 될 것이다.

소프트웨어를 만드는 장소들

시민실험실은 스마트 기술을 지역의 특정한 필요에 부단히 부응해나가는 혁신 커뮤니티이다. 샌프란시스코는 이러한 수천 개의 시민실험실civic laboratories 중 하나일 뿐이다. 다국적 기업들이 능숙하게 새로운 혁신 기술을 표준화해 보급하는 세상에서, 이러한 시민실험실의 부상은 이상한 전개로 비춰질 수 있다. 앞의 여러 장에서 본 바와 같이, IBM과 시스코 같은 회사들 역시 도시를 위한 스마트 기술을 통해 시민실험실과 같은 일들을 하고 싶어 한다. MIT의 카를로 래티Carlo Ratti와 나는 이 선구자적 커뮤니티에서 떠오르고 있는 디자인 혁신에 대한 찬양글을 「사이언티픽 아메리칸Scientific American」 2011년 8월 호에 실었다. 이에 대해 IBM은, 같은 저널 뒷표지에 간결한 글로 반박 광고를 실었다. "한 도시의 스마트 솔루션은 다른 어떤 도시에도 작동할 수 있다." 이 말은 마치 도시의 지능을 대량 생산하자는 제안처럼 들렸다.

도시가 아름다운 것은 그 어떤 도시도 정확히 똑같지는 않다는 데 있다. 도시는 각기 독특한 역사, 건축, 정치, 문화 양상을 지닌다. 가장 작은 마을조차도 공동의 정체성과, 같이 일하고 생활하고 놀이하는 방식을 수

년 동안 쌓고 공유한 가족들이 모인 집약체다. 새 커뮤니티들은 이런 방식을 통해 놀라울 정도로 빠르게, 보통 한 세대가 지나기 전에 구별된다. 1950년대 롱 아일랜드의 레비타운Levittown은 획일적으로 대량 건설된 미국 교외의 전형이었다. 요즘은 그곳을 지나갈 때 같은 모양을 한 집을 거의 보기 힘들다. 지난 50년 동안 주택 소유자들이 자신의 집을 무수히 많은 다양한 방식으로 확장하고 생활에 맞추어 개조해 온 탓이다. 우리는 도시에 함께 살면서 도시의 기본적 디자인을 현실의 변화에 맞추어 수정하고, 이웃들과 사회적 유대를 구축한다. 그렇게 해서 도시를 독특한 우리의 것으로 만든다. 이것이 도시 디자인이 과학만큼이나 예술적인 이유다. 도시 디자인은 셀 수 없이 많은 지역적 변수들과 특이성에 민감해야만 한다.

늘 그런 식이지는 않았지만, 오늘날의 기술 디자인은 도시 디자인에 더 가까워지고 있다. 지난 세기, 우리가 사용한 기기들은 고도로 표준화된 물건들이었고, 대규모 산업에 의해 동일 제품들로 생산되었으며, 몇 가지의 기능을 수행하도록 설계되었다. 1990년대 중반까지만 해도, 여러분은 한 해 동안 보통 한 대의 데스크탑과 소수의 소프트웨어 패키지만 사용했을 것이다. 그러나 오늘날 우리는 매일 수천 가지의 소프트웨어들을 실행하는 수십 또는 수백 가지 종류의 기기들과 의식적, 무의식적으로 상호 작용하며 판에 박힌 컴퓨팅을 한다. 랩톱, 아이패드, 스마트폰 등 확실한 기기들뿐 아니라 건물, 응용기기, 자동차, 교통신호 등에 장착된 컴퓨터 또한 이러한 기기 중 하나다. 모바일 기기들은 컴퓨팅을 데스크톱으로부터 해방시켰고 그 변화에 박차를 가했다. 좋은 건축architecture을 위해 건축물의 주변 환경을 신중히 고려하듯이, 이제 디지털 기술도 기술을 둘러싸고 일어나는 일들에 대해 함께 맞물려야 한다.

2004년 소셜미디어 권위자 클레이 셔키Clay Shirky는 장소 기반의 커뮤니티가 만들어 낸 이 같은 기술에 '상황 소프트웨어situated software'라는 이름을 붙였다.[8] 애플이 앱스토어를 출시하기 수년 전, 셔키는 뉴욕대의 ITP

학생들이 오픈소스 코드와 마이크로 제어기만을 사용해 자기들만의 소셜 소프트웨어를 만들고 있음을 알게 됐다. 이 학생들의 접근방식은 당시 성행했던 '웹 스쿨Web School*'과는 정반대되는 것이었다. 웹스쿨은 확장성, 일반성, 완결성이 핵심 가치였다. 상황 소프트웨어는 그와 달리 일반 '사용자' 집단이 아닌, 특정 사회집단의 사용을 목적으로 설계되었다.[9]

사실 상황 소프트웨어는 이제 어떤 스마트폰에서나 볼 수 있는 소프트웨어다. 2009년 애플이 "당신이 필요로 하는 것이 무엇이든, 그에 맞는 앱이 있다There's an app for that"고 광고한 것처럼, 이제 우리는 우리가 일상에서 겪는 거의 모든 상황에 알맞은 소프트웨어를 접할 수 있다. 어떤 앱들은 항시적 용도로만 쓰이고, 어떤 앱들은 특정한 유형의 장소나 특별한 사회적 환경에서 쓰인다. 예를 들면 '아이트랜스iTrans'는 맨해턴으로 들어가는 지하철의 스케줄을 알려주고, '엑시트 스트레티지Exit Strategy'는 어느 칸을 타야 나가려는 출구에 가장 가깝게 내릴 수 있는지를 알려준다. 또 뉴욕은 세계 여러 도시 중 유일하게 지하 모바일 서비스가 되지 않는 도시인데, 이 앱은 맨하튼의 도로 지도를 캐시에 교묘하게 저장해 두고 있어 지하에서도 오프라인으로 찾아볼 수 있게 해준다. 샌프란시스코에서는 '우버Uber'가 한번의 클릭으로 택시를 불러준다. 맨하튼에서는 대부분이 아직 손짓으로 택시를 잡는다. 그러나 급한 경우에는 '캡센스CabSense'에 도움을 청할 수 있는데, 이 앱은 시가 수집한 수백만 개의, 위치가 표시된 택시들이 승객을 태운 기록들을 분석하여 택시를 잡기에 가장 용이한 코너를 찾아준다. 텔아비브에는 하마스hamas가 가자지구에서 쏜 로켓이 날아올 때마다 경보를 울려주는 앱이 있다. MIT 미디어랩의 한 졸업생은 이라크의 수도 바그다드에 살면서 최근의 납치사건 및 현행 몸값을 리스트로 작성해 주는 앱을 설계했다고 한다. 실리콘 밸리에서 나온 애플의 시리는 지금까지 나온 것 중 가장 재미없는 기술일 것이다. 시리의 음성인식

---

* 웹스쿨 방식은 기성품식 프로그램 작성 패러다임을 가리키는 셔키의 조어다.

기능은 커넥티드카[*]에서는 완벽하지만, 도시의 시끄러운 인도에서는 완전히 무용지물이다.[10]

셔키의 학생들이 상황 소프트웨어를 만든 이유는 그들이 할 수 있던 것이 그것뿐이었기 때문이다. 이제는 상황이 바뀌었다. 셔키는 말한다. "소수의 사용자 그룹을 위한 맞춤식form-fit 소프트웨어 제작은 주로 은행과 연구실에서 해온 분야였지만, 웹 스쿨식의 하드웨어에 드는 비용이나 프로그램 전문 인력의 부족, 잠재 사용자의 부재와 같은 결핍의 문제들은 더 이상 제약요소가 아니게 되었다."[11] 요즘은 스마트폰 앱을 만들고 배포하는 데 필요한 인프라가 이미 갖춰져 있으며, 심지어 무상이거나 대여 또한 가능하다. 시와 어떻게 소통을 해야 할지에 대한 새로운 아이디어를, 소수 몇 사람들의 니즈를 충족할 만한 하나의 소프트웨어로 구현하는 데 있어 비용이 거의 들지 않는 것이다. 셔키에게 있어 상황 소프트웨어는, 그것이 한 집단의 필요를 충족해 주는 한, 특별히 더 나을 필요가 없었다.

상황 소프트웨어 또한 웹을 실제 세계에 연결시켰다. 사실 이 연결은 상황 소프트웨어를 성공적으로 디자인하는 데 있어 결정적인 요소였다. 두 학생이 만든 스카우트Scout와 코덱CoDeck이라는 프로젝트가 셔키의 생각에 영감을 주었는데, 두 프로젝트에는 알림notification에 대한 고질적인 문제를 안고 있었다. 알림은 사용자들이 현재 하고 있던 일들을 방해했다. 이에 대해 둘은 모두 똑같은 해법을 생각해냈다. 각자의 PC 스크린에 나타나는 대부분의 인터페이스를, 모두의 집회장소이자, 식당이자, 푸즈볼foosball 장으로 쓰이고 있는 ITP 층 중앙의 라운지 내 실제 물체로 옮기는 것이었다. 스카우트는 4장에서 본 닷지볼과 유사하나, 휴대폰을 사용하는 대신 전자학생증을 대고 체크인 한다는 점이 다르다. 코덱은 1970년대의 베타맥스Betamax 비디오카세트 플레이어 안에 내장된 유튜브와 기본적으

---

* 커넥티드 카(Connected car)는 보통 무선랜이 장착되어 인터넷 접속이 가능한 자동차를 말한다. 인터넷과 무선랜 접속뿐만 아니라 자동 충돌 알림, 과속 및 안전 경보 알림 등 추가적인 혜택을 제공하는 특별한 기술이 들어가 있다.

로 유사하다. 사람들이 버튼을 컨트롤 키처럼 사용해 다른 사람들의 비디오 창작물들을 공유하고 의견을 말할 수 있었기 때문이다. 데스크톱에서는 한 소프트웨어의 모든 것을 단일 창에서 다 경험하게 되는데, 데스크톱과 달리 상황 소프트웨어는 보다 넓은 세계로 넘쳐 나와 그 자체로 우리의 생활 속에 끼어든다. 두 프로젝트 모두 사용자가 소프트웨어와 서로 소통할 수 있는 웹사이트가 있었으나, 셔키는 다음과 같이 지적했다. "데스크톱 소프트웨어나 상황 소프트웨어나 핵심은 실제 공간 내에서의 위치인데, 바로 이 위치가 어플리케이션에 사회적 맥락을 부여한다."

셔키의 글은 스마트폰 소프트웨어의 생태계가 어떻게 전개될지를 예고했다. 스마트폰의 광범위한 사용, 온라인 소셜 네트워크의 높은 사용 빈도, 전화가 스스로 오프라인 세계에 대한 방향을 잡을 수 있도록 해주는 센서 인프라 등 ITP 내에 조성되어 있던 환경이 전 도시들에 복제됨에 따라, 상황 소프트웨어에 대한 수요는 폭발했다. 애플이 앱스토어를 개설했을 때, 앱스토어는 셔키의 원래 모델에 상황 소프트웨어가 웹 규모의 배포 채널을 활용할 수 있도록 하는 색다른 변화를 주었다. 2010년까지 미국의 성년 스마트폰 이용자 약 세 명 중 한 명이 50만 개 이상의 각기 다른 스마트폰 앱 중 적어도 하나 이상을 다운로드하게 되었다.[12]

컴퓨팅이 길거리로 나오게 된 이상, 결코 같아질 수가 없을 것이다. 윈도우와 OS X 같은 데스크톱 운영 시스템의 스크린들은 몇 안 되는 단일 용도 구역들로 나누어진, 도시의 교외지역과 같다. 마이크로소프트 오피스, 웹 브라우저, 그리고 고도의 몰입형 게임들이 이런 구역에 비유된다. 이와 달리 아이폰의 소프트웨어 생태계는 도시적 세계의 거울 이미지이다. 작고 기이한 길거리 점포가 가득 들어 차, 아름다운 조합을 이루는 멋진 도시의 길거리 같은 것이다. 아이폰은 실리콘 밸리의 교외 도시 쿠퍼티노Cupertino에서 나왔으나, 그의 진정한 잠재력은 샌프란시스코, 뉴욕, 런던, 상하이의 거리에서 실현되고 있다.

셔키의 에세이는 위대한 도시들에 관한 제인 제이콥스의 관찰을 되풀이한다. "상황 소프트웨어는 기술적 전략이 아닌, 소프트웨어와 사용자 그룹 간의 엄밀한 조화를 추구하는 태도이며, 확장성, 일반성, 완벽성을 절대적 덕목으로 받아들이기를 거부하는 태도이다." 제이콥스의 시대에 도시계획을 변화시킨 풀뿌리 혁명이 도시 디자인 문제에 대해 상정했던 바 또한 이와 비슷했다. 이는 도시계획에 깔려 있던 '웹 스쿨' 방식의 지나침, 즉 도시의 거리 생활에 대해선 무관심했던 로버트 모세스 같은 유력자들이 도시를 대규모로 과하게 재조형하려고 했던 데에 대한 반응이었다.

셔키는 상황 소프트웨어에 열광했음에도 불구하고, 소프트웨어가 자신의 학생들 정도의 작은 집단을 넘는 범위에도 적용될 수 있는지에 대해서는 심히 회의적이었다. "상황 소프트웨어는 기존의 사회조직social fabric에 의존함으로써," 즉 동료 사용자들과 그때 그때 얼굴을 맞대는 만남에 의지함으로써, "웹 스쿨의 앱들이 작동하는 규모scale로는 작동하지 않도록 되어 있다"는 것이다. 상황 소프트웨어는 그 정의 상, 사용자들 간의 대면적 상호작용이라는 요소를 필요로 했다.

그러나 시민실험실들의 급증에서 볼 수 있듯이, 도시의 스케일은 여러 상황 소프트웨어가 성공할 만한, 흥미로운 범위의 규모다. 학생들이 공유하던 친밀함의 영역을 넘어, 전체 웹 규모만큼은 아니지만, 도시 차원에서는 상황 소프트웨어를 공유할 만한 많은 사정들이 존재한다. 별의별 종류로 이루어진 교통시스템은 도시들 간의 차이가 뚜렷해서 온갖 부류의 상황 소프트웨어를 낳았다. 예컨대 인구가 단 59만 명인 오레건 주 포틀랜드 시의 소프트웨어 개발자들은 지역 교통시스템에 관한 앱을 50개 이상 만들었는데, 각기의 고유한 특성들을 가지고 있다.[13] 기후 특성 또한 도시 규모에서는 비교적 균등하지만 각 도시들 간에는 차이가 난다(광범위하게 다양한 기후를 가진 샌프란시스코는 특이한 예다). 이 모든 변이들이 상황 소프트웨어의 출발점이 된다. 예를 들어 보행자 앱은 거리 문화의 차이에 대한 이해가 있어야만 한다. 뉴욕 사람들은 무단횡단이 만성화된 반면, 시애틀 사람들은 신호등이 바뀌기를 순순히 기다리기 때문이다.

시민실험실들이 자신들만의 상황 소프트웨어를 만들어 내는 것은 그닥 놀랄 만한 일이 아닐 것이다. 사실은 그렇게 하지 않는 것이 더 이상한 일이다. 패트릭 게데스는 "사람마다 각자의 개성이 독특하다고 한다면, 도시마다의 개성은 얼마나 더 그럴 것 같은가?"라고 묻는다.[14] 커뮤니티들이 물리적 디자인, 규제, 사회규범 등을 통해 자신들을 타 커뮤니티와 구별 짓는 것처럼, 스마트 기술 커뮤니티 또한 같은 방식으로 구별될 것이다. 상업적으로 아무리 매력적일지언정, 이 도시 저 도시로 모든 것을 복제하거나, 그렇게 해야 한다는 것은 분명 잘못된 일일 것이다. 규모의 경제만큼, 자신의 방식대로 행하는 편익 또한 큰 요소이기 때문이다. 대도시 규모에서는 이 두 가지가 타협 trade off의 균형을 이루려는 경향이 있다.

지역에서 만들어 전국으로 확산

스마트 기술에 대한 좋은 아이디어는 실제로 이 도시에서 저 도시로 전파되지만, IBM이 생각하는 그런 방식을 통해 되고 있지는 않다. 아이디어는 오히려 사용자 개인들 간의 접속을 통해 전파되는데, 혁신의 국내 및 국제적 교류를 위해 일하는 NGO들의 새로운 프로젝트들이 이를 주도하고 있다.

도시를 디자인하고 다스리기 위한 좋은 아이디어는 도시 역사의 대부분 기간 동안 느리게 확산되어 왔다. 19세기까지만 해도 도시계획의 새로운 아이디어를 확산시킬 가장 좋은 방법은 바로 식민화였다. 로마인들은 유럽의 많은 곳에 도시의 기본 틀 template을 깔았다. 영국에서 교육을 받은 엔지니어들은 런던 지하철 건설을 통해 한 세기 동안 축적된 지식을 이용해 나무랄 데 없는 홍콩의 지하철 시스템(1997년 이전 중국에 반환)을 설계했다. 그러나 3장에서 보았듯이 도시계획이 전문 직업화 되고, 모범 사례가 도시들 간 무리 없이 체계적으로 교환되어온 지는 이제 겨우 백 년이 지났다.

최근에는 이러한 흐름이 세계화되었다. 이웃 커뮤니티나 국가의 지도자들로부터 아이디어를 단순히 차용하는 것보다, 혁신은 점점 더 빠른 속도로 국경을 넘어 전파된다. 1970년대 브라질에서 시작되었던 간선급행버스시스템BRT은 신속한 운행을 위해 주요 간선도로에 버스 전용 차로를 설치한 것으로, 지난 10년 사이 유럽, 아시아, 북미 지역에서도 시행되고 있다. 공공자전거 공유 제도는 2007년 파리에서 대규모 벨리브Velib 시스템이 시작된 이후 전 세계적으로 유행하며 더욱 빠른 속도로 확산되었다.

저렴한 항공여행과 웹은 이러한 아이디어 확산의 열쇠였다. 군중 게시판crowd board의 동영상 한 편이 한 무더기의 연구 실적보다 더 빠른 아이디어 전달력을 갖고 있다. 타 도시의 시장이 유권자들로 하여금 어떻게 자신의 공약을 믿도록 설득시켰는지에 대한 설명은, 당신의 도시에서 캠페인을 벌이게 될 때 결코 없어서는 안 될 지식이 된다.

일부 해커톤이나 시의 기관이 다른 곳에서도 쓸 수 있는 스마트 기술의 아이디어를 내놓는다면 과연 어떻게 될까? 코드 포 아메리카Code for America*라고 하는 기구가 그런 역할을 하려고 한다. 기관 설립자 제니퍼 팔카Jenifer Pahlka는 "각 도시는 고유한 특성과 개성을 지니지만, 모든 도시가 공통으로 필요로 하는 것들이 있다. 이는 재사용이 가능한 공유 솔루션들로 충족될 수 있다"라고 말한다. 예산은 줄고 해야 할 일들은 늘어나는 이 시대에 각 도시가 서로 고립적으로 활동하는 것은 더 이상 지속 가능한 방법이 아니다. 팔카의 말에 따르면, 코드 포 아메리카의 임무는 "지

---

* 점점 더 벌어지는, 미국의 공공부문과 민간부문 간의 기술과 디자인 격차 문제를 다루기 위해 2009년 설립된 무당파적 및 비정치적 기구이다. 현재, 시민 혁신의 실무 전문직들의 네트워크이자 시민해킹의 플랫폼으로 발전하고 있다.

역 차원에서 만들고 전국으로 확산시키는 것Build Locally, Spread Nationally"
이다.[15]

코드 포 아메리카는 사실 중앙정부의 문제를 바로 잡기 위한 아이
디어로 시작했으나, 지지자들은 이내 대상을 지역 수준으로 낮추는 것이
더 효과적이라는 것을 깨달았다. 2008년 팔카는 오라일리 미디어O'Reilly
Media의 웹 2.0 연례회의를 진행하고 있었다. 그녀는 기술 업계의 소셜 네
트워크에서 수많은 사람을 알고 있는 인물이었으며, 그 해 대통령 선거 후
에 기술산업계 사람들이 새 행정부의 인수 위원회 팀원으로 대거 뽑히고
있다는 사실을 알게 되었다. 그녀는 "연방 정부 내에서 일찍이 가능하지
않았던 중요한 일을 기술로써 할 수 있는 기회가 생기고 있음이 분명했지"
라고 말한다. 팔카는 팀 오라일리Tim O'Reilly와 함께 "웹의 원리와 가치를
정부에 구현하기 위해" 정부 2.0 회의Gov 2.0라는 새로운 컨퍼런스를 출범
시켰다. 팀 오라일리는 기술서적 출판인이자 '웹 2.0'이라는 말을 처음 만
든, 지칠 줄 모르는 오픈소스 주창자였다.[16]

정부 2.0은 처음에는 도시와 아무 상관이 없었다. 기술 업계는 시스템
변혁을 약속한 오바마 대통령의 유세에 힘입어 연방정부 차원의 변혁에 집
중했다. 그러나 정부 부문의 기술government technology에 대한 생각과 뉴스
들로 채워진 팔카의 트위터 피드가 애리조나 주 투손 시의 시장 수석 참모,
앤드류 그린힐Andrew Greenhill의 관심을 끌었다. 앤드류 그린힐은 그녀의
소꿉친구의 남편이기도 했다. 그녀의 회고에 따르면 그린힐은 이메일로 도
움을 간청했는데, 어떻게 하면 앱 개발자들을 투손 시로 불러들여 도시를
위한 앱을 개발하도록 할 수 있을지 알고 싶어 했다. 팔카는 당혹감과 실망
감으로 "전 모르겠어요. 도와드릴 수가 없네요" 라고 회신을 보냈다.[17]

그린힐은 계속 귀찮게 부탁을 했다. 전화를 걸어 정부 2.0이 연방정부
에만 초점을 맞추는 것에 대해 혹평했다. 팔카는 그린힐이 도시들에 대해
"엄청난 재정 위기를 맞고 있는데 아무도 이에 대해 말하지 않아요" 라고

말한 것을 기억했다. 자산 가치가 떨어져 세수가 줄고 있었고, 소비지출의 감소로 매출세 수입에 심한 타격을 입었다. 베이비붐 세대가 줄줄이 은퇴를 기다림에 따라 연금기금도 엄청난 타격을 입고 있었다. 주 정부들도 자체 재정난으로 인해 시에 대한 지원을 급격히 삭감하고 있었다. 이러한 재정긴축의 시기에 앱은 많은 지출 없이도 혁신이 가능한 드문 기회였다.

시 정부 또한 시민들의 삶에 가시적이고 실제적인 영향을 미칠 수 있었다. 팔카는 내게 "연방 정부는 사람들의 일상생활에서 실제 벌어지는 일들과 동떨어져 있어"라고 했지만, 시 정부는 이와 다르다고 설명했다. "도로의 패인 곳을 보다 신속하게 보수하면 사람들은 이를 알아보기 마련이지. 시장이 더 열의를 보이면 사람들은 알아채. 사람들이 시의 예산에 영향을 미치게 할 수 있을 경우, 그들은 이에 민감히 반응해. 이 점이 내게 설득력이 있었어."

코드 포 아메리카는 다른 장소도 아닌, 아리조나의 한 바베큐 장에서 맥주를 한 잔 하는 가운데 탄생했다. 팔카와 그린힐의 토론은 2009년 여름, 플래그스태프Flagstaff에서 가진 가족 휴가에서 절정에 이르렀다. 팔카는 다음과 같이 회고했다. "앤드류는 티치 포 아메리카Teach for America*를 운영해 왔는데, 우리는 그것의 영향력과 그것을 운영하는 일이 그에게 좋은 경험이었는지에 대해 이야기했어. 또 사람들이 어떻게 돈에 이끌리지 않고 사회 환원을 위해 일하려 할 것인지에 대해 이야기했지." 그런데 앤드류 그린힐이 도시를 위한 앱 작성을 다시 부탁하자, 이야기는 다시 원점으로 돌아갔다. 팔카는 무심결에 "괴짜들geeks을 위한 티치 포 아메리카가 필요해!"라고 외쳤다.

팔카는 흥분에 들떴다. "그날 밤, 나는 그 장소에 같이 와 있던 아빠와 새엄마에게 '제가 하던 일을 그만 두고 이 일을 시작해야겠어요'라고 말

---

* 티치 포 아메리카는 미국 뉴욕 주에 본부를 두고 있는 비영리 단체이다. 미국 내 대학의 졸업생들이 교원 면허 소지에 관계 없이 2년간 미국 각지의 교육 취약 지역에 배치되어 2년간 학생들을 가르치는 프로그램을 운영한다.

했어." 샌프란시스코로 돌아온 팔카는 그 해 가을 뉴욕에서 마지막 웹 2.0 컨퍼런스를 개최하는 한편, 선라이트 재단Sunlight Foundation과 케이스 재단Case Foundation으로부터 2만 달러를 조달했다. 12월, 그녀는 사직서를 냈고, 2010년 1월 1일, 코드 포 아메리카는 첫 협력 프로그램에 참가할 도시의 신청을 받기 시작했다.

코드 포 아메리카는 도시가 시민해커의 게릴라식 혁신 방법들을 제도화하려고 할 때 직면하게 되는 짜증나는 문제들을 해결해준다. 시민해커의 프로젝트는 공공계약을 통제하는 까다로운 조달 절차에 맞추기엔 너무 빠르게 몰려들고 크기 또한 너무 작다. 공공 조달 절차가 까다로운 이유는 이 절차가 과거 부패 척결을 위한 개혁 시기에 시행되었기 때문이다. 시가 소프트웨어 프로젝트 하청을 주기 위해 경쟁 입찰을 통해 입찰자를 정하고, 계약서를 발부할 수 있을 시점이면 이미 1년 이상이 지나가버릴 수도 있고, 따라서 그 앱이 더 이상 필요 없게 될 수도 있다. 또 낙찰자는 프리랜서나 작은 독립 소프트웨어 업체일 터인데, 계약이 1년이나 늦어진다면 그 사이 다른 일에 정신을 뺏기거나 사업을 그만두었을 수도 있다.

코드 포 아메리카는 도시가 소규모 소프트웨어 프로젝트 공급원을 잘 확보 할 수 있도록 돕는 중개자intermediary 역할을 한다. 코드 포 아메리카는 연 18만 달러의 수수료를 내고 참여하는 각 시에 3명의 펠로우fellow들을 보낸다. 이들은 샌프란시스코의 본사에서 한 달 간 연수를 받고, 후원하는 시에서 한 달 여의 지역 몰입과정을 거친 다음, 캘리포니아로 돌아와 후원하는 시가 지휘하는 프로젝트를 수행한다. 이들은 11개월간 3만 5천달러의 약소한 급료와 별도 보건 수당을 받는다.

팔카의 팀이 세 번째 펠로우 팀 모집 요청을 내보낸 2012년쯤, 코드 포 아메리카가 참여 도시에 긍정적 영향을 미치고 있음이 드러났다. 우리가 얘기를 나누었을 때 팔카는 보스턴 여행 중이었다. 거기서 팔카는 전년도 여름에 그곳에서 완료된 한 프로젝트에 대해 기분이 들떠 있었다. 학부모들에게 선택의 폭을 더 넓혀주려 애쓰는 다른 도시 학군들과 마찬가지로, 보스턴의 입학 절차 또한 극도로 복잡하다. 학부모들은 28쪽에 달하는 팸플릿을 살펴보며 입학 자격이 주어지는 자신의 집 주변 권역을 손으로 지도에 그려서 자녀가 어느 학교에 지원할 수 있는지를 찾아야 했다. 신도시정비국의 나이젤 제이콥Nigel Jacob은 내게 "이대로 따라 하면 아주 복잡하고, 살벌한, 아주 장황한 지도 같은 것이 만들어지지"라고 했다.[18] 보스턴 학군은 수년 전 '어떤 학교가 나의 학교?What are my schools?'라는 자체 웹 앱을 띄웠었다. 이 앱은 가족의 주소를 대면 간단한 학교 목록을 제시하도록 설계되어 있었다. 그러나 별 도움이 못 되었던 이 앱은 2011년 여름, 「보스턴 글로브」에서 학교 배정 제도 전체를 맹비난하는 혹평 기사를 연재함과 동시에 메니노 시장에게 압력으로 다가왔다.[19]

삶의 질에 역점을 둔 시장에게 학교 문제는 가장 중요한 과제였다. 그는 학교 관계자들에게 이 문제를 중점적으로 다룰 조치가 빨리 이루어져야 한다는 점을 못박았다. 제이콥에 따르면 "학교 관계자들은 학부모들과 시장으로부터 아주 분명한 메시지를 받았다"[20]고 한다. 신도시정비국이 이 문제에 개입해 코드 포 아메리카 펠로우 중 한 사람에게 학교 선택안을 평가할 더 나은 도구를 만드는 과제를 맡겼다. 그 결과 디스커버 BPSDiscover Boston Public Schools라는 웹 앱이 만들어졌다. 이 앱으로 학부모들은 이미 학교에 다니고 있는 형제나 자매가 지금 하고 있는 학교 숙제 같은, 알아보려면 성가시고 복잡한 사항들을 세세하게 다 고려한 지도를 접할 수 있게 되었고, 이를 통해 입학할 자녀가 다닐 학교를 검색, 선별할 수 있게 되었다.

디스커버 BPS는 코드 포 아메리카와 신도시정비국 모두의 혁신의 시작에 있어 커다란 성취였다. 전체 프로젝트는 한 명의 펠로우가 다른 두 펠로우의 지원을 받아 개발했는데, 시작부터 끝까지 4개월이 채 걸리지 않았다. 시의 전통적 소프트웨어 구입 방식과 비교하면 필요한 소프트웨어를 거의 즉시에 확보한 셈이다. 팔카가 설명한 현재의 방식은 다음과 같았다. "명세서를 작성하고 입찰을 요청하고 도급업자를 선정하는 일과 기타 시간이 오래 걸리는 많은 일들을 해야 해. 시 정부에서라면 보통 2년 정도 걸릴 일이지."

이에 비해 현재 민간 부문에서는 웹 앱을 일주일 이내에 만들어낼 수 있다. 트위터의 첫 버전을 만드는 데는 약 한 달이 걸렸다. G메일의 첫 버전은 하루 사이 만들어졌다. 이 첫 버전들로부터 진화가 이루어진다. 이제 대부분의 웹 스타트업들Web start-ups은 주 단위로 새로운 코드를 쏟아내는데, 성장해가며 인터페이스를 수정하고, 오류를 검출, 제거debugging해 간다. 팔카가 서술했듯이 "오늘날 성공을 이룬 앱들은 처음부터 스펙이 완벽하게 작성되거나 코드가 부여되지 않았다. 더 기민한 공정과, 더 반복적인 방식으로 개발되었다."

적어도 보스턴에서는, 코드 포 아메리카가 시 정부 사람들의 사고방식을 바꾸도록 도왔다. 팔카는 디스커버 BPS가 "복잡했던 과정을 웹에 올려놓아, 이제는 간단하면서 멋지고, 이용하기 편한 과정이 되도록 만들었어"라고 말한다. 그러나 더 중요한 것은 "일을 더 빨리, 더 잘, 그리고 비교적 적은 비용으로 할 수 있음을 입증했다"는 점이다. 팔카는 이어 "이게 사실이라면, 사람들은 전통적으로 해오던 소프트웨어 개발 과정에 대해 정치적 의지를 가지고 문제를 제기하기 시작할 거야"라고 주장했다. 제이콥에 따르면, 학교의 고위 관계자들은 처음에는 디스커버 BPS에 대해 회의적이었다고 한다. 그러나 그들은 이제 디스커버 BPS의 '열혈 팬'이 되었다.[21]

미래에 대한 팔카의 열정은 말리기 어려웠다. 그러나 내가 처음 코드 포 아메리카에 대해 알게 되었을 때는 첫 펠로우 모집 공고가 난지 얼마 되지 않았을 2010년이었는데, 당시 나는 회의적이었다. 정부 2.0은 오라일리 자신의 아이디어인 '플랫폼으로서의 정부'를 홍보하기 위한 수단이라는 생각, 연방정부를 분해해 오픈소스 소프트웨어와 오픈 데이터로 재구성하고자 하는 것으로 보이는, 야심 차지만 다소 단순한 제의라는 생각이 들었다. 기업가든 해커든 누구든 나서서 실제 서비스를 하도록 하고, 정부는 그저 인프라 공급자 역할만 하도록 하자는 주장이었다.[22] 아주 공공연히 진보적 좌파로 인정된 나 같은 사람에게 이는 기술자유주의자techno-libertarians의 동원령처럼 들렸다. 오라일리는 널리 유포된 글에서 "정부 2.0은 새로운 종류의 정부가 아니다. 핵심업무만 추려내어 전념하는, 마치 처음처럼 재발견되고 재구상된 정부이다" 라고 했다. 오라일리는 집요하게 오픈소스 소프트웨어를 옹호했는데, 이는 코드 포 아메리카가 대규모 소프트웨어 회사들을 정부 조달시장으로부터 정말로 몰아내려는 술책이 아닐까 하는 의심이 들게 했다. 전 세계 정부들은 리눅스로 옮겨가면서 마이크로소프트와 IBM을 밀어내고 있었다. 오라일리는 이 오픈소스 투쟁을 자국으로 되가져오려는 모의를 하고 있었던 것일까?

팔카는 정부 소프트웨어 시장을 봉쇄해버린 IBM, 오라클Oracle 또는 다른 어떤 거대 기술기업과 맞서려는 어떠한 야심도 부인한다. 그녀는 "우리는 기술의 판도를 재편하기에는 규모가 너무 작고, 앞으로도 계속 작은 규모로 남아있을 것"이라고 강력히 주장한다. 그녀에게 코드 포 아메리카가 도시에서 하는 일들은 대규모 소프트웨어 회사들이 아무 일 없다는 듯 행하고 있는 비즈니스에 대한 시위이며 저지다. "우리는 도시 차원의 IT시스템을 하나에서 열까지 싹 다 개조하자는 것이 아니야. 대대적 정변을 일으키려는 것이 아니야. 사람들은 가끔 이런 말을 하지. '우리는 그 일도 다른 방법으로 할 수 있어.' '이 모델을 달리 어떻게 적용할 수 있을까?' '그만한 시간에 어떻게 그런 결과를 낼 수 있을까?' '우리가 일하는 방식을 변화시키려면 무엇을 해야 하나?' 우리가 하려는 일은 사람들이 이런 말을 할 때, 인용할 만한 이야기들과 실례들을 만들어 내는 거야."[23]

그러나 디스커버 BPS 웹 앱 같은 프로젝트 또한 전 같으면 분명히 시가 업자를 고용해 만들었을 소프트웨어를 그냥 그대로 대체한 것이다. 그리고 팔카가 정신적 고취만으로 코드 포 아메리카를 이끌어 가겠다고 공언한 바로 그 순간, 코드 포 아메리카는 샌프란시스코에서 구글로부터 받은 150만 달러의 일부를 그녀가 말한 '시민 스타트업 엑셀러레이터civic accelerator'의 기금으로 사용했다. 그 목적은 정부의 소프트웨어 장터를 근본적으로 변화시킬 스타트업들을 배양하는 것이었다. 그러나 스타트업의 배양은 결국 기존의 정부계약 업자들과 직접적으로 경쟁할 새 회사들을 창설하게 될 것인데, 이는 오히려 가볍고 유연한 혁신을 추구하는 코드 포 아메리카의 전반적 아젠다의 기반을 약화시킬 수 있었다. 보스턴 신도시 정비국의 나이젤 제이콥은 이에 대해 다음과 같이 서술한다. "플랫폼으로서의 정부라고 하지만… 업자들vendor을 다른 일단의 새 업자들로 대체한다는 말로 들려. 이 새로운 업자들은 몸집이 보다 가벼울 수 있겠지만, 이들도 일단 정부와 거래를 시작하면 몸집을 불리겠지. 이 시점이 되면, 이들도 결국 규모가 큰 회사들과 비슷하게 행동하게 될 거야."[24]

이에 대해 팔카는 다음과 같이 변론했다. 정부의 기술사업tech business은 오래전 대대적으로 개혁되었어야 했는데, 시민 스타트업 엑셀러레이터가 배양하는 혁신업체가 거대 기술기업들이 생각지 못했던 시장을 열 것이라는 것이다. 팔카가 내게 한 말이다. "시민 스타트업 엑셀러레이터의 목적은 대기업이 주도하는 현재의 정부 기술 생태계를 와해시킬 비즈니스를 창출하는 것인데, 와해의 힘이 더 큰 비즈니스들은 사실상 곧바로 시민들에게 돌아가게 될 것이다."[25]

코드 포 아메리카는 내가 '컴퓨터 리더십 네트워크computational leadership networks'라 부른 것의 본보기인데, 이 네트워크는 스마트시티 혁신에 관한 실화와 사례 연구의 단순한 공유를 넘어선 국가적, 국제적 조직이다. 이미 이런 목적의 수많은 국제적 인터시티 조직들이 있는데, 그들은 끝없는 보고서들을 쏟아내고, 비싸지만 의미 없는 흔히 말하는 유람식 시찰 여행을 조직하곤 한다.[26] 새 네트워크들은 이렇게 하는 대신, 도시들의 실제 작동 코드actual working code, 모델, 데이터와 같은 진정한 자원을 공유하도록 돕는다. 코드 포 아메리카의 2011년도 실적을 보면 이러한 도시들 간 자원 교환의 강도가 뚜렷이 드러난다. 공익활동 참여를 돕는 21개의 시빅 앱civic app이 만들어졌고, 12,828개의 코드가 만들어졌으며(프로그래머의 생산성 척도), 390명의 시민 리더들이 참가했고, 546개의 코드 커뮤니티 회원들이 등록을 했다.[27] 이는 솔루션들을 이 도시에서 저 도시로 퍼나르며 서비스 제공만으로 두둑한 이윤을 챙겨온 대기업들에 대한 근본적인 도전이다.

다른 하나의 도전은 다음 절에서 더 깊이 고찰하겠지만, 소프트웨어의 조달에서 도처의 시 정부들이 보여주는 지역적 편협성parochialism에 대한 도전이다. 시 주도로 새로운 디지털 서비스를 혁신하려는 노력은 보통 그 지역의 기술산업 발전을 이끄는 역할을 해야 한다는 강박 관념에 얽매인다. 시 정부의 기술 부문 관리들은 다른 시나 기존 회사의 시스템을 자기 시에 맞게 간단히 고쳐 쓰는 것이 효과적이라 생각할 수도 있다. 한편 경제 발전 분야의 관리자들은 시의 도급 계약이 자기 시 내에서 이루어지기를 바란다. 결과적으로 시가 자금을 대고 있는 많은 기술 프로젝트들이, 이미 있는 것을 다시 만드는 데 쓸데없이 시간만 보내게 된다. 팔카가 해결해야 할 과제는 도시들이 '우리 도시에 관한 것이어야 한다'는 좁은 생각에서 벗어나도록 하는 것이었다. 도시는 다른 도시들과 협력하는 일에 앞장설 필요가 있었다. 상황 소프트웨어가 너무 많은 것 또한 때로는 누가 된다.

코드 포 아메리카가 발전하기 위한 최대의 과제는 2장의 IBM 사례에서 보았듯이 비즈니스 모델과 기술의 규모를 줄이는 것이다. 크고 내용이 풍부한 도시 모델을 개발하기 위해서는 개발 담당 펠로우들을 지원할 기술진과 인프라, 그리고 이를 뒷받침할 충분한 자금이 있어야 한다. 이러한 모델이 보통은 한 명의 IT 인력이 공무원들을 지원하는, 인구가 만 명, 오만 명, 십만 명씩 되는 수천의 커뮤니티들에서 과연 어떻게 작동할까? 팔카의 해결책은 남은 구글 자금으로 코드 포 아메리카 군단Code for America Brigade을 출범시키는 것이다. 이 군단은 온라인 커뮤니티인데, 코드 포 아메리카의 앱들을 자신들의 커뮤니티에 설치하고, 공동의 코드 베이스에 되돌려 기여하고자 하는 개인들을 연결하기 위한 것이다. 팔카는 "우리는 시민으로서의 역할을 바로 세울 때까지 정부를 바로 세우지 못할 것이다"라고 말한다. 그녀가 생각하는 미래에는 코드 작성법을 아는 것이 시정개선civic improvement을 위한 중요한 능력이 될 것이다.

우리 것이 아니다

사스차 해즐메이어Sascha Haselmayer는 몹시 화가 나 있다. 그는 "제가 당신에게 보낸 시각 장애인용 솔루션은 놀라운 겁니다"라고 열변을 토한다. "이 솔루션으로 뉴욕에서만 38만 명의 시각 장애인들이 인류 역사상 처음으로 도시에서 길을 완전히 자유롭게 찾아다닐 수 있게 될 것입니다."[28]

그것은 꽤 놀라운 도구였다. 스웨덴의 아스탄도Astando사가 개발한 'e-아뎁트e-Adept'는 자금의 일부를 스톡홀름 시로부터 지원받았는데, 시 웹사이트에 따르면, 스톡홀름 시는 "세계에서 접근성이 가장 좋은 수도"를 추구하고 있었다.[29] 이 앱은 GPS 기반으로 시의 디지털 지형 상세도를 이용하여 사용자들에게 장애물과 안전한 길을 소리로 알려준다. 해즐마이어는 "그 영향은 엄청났다. 시각장애인들도 직업을 구할 수 있게 되었고, 이들을 돌보아야 했던 친척들도 다른 일을 할 수 있게 되었고, 사회 서비스에 대한 수요도 줄었다"고 말한다. 그는 연간 단 50만 달러가 드는 이 시스템이 스톡홀름 시에 2천만 달러의 경제적 이익을 준다고 주장했다.

헤즐메이어는 리빙랩스 글로벌Living Labs Global의 설립자이다. 리빙랩스 글로벌은 바르셀로나에 있는 본부로부터 스마트시티 혁신을 교차 수정하는cross-fertilizing 또 다른 스타트업이다. 그해 초, 헤즐메이어는 뉴욕시 관리에게 이 e-어뎁트를 채택하도록 권유했었다. 그러나 뉴욕 관리들의 반응은 다른 많은 도시들에서의 반응과 같았다. "e-어뎁트 같은 것을 어떤 도시의 어떤 최고 정보책임자CIO의 책상에 올려놓아도 결국 자기들에게는 맞지 않는다고 하겠지." 그는 여러 도시에서 새 고위 관리직으로 부상하고 있는 최고 정보책임자들을 가리키며 개탄한다. 그들의 말인즉슨 이 도구가 자신들의 기존 시스템에 끼워 맞추어 가면서까지 우선적으로 사용해야 할 만한 가치가 없다는 것이다. 헤즐메이어는 한숨을 짓는다. "이들의 말이 당신 도시의 38만 명 시각장애인들의 생활에 어울리는 말이라고 생각해? 아침에 일어나서 일하러 가는 생활 말이야?" 그의 어조에서 나는 그가 거래를 성사시키지 못 했음을 알 수 있었다.

내가 바르셀로나의 사무실에 있는 헤즐메이어와 스카이프Skype로 이야기를 나누는 동안, 그는 상황 소프트웨어가 잘못 되어간 예를 설득력 있게 이야기한다. "독일을 보라고. 24개 도시들이 각기 자신들의 주차용 모바일 앱을 가지고 있어. 각 도시마다 차기의 구글은 자신의 지역에서 나와야 한다는 생각으로 시의 서비스 공급자를 후원하고 있지. 그래서 이미 있는 것을 만드느라 쓸데 없이 시간을 허비하고는 그것을 대단한 지역 혁신 프로그램이라 치장해." 그는 유럽 전역에서 56개 시가 똑같은 서비스를 형편없는 자신들만의 서비스로 변형시켜 사용하는 것을 찾아냈다. 시민들은 수준 이하의 앱을 강요당할 뿐 아니라 인접 도시로 넘어갈 때마다 다른 앱을 써야만 한다.

그 사이, 에스토니아의 나우 이노베이션스NOW! Innovations는 성장을 위해 10년 넘게 안간힘을 써 오고 있다. 이 회사는 처음에는 모바일 파킹을 개발했던 회사인데, 2000년 발트해 연안 국가의 수도 탈린Tallin에서 파

340

크나우!ParkNOW! 서비스를 시작했다. 이 서비스가 성공한 후, 나우 이노베이션스는 이를 "전 세계 천 개 도시들"을 대상으로 선전하고 판매해왔다. 헤즐메이어의 설명이다. "나우 이노베이션스는 자기 회사의 프로젝트를 현장에 선보이기 위해 각 나라마다 현지 대리인들을 고용해야만 했어. 그렇게 해서 마케팅에만 거의 천만 달러를 썼지." 전 세계적으로 650억 달러에 이를 만큼 큰 시장에 진출한 첫 사업체였음에도 불구하고, 회사의 성장은 매우 느렸다.

독일의 주차용 앱 사례와 같은, 효과적이지 못한 스마트기술의 복제는 전 지구적 문제이다. 헤즐메이어는 다음과 같이 말한다. "모든 도시가 다른 곳에서 무엇을 새로 만들어 쓰고 있는지 찾아보지도 않은 채 혁신 프로젝트를 발주하고 있어." "도시 관리가 최악인 도시들과 최적인 도시들에서 … 전적으로 모든 것을 처음부터 재창조하기 위해 수억 달러를 쓰는 것을 볼 수 있지." 헤즐메이어가 그의 리빙랩스 글로벌의 공동 설립자와 같이 저술한 책, 『연결된 도시들Connected Cities』에서 그는 유럽 도시들이 매년 수천만 달러를 이런 중복된 노력에 허비하는 것으로 추정했다.[30] "우리는 이 중복된 노력들을 하나씩 없애는 중이야. 그러자 그들은 블랙베리 BlackBerrys의 벨소리 장사를 하게 되었지. 그걸로 어떻게 돈을 버는지 알았기 때문이지." 스마트시티 사업가들에 대해 그가 내게 한 말이다.

그런데 모바일 파킹을 개발한 사람들이 왜 성공할 수 없었을까? 헤즐메이어는 첨단 스마트 기술을 가진 전 세계 수백 명의 스타트업과 사업가들의 목록을 작성해왔다. 이로부터 그가 알아낸 것은 그들 모두 똑같이 전망이 불확실하다는 문제와, 해외 잠재 고객들 사이에 퍼져 있는 "우리 지역에서 개발된 것이 아니다"라는 태도에 어려움을 겪고 있다는 것이었다. 누군가 어떤 도시에 와서 "나는 모바일 파킹을 개발했습니다. 이를 실행하도록 도와주셔야 하겠습니다" 라고 하면 이를 어떻게 신뢰할 수 있을까? 스마트시티 스타트업들에게 필요했던 것은 그들의 출신지를 벗어나 마케팅을 할 수 있을, 거대 기술기업과 경쟁할만한 효과적인 비용 조달 방법이었다.

해즐메이어는 해결책을 구상하기 시작했다. 그는 2010년 이 과제들에 도전할 소수의 도시들을 선정한 다음, 그가 관계를 맺고 있는 스타트업들을 초청하여 그들의 기술로 이 과제들을 어떻게 다룰 수 있을 것인지를 보여주도록 했다. 2013년 4회 차로 접어든 리빙랩스 글로벌 상The Living labs Global Awards은 각 도시에서 소집된 심사위원단이 수상자를 선정한다. 경연 후, 시는 수상자들을 채용하여 솔루션을 실행하도록 할 수도 있고, 그렇지 못한 경우 브레인스토밍 훈련을 한 셈 칠 수도 있다. 이 상은 "수상한 회사들에게 가시성을 제공하고, 영업 창구의 국제적 개설을 돕도록" 설계되었다. 우리가 2011년 후반에 이야기를 나누었을 때, 이 모델이 생각보다 잘 작동하고 있다는 징후들이 있었다. 해즐메이어는 시카고, 타이페이, 라고스에서 2011년도 수상 프로젝트들을 토대로 한 시험 프로젝트들이 실행되고 있었다고 알렸다.

스카이프로 대화를 나누고 몇 달이 지나 나는 바르셀로나에서 해즐메이어를 만났다. 중세의 광장을 드나들며 구시가지 여기 저기를 누비고 걷는 동안, 해즐메이어는 밝은 미소를 지으며 스마트시티 스타트업 진흥을 위한 그의 최신 캠페인 추진 방안에 대해 설명했다. 시티마트CityMart라는 새 웹사이트였는데, 그는 목소리를 높여 말했다. "시티마트는 어떤 종류의 솔루션들이 개발되고 있고 어디에서 쓰이고 있는지에 대한 시장 정보를 도시들에 제공하는 플랫폼이야." 나는 물었다. "스마트시티의 아마존이란 말이지?" "바로 그거야." 그가 크게 웃었다.[31]

우리가 마지막으로 이야기를 나눈 후, 나는 독일에서 있었던 주차 앱들의 낭패에 대해 종종 생각했다. 내가 장기적으로는 스마트시티 혁신에 대한 유기적 접근organic approach이 더 나은 것이라 믿는 것 못지 않게, 해즐메이어의 이야기는 스마트시티 테크놀로지를 현지 위주로 개발하는 것이 정말 현명한 일인지에 대한 깊은 우려를 불러일으켰다. 나는 시민실험실이 상황 소프트웨어와 기발한 앱들의 제작소이며, 테크놀로지를 현지의 독특한 사정에 맞추어 재해석해주는 인프라라고 생각해왔다. 20년 간의 도시 공부 역시 내게 지역이 가진 인간적 스케일의 어떤 것을 개발하는 것이 언제나 더 나은 것이라 말해주었다. 그런데 해즐메이어의 연구는 대부분의 도시들이 좋은 앱을 개발할 능력이 없음을 증명해 주었다. 아마도 나는 좋은 테크놀로지가 확산되어 필요한 곳에 뿌리를 내리는 일이 얼마나 어려운 일인지를 몰랐던 것 같다.

해즐메이어가 생각한 상황 소프트웨어는 개별 장소들에 뿌리를 두는 것이 아닌, 지리를 초월한 것이었다. 그는 "전 세계에 557,000개의 지방정부들이 있는데… 이들이 모두 완벽하게 다를 수는 없어. 물론 나도 도시학자로 교육 받은 만큼 모든 장소가 제각기 독특하다는 생각을 거부하는 것은 아니야" 라고 말한다. 대신에 그는 그의 이른바 '미시시장들 micromarkets'을 표적 시장으로 만들 기회를 엿보았다. 이 미시시장들은 하나의 도시에서는 큰 기회가 안 되지만, 전 세계적으로 합치면 시장으로서 엄청난 잠재력을 갖게 된다는 것이다. 그는 스톡홀름의 e-아뎁트를 상기하면서 "시각 장애인들이 겪는 문제는 어디서나 같아" 라고 말한다.

길가의 한 노천카페에서 나는 이 이야기의 실마리를 다시 끄집어내어 해즐메이어가 말을 이어가도록 부추겼다. 그는 자기 아이패드iPad에 시티마트를 띄웠다. 이 웹사이트는 가상여행으로 세계를 다니며 다른 도시들이 직면한 서로 비슷한 문제들을 어떻게 해결했는지를 볼 수 있도록 해준다. 한 도시 주차당국의 관리자가 모바일 지불 시스템이 필요하다는 사실을 확인하고는 웹 상의 여러 다른 회사들로부터 나온 수십 개의 쇼케이스들을 검색해 볼 수도 있다. 그는 "공공부문에서는 견학을 가서 마음에 드는 아이디어들을 보고 돌아와 그와 똑같은 것을 따라 하고자 하는 낭만적 생각이 존재한다"고 말했다. 웹이 발명되기 전에는 이것이 아이디어 확산의 주된 방식이었다. 헤즐메이어는 그의 아이패드상의 시티마트를 가리키며 "아이디어의 확산은 도시들이 우수사례들을 교환할 수 있어서 이뤄지는게 아니야"라고 했다. 도시계획의 풍부한 사례 연구들을 가지고 열심히 교류하는 국제 기구들은 이미 많이 있다. 아이디어의 확산은 "도시들이 업체들을 교환할 수 있기 때문에" 시작된다. 그래서 그의 목표는 세상의 온갖 도시문제에 대한 테크놀로지 솔루션을 제공하는 회사 5천 개를 최종적으로 이 사이트에 올려 놓는 것이다.

시티마트는 분명히 스마트시티 기술이 더 빠르게 확산되도록 도울 것이다. 어쩌면 스마트시티 기술산업을 상위 그룹의 비중이 보다 적은 산업으로, 즉 IBM, 시스코, 지멘스 같은 글로벌 기업들의 지배를 덜 받는 산업으로 변화시킬 수도 있다. 그러나 "우리 지역에서 개발한 것이 아니다"의 문제에 대해서 얼마나 많은 기여를 할 수 있을지는 다소 불분명하다. 시티마트가 진정으로 새로운 스마트시티 솔루션들의 세계무역을 창출해 낸다면, 더 큰 성공의 기회를 위해 지역의 재정이 스스로 시티마트를 이용하는 지역 회사들에게 주어질 가능성이 커진다. 지역 관리자들은 이 재정이 이들 지역 회사들에게 확실히 주어질 수 있도록 해야 한다는 압박을 그어느 때보다 크게 받게 될 수도 있을 것이다.

전화기는 다음 약속을 알리느라 부산스러웠다. 그 날 저녁 나는 바르셀로나의 카페와 바를 가상 회의장처럼 사용하여, 모든 일을 내 포스퀘어의 소셜 그래프를 통해 정리했다. 바르셀로나에서는 사상 최대의 스마트시티 기술 무역박람회가 열렸다. 헤즐메이어는 이 박람회에 참석하기 위해 모여든 스마트시티 업계에 냉소적인 견해를 밝혔다. "스마트시티에 대한 논의는 모두 기술적 구성방식architecture에 대한 논의가 되어버렸어. 이 논의에서 IBM은 스마트시티는 하나의 법인조직 같은 것이어서 구성방식이 좋아야 하고, 그렇기 때문에 구성 방식만 좋으면 다 된다고 말했는데, 이는 한 도시가 어떻게 작동하는지에 대한 비현실적이고 획일적인 접근이야. 그들은 '사람들이 앱 서비스의 설치보다 계속 이어지는 산업적 규모의 인프라 구축을 우선시한다. 일단 이것을 알면 모든 일이 된다'라고 말하고 있지."

해즐메이어는 자기 책 한 권을 탁자 위로 건넸다. 나는 책을 획획 넘기며 그가 수십 억 유로의 공적 자금이 쓸데없는 앱에 낭비되고 있다고 한 주장에 대해 공들인 논거들을 훑어보았다. 책의 커버는 "우리의 삶을 바꿀 서비스들은 대체 어디에 있나?"라고 묻는다. 최근 생겨나는 세계의 스마트시티 시민들에게는 핵심적일 질문이다. 그러나 빌 클린턴이 말했듯이 거의 모든 문제가 다른 곳의 누군가에 의해 이미 해결되어 왔다. 21세기의 과제는 효과를 보이고 있는 솔루션을 찾아내어 확장scale up하는 것이다.[32]

장기적 해킹

'사랑의 여름'은 미국 신 중산층의 물질적 풍요에 대한 거부였다. 헤이트의 히피들은 자본주의 사회의 토대를 이루는 사유재산과 결혼, 심지어 정부 그 자체에 의문을 제기했다. 산업적 생산 시스템을 혐오하고 현지 중심의 대안적 시스템을 재현하려 했다. 마찬가지로 이상적 세계에서라면 우리는 현지에서 쉽게 얻을 수 있는 재료만을 사용하여 각 스마트시티의 필요를 충족시킬 토착적 기술을 공들여 만들 것이다. 그 설계과정의 속도를 늦추고 또 과정을 개방하여, 다가올 한 세기 동안 그 기술로 살아갈 사람들이 최대한 참여할 수 있도록 할 것이다. 이것이 스마트의 여름이 추구했던 바이다.

불행하게도, 모든 도시 하나하나에 대해 스마트 기술을 맞춤식으로 개발하기에는 시간이 많이 없다. 많은 도시들이 이런 유기적 과정organic process이 진행되기에는 너무 빠르게 성장하는가 하면, 또 다른 도시들은 걷잡을 새 없이 쇠퇴의 길로 빠져든다. 기술은 이보다 더 빨리 진화하여 이런 문제들에 대처할 새로운 도구들을 만들어 내면서 기존의 솔루션들을 쓸모 없게 만들어 버린다. 우리가 스마트 기술이 주는 기회를 살리려 한다면 글로벌 산업이 제 역할을 해야 한다. 풀뿌리 운동은 혁신적이고 강력하지만 느리고 분파적이고 체계적이지 못하고 무질서할 때가 많다. 워싱턴 DC가 오픈 데이터 스토어를 개설한 지 5년, 내 계산으로 미국에서 그런 오픈소스 데이터 스토어가 있는 장소에 살고 있는 인구는 6%가 채 되지 않았다.[33] 그리고 새로운 아이디어들이 소도시들과 개발 도상국의 도시들로는 충분히 빠르게 확산되지 않았다. 스마트는 여전히 주로 대도시big-city만의 현상이다.

좌절감을 느낄 정도로 느린 이런 진척 속도가 스마트시티의 표준을 만들려는 충동을 부채질하고 있다. 한 건물의 시스템들이 어떻게 서로 소통되도록 할 것인가? 어떻게 내 전화로 어느 버스가 지금 어디로 가고 있는지 물을 수 있을까? 런던에 본거지를 둔 '리빙플래닛Living PlanIT' 같은 회사들은 '도시운영시스템'을 개발하려는 야심을 터 놓고 이야기한다. 그러나 각양각색의 엄청난 단편적 기술들을 모두 한 도시에서 함께 작동시키려는 엔지니어링의 도전은 스마트시티 디자인의 합리화를 향한 첫 걸음일 뿐이다. 2012년 바르셀로나 주도로(시스코의 강력한 영향력과 함께) 소집된 도시컨소시엄은 '시티프로토콜City Protocol' 작성에 착수했다. 그 목표는 기술적 표준만 아니라 "한 도시의 해부학적 구조, 기능, 그리고 메타볼리즘을 기술하는 공통의 언어 및 그것들을 측정하고 벤치마킹하기 위한 성능 지표까지도 만들어 내는 것이었다."[34]

스마트시티 건설을 위한 이러한 공동의 새 출발점은 좋은 아이디어와 테크놀로지의 확산을 가속시킬 것이다. 그러나 표준의 설정을 서두름에 있어서 우리는 3장에서 살펴 본, 인터넷 DNA에 관한 초창기의 갈등이 준 교훈들에 주의를 기울여야 한다. 시민실험실과 이들이 창작한 상황 소프트웨어가 우리에게 무언가 말해주는 것이 있다면, 그것은 우리가 얼마만큼 하향식 구조를 강요하는가에 대해 주의해야 한다는 것이다. 인터넷의 발전은 혁신에 대한 조합적combinational 접근이 속성상 본래 점진적인 것임에도, 결국 어떻게 전 지구적으로 빠르게 확산될 획기적 발명이 될 수 있는지를 보여준다. 전 세계에서 한없이 쏟아져 나오는 다양한 파일럿, 프로토타입, 실험들은 이런 식의 조합적 혁신이 스마트시티 분야에 건재해 있음을 입증한다. 전 세계의 기술인tinkerer들은 스마트 기술이 단순한 도시 설비기술과는 아주 다른 주제라는 것을 매일 보여주고 있다. 스마트 기술은 작은 집단들의 일상적 필요를 해결하기 위해 정교하게 만들어진 복합적 집합체이다. 운이 좋으면 이러한 작은 국지적 진전들이 웹처럼 시간이 지남에 따라, 우리 모두가 생활하고 일하는 방식에 커다란 건설적 변화를 가져다 줄 것이다. 아마도 우리는 선택지들을 좀 더 오래 열어 두면서, 과도히 표준화하려는 충동을 억제해야 할 것이다.

　　도시를 공부하는 물리학자, 제프리 웨스트Geoffrey West는 2010년 뉴욕의 한 도시학자 모임에서 도시에 대한 과학a science of cities이 없다면 "모든 도시들을 각기 개별적 차원에서 다루어야 할 것이다" 라고 평했다.[35] 그런데 디자이너들에게는 도시를 하나하나 따로 다루는 것이 유일하고 적절한 접근법이다. 스마트시티에서 고조되고 있는, 방편적 설치 expedient deployment와 세심한 디자인 사이의 긴장은 사라지지 않을 것이다. 모든 도시는 각기 사람들, 장소들, 정책들이 끈끈하게 얽힌 자기들만의 매듭이다. 설사 스마트시티가 공통의 템플릿으로 정교하게 만들어졌다 하더라도, 기존 도시에 적합하게 맞추어져야 한다. 모든 도시는 각기 어려움을 견디는 힘patience, 재정 자원 그리고 지역 혁신 역량을 바탕으로 표준적인 것과 고유한 것 간의 균형을 이루어야 할 것이다.

이는 분명히 시간이 걸리는 일이다. 우리는 장기적 해킹에 적응해야만 한다.

시민실험실의 세상은 인터넷처럼 아이디어들이 도시 안에서, 그리고 도시 사이에서 순환함으로써 그 부분들의 합 이상이 되게 마련이다. 그러나 국지적 혁신과 교차 수정 간의 균형이 어떻게 될지 아직은 분명하지 않다. 만일 셔키의 예측이 맞고, 미래가 소그룹들의 필요에 따라 만들어진 수백만 개의 앱들로 채워진다면 조합적 접근법이 지배적이 될 것이다. 만일 업계가 옳다면 소수의 핵심적 해결책들과 표준들이 성공할 것이다.

보다 실현 가능한 미래는 이 둘 사이의 어딘가에 있다. 즉 아이디어와 도구와 데이터를 실시간으로 교환하는, 웹과 같은 스마트시티 네트워크가 그 미래이다. 그런데 이 미래가 실현되도록 하려면, 타처로부터 교차 수정될 수 있는 상황 소프트웨어에서 새로운 용도에 맞는 개량품을 추출해내는 능력을 키울 필요가 있다. 우리에게는 이 개량품들을 도시들 간에 공유할 더 많은 방법, 새 장소에 접목시킬 더 빠른 방법, 그리고 최소한 이 과정을 최대한 저렴하게 해줄 범용 표준이 필요하다. 그리고 이 모든 일을 함에 있어, 지역 차원에서 해야 할 디자인 결정을 미리 과도하게 표준화하지 않도록 주의해야 한다.

과도한 표준화는 창조성과 혁신이 지금껏 이끌어 온 수많은 경쟁적인 시도들을 제거해 낼 것이다. 시민실험실의 세계와 관련한, 이에 대한 오래된 선례가 있다. 1948년 영국의 위대한 철학자 버트런드 러셀Bertrand Russell은 산업화 이전에 예술이 어떻게 도시 간 경쟁을 통해 번창했는지를 설명했다. 그는 예술을 모든 사람의 일상 생활에 통합시킴에 있어 "우리 시대는 열등함을 보이고 있는데, 이는 사회가 중앙 집권화되고 조직화되어 개개인의 주도권을 최소한으로 축소시킨 데 따른 필연적 결과이다. 과거 예술은 대체로 그리스의 도시국가들, 이탈리아 르네상스 시대의 작은 공국들, 18세기 독일 통치자들의 소궁정 같은, 경쟁관계에 있는 작은 커뮤니티들 사이에서 번성했다" 라고 말했다. 러셀은 오늘날 스마트시티에서 펼쳐지고 있는 그런 역동성을 동경했다. "도시들이 예술적 자긍심을 계발하여 서로 경쟁관계를 이루고 또 각 도시가 자체의 음악과 미술 학교를 갖게 된다면, 옆 도시 학교에 대해서는 강한 경멸의식도 갖겠지만, 아주 좋은 일이 될 것이다. … 인간 생활이 점점 더 멋없고 단조롭게 되지 않으려면 지역적인 것에 중요성을 부여하는 문제가 논의되어야 한다고 생각한다."[36]

도시는 일반 소비자들과 달리 앞 시대로부터 물려받은 기술들이 낡았다고 해서 쉽게 버릴 수 없을 것이기 때문에, 표준을 정하는 일은 신중하게 해야 한다. 오늘날 우리가 내리는 의사 결정의 파급 효과는 앞으로 수년, 심지어 수십 년 동안 우리에게 미치게 된다. MIT의 도시설계 학자 에란 벤조셉Eran Ben-Joseph은 그의 글에서, 한 세기 전 진보의 이름으로 제정했던, 필지 분할, 유틸리티 설치, 가로와 보도 계획 등의 기준들이 오늘날 새로운 문제들을 처리하는 데 제약이 되고 있다고 말했다. 그는 "이 계획 기준들은 19세기 말과 20세기 초 도시지역의 열악한 상태를 개선하려는 바람에서 유래된 것인데, 위생, 안전, 도덕의 문제들을 해결하기 위한 필수적 수단이 되었다… 그렇게 많은 건축물들이 이 규칙들에 따라 건설되다 보니, 이 규칙들이 누적되어 오늘날 보편적 기준으로 받아들여지게 되었다. 즉 계획 기준들이 장소별로 다양한 지형, 자연 생태계, 그리고 정신문화와 관계 없이 장소의 규정자definers, 재단자delineators, 그리고 기획자promotors가 되어 버렸다" 라고 말한다.[37]

우리가 스마트시티의 디자인 및 기술을 너무 빨리 고착시키려 서두른다면, 스마트시티를 특별하게 하고, 그 절묘한 다양성을 되찾아 줄 마지막이자 최대일 기회를 놓치게 될지도 모른다.

smart cities

9장

스마트시티가 마주한 문제

칼라피아 카페Calafia Café는 팔로알토Palo Alto에 위치한 세계적인 고급 레스토랑이다. 구글의 전직 총주방장이었던 찰리 아이어스Charlie Ayers가 책임을 맡고 있는 이곳의 음식은 단순히 끼니를 때우는 것 그 이상이다. 식사마저 자기 계발의 길이 되는 곳, 이곳의 캘리포니아 요리는 사람들을 더욱 날씬하고, 활기차게 만들어 주는 재료들로 공들여 조리된다. 대여섯 명의 벤처투자자들이 이곳에서 민들레 샐러드를 깨작거리고 있다. 밤의 팔로알토는 조용한 교외 지역이지만, 낮에는 과학과 공학 인재들이 인류의 문명 이래 최대로 모여드는, 자본의 중심지가 된다. 캘리포니아의 서쪽 길 건너편에는 스탠포드 대학이, 동쪽으로는 구글의 본사 단지 구글플렉스Googleplex가 수 마일에 걸쳐 뻗어 있다. 이곳 주변 지역에는 약 50만 명의 엔지니어들이 현업에 종사하며 살고 있다. 기술계의 거물이라면, 이곳에 머물지 않을 수 없을 것이다. 스티브 잡스 또한 그 인물 중 하나였다.

그러나 이 카페의 화장실을 이용할 때, 우리는 아이러니하게도 이곳의 기술에 중대한 문제가 있음을 알게 된다. 카페의 자자한 명성에도 불구하고, 이곳의 스마트 화장실은 제대로 작동되지 않고 있다. 사용자가 아무리 스테인리스 변기를 응시해도, 스마트 장치의 '뇌'가 들어 있는 검은 상자의 빨간 불빛은 계속 깜박거리기만 할 뿐이다. 변기 바로 위에는 "센서가 작동하지 않을 경우 수동식 버튼을 조작하시오" 라고 적혀 있다. 50여 년 간의 컴퓨터 과학과 산업 공학의 발전을 뒤로한 채, 사용자는 아날로그 방법을 통해 곤경에서 벗어나게 된다.

나는 변기의 CPU에 코드화 되어있는 분뇨 처리 모델을 역분석해보며 일본 어딘가에 있을 실험실을 머리 속에 그려보았다. 스톱워치를 든 하얀 가운의 기술자들이 지능형 변기에 민망해하며 앉아있는 피실험자들을 꼼꼼히 관측하고 있다. 문제의 복잡성은 이들을 통해 명료해진다. 변기의 물은 어떻게 내려가는가? 사용자가 일어나자마자? 아니면 사용자가 몸을 돌릴 때? 또는 일정 시간이 멈춘 후? 그럴 경우 멈추는 시간은 얼마나 되는가? 물을 한 번 더 내려야 할 때에는 안내를 해 주는가? 이러한 문제들은 사람을 달에 착륙 시킨다거나, 공항까지의 운전 경로를 파악해 주는 것과 같은 도전적인 성격의 문제는 아니지만, 매번 직면할 수밖에 없는 문제임에는 틀림없다.

당혹스러움은 곧 두려움으로 바뀌게 된다. 실리콘 밸리 심장부에서 발생하는 스마트 기계의 고장이나 버그, 오작동에 대해 과연 우리는 어떻게 받아들여야 할까? 길 건너 생명공학 실험실에서 암 치료 연구에 막 성공한 누군가가 이곳에서 점심을 먹으며 자축 식사를 하고 있을 수도 있다. 이러한 천재 역시 수동식 물내림 버튼을 누르고도, 스마트 기술의 새 세계가 어떻게 우리를 끊임없이 실망시키고 있는지에 대해서는 결코 깊이 생각하지 않을 것이다. 우리는 이러한 기술을 집과 커뮤니티, 심지어 우리의 신체에까지 결부시키지만, 기술의 결점에 대해서는 전문가들조차 놀라울 정도로 안일한 태도를 보이고 있다.

물론 내가 이러한 걱정을 멈추고, 스마트 변기 같은 기술을 애호하는 법을 배워야 한다는 것 또한 알고 있다. 그러나 우리가 위에서 본 결점들이 스마트 기술이 지닌 더 큰 문제의 전조 증상이라면 어떻게 될까? 스마트시티 그 자체의 파멸의 씨앗이 이미 이 안에 심겨져 있는 것이라면 어떻게 될까? 지금까지 나는 스마트시티가 21세기 도시화의 도전적 과제들에 대한 해결책이라고 주장해 왔다. 문제가 지닌 잠재적 위험에도 불구하고 그것이 가져다 주는 편익이 위험보다 더 크고, 특히 우리의 선택에 의도치 않은 결과들이 닥칠 때 우리가 이에 적극적으로 대처한다면 더욱 그러할 것이라고 말해 왔다. 그러나 현실에서 우리가 대처해 온 방법은 그저 겉핥기에 지나지 않았다.

미래의 스마트시티들이 버그 투성이에buggy, 장애 발생에는 취약하고brittle, 감시·감청되는bugged 곳이라면 과연 어떻게 될까? 우리는 지금 우리 자신을 어디로 끌어 넣고 있는가?

버그 투성이

몇 주 후 나는 저 말 안 듣는 변기에 대한 생각은 전혀 잊어버린 채, 매사추세츠 주 케임브리지의 MIT 캠퍼스를 배회하고 있었다. 켄모어 스퀘어Kenmore Square에서 서쪽으로 거닐다 몇 분 후 브로드 연구소Broad Institute 본부 건물을 우연히 마주치게 되었다. 본부 건물은 유리와 철로 된 큰 단일 건물로, 10억 달러의 유전체 의학 연구 센터가 입주해 있다. 센터의 가로 벽면은 DNA 염기쌍의 끝없는 서열을 실시간 지도로 보여주는 수많은 디스플레이 기기들로 둘러싸여 있다.

그 후 내 눈에 띄는 것이 있었다. 바로 블루스크린blue screen이었다. 블루스크린은 컴퓨터 운영시스템이 갑작스럽게 고장 날 때 마이크로소프트 윈도우가 내보이는 경보 화면으로 알려져 있다. 나는 곧 허망한 생각과 함께 유리 너머의 처량한 패널을 바라보았다. 패널은 유전적 발견의 결과물들을 보여주는 대신, 의미 없이 연이어져 있는 16진수의 문자열들만 응시하도록 만들었다. 이는 분명 CPU의 코어 깊숙한 곳에서 어이없는 계산 착오가 일어났음을 가리키는 것이었다. 인간 지능과 기계 지능의 역사적 융합을 보리라 희망했던 바로 그곳에서 나는 또 다른 버그를 보게 되었던 것이다.

'버그bug'라는 말은 웨일즈어의 고어 부그bwg에서 나온 것인데, 오랫동안 곤충을 가리키는 속어로 쓰여왔다. 이 버그가 기술적 결함을 가리키는 말로 전용되기 시작한 것은 전기 통신 시대의 여명기로 거슬러 올라 간다. 1840년대에 발명된 최초의 전신기telegraph는 통신선 두 개를 사용했다. 하나는 송신용, 다른 하나는 수신용이었다. 1870년대에 이중 전신기 duplex telegraph가 개발되어 메시지를 하나의 통신선을 통해 동시에 양방향으로 보낼 수 있게 되었다. 그러나 때때로 잘못된 신호가 이 선을 타고 오곤 했는데 이를 '버그들bugs' 또는 '버그 투성이buggy'라 말했다.[1] 토마스 에디슨 자신도 1878년 푸스카스 티바달Puskás Tivadar에게 쓴 편지에서 버그라는 표현을 썼다. 푸스카스는 헝가리의 발명가로, 최초로 개별 통신선들을 하나의 네트워크로 연결시키는 전화 교환 장치 아이디어를 만들어 냈다.[2] 에디슨 자신의 사중 전신기quadruplex는 각 방향으로 두 개씩의 신호를 보낼 수 있는 개량된 전신기인데, 개발 초기 기록에 따르면 1890년 경에는 버그라는 말이 업계의 흔한 용어가 된다.[3]

그러나 문서로 처음 기록된 컴퓨터 버그는 실제 곤충이었다. 1947년 9월, 하버드대 교수들과 함께 일하던 해군 연구원들이 마크 II 에이킨 릴레이식 계산기Mark II Aiken Relay Calculator를 시운전하고 있을 때, 갑자기 계산 오류가 생겨나기 시작했다. 전기 기계식이었던 컴퓨터를 열어보니, 계전기relay 사이에 나방이 끼어 있었다. 해군 역사가들이 운영해오고 있는 웹사이트에서는 당시 실험노트에 나와 있는, 누군가가 나방을 테이프로 감아 조심스럽게 떼어내는 사진을 볼 수 있다. 여기에는 꼼꼼하게도 "버그가 발견된 사실상의 첫 사례"라는 주기가 덧붙여져 있다.[4] 들리는 바로는 그 누군가가 그레이스 호퍼Grace Hopper인데, 그는 훗날 컴퓨터 과학의 중요한 선구자가 될 프로그래머였다(그러나 호퍼의 전기를 쓴 작가는 이 사례가 '버그'가 고장을 가리키는 말로 처음 사용된 사례였다는 것에 이의를 제기하며, 당시 '버그'라는 말은 이미 사용되고 있었다고 주장한다).[5]

그날 이후로 버그는 우리 디지털 세계에 고질적 문제가 되었다. 이는 현대 공학의 어마어마한 복잡성과 가차 없는 발전 속도가 빚어낸 결과이다. 그렇다면 스마트시티에서는 이 버그를 어떤 식으로 겪게 될까? 그것은 앞서 본 잘못된 변기나 고장난 공공 스크린과 같은 고립된 사태로 일어날 수 있다. 2007년 워싱턴 지하철의 한 차량에 불이 났는데, 전류 급증을 탐지하도록 설계된 소프트웨어가 버그로 인해 제대로 작동하지 않아 발생한 일이었다.[6] 엔지니어들이 체계적인 테스트와 디버깅을 시도하는 동안, 이 소프트웨어를 안정성이 더 높은 구식 코드를 사용하도록 대체하는 데는 차량 당 20분밖에 안 걸렸다.

그러나 도시 규모의 시스템에서 생기는 버그들은 네트워크 전역으로 번져나가 어쩌면 대재앙을 초래할 수도 있다. 워싱턴 DC의 지하철 화재가 있기 1년 전, 샌프란시스코 만안 지역의 도시 고속 교통 시스템BART 제어 소프트웨어에 버그가 발생해 시스템 전체가 정지된 적이 있었다. 한 번만 그런 것이 아니라 72시간 동안 세 번이나 발생했다. 더 당혹스러웠던 것은 코드의 결함을 고치고자 한 첫 시도가 사실상 사태를 더 악화시켰다는 것이다. 추후 이루어진 정식 조사는 아래와 같이 밝혔다. "BART 직원들은 소프트웨어의 어떤 오류도 즉각 복구해 내는 백업 시스템 설정 작업을 곧바로 시작했다." 그러나 첫 오류가 있고 이틀 후, "이 백업 작업은 하드웨어의 일부 오류 발생에 영향을 미쳤고, 이 오류로 최장의 운행 지연 사태가 초래되었다."[7] 다행히 다친 사람은 없었지만 지하철 운행 정지로 인한 경제적 손실은 아마도 엄청나게 컸을 것이다. 2005년 뉴욕 지하철 파업으로 이틀 반 동안 열차가 운행 중지되었을 당시 경제적 손실은 10억 달러로 추산되었다.[8]

교통 시스템 자동화에서 생긴 고장 문제는 앞으로 우리가 스마트시티를 신봉함에 따라 나타날 문제들의 전조 증상이기도 하다. 그러나 오늘날의 실패가 당혹스러운 만큼, 이러한 문제들은 신뢰성을 위한 기준이 되기도 한다. 현재의 스마트 시스템들은 광범위한 테스트를 거쳐 공들여 설계된다. 안전 장치 또한 겹겹이 되어 있다. 시급히 대처해야 할 도시 문제는 늘어나는데 그에 필요한 자원과 의지는 불확실한 상황에서, 많은 스마트 기술이 빠듯한 일정과 그보다 더 빠듯한 예산 속에서 되는 대로 조립될 것이다. 이 기술들은 매년 간헐적으로 일어나는 잠깐 동안의 작은 결함들을 빼고는 신뢰성의 규범에 부합하려 힘겹게 애쓸 것이다.

도시 규모의 스마트 시스템들은 순전히 그 크기만큼의 문제가 생긴다. 도시와 그 인프라는 인류가 지금까지 창조해 온 가장 정교하고 복잡한 구조물이다. 이 구조물들을 그만큼 복잡한 정보 처리 시스템과 혼합하여 직조하는 일은 버그나, 도시와 정보 시스템 간의 예기치 않은 상호 작용 발생 기회를 크게 증가시킬 뿐이다. 고성능 네트워크 전문가 케네스 두다Kenneth Duda는 「뉴욕타임즈」에 "최대의 적은 코드 라인의 수lines of code, 즉 상호작용으로 측정되는 복잡성이다"[9]라고 말했다. 작가이자 소프트웨어 개발자였던 엘렌 울만Ellen Ullman은 다음과 같이 주장한다. "어떤 컴퓨터 시스템도 충분한 테스트를 한다는 것은 불가능하다. 이를 가능하다고 생각하는 것은 컴퓨터 시스템이 어떻게 구성되는지에 대해 잘못 생각하고 있는 것이다. 시스템은 하나의 회사가 온전히 다 만들어 내는, 일체화된 코드가 아니다. 오히려 서로가 플러그로 연결되는 '모듈들'의 집합이다 ⋯ 그 결과로 나온 시스템은 설명이 불분명한 '인터페이스interfaces'라는 것을 통해 소통하는, 서로 뒤얽히며 연결된 블랙박스들이다. 인터페이스의 이쪽 프로그래머는 저쪽 프로그래머가 제대로 해 주기를 바랄 뿐이다."[10]

기술 재해에 관한 1984년의 획기적인 연구를 담은 『정상사고Normal Accidents』에서 사회학자 찰스 페로우Charles Perrow는 다수의 구성요소들이 긴밀하게 연결되어 있는, 고도로 복잡한 시스템에서는 사고 발생이 불가피하다고 주장했다. 더 큰 문제는 경고와 경보 같은, 위험을 줄이려는 전통적 방법들이 실제로는 시스템의 복잡성을 더 키우고, 그에 따른 위험도를 더 증가시킬 수 있다는 사실이다. 예를 들면 체르노빌 원전 사고는 새 원자로의 안전 계통을 테스트하는 도중 촉발된 고장들이 연쇄적으로 일어나며 발생되었다. 페로우의 결론은 "대부분의 고위험성 시스템들은 어떤 이례적 특성들을 가지고 있는데, 이 특성들이 사고를 불가피하게, 심지어 '정상적normal'인 일처럼 일어나게 한다"는 것이다.[11]

스마트시티에서는 이러한 정상 사고가 늘 발생하게 될 것이다. 급속한 도시화는 중국의 악명 높은 '두부건축물tofu buildings'에서 볼 수 있는 날림 공사의 관행을 초래했다. 이와 마찬가지로 성급하게 조립해 만든 스마트시티 역시 디자이너들과 건설업자들의 편법들로 인해 기술상의 결함들을 안게 될 것이다. 이러한 조급한 방편책들에 비하면 밀레니엄 버그 Y2K bug 같은 이전의 디자인 편법들은 사소한 일로 보이게 될 것이다. 컴퓨팅 시대 초기에는 메모리 절약을 위해 연, 월, 일 표기에서 뒤의 두 자리 숫자만 기록하도록 했었다. 이로 인해 1990년대 말 Y2K는 사상 최대의 버그가 되었고, 전세계적으로 수백만 개의 코드 라인을 재작성하게 만들었다. 그 전 수십 년 동안 Y2K 문제를 해소할 많은 기회가 있었지만, 수천 개의 기관들이 이를 미루었고, 마지막 단계에서 시간을 내어 이 문제를 처리했을 때는 전 세계적으로 3천억 달러의 비용을 들여야 했다.[12] 스마트시티에서 버그는 서로 연결된 아주 중요한 수많은 시스템들 속에 기생하며 더욱 은밀해질 것이다. 때로는 시스템 간의 상호 의존 관계를 예측할 방법이 없을 수도 있다. 2012년 캘리포니아 플레이서 카운티Placer County 의 배심원 인력 관리 시스템에 버그가 발생해 1,200명을 같은 날에 소집하게 된 일이 미국의 80번 주간 고속도로의 극심한 교통혼잡을 일으키게 될 줄을 누가 예견할 수 있었겠는가?[13]

스마트시티에서 버그가 만연한다는 것은 매우 당혹스러운 일이다. 그런데 우리는 아직 최대의 위험이 어디에 있는지, 그것이 언제 어떻게 시스템 장애를 일으킬지, 또는 그 연쇄반응이 어떠한 결과를 가져올지에 대해 분명하게 파악하지 못하고 있다. 스마트시티가 기능을 멈춘다면 누가 책임을 져야 할까? 시민들은 그 결함을 찾아 고치는 데 어떠한 도움을 줄 것인가? 우리는 데스크톱이 고장날 경우 일반적으로 소프트웨어 회사에 버그 신고를 한다. 이러한 데스크톱식 모델이 내장식의 유비쿼터스 컴퓨팅 세계에도 과연 이식될 수 있을까?

이해가 바로 가지는 않겠지만, 버그를 지닌 스마트시티들이 민주주의에 대한 시민들의 요구를 증가시킬 수 있을지도 모른다. 웨이드 라우쉬Wade Roush는 시민들이 블랙아웃과 원전 사고 같은 대규모 기술적 재난에 어떻게 반응하는지를 연구했다. 그의 연구는 흥미로운 결과를 제시했다. 대규모 기술 시스템의 제어 기능이 고장나면 일반 시민들은 해당 기술 시스템에 관해 알게 되기 마련이다. 이렇게 교육을 받은 시민들은 근본적인 변화를 요구하게 된다. 기존의 기술 계획과 그 계획을 실행하는 사람들의 전문성과 권위에 문제를 제기할 수 있게 된다는 것이다. 그는 우리 자신들이 빚어낸 재난들에 대한 대중적 대응이 "기술 시민성technological citizenship'이라는 새로운 문화적 흐름의 발전을 자극했는데, 이 기술 시민성은 현대 사회에 스며들어 있는 복잡성에 대한 더 많은 지식과 이에 대한 회의적 태도를 특징으로 한다" 라고 주장한다.[14] 첫 세대 스마트시티가 치명적인 결함을 가지고 있다는 것이 정말로 입증된다면 그 잔해로부터 더 큰 회복탄력성과, 더 큰 민주적 디자인의 씨앗이 자라날 수 있을 것이다.

버그로 가득 찬 스마트시티의 배관 설비 속에 뛰어들어 이를 일소해 버릴 수 있는 소수의 모험가들이 우리의 새 영웅이 될까? 브로드 연구소의 블루스크린을 떠나 빗 속에서 내가 묵고 있는 호텔로 발길을 돌리면서, 몬티 파이튼Mony Python 극단의 일원인 테리 길리엄Terry Gilliam의 1985년 작 영화 〈브라질Brazil〉을 떠올렸다. 이 영화는 걷잡을 수 없이 잘못 되어간 독재적 스마트시티를 예언한 영화였다. 호텔에 도착하자마자 랩톱을 켜고 넷플릭스에서 그 영화를 틀었다. 영화는 주인공 샘 로우리Sam Lowry가 열린 냉장고 옆에 땀을 흘리면서 쪼그리고 앉아 있는 장면으로 시작된다. 갑자기 전화가 울리고 로버트 드 니로Robert De Niro가 배역을 맡은 해리 터틀Harry Tuttle이 들어온다. 로우리는 그가 도시 인프라를 운영하는 무신경한 관료 기구에서 왔으리라 생각하며 "시의 시설과Central Services에서 나오셨어요?"하고 묻는다. "요즈음 거기 직원들은 일이 좀 많아서요. 요행히 제가 당신 전화를 엿듣고 오게 되었지요" 라고 터틀이 대답한다. 터틀은 게릴라 수리공으로 주민들의 기본 설비 시설이 제 기능을 유지하도록 하기 위한 영웅적 노력을 하는 스마트시티 해커다. 그는 "당신의 이 시스템은 죄다 불탈 수도 있는 상태인데, 시의 절차대로 하자면 복잡한 고장 신고서 양식을 다 채우기 전에는 주방의 수도꼭지 하나도 틀 수 없게 되어 있습니다" 라고 말한다.

이것이 그저 허구적인 이야기이기를 바라자. 그러나 언젠가는 그저 믿기지 않는 이야기로 여겨지지는 않게 될 것이다.

장애 발생에 취약

창조의 신화는 사실만큼이나 믿음에 의존한다. 인터넷의 신화도 다르지 않다. 오늘날 모든 곳의 네티즌들은 인터넷이 핵 공격에도 살아남을 수 있는 군사 통신망을 설계하려는 군사적 노력의 산물로 시작되었다고 믿고 있다.

이 우화는 1960년대 초 랜드 연구소RAND의 연구원인 폴 바란Paul Baran의 「분산 통신에 관하여On Distributed Communication」라는 보고서 간행으로 시작된다. 당시 바란은 미 공군을 위한, 파괴되지 않는 통신망의 개발 계획을 책임지고 있었다. 냉전 기획자들은 전화 시스템의 허브 앤 스포크hub-and-spoke 구조가 소련의 선제 공격에 취약한 점을 우려했다. 통신망이 작동되지 않으면 반격을 준비할 수 없고, 두 초강대국 간의 '상호 확증 파괴mutually assured destruction'의 전략적 균형이 틀어질 수 있었다. 하버드 대학의 과학 역사가인 피터 갤리슨Peter Gallison에 따르면, "바란이 제안한 것은 전화 시스템에서 결정적으로 중요한 통신망 노드들을 완전히 제거하는 계획이었다."[15] 「분산 통신에 관하여」와 뒤이은 일련의 소논문들에서, 바란은 네트워크 허브들이 서로 중복 연결되는, 덜 중앙 집중적인 격자식 구조가 심대한 손상에도 어떻게 고립된 구역들로 사분오열되지 않고 견딜 수 있었는지를 수학적으로 예증해 보였다.[16] 이 아이디어는 1957년 소련 우주 계획의 스푸트니크 발사라는 당혹스러운 일을 겪은 후 급속한 R&D 추진을 위해 설립된 미 국방부의 방위 고등 연구 계획국ARPA: Advanced Research Projects Agency에 의해 채택되었다. 인터넷의 원형인 아파넷ARPAnet은 1970년대 초 이 연구소가 내놓은 것이다.

이상이 전해내려 오는 이야기이다.

실제 이야기는 보다 평범하다. 군사 통신망의 생존 가능성은 확실히 실질적인 걱정거리였다. 그러나 랜드 연구소는 당시의 통신망을 폭 넓게 재검토 하고 있던 몇 개의 연구단체들 중 하나였을 뿐이다. MIT의 로렌스 로버츠Lawrence Roberts, 그리고 영국 물리학연구소National Physical Laboratory의 도널드 데이비스Donald Davies와 로저 스캔틀베리Roger Scantlebury 또한 비슷한 분산 통신의 개발 활동을 이끌고 있었다. 이 세 연구진들은 1967년의 한 학회가 있을 때까지 서로가 하고 있는 일들을 모르고 있었다. 이 학회는 컴퓨터 학회Association for Computing Machinery가 테네시 주 개틀린버그Gatlinburg에서 조직한 회의로, 로버츠는 스캔틀버리를 이곳에서 만났다. 이 때쯤 스캔틀버리는 바란이 이전에 한 연구에 대해 알고 있었다.[17] 그리고 아파넷은 미국 핵무기에 관한 군 지휘 통신망이 아니었고, 그 점에서는 무기와 관련된 것이 아니었다. 심지어 기밀도 아니었다. 아파넷은 그저 연구 통신망이었다. 미 국방부를 위해 아파넷 프로젝트를 감독한 로버트 테일러Robert Taylor는 2004년에 널리 전달된 한 이메일에서 다음과 같이 설명했다. "아파넷은 전쟁을 고려해서 만들어진 것이 아니었다. 이해를 같이 하는 사람들이 지리적으로 널리 흩어져 있을 때에도 인터랙티브 컴퓨팅을 통해 서로 연결할 수 있게 하기 위해 만들어진 것이었다."[18]

우리 역시 바란이 기대했듯 인터넷이 아직도 널리 분산되는 것이라고 믿고 싶어하는데, 사실 인터넷은 어쩌면 인간이 만든 가장 중앙 집중적인 통신망일지도 모른다. 맨 처음 아파넷은 확실히 분산 통신이라는 이상을 따랐다. 늘어나는 네트워크의 1977년 지도를 보면 적어도 여분의 네 개 대륙 횡단 통신로들이 있는데, 보스턴, 워싱턴, 실리콘 밸리, 로스앤젤레스 등 주요 컴퓨팅 클러스터들이 AT&T로부터 임차한 전화선을 통해 연결되고 있다. 이들 지역 내에서도 대도시권 폐회로metropolitan loops가 있어 네트워크에 여유가 있었다.[19] 이웃과의 연결선이 고장 나더라도 패킷을 다른 방향으로 돌려서 보냄으로써 연락이 닿을 수가 있었다. 이러한 방식은 오늘날에도 아직 흔히 사용된다.

1987년 미국 국방부는 늘 실험이라고 생각했던 아파넷 프로젝트를 중단하려 했다. 그러나 이 프로젝트에는 연구 커뮤니티가 하나 딸려 있었다. 그래서 프로젝트 관리권을 미국 국립과학재단National Science Foundation에 넘기는 계획이 수립되었다. 국립과학재단은 아파넷 중 민간용에 해당되는 부분을 1년 전에 띄운 재단 자체의 연구 네트워크 NSFNET에 병합하였다. 1988년 7월, 새로운 국가중추네트워크가 NSFNET의 중심 과제가 되었다. 국가중추네트워크는 더 효율적이고 더 경제적인 허브 앤 스포크 방식을 좋게 보아 아파넷의 중복적, 분산적 그리드 방식을 중단해 버렸다.[20] 오늘날의 항공교통 네트워크와 거의 똑같이, 대학교들로 구성된 컨소시엄들은 (종종 상당한 NSF자금 지원을 받아) 학교의 자원을 공동으로 이용하여 자기들 지역의 자체 피더 네트워크(큰 네트워크의 주요 허브로 이어지는 주변 경로 또는 지선)를 배치했다. 이 피더 네트워크들은 전국에 전략적으로 산재해 있는 몇몇 허브를 통해 국가중추네트워크에 합류되었다.

꼭 7년 후인 1995년 4월, 국립과학재단은 국가중추네트워크의 운영을 민간부문으로 넘겼다. 이 조치는 정보를 전국으로 유통시키는 주요 상호접속점을 네 개만 지정함으로써 네트워크의 중앙집중도를 훨씬 더 높이게 된다. 샌프란시스코, 워싱턴, 필라델피아, 시카고 등의 외곽에 위치한 이 허브들은 미국 인터넷뿐만 아니라 세계 인터넷의 중심이었다. 그 당시 유럽에서 아시아로 가는 이메일은 거의 반드시 버지니아와 캘리포니아를 경유하곤 했다. 그때 이후 중앙집중화는 더 심화되었다. 이중에서 버지니아의 애쉬번Ashburn에 있는 허브는 아마도 세계 최대라고 할 수 있는 데이터 센터들이 집결해 있는 곳인데, 월마트 슈퍼센터 22개를 합친 크기를 자랑하는, 약 40동의 센터 건물들이 들어서 있다.[21] 다른 곳에서는 인터넷 인프라가 기존의 상업중심지들을 중심으로 합쳐져 있다. 오늘날 세계 최대의 네트워크 사업자들이 서로 연계되어 있는, 맨하튼의 몇 개 건물들만 파괴하면 대서양을 횡단하는 인터넷 용량의 상당부분을 차단할 수 있다 (광섬유가 브로드웨이 25번지를 유럽으로 연결시키는 첫 기술은 아니다. 1921년 완공된 이 격조 높은 건축물은 1960년대까지 큐나드 라인Cunard Line이라는 영국의 해운 회사가 소유한 대양 횡단 증기선들의 본부이자 주 매표소 기능을 수행했었다).

많은 허점이 있음에도 불구하고 인터넷의 핵무기 관련 탄생 신화는, 실제로 몇 번의 폭격에도 놀라울 정도의 회복탄력성을 보여주었다는 사실로 인해 더 강력해졌을 뿐이다. 1999년 봄에 있었던, 세르비아에 대한 나토의 공중 폭격은 분명히 전기선을 따라 배치된 통신시설을 목표로 하였음에도 이 나라의 많은 인터넷 프로토콜 망은 여전히 외부세계와 연결될 수 있었다.[22] 9.11테러에서도 인터넷은 큰 탈 없이 살아있었다. 당시 세계무역센터 근처의 한 전화회사 건물의 손상으로 인해 로어맨하튼Lower Manhattan에서만 300만 개의 전화 회선(이는 스위스의 전체 전화배선망에 해당한다)이 끊어졌다. 지붕에 각종 크기와 형태와 목적의 안테나들이 가득 차 있던 북쪽 타워의 붕괴로 라디오와 TV방송국들이 심한 타격을 입었다.[23] 전국적인 공황 상태의 전화 호출로 인해 전화시스템도 정지 상태에 놓였다. 그렇지만 인터넷은 거의 장애가 없었다.

그러나 인터넷이 복잡하게 얽힌 채로 어떻게든 그 온전함을 유지하는 데 반하여 스마트시티의 인프라는 훨씬 더 취약하다. 인터넷의 핵심기능은 여전히 회복탄력적이지만, 그 위에 어느 때보다 더 허약한 네트워크들과 단일 장애점들(시스템 구성 요소 중에서 동작하지 않으면 전체 시스템이 중단되는 요소)을 층층이 덧씌우면서 스마트시티에는 중대한 서비스 장애가 흔하게 발생할 가능성이 크다. 그리고 중요한 경제적 사회적 및 정부 서비스가 점점 더 많이 이러한 통신경로를 이용해서 전달됨에 따라 위험성은 더욱 커진다.

우려의 가장 큰 원인은 무선 네트워크에 대한 의존도가 커지는 것인데, 이로 인해 우리는 송신타워와 우리 기기 사이의 최종단계의 허약한 무선 홉wireless hop에 속수무책으로 놓이게 된다. 무선통신망은 인터넷이 갖고 있는 회복탄력성을 전혀 갖지 못하고 있다. 셀룰러 네트워크는 네트워크의 세계에서는 가냘픈 여인 취급을 받는다. 열이 나면 이들이 제일 먼저 작동이 중단되고 그에 따라 가장 큰 말썽을 일으킨다.

무선통신망은 위기 때 온갖 골치 아픈 방식으로 고장을 낸다. 통신타워의 손상(9.11 테러 때만 15개의 타워가 파손되었다), 통신타워를 (더욱 많은) 그리드로 연결하는 '백홀backhaul' 광섬유 회선의 파손, 전원 상실(대부분의 통신타워들이 네 시간의 예비 배터리만 가지고 있었다) 등이 예이다. 2012년 허리케인 샌디로 인한 홍수는 뉴욕 시내 및 주변 지역의 8개 카운티와 주의 북부 교외지역(뉴저지와 코네티컷은 포함하지 않는다)에서 2천 개 이상의 셀사이트들의 백홀망과 거의 1,500개에 이르는 다른 지역들의 전력공급을 끊었다.[24] 허리케인 카트리나는 2005년 루이지애나와 미시시피에서 1,000개 이상의 기지국cell towers에 고장을 일으켰다. 이 공중전화시스템이 재난에 대응해야 하는 많은 정부 기관들 간의 유일한 공동 무선시스템이었기 때문에 이 고장은 구조활동에 큰 지장을 초래했다. 2011년 일본에서는 도쿄 북쪽 지역이 쓰나미로 인해 초토화되면서 이동통신전화 기지국들이 광범하게 파괴되었다. 이 파괴는 문자 그대로 역사의 시계를 거꾸로 돌려 사람들은 라디오, 신문 심지어 인편을 통해 서로 연락을 주고 받아야 했다. 미야코Miyako시의 비상통신업무 책임자는 「뉴욕타임즈」에 "모바일폰들이 불통이 되자 모든 것이 마비되고 모두 공황상태에 빠졌다" 라고 말했다.[25]

　　하지만 도시에서 무선통신망에 대한 가장 큰 위협은 인구밀도이다. 무선 이동통신사들은 값비싼 자기들의 스펙트럼 면허의 수익 잠재력을 극대화 하려고 하기 때문에, 일반적으로 어떤 정해진 장소의 일부 소수 고객들을 한꺼번에 연결시키기에 충분한 만큼의 인프라만을 구축한다. '초과가입oversubscription'은 업계에서는 면밀히 계산된 책략으로 알려져 있는데, 정상적인 상황에서는 문제가 없다. 전화를 가장 많이 사용하는 사람이라 하더라도 하루에 몇 시간 이상 사용하는 경우는 드물기 때문이다. 그러나 재난이 발생했을 때, 즉 모두가 공황상태에 빠지기 시작할 때는 통화량이 치솟고 통화용량은 빠르게 소진된다. 예를 들면, 9.11 테러 아침 뉴욕에서 통화가 연결된 사람은 스무 명 중 한 명도 되지 않았다.[26] 십 년 후에도 달라진 것은 거의 없었다. 2011년 여름, 미국 동부 해안지역에서 무섭지만 아주 파괴적이지는 않았던 지진이 일어났을 때도 무선전화 통신은 또다시 통화량에 압도되었다. 그러나 언론보도는 이에 대해 거의 언급하지 않았다. 위기 때의 모바일폰 불통의 문제는 이제 현대 도시생활에서 아주 흔한 일이 되어 우리는 왜 그런 일이 일어나고 어떻게 고칠 수 있는지를 묻지도 않게 되었다.

퍼블릭 클라우드 컴퓨팅에서 생기는 장애는 네트워크 앱에 대한 의존의 취약성을 드러내 보여준다. 수천 개의 인기 웹사이트에 클라우드 컴퓨팅 플랫폼을 공급하는, 막강한 아마존 웹서비스Amazon Web Services는 2011년 4월, 중요한 장애가 발생하여 3일간이나 지속되는 일을 겪었다. 회사의 웹사이트에 게시된 자세한 보도에 따르면 이 기능 정지는 페로우가 말한 '정상 사고'였다. 데이터 센터의 내부 네트워크의 용량을 상향 조정할 의도로 시도한 시스템 구성 변경이 잘못되어 시설 전체의 통신을 용량등급이 더 낮은 백업 네트워크로 이동시켜 버렸다. 부하가 심하게 걸리면서 '이전에 보지 못했던 버그'가 나타나 오퍼레이터가 데이터 손실의 위험을 감수하지 않고는 시스템을 복구할 수 없게 만들었다.[27] 이후 2012년 7월 거대한 뇌우가 이 회사의 애쉬번 데이터 센터의 전기를 차단하여 가장 인기 있는 인터넷 서비스 중 두 개, 넷플릭스와 인스타그램을 폐쇄시켰다.[28] 「PC월드PC World」의 한 머리기사는 "아마존 클라우드가 진짜 클라우드에 의해 강타 당하다" 라는 제목으로 이를 비꼬았다.[29]

클라우드는 우리가 실감하고 있는 것보다 훨씬 신뢰성이 떨어지며, 그 불완전성은 실질적 경제손실을 초래하기 시작하고 있는지도 모른다. 구글은 높은 수준의 데이터-센터 엔지니어링을 자부하고 있는데, 2008년에 30시간까지 지속된, 여섯 번의 시스템 기능 정지 사고를 겪었다.[30] 아마존은 자기 클라우드 고객들에게 연중 99.5%의 가동시간을 약속하고 있고, 구글은 그 프리미엄 앱 서비스에 대해 99.9%의 가동시간을 약속하고 있다.

이는 대단한 것처럼 보이나 미국의 전력 서비스에 대해 알고 나면 그렇지도 않다. 많은 비방을 받고 있는 미국 전력 산업은 수년간 정전이 늘어나고 있는데도, 게다가 가장 정전이 잘 일어나는 지역(북동부 지역)에서 조차 가동 시간이 평균 99.96 %를 기록하고 있다.[31] 실제 가동과 완벽한 가동 사이의 격차가 이렇게 수치상으로는 아주 작게 보이지만 엄청난 비용을 초래한다. 미네소타 대학교의 마수드 아민Massoud Amin에 따르면 정전과 전원교란 power disturbances은 미국 경제에 한 해에 800억에서 1,880억 달러 사이의 손실을 끼친다.[32] 국제 클라우드컴퓨팅 복구 단체International Working Group on Cloud Computing Resiliency는 2007년과 2012년 중반 사이 클라우드 기능 정지(2012년 7월의 아마존의 기능 장애는 포함되지 않음)로 인한 경제적 손실비용을 불과 7천만 달러로 어림 계산한 결과를 게재했다.[33] 그러나 스마트시티의 필수 기능들이 점점 더 많이 취약점이 많은 소수의 거대한 데이터 센터들로 옮아감에 따라 이 수치는 향후 몇 년 동안 불어날 것이 확실하다.

클라우드 컴퓨팅의 정지는 스마트시티를 좀비로 만들어버릴 수도 있다. 예를 들면 생체인증은 우리가 도시를 누비는 동안 우리의 권리와 특전을 점점 더 규정하게 될 것이다. 우리들의 고유 신체 특성을 감지해서 개인 신원을 확인하는 생체인증은 가령 건물과 방의 출입을 허용하고, 환경을 개인의 필요에 맞추어주고, 디지털 서비스와 콘텐츠를 사용할 수 있게 해준다. 그러나 생체인증은 원격 데이터와 전산의 이용을 요구하는 복잡한 작업이다. 당신 사무실의 무선도어잠금 시스템은 문을 열어주기 전에 당신의 망막 스캔을 원격 데이터 센터에 보내서 당신의 인사기록과 맞추어 볼 것이다. 지속 인증continuous authentication은 인터넷에 상시 접속되는 생체 정보(외모, 몸짓, 타자치는 스타일 등)를 이용하는 기법으로서 끊임없이 신원을 확인할 것이다. 그래서 암호를 필요 없게 만들 수도 있다.[34] 이러한 시스템은 클라우드 컴퓨팅에 크게 의존할 것이므로 클라우드 컴퓨팅이 고장 나면 따라서 고장 난다. 당신의 이메일이 몇 시간 불통되는 것과 당신 이웃 사람

모두가 문이 잠겨 집에 들어가지 못하는 것은 문제가 다르다.

　　문자 그대로 우리 머리 위 하늘에 떠있는 또 다른 '클라우드'인 GPS 위성 네트워크는 아마도 스마트시티의 최대 단일 장애점일 것이다. GPS가 없이는 인터넷 상의 모든 것이 자기 위치를 확인하려고 허우적거릴 것이다. 미국의 경쟁국들은 자기들이 미국 국방부가 소유한 24시간 위성 네트워크에 의존하여 종속되는 것을 오랫동안 우려해 왔다. 그러나 이제는 미국의 가장 가까운 동맹국들조차 군사적 명령에 의해서가 아니라 관리 소홀로 인해 GPS가 단절되지 않을까 걱정한다. 수십 년 된 낡은 시스템의 현대화 계획이 예정된 일정보다 크게 늦어지자, 2009년 미국 회계감사원 the Government Accountability Office이 서비스 중단 사태도 가져올 수 있는, 현대화 사업의 지연과 초과비용 발생에 대해 공군을 심하게 견책했다.[35] 2011년 영국 왕립 공학학술원Royal Academy of Engineering은 "놀랄 만큼 많은 수의 서로 다른 시스템들이 이미 다 함께 GPS에 종속되어 있어, GPS 신호가 잘못 되면 각자 독립적으로 운영된다고 생각했을 많은 서비스들이 일시에 다 같이 중단되는 사태를 일으킬 수 있다"는 판단을 내렸다.[36] 예를 들면 GPS는 범죄 용의자 추적과 토지 측량에 널리 쓰인다. GPS서비스에 장애가 일어나면 이런 일을 하는 데 쓰던 예전의 방법과 기술을 빨리 다시 도입해야 할 것이다. 러시아의 '글로나스GLONAS' 같은 대안적 시스템이 이미 있고 또 유럽 연합의 '갈릴레오Galileo'와 중국의 '위성항법시스템'이 앞으로 더 많은 대안적 서비스를 제공하겠지만, 현재의 GPS는 그 자체의 온갖 끔찍한 정상사고들을 대량 발생시킬 것으로 보인다. 앞서 언급한 영국 왕립공학학술원의 연구를 이끈 팀장 마틴 토마스Martyn Thomas는 "우리가 어떻게 여러 면에서 머리 위 12,000마일 상공에서 보내는 약한 신호에 의존하게 되었는지 그 전모는 아무도 모른다" 라고 결론 짓는다.[37]

　　스마트시티 인프라의 집중화는 위험하지만 탈집중이 항상 회복탄력성을 높여주는 것은 아니다. 서로 조율되지 않은 관리운영은 인터넷의 버퍼블로트Bufferbloat* 문제와 같이 자체적으로 구조를 취약하게 만들 수 있다. 버퍼링buffering은 인터넷의 빠르게 전송되는 부분과 혼잡으로 정체된 부분들을 동기화시키는 일종의 변속기 같은 역할을 하는데, 데이터의 순간적 급증surge을 진정시키고 오류를 줄이는 핵심 수단이다. 그러나 2010년 노련한 인터넷 엔지니어인 짐 게티스Jim Gettys는 네트워크 장치 제조사들이 메모리 가격이 빠르게 하락하는 것을 기화로 하여 버퍼를 인터넷의 본래 혼잡관리 계획에서 설계된 범위를 훨씬 넘는 수준으로 강화한다는 것을 알았다. 선도적인 컴퓨터 네트워킹 저널인 「에이씨엠큐ACM Queue」의 편집인들은 말한다. "제조사들은 반사적으로 어떠한 패킷 손실도 방지하기 위한 조치를 취하는데, 그렇게 함으로써 의도하지 않게 TCP 혼잡탐지 메커니즘을 좌절시켜 버렸다." 여기서 TCP혼잡탐지 메커니즘은 인터넷의 교통순경격인 혼잡탐지 전송제어 프로토콜Transmission Control Protocol을 가리킨다. 버퍼블로트의 결과는 혼잡과 산발적 속도 저하 현상의 증가였다.[38] 가장 겁나는 점은 그것이 빤히 보이는 곳에 숨겨져 있다는 점이다. 게티스는 결론적으로 "지연을 유발하는 문제들은 새로운 것이 아니지만 그 것들이 집합적으로 미치는 영향은 널리 이해되지 못하고 있다… 버퍼링 문제는 10년 이상 누적되어오고 있다"고 말한다.[39]

스마트시티가 설계에 의해서든 부주의에 의해서든 이렇게 많은 잡다한 방식으로 불안정하게 될 수가 있다니! 하지만 누군가가 의도적으로 시스템이 제 기능을 발휘하지 못하게 하려 했다면 어떻게 될까? 공공 인프라에 대한 사이버사보타주cyber-sabotage 위협은 이제 막 정책수립가들의 주의를 끌기 시작했을 뿐이다. 2010년 이란의 나탄즈Natanz에 있는 핵무기 시설을 공격한 바이러스 스틱스넷Stuxnet이 바로 그 시작이었다. 스턱스넷은 이스라엘과 미국의 공동작전의 작품으로 널리 알려져 있는데, 산업 장비와 인프라를 감시하고 제어하는 기능을 하는 컴퓨터들을 감염시

---

* 통신망에서 패킷 전송 시간이 버퍼로 인해 예상보다 오래 지연되는 현상.

키는 악의적 소프트웨어, 즉 악성코드malware로 교묘하게 만든 것이었다. 머리글자로 스카다Supervisory Control and Data Acquisition, SCADA로 알려진 이 핵무기 시설의 컴퓨터 시스템들은 4장에서 논의한 아두이노의 산업등급 버전이다. 나탄즈에는 약 6천 개의 원심분리기가 우라늄을 폭탄등급의 순도로 농축시키는 데 사용되고 있었다. 보안 전문가들은 USB에 가지고 들어온 스턱스넷이 이 핵무기 시설을 제어하는 스카다 시스템을 감염시키고 탈취했다고 믿는다. 스턱스넷은 시스템 운전자들에게는 모든 것이 정상 작동되는 것으로 보고될 정도로 은밀하게 원심분리기들을 교란하여 천 대의 분리기에 고장을 일으켜 우라늄 정제 과정, 그리고 이란의 핵무기 프로그램의 진척속도를 현저히 저하시킨 것으로 알려졌다.[40]

스턱스넷의 광범위한 확산은 충격적이었다. 나탄즈의 핵 시설을 재래식으로 공격했다면 사용되었을 정밀한 레이저 유도 스마트 폭탄과 달리, 스턱스넷은 융단폭격을 날리듯 공격했다. 스카다 시스템을 전문적으로 다룬 독일의 컴퓨터보안 전문가, 랄프 랭그너Ralph Langner가 마침내 이 미지의 바이러스의 용도를 추론해냈을 즈음에는 이 바이러스는 이미 이란뿐만 아니라 저 멀리 파키스탄, 인디아, 인도네시아 그리고 심지어 미국에서까지 유사한 장비들에서 발견되었다. 2010년 8월까지 115개 나라에서 9천 건 이상의 스턱스넷 감염사례가 보고되었다.[41]

스턱스넷은 스카다에 대한 최초의 기록된 공격이었는데, 그것이 그런 공격의 마지막이 될 것 같지는 않다. 1년 후 기술 미디어 웹사이트 씨넷CNET과의 인터뷰에서 랭거너는 언론이 나탄즈에 대한 공격을 특정 국가의 탓으로 돌리는 데에 초점을 맞추는 것에 대해 발끈했다. 랭그너가 한 말이다. "스턱스넷은 미국의 주요 인프라 같은 다른 시설들에 대해서도 위협이 될 수 있지 않을까? 불행히도 답은 될 수 있다는 것이다. 쉽게 복제될 수 있기 때문이다. 이 점이 누가 그 공격을 했는가라는 질문보다 더 중요하다." 그는 스턱스넷의 복제에 의한 공격에 대해 경고하고, 정부와 기업들이 이를 안일하게 생각하는 것을 비판했다. 또 "대부분 사람들이 스턱스넷은 우라늄 농축시설을 공격하기 위한 것이었고 그래서 내가 그런 일을 하지 않는다면 위험에 처할 일은 없다고 생각한다"라고 했다. "이는 완전히 잘못된 것이다. 나탄즈에서 공격 받은 것은 지멘스제 제어기들인데 그 제어기들은 범용으로 생산된 제품이다. 그래서 발전 장치, 심지어 엘리베이터 같은 제품에서도 볼 수 있다."[42]

의심 많은 사람들은 스턱스넷의 위협이 부풀려졌다고 주장한다. 스턱스넷의 페이로드payload*는 표적을 고도로 선별적으로 겨냥했다. 즉 나탄즈의 원심분리기들에 대한 공격만, 그것도 아주 특정한 방식으로 하도록 프로그램이 짜졌다. 무엇보다 가장 중요한 것은 '제로 데이zero-day' 공격이라고 하는 매우 가치가 큰 무기를 썼다는 것이다. '제로데이'는 단 한 번만 활용할 수 있는, 드러나지 않은 소프트웨어 취약점으로서, 한번 활용된 후에는 소프트웨어 공급자가 간단히 취약점을 보완할 업데이트 버전을 낼 수 있다. 이 바이러스에 대한 보고서에서 보안 소프트웨어 회사 시만텍 Symantec은 "믿어지지 않지만 스턱스넷은 네 개의 제로 데이 취약점들을 이용했는데, 이는 전례 없는 일이다" 라고 기술하고 있다.[43]

스턱스넷의 독특한 속성 외에, 대부분의 임베디드 시스템embedded systems**은 벙커에 들어가 있는 것이 아니어서, 인간 운전자에 대한 훨씬 더 단순한 공격에 갈수록 더 취약해진다. 스터스넷이 적발된 지 일년도 채 되지 않아 'pr0f'로만 알려진, 단독으로 활동하는 해커가 텍사스 주에서 인구가 가장 밀집된 휴스턴 외곽, 인구 17,000명의 사우스 휴스턴 South Houston의 급수시설을 공격했다. 그는 일리노이 주의 스프링필드 Springfield에서 보고된, 스턱스넷과 유사한 사건을 미국 정부가 대수롭

---

* 페이로드는 전송데이터 중 실제 전하고자 하는 메시지에 해당하는 부분을 말한다. 따라서 페이로드 전달을 편리하게 할 목적으로만 쓰이는 헤더와 메타데이터는 제외되며, 컴퓨터 바이러스나 웜의 맥락에서 페이로드는 악성 기능을 수행하는 시스템파괴 소프트웨어(malware) 부분을 말한다.

** 더 큰 기계적 또는 전기적 시스템 내에서 그 시스템 전용의 기능을 수행하도록 된 컴퓨터 시스템.

지 않게 취급한 데 대해 분노하여 그 급수시설의 지멘스 시매틱Siemens SIMATIC 소프트웨어를 바로 겨냥했다. 지멘스 시매틱 소프트웨어는 그 급수시설이나 스카다 시스템이 원격 접속하기 위한 웹 기반의 대시보드였다. 스프링필드의 공격이 허위 신고된 것으로 판명되는 동안 (연방정부 관리들은 결국 "사이버 침입의 어떤 증거도" 발견하지 못했다고 보고했다) pr0f는 이미 일을 진행하고 있었고, 이 해커는 어떤 코드도 작성할 필요가 없었다.[44] 이 시설의 운전자들이 말도 안 될 정도로 취약한, 문자 세 개로 된 암호를 썼던 것으로 드러났기 때문이다. 사우스 하우스턴에 대한 pr0f의 공격은 쉽게 막을 수가 있는 것이었음에도, 시매틱의 광범한 사용으로 해커들이 악용할 수 있는 보다 근본적인 취약점들이 넘쳐나게 되었다. 그해 여름 (공교롭게도 우연히) 휴스턴에 본부를 둔 네트워크 보안 팀의 보안 연구원 딜런 베레스포드Dillon Beresford는 시매틱의 몇 가지 결함들과 그 약점들을 공격하는 방법들을 예증해 보였다. 지멘스는 스턱스넷의 부수적 피해는 그럭저럭 모면했지만, 시매틱의 허점들은 고심해서 다루지 않으면 안 될 훨씬 더 심각한 위험이 있음을 보여주는 것이다.

또 다른 골치 아픈 사태의 전개는 보다 오래된 제어 시스템에서 발견되고 있는 '포에버 데이forever day' 취약점들이 점점 더 늘고 있다는 것이다. 공급상들이나 보안 업체들이 재빨리 보호조치와 패치를 내놓을 수 있는 제로 데이의 악용exploit과 달리 포에버 데이 악용은 제조업체들이 더이상 지원하지 않는, 그래서 결코 보완되지 않을 레거시 임베디드 시스템*의 허점을 겨냥한다. 이 문제는 과거 지멘스와 GE, 다수의 소규모 회사들이 판매한 산업 제어 장비에 영향을 미친다.[45] 그리고 미국의 사이버 보안 활동업무를 조직화하는 정부기관인 컴퓨터 비상 대응팀US-CERT, Cyber Emergency Response Team의 관심을 증가시켰다.

스마트시티 인프라의 보안성 확보를 위한 분명한 한 가지 해법은 인

---

* 레거시 시스템은 구식 시스템의 방법론, 기술, 응용 프로그램 등을 말한다.

터넷과의 연결을 끊는 것이다. 그러나 '에어 갭핑air-gapping'이라고 하는 이 기법은 기껏해야 임시방편일 뿐이다. 스틱스넷은 2008년 미 국방부의 글로벌 네트워크를 감염시킨 오토런 바이러스 Agent.btz의 경우와 아주 비슷한데, 둘 다 USB 스틱에 담겨 사람을 따라 보안시설에 들어갔을 개연성이 있다.[46] 보안이 안 되는 무선 네트워크들은 도처에 있다. 심지어 우리 몸 안으로부터 나오는 것도 있다. 보안회사 맥아피McAfee는 이 무선신호를 사용하여 인슐린 펌프 시험 장비를 성공적으로 장악하여 치사량의 인슐린을 분비하도록 지시할 수 있었고, 워싱턴 대학교와 매사추세츠 대학교의 컴퓨터 과학자들은 심장 제세동기 임플란트의 기능을 정지시켰다.[47]

이러한 취약점들은 개방된 인터넷 디자인 전체에 의문을 제기하고 있다. 저 초창기 아파넷 시절에는 아무도 디지털 네트워크가 우리 사회의 여러 지원시스템 속에 내장되는 정도, 그 과정에서의 부주의, 그리고 악의적 세력들이 줄 위협들을 결코 상상하지 못했다. 스마트시티의 구성요소들이 확실한 신뢰성을 갖도록 하기 위해서는 새로운 표준들, 아마도 새로운 규제들이 필요할 것이다. IBM 스마터시티의 수석 엔지니어 콜린 해리슨은 미래에 "컴퓨터 시스템을 국가의 어떤 주요 네트워크에 연결하고자 할 때는 여러 방식으로 인증을 받아야만 할 것이다"라고 주장했다.[48] 또한 스마트시티를 직접적 공격에 굳건하게 견디도록 만들기 위해서는 더 강력한 대책도 강구해야 할 것이다. 한국은 이미 북한의 사이버 전사들에 의해 공공시설들이 공격을 당한 바 있다. 한 번의 공격이 한 시간 이상 이 나라의 항공관제를 중지시킨 것으로 알려져 있다.[49]

우리는 장애에 취약한 스마트시티 인프라의 위험을 위기나 다름없는 사태로 맞이하게 될 것이다. 도시 규모의 스마트 시스템이 고장 나면 이를 처리하는 맨 첫 번째 시장으로서는 새로운 영역의 일이 되겠지만, 고장 나기까지의 잘못은 누가 책임질 것인가? 시? 군대? 국토안보당국? 그 스마트시티를 건설한 기술회사? 스틱스넷이 제기한 책임의 문제를 생각해보자.

스틱스넷의 자체 버그가 아니었더라면 우리는 스틱스넷에 대해 결코 알지 못했을 것이다. 스틱스넷은 이상한 낌새를 알아채지 못한 이란 엔지니어들에 의해 나탄즈 밖으로 옮겨졌다. 그 웜worm은 자신이 밖으로 새어 나와 드러났다는 것을 감지하지 못하고 자체 복제 메커니즘을 비활성화하는 대신 실제 살아있는 바이러스처럼 전지구로 퍼져나갔던 것이다.[50]

감시·감청

센서들이 우리가 모르게 또는 우리 의지에 반해서 사용될 때 감시의 도구가 된다. 센서들은 대부분이 완벽한 스누핑snooping 시스템을 형성하도록 설치되어 있다. 하지만, 그 데이터, 즉 신용카드 거래, 국경에서의 여권 스캔, 이메일, 전화 통화 등의 데이터는 일단의 산재한 기관들에 의해 보유되고 있다. 이 모든 정보를 다 연결시켜 샅샅이 살펴 추려내고 관련자료를 편집하는 것이 정부 정보기관들과 법 집행 기관들에게는 스마트 시티에 관한 킬러 앱이 된다.

이 점은 해군중장 존 포인덱스터John Poindexter가 2002년 국방부의 통합정보인식TIA, Total Information Awareness 프로그램을 시작하기 위해 공직에 복귀했을 때를 보면 아주 분명하게 드러난다. 이 프로그램은 세계의 테러와의 전쟁을 데이터 마이닝하기 위한 것이었다. 그런데 포인덱스터를 프로그램 책임자로 선정한 것은 뜻밖의 일이었다. 그는 1990년 의회에서 이란-콘트라 사건*에 대해 위증한 혐의를 받았었다. 나중에 그 혐의를 벗긴 했지만, 그로 인해 이 프로그램은 민권 감시단들의 더 철저한 감시를 받게 되었다.

---

* 1987년 미국의 레이건 정부가 적성 국가라 부르던 이란에 무기를 불법적으로 판매하고 그 이익으로 니카라과의 산디니스타 정부에 대한 우익성향의 콘트라 반군을 지원한 정치적 사건을 말한다.

통합정보인식 프로그램은 그 말이 주는 느낌 그대로 불길했다. 그 본질은 국방부가 말한 그대로, 정부기록, 상업적 거래, 민간 통신 감청자료의 "방대한 중앙집중적 가상 데이터베이스virtual, centralized, grand database"를 구축하는 것이었다. 이 데이터는 외국인 방문객과 미국 시민을 똑같이 대상으로 한 리스크 프로파일risk profile을 컴퓨터로 평가·작성하고 테러리스트들의 활동 패턴을 찾아내는 데 이용될 것이다. 이 프로그램은 지정학적 사건들에 대한 예측을 거래하는 가상시장virtual market을 낳을 것이라는 또 다른 우려스러운 측면이 있었다. 사람들은 테러리스트들이 이 가상의 거래 시장을 범행을 저질러 이익을 얻는 데 이용할 수 있다고 믿었다. 이러한 측면에 대한 철저한 조사가 이루어지면서 의회는 2003년 그 프로젝트가 막 확대될 즈음에 프로젝트에 대한 자금 지원을 철회했다.[51]

그러나 그 사이 통합정보인식의 기술 아젠다의 상당 부분이 전 세계의 다른 정부들과 민간기업들에 의해 실행되었다. 권력과 지배력이 지리적으로 묘하게 재편되는 가운데 도시 거주자들의 일거수일투족과 모든 거래와 메시지들이 이제 광섬유 통신으로 비밀 해제되어 도시 원교의 서버팜(웹사이트의 모든 소프트웨어와 데이터를 보유한 대형 컴퓨터 회사)에서 열심히 돌아가는 패턴 매칭pattern matching 알고리즘의 원료로 공급된다. 한때 익명성의 안식처였던 대도시들이 빠르게 투명한 어항이 되어가고 있다. 그러나 TIA의 거대 데이터베이스가 빅데이터에서 테러조직들의 흔적을 찾으려 한 데 반하여 이 모든 은밀한 감시의 진짜 가치는 보다 세속적인 것이다. 즉 돈과 관계된 것이다.

사태는 우리의 주머니에서 시작된다. 아이폰 같은 모바일 기기들은 우리가 다닌 곳들의 연속적 기록을 간직한다. 애플은 2010년 이런 사실을 소리소문 없이 밝혔으나, 1년 뒤 보안 전문가인 알래스데어 알란Alasdair Allen과 피트 워든Pete Warden이 사용자들이 그 기능에 쉽게 접근해서 기록을 지도로 작성하는 도구를 만들기 전까지는 크게 보도하지 않았다. 기록된 데이터는 포괄적이고 상세하지 않을 뿐 아니라 암호화가 되어 있지 않아 동기화한 모든 기계에 복사된다.[52] 애플 제품이 아닌 다른 전화기들의 소유자들은 득의의 미소를 지었지만 반년 후 다른 제조사들의 기기에 광범위하게 사용된, 캐리어 아이큐Carrier IQ사의 소프트웨어로 인한 또 다른 스캔들이 터졌다. 캐리어 아이큐는 위치 추적만 한 것이 아니었다. 코네티컷 주의 시스템 관리자 트레버 에크하트Trevor Eckhart가 기록한 바와 같이 통화 중 연결이 끊어진 통화와 기기 소유자의 클릭과 키 누름 하나하나를 모두 추적했다.[53] 무선통신 회사들은 그런 데이터는 기술적 문제 해결에 없어서는 안 되는 데이터라고 주장했지만, 프라이버시 감시단들은 그 상세함의 수준에 망연자실했다.

대부분의 전화기들은 위치 추적을 끌 수 있게 되어 있다. 그러나 모바일 기기들도 소극적으로 즉 우리가 알지 못하는 사이 또는 우리의 동의 없이 우리를 추적하는 데 이용될 수 있다. 근처 기지국과 교신할 때 전화기가 내보내는 독특한 무선신호를 모니터하는 시스템을 통해 추적하는 것이다. 잉글랜드의 포츠머스Portsmouth에 본부를 둔 패스 인텔리전스 Path Intelligence 회사가 그런 시스템 중 하나인 '풋패스FootPath'를 판매했다. 2011년 쇼핑 시즌이 다가오면서 미국 소비자들은 쇼핑몰 운영회사인 포리스트 시티 커머셜 매니지먼트Forest City Commercial Management가 캘리포니아와 버지니아의 쇼핑객들을 추적하기 위해 풋패스를 설치했다는 사실을 알고 놀랐다.[54] 쇼핑객들의 움직임을 그려내기 위해 풋패스는 많은 청음초listening points들을 주도면밀하게 정한 곳에 설치하고 이 청음초로 건물 내를 돌아다니는 모바일 기기들을 추적하여 쇼핑객들의 동선을 그려낸다. 우리의 전화기가 근처 기지국으로 보내는 신호들을 삼각측량triangulation하여 '수 미터'(더 이상은 공개적으로 밝히지 않는다)의 정밀도를 가지고 우리들의 위치를 꼭 집어 낼 수가 있다. 이런 정밀도는 우리가 어떻게 상점들을 옮겨 다니는지, 그리고 한 곳에서 머무는 시간, 상점 방문의 순서, 심지어는 대형 백화점의 여러 구역을 둘러보는 동선까지 알아내기에 충분한 것이다. 풋패스는 아마 양쪽으로부터 대가를 받을 것이다. 확보한 인적 통계자료를 소매상은 물론 쇼핑몰 운영업체에도 팔 수 있는데, 몰 운영업체는 그 자료를 임대료를 높이기 위한 협상에 사용할 수 있다. 쇼핑몰의 입구에 손님들로 하여금 전화기를 꺼서 이런 시스템에서 벗어나도록 안내하는 입구의 표지판을 제외하면, 이 시스템은 볼 수도 없고 수동적으로 작동하며 감지할 수도 없다. 구글과 노키아도 자체의 실내 위치확인 시스템indoor positioning systems에 공을 들이고 있고, 무선 칩 제조업체인 브로드컴Broadcom은 그 시스템을 지원하는 기능을 자기 제품에 심어 넣고 있다. 어느 기술 블로거는 "이 브로드컴의 칩은 무선 네트워크의 삼각 측량 없이도 사람들의 동선을 거의 다 추적할 수 있을 것이다"라고 한다. 이 칩은 추측 항법dead reckoning(차가 터널에 진입하여 GPS 위성 신호를 수신할 수 없을 때, 차가 위치를 업데이트 하는 것과 똑같은 방식)으로 알려진 내비게이션 기법을 사용하여 "사람의 진입 지점을 기록하고(GPS를 통해), 그 걸음 수(가속도계), 방향(자이로스코프) 및 고도(고도계)를 재기만 하면 된다."[55]

통합정보인식에 대한 의회의 반대에도 불구하고, 법 집행 기관들은 개인 데이터의 무선 매체에 점점 더 크게 매혹되고 있다. 2012년 의회의 조사에 응하여 작성된 정보 파일에 따르면 2011년 AT&T 한 개 회사가 미국 법 집행기관들로부터 가입자들의 위치 데이터를 제출하도록 요청 받은 건이 26만에 달했다. 이는 12만 5천 건이 겨우 넘었던 2007년의 수치와 비교되는데, 같은 기간 가입자 수의 증가율이 50%가 채 못되는 데 비해 두 배로 늘어난 수치이다. AT&T는 지금 법 집행기관들의 이러한 요청에 대응하기 위해 100명의 상근 직원을 고용하고 있다.[56] 「뉴욕타임즈」의 보도와 같이 "모바일폰 감시는 지역 경찰이 다루는 평범한 길거리 범죄에서부터 주 정부와 중앙정부 차원에서의 경제범죄 및 범죄정보 조사에 이르기까지 모든 각급 정부에 걸쳐 확대되고 있다."[57]

세계의 여러 지역에서 도시의 대량 감시mass urban surveillance가 공공
연하게 그리고 흔히 환영을 받으면서 시행되고 있다. 최근 중국 당국은 지
금까지 시도된 최대의 도시감시 프로젝트 중 두 개의 프로젝트를 시행했다.
2010년 11월 충칭 시는 대중적 반대 없이 '평화로운 충칭peaceful Chonhqing'
이라는 불길한 이름의 사업을 벌였다(법과 질서를 강조한 시장 보시라이Bo Xilai
의 주도로 이루어졌는데, 보시라이는 이후 부패 혐의로 축출되었다). 약 50만 개의 비디
오 카메라를 설치하는 사업이었는데, 이 카메라들은 이 거대한 대도시의 모
든 길목과 광장을 감시하며 6백만 명 이상의 사람들을 지켜볼 것이다.[58] 충
칭시 정부는 25,000개 이상의 카메라로 된 두바이의 유사한 감시 네트워크
의 성공에 영감을 받았음이 틀림없다. 두바이의 이 감시 네트워크는 2010
년 1월 외국 암살범들이 어떻게 알부스탄 로타나 호텔Al Bustan Rotana에 잠
입하여 하마스의 고위간부를 살해했는지를 프레임 단위로 적나라하게 보
여준 바 있었다. 폐쇄회로 텔레비전 사용이 처음 알려진 것은 1960년 태국
의 왕과 왕비가 영국을 국빈 방문했을 때 트라팔가 광장의 군중을 감시하
면서였는데, 이후 도시의 비디오 감시는 크게 진보했다.[59] 브루킹스 연구소
Brookings Institution는 현재 충칭의 방대한 카메라 네트워크에 찍힌 일년 치
영상들을 캡쳐해 둘 용량의 기억장치에 3억 달러의 비용이 들 것으로 추정
했다. 그러나 2020년까지는 디지털 저장장치들의 비용이 꾸준히 낮아질 것
이어서 이 수치는 일년에 불과 3백만 달러 정도로 낮아질 것이다. 브루킹스
연구소는 "사상 처음으로 권위적 정부들이 자기들 국경 안에서 행해지는 거
의 모든 말들과 모든 전화 통화, 전자 메시지, 소셜미디어를 통한 대화, 거
의 모든 사람과 차량의 동선, 모든 길목의 비디오 기록 등의 행동 하나하나
를 기록하는 것이 기술적으로 또 재정적으로 가능하게 될 것이다"라고 경
고한다.[60] 더 심각한 것은 시스코 같은 미국회사들이 충칭시의 감시 사업에
적극적으로 관여한다는 것이다. 시스코는 영상 전송에 최적화된 네트워크
기술을 시에 공급하고 있는데 그 금액은 밝혀지지 않고 있다.[61]

중국의 다른 도시들은 시민들의 전화를 추적하는 자기들만의 방안을 가지고, 감시 외의 다른 많은 분야에서도 그러하듯이 어떤 나라도 따를 수 없는 큰 규모로 그 방안을 실행하려고 한다. 2011년 3월 베이징 시의 관리들은 실시간 교통관리를 위해 시민들의 1,700만대 모바일폰을 추적하는 종합프로그램을 시행할 것이라고 발표했다. 세계의 새로운 수도가 되려고 하는 중국의 이 도시에 대한 대규모의 전면적 감시를 의식했거나 신 중산층 사이의 가치관 변화를 반영한 듯 중국의 신문들은 이 베이징 프로젝트에 대해 사생활 침해라는 반응을 보였다.[62]

　　스마트시티에서 대량 감시가 용납되는 정도는 세계의 지역마다 다를 것이다. 정부마다 시민 의견의 수렴 정도는 다양하겠지만, 프라이버시 침해에 따르는 비용과 사전 탐지가 주는 편익 간의 균형을 맞출 필요가 있다. 예를 들면 유럽연합에서는 개인정보의 프라이버시에 대한 강력한 법적 보호 조치가 있어 데이터가 어떻게 수집, 저장, 재사용될 수 있는지에 대해 분명한 한계선을 (적어도 회사들에 대해) 긋고 있다. 아시아의 많은 도시 지역에서는 역사적으로 말하자면 프라이버시는 새로운 사치이다. 감시에 대한 반응에 있어서 중국의 부유한 해안 도시들과 핵심공업지역 간의 차이는 샌프란시스코와 보이시Boise 사이에서 기대하는 차이만큼 될 것이다. 각 지역의 정부가 취하는 조치들도 다를 것이다. 페르시아 만의 상당 지역을 통치하는 독재적인 엘리트 같은 사람들은 감시와 데이터 마이닝을 테러리스트, 범죄조직, 탄압·받는 소수민족, 이주 노동자 등에 대한 영향력을 갖게 해주는, 군대에서 말하는 전력승수force multiplier*로 본다. 미국인들은 디지털 감시와 프라이버시 간 갈등의 문제를 자신들이 해결하려 하지 않고 법정에 맡기는 것으로 보인다.

　　스마트시티를 보호하기 위해 설계된 대량감시는 실제로는 그 주민들

---

* 유리한 위치의 점유나 보다 나은 장비와 같이 군대의 전투력을 증가시켜 더 큰 규모의 군대와 대등하게 싸울 수 있게 해주는 요소(factor) 또는 힘(capability)을 말한다.

을 큰 위험에 처하게 만들 수도 있다. 일단 모아져 비축된 개인 데이터는 범죄자들에게는 꿀단지가 된다. 개인 데이터의 절도는 이제 고질적이 되고 규모도 엄청나게 커졌다. 2011년 4월 단 한번 보안이 뚫리자 컴퓨터 게이머들의 온라인 커뮤니티인 소니 플레이스테이션 네트워크에서 7,500백만 건의 이용자 기록이 도난 되었다. 도난 당한 데이터에는 이용자 이름, 주소, 암호, 신용카드 번호, 그리고 생일이 들어 있었다.

보안 감시 전문가들조차 이에 압도되는 것처럼 보인다. 캐리어 아이큐 스캔들이 절정에 있을 때 추적의 상당부분이 전화제조업체가 추가로 삽입한 코드에 의해 이루어진 것으로 드러났다. 캐리어 아이큐의 간부진들은 자사의 소프트웨어가 고객들에 의해 해킹 당했다는 것을 알고 당황했다. 캐리어 아이큐의 마케팅 담당 이사 앤드류 카워드Andrew Coward는 "우리는 그 모든 정보가 흘러나가는 것을 알고 누구보다도 놀랄 만큼 놀랐다"라고 말했다.[63] 웹진 「슬레이트Slate」의 파라드 만주Farhad Manjoo가 말했듯이 "이 순진한 설명들은 정확히 왜 당신이 당신 전화가 비밀리에 당신의 프라이버시를 침해하는 것을 걱정해야 하는지를 말해준다. 제조업체, 통신회사, 운영 시스템 제작자, 그리고 당신의 전화에 관련되는 다른 모든 사람들, 그 틈 사이에는 호의적 아니면 악의적 의도로 도가 지나친 소프트웨어를 추가해 넣을 기회가 너무 많다."[64]

클라우드에 연결된 사적 감시 시스템 또한 무방비 상태의 표적이다. 가정과 기업체에 감시 솔루션을 제공하는 회사 트렌드넷Trendnet은 2012년 초에 체면을 구겼다. 수천 대의 그 회사 카메라에서 나오는 실시간 스트림 링크가 해커 사이트에 게시되었던 것이다. 이 사고에 대한 한 보고서는 다음과 같이 전한다. "관심을 더 끄는 몇몇 카메라 피드에는 로스앤젤레스의 빨래방, 버지니아의 바와 그릴, 한국과 홍콩의 거실, 모스코바의 사무실, 자이언트 팀의 셔츠를 입고 풋볼 게임을 시청하는 뉴어크Newark의 남자, 그리고 거북이 우리가 들어 있었다."[65]

이 모든 것에 조지 오웰의 소설적 디스토피아, 『1984』를 떠올린다면 그건 당신 혼자만이 아니다. 2011년 8월 연방법원 판사 니콜라스 가라우피스Nicholas Garaufis는 미국 정부가 범죄 조사를 하면서 버라이즌 와이어리스Verizon Wireless로부터 가입자 위치 정보를 영장 없이 압수하려는 시도를 저지했는데, 그 판결에서 다음과 같이 적시했다. "우리들의 생각에 대한 정부의 감시monitoring는 전형적인 전체주의적Orwellian 침해인가 하면, 정부가 우리의 움직임을 미국 수정헌법 제4조*에 의한 보호조치 없이 모바일폰 위치기록 수집기술 같은 새로운 기술로 상당히 오랫동안 감시surveillance하는 것은 미국을 헌법이 용인하는 것보다 훨씬 더 저 오세아니아(조지 오웰의 소설 『1984』에 나오는 가상의 초대형 독재국가)에 가까운 나라로 만든다."[66]

송도(그리고 범위를 넓혀 신 중국)에 대한 시스코의 비전은 편재해 있는 인터랙티브 비디오 스크린들로 작동되고 최신 생체인식 기술이 가미된 도시문명을 표방한다. 체제에 반대하는 징후가 있는지 바짝 지켜보면서 체제 선전물들을 쏟아내는 오웰의 저 인터랙티브 '텔레스크린telescreen'을 이보다 더 완전하게 복제한 디자인은 하기 어려울 것이다. 오웰이 소설 『1984』에서 썼듯이 "어떤 공공 공간이나 텔레스크린의 감지범위 안에서 해이한 생각을 하는 것은 위험천만한 짓이었다. 아무리 사소한 것이라도 자기의 실체를 노출시킬 수 있었다. 신경성 안면 경련, 무의식적으로 나타나는 불안한 표정, 혼자 습관적으로 하는 중얼거림 등 무엇이든 이상함이나 숨길 것이 있음을 암시하는 것들은 이에 해당되었다. 아무튼 얼굴에 부적절한 표정을 짓는 것 … 그 자체가 형에 처해질 수 있는 범죄행위였다. 심지어 표정죄facecrime라는 신조어까지 있었다."[67] '평화로운 충칭'은 시스코에게는 그저 몸풀기일 뿐이다. 중국에서의 감시 제품 시장은 두 자릿수 비율로 커지고 있다.[68] 그 미래는 경찰, 관료, 고용주, 그리

---

* 불합리한 압수와 수색에 대하여 신체, 주거, 서류, 물건의 안전을 확보할 국민의 권리는 침해되어서는 아니 된다. 선서나 확약에 의하여 상당하다고 인정되는 이유가 있어 특별히 수색할 장소와 압수할 물건, 체포·구속할 사람을 특정한 경우를 제외하고는 영장은 발부되어서는 아니 된다.

고 해커들이 우리가 들여다 보는 모든 스크린에서 우리를 내려다 보는 그런 미래이다.

우리는 스마트 기술을 언제나 우리의 이익을 위해 작동하는 자애롭고 전지적인 것omniscience으로 생각하고 싶어한다. 이는 분명히 대형 기술업체들, 정부, 스타트업들이 다 같이 선전에서 주장하는 바다. 그러나 감시 메커니즘의 확산은 우연이 아니다. 정부는 우리를 보호하기 위해 사람들의 행동에 한계를 설정해야 하는 의무를 지는 만큼, 이런 감시 메커니즘 같은 것을 도외시 할 수 없다. 심지어 의회가 국방부의 TIA 프로그램을 중단시킨 후에도 국가안보국은 통합정보인식 프로그램 고유의 기초 기술 일부를 차용까지 하면서 계속해서 똑같은 감시 시스템의 비밀버전을 만들었다.[69] '평화로운 충칭'에 대한 브루킹스 연구소의 보고서는 다음과 같이 결론을 맺고 있다. "모든 도구들을 마음대로 이용해서 자기 시민들을 추적하고 감시한 역사를 가진 정부들은 일단 그런 능력을 갖게 되면 의심할 것도 없이 그 능력을 십분 활용할 것이다."[70] 브루킹스 연구소의 연구는 권위주의 국가들만을 대상으로 했다고 하지만 미국을 대상에 포함시켜도 무리가 없었을 것이다.

우리는 우리 주변 세계를 탐지하고 통제하는 기술을 토대로 하여 스마트시티를 서둘러 건설하고 있다. 그 스마트시티가 도리어 우리를 통제한다고 할 때 우리는 놀라지 않을까?

생각도 할 수 없는 일에 대하여 생각하기

우리는 기술이 교통에서부터 범죄와 에너지에 이르는 21세기 도시화의 문제들을 해결해줄 것이라는 데 내기를 걸고 매일 판을 키우고 있다. 그러나 스마트시티가 버그투성이이고 장애발생에 취약하고 감시·감청되는 것이 드러나면 어떻게 할까? 이는 상상도 할 수 없는 일이다. 하지만 그래도 일어날 수는 있는 일이다. 최악의 시나리오에 대해 숙고하는 것은 괴롭지만 아주 다른 결론과 행동을 가져올 수 있다.

냉전 시기 미국의 전략에 대해 생각해보자. 1960년대 초, 미국과 소련 사이의 핵무기 경쟁은 두려운 새 국면으로 접어들었다. 미국의 전략은 처음에는 핵 억지deterrence에 토대를 두었다. 소련의 군사력 강화에 맞서는 전력을 갖춤으로써, 핵전쟁은 모두의 절멸total annihilation을 초래할 것인바, 핵전쟁은 적도 생각할 수 없는 선택지가 되도록 한다는 것이 미국의 전략이었다. 그러나 랜드 연구소의 허먼 칸Herman Kahn이 이끄는 일부 생각 있는 사람들은 이 '상호 확증 파괴' 정책을 믿지 않았다. 칸이 자신의 허드슨 연구소Hudson Institute를 설립하기 위해 랜드 연구소를 떠난 뒤인 1962년, 「생각할 수도 없는 것에 대해 생각하기Thinking About the Unthinkable」라는 제목의 논문을 발간했다. 논란이 많았던 이 논문에서 칸은 핵 전쟁은 이길 수 있는 전쟁일 뿐만 아니라 통념적으로 신봉되어온 말과 같이 "산 자는 죽은 자를 부러워하지 않을 것the living would not envy the dead*"이라고 주장했다.[71] 대부분은 아닐지라도 많은 인구가 살아남을 것이라는 것이었다. 삶은 계속될 터였다. 칸의 이 단순한 지적은 미국의 전략에 커다란 충격을 주었다. 핵무기에 대한 훌륭한 방어가 핵무기를 공격에 사용하는 것만큼이나 중요하게 되었다. 미국이 소련의 기습공격에서 살아 남아 역공을 가할 수가 있다는 것을 보여준다면 전쟁 억지 전략도 더 효과적이 될 것이었다.

'생각할 수도 없는 것에 대해 생각하기'가 도시 건설의 새로운 접근방법 전체를 좌우했다. 도시는 인구, 인프라, 산업 시설이 집중된, 멋지고, 크고, 흥미진진한 메가톤 급의 표적이 됨으로써 핵무기 시대의 짐이 되었

---

* 이 말은 핵 전쟁이 일어났을 때의 끔찍한 결과를 표현한 "살아 남은 사람들은 죽은 사람들을 부러워할 것이다(The survivors will envy the dead)라는 말을 뒤집은 말이다. 이 말은 1963년 케네디가 후르시초프가 한 말이라면서 인용했는데, 그 근거는 없다고 한다.

다. 일찍이 1950년, 다름 아닌 사이버네틱스의 아버지 노버트 위너는 잡지 「라이프」에 다음과 같은 글을 썼다. "우리의 도시들을 지금 서 있는 그 자리에서 분산시키고, 우리의 전체 통신 시스템 또한 저 재앙에 가까운 결박tie-up으로부터 풀어놓는 개혁을 오래전에 단행했어야 했다 … 한 도시는 일차적으로 통신센터로서 인체의 신경 중추와 똑같은 목적을 수행한다."[72] 교외화는 더 넓은 차원의 경제적 및 기술적 힘에 이끌려 진행되었지만, 국방 계획가들은 확실히 그에 따른 인구의 분산을 환영하고 장려했다.[73] 연방정부는 1950년대 내내 '산업분산industrial dispersion'에 대해서는 집중적으로 연구하고 촉진하면서 비즈니스 부문에 대해서는 훨씬 명민하지 못했다.[74]

오늘날 우리 자신의 '지구 최후의 날 시나리오doomsday scenario' 역시 인간이 만든 것이다. 한번 진행되면 되돌릴 수 없는 기후변화를 피하기 위해 국제에너지기구International Energy Agency는 대기 중 이산화탄소의 농도를 450ppm 이하로 안정화시켜야 할 것으로 추산했다. 온실가스의 배출이 지금 비율대로 늘어난다면 2017년경에는 돌이킬 수 없는 지경에 이를 것이다. 그 뒤에도 아직 섭씨 2℃ 이상 올라가는 온난화는 피할 수 있겠으나, 낡고 비효율적인 발전소들과 인프라를 지금 대대적으로 정비하는 데 드는 비용보다 4~5배나 더 많은 비용이 들 것이다.[75]

하버드대학교의 경제학자 에드워드 글레이저Edward Glaeser는 도시를 온실가스 배출을 안정시키는 데 도움이 되는 녹색 대안으로 본다. 이는 보다 높은 인구밀도로 도시의 무질서한 확장이 가져올 에너지 낭비를 현저히 줄이게 될 미국에서는 맞는 말이다. 데이비드 오웬David Owen은 그의 책 『녹색대도시Green metropolis』에서 대중교통을 이용하는 맨하튼 주민들의 1인당 탄소 배출량이 미국의 다른 어떤 지역에 비해서도 가장 적다고 주장한다. 그러나 전 지구적으로 새로이 부상하는 중산층이 볼 때는 맨하튼의 이런 라이프스타일조차 에너지 소비의 엄청난 증가를 나타낸다. 전

지구적인 온실가스 배출이 급격히 늘어나는 것을 막으려면, 도시 중산층이 농촌마을 주민 수준의 탄소발자국만으로 생활을 영위할 수 있도록 하는 방안을 강구해야 한다. 맨하튼 사람조차 에너지 소비 습관을 고쳐야 할 것이다.

1장과 2장에서 본 기술 대기업들은 스마트 기술을 이 난제를 푸는 해법으로 홍보하고 있다. 그들이 보기에 다른 대안은 없다. 스마트시티가 우리가 하나의 종species으로서 생존할 수 있는 최선의 마지막 희망이다. 그러나 그 생존의 희망이 이루어지지 못할 수도 있는 길이 적어도 다섯 가지가 있다. 다음과 같이 생각도 할 수 없는 것들이다.

첫째, 스마트 기술이 충분한 효율성을 보여주지 못할 수 있다. 2007년 유엔재단United Nations Foundation 보고서에 의하면 이산화탄소 배출을 안정시키기 위해 필요한 개선작업은 "사소한 일도 아니지만 불가능한 일도 아니다." 그러나 확신할 수 있는 일은 아니다. 1980년에서 2005년까지 전 지구의 에너지 수요는 50% 증가했고 2030년까지 다시 50% 증가할 것으로 예상된다. 대기 중 이산화탄소량을 덜 야심적인 550ppm 아래로 안정시키기 위해서 선진 G8 국가들은 지금 당장 에너지효율의 연평균 증가율을 2.5%로 배가하고, 이 같은 개선 속도를 2030년까지 계속 유지해야 할 것이다.[76] 그러나 아주 적극적으로 효율성을 추구하는 도시에서조차 진전은 느리다. 5장에서 보았듯이 지속가능성에 있어서 세계적 선두주자로 널리 알려진 암스테르담에서조차 이산화탄소 배출이 아직도 연간 1%씩 증가하고 있다.[77] 최악의 경우, 효율성이 더 높은 스마트 인프라는 사실상 에너지 가격을 낮게 유지시켜 소비를 더 자극하게 될 것이다. 즉 경제학자들이 말하는 '반동 효과rebound effect'를 낳는다는 것이다.[78]

둘째, 스마트 기술은 교통 혼잡을 줄이고 범죄와 싸우는 데는 아주 효과적이지만, 에너지 사용을 줄이는 데는 효과가 덜할지 모른다. 삶의 질이 향상됨에 따라 도시가 생활하기에 더 매력적인 장소가 되고 또 미국에서는 이것이 사람들을 교외로부터 밀도가 더 높은 지역사회로 유인함으로써 에너지 문제에도 간접적으로 도움이 될 수 있다. 하지만 개발 도상국에서는 오늘날 오염을 발생시키는 에너지 기술로 작동하는 메가시티들의 성장을 가속화 할 수 있다. 이는 엄청나게 큰 경제적 성공담이 되겠지만 전지구적으로는 생태적 재앙이 될 것이다. 사하라 이남 아프리카sub-Saharan Africa로부터 수백만 명의 이주민을 지저분한 미니버스들과 매연을 내뿜는 석탄과 가축 분뇨를 때는 난로 등의 허술한 인프라 환경 속으로 받아들이며 갑자기 범죄가 없어지고 번창하는 스마트 요하네스버그를 상상해보라.

세 번째의 지구 종말 이야기doomsday story는 이렇다. 우리는 지속가능한 디자인의 암호를 해독하여 그 필요한 기술을 시장에 내놓는데, 때를 제대로 맞추지 못할 수도 있다. 스마트시티의 건설은 모바일폰 구입이나 소프트웨어 업데이트 설치보다 심장절개 수술과 더 닮았다. 오랫동안의 검증된 기술관료적 계획의 전통을 가진 싱가포르에서조차 스마트 인프라 프로젝트는 아주 느린 속도로 진행된다. 1970년대 이후 도시 관리자들은 혼잡한 도심 진입을 통제하기 위해 문서 기반의 통행료 징수 시스템을 사용해 왔다.[79] 1990년대 이 시스템을 디지털화할 때가 되었을 때 시스템을 변경하는 데 꼬박 12년이 걸렸다. 런던의 혼잡통행료 시스템은 2002년 2월 승인이 난 후 시행하는 데 단지 1년이 걸렸다. 그러나 이 시행은 38년 간의 심의 후에 이루어진 것이다. 그 아이디어는 1964년에 처음 제안되었다.[80]

일이 잘못될 네 번째 길은 경제 침체이다. 개발 도상국들의 불안요소가 과도한 성장이라면 북반구의 부유한 도시들의 문제는 성장이 거의 없다는 것이다. 스마트 기술이 우리의 생산성을 개선해 주지 못한다면, 에너지 효율을 더 높이는 데 필요한 비용을 지불할 수 없게 될지도 모른다. 많은 사람들이 1990년대 말의 '신경제New Economy'로 되돌아가기를 희망한다. 이때는 미국의 생산성이 빠르게 증가한 역사적 시기로 우리는 정보 기술의 진보가 그러한 생산성의 증가를 이끌었다고 생각했다. 그러나 최근의 연구는 이러한 생각에 의문을 제기한다. 노스웨스턴대학교의 로버트 고든Robert Gordon은 이 경제 팽창기에 정보 기술에 의한 최대의 생산성 증가는 내구재 제조업 부문에서 있었으며, 그 증가는 역사적으로 볼 때 소폭이었다고 말한다. 그의 주장은 "컴퓨터와 인터넷은 19세기 말과 20세기 초의 대발명Great Inventions에 미치지 못하며 이런 의미에서 '산업혁명'이라는 이름표를 붙일 정도가 못 된다"는 것이다.[81] 더욱이 이러한 생산성의 증가는 곧 사라져 대부분의 경제 선진국들은 2000년 이후 10년 동안 생산성이 거의 증가하지 못하고 있다. 우리가 도시를 그저 그런 정도로 업그레이드하면서 경제 번영을 기대하는 것은 시기상조일 수도 있다.

마지막으로 우리가 생각도 할 수 없는 미래는 오직 부자들이 자기들만의 스마트 거주지를 이루어 번영하는 미래이다. 이 거주지는 자신들의 편익만을 위해 관리되는, 노획된 자원 또는 가난한 사람들에게 부담을 지우는 가격으로 거래된 자원으로 유지되는 고립된 영토이다. 이 시나리오는 상당수의 개발 도상국에서 이미 보편적이 되고 있는데, 여기에서는 가난한 사람들은 깨끗한 물, 건강한 식품, 기본적 위생시설의 혜택을 덜 받게 되고 또 그 혜택을 받는다 해도 엄청나게 더 높은 가격을 지불하게 된다. 다음 세기 동안 자연자원 경쟁이 과열되고 기후변화로 인해 자원의 공급이 지장을 받을 때 부자들은 자신들의 과소비로 초래된 이 사태를 나몰라라 하고 지낼 수도 있을 것이다. 스마트 기술은 급속한 성장과 기후변화의 문제에 직면하여 도시의 회복탄력성을 키우는 대신 가난하고 취약한 커뮤니티들의 적응 능력을 제약할 수도 있다.

모든 스마트시티는 각기 나름대로의 방식으로 버그투성이이면서 쉽게 장애를 일으키고 감시·감청될 것이다. 그렇지 않으리라고 기대하는 것은 자기 기만이다. 도시의 미래와 기술이 해야 할 역할, 그리고 그에 수반할 위험을 어떻게 관리할 것인가 하는 문제를 논의함에 있어서 생각할 수 없는 것을 생각하는 데 보다 많은 노력을 기울여야 한다.

반세기 전, 자동차의 대중화는 도시의 과밀 그리고 신선한 공기와 녹지의 부족 등 당시의 환경위기로부터 우리를 구해줄 것처럼 보였다. 그러나 우리가 '생각할 수 없는 것에 대한 생각'을 했었다고 상상해보라. 스모그, 도시의 무질서한 확장, 수입 석유에의 의존, 어린이 비만, 지구 온난화를 예상할 수도 있지 않았을까? 우리가 이 부정적 충격들을 피할 수 있었는지는 결코 알 수 없을 것이다. 그러나 많은 비용을 들이지 않고 그 부정적 충격을 피하려는 시도는 해 볼 수 있었을 것이다. 심지어 우리는 지금 우리가 스마트 기술을 고안해서 원상회복시키려고 하는, 바로 그 의도하지 않은 결과들을 피했을지도 모른다.

smart cities

10장

스마트 시대의 새로운 시민학

앞장에서 우리는 시민의 필요needs를 우선시하는 것이 도시를 더욱 공정하게 건설하는 길일 뿐 아니라 기술을 더욱 빠르고 정교하게, 또한 값어치 있게 만드는 길이라는 것을 파악할 수 있었다. 스마트시티를 건설하는 과정에서 사람들이 각각의 제 역할을 한다면, 까다로운 도시문제를 더욱 성공적으로 해결할 수 있고, 스마트시티가 제공하는 솔루션들을 더욱 폭넓게 누릴 수 있게 된다. 한 때 오스카 와일드는 "지금은 기계가 사람과 대항하여 경쟁하지만, 올바른 여건이 조성되면 기계가 사람을 위해 봉사할 수 있게 된다"[1] 라고 말한 바 있다. 이 올바른 여건의 조성은 바로 우리에게 달려 있다. 이를 위해 우리는 과연 어디서부터 시작해야 할까?

나는 먼저 우리를 이끌어 줄 새 원칙들이 필요하다고 생각한다. 우리는 도시에 대해, 그리고 기술이 도시를 어떤 모양으로 빚어내는지에 대해,

반대로 기술이 도시에 의해 어떤 모양으로 빚어지는지에 대해 과학적으로 더 깊이 이해해 가는 과정 중에 있다. 새 원칙들은 이러한 과학적 이해뿐 아니라 인류 대부분이 도시 생활을 하고 있는 지금, 인간이 처한 상황이 과연 어떠한지, 또 이 상황이 어떻게 변해가고 있는지에 대한 폭넓은 인식을 바탕으로 세워져야 한다. 다시 말해 과학에 대한 이해 또한 중요하지만 성공적인 여건 조성을 위해 문화에 대한 이해 역시 필요하다는 것이다.

3장을 통해 우리는 근대 도시계획의 토대가 도시에 대한 패트릭 게데스의 생각으로부터 어떻게 자라나게 되었는지를 알 수 있었다. 패트릭 게데스는 도시를 진화론적 관점에서 바라보며, 산업 시대에 급증하는 도시 문제를 해결하는 데 사회학의 실용적인 응용이 절대적으로 중요하다고 믿었다. 오늘날의 스마트시티 건설자들은 도시가 당면한 과제에 기술을 적용하고, 면밀한 경험을 바탕으로 한 과학의 발전을 모색한다. 게데스는 이런 방식에 틀림없이 동의할 것이다. 그러나 게데스는 과학에 한계점이 존재한다는 것과, 도시를 바라볼 때 입증 가능한 사실뿐 아니라 경이로움을 볼 수 있는 눈을 함께 가져야 한다는 사실 또한 알고 있었다. 전기 작가 헬렌 멜러Helen Meller에 따르면, 패트릭 게데스는 다음과 같이 주장했다. "도시는 하나의 총체whole로 바라보아야 하며, 각기 특별히 다루어야 할 이질적 요소들의 합체로 보아서는 안 된다 … 도시를 총체로 본다는 것은 간단하지만은 않다. 과학과 예술이라는 특별한 조합이 요구되는 일이기 때문이다."[2] 체계적 방법을 통해 관찰된 과학적 사실과 문화적 기준을 토대로 만들어진 예술적 이해가 결합하여 사회학의 새 학과가 형성되었는데, 게데스는 이를 '시민학'이라고 불렀다. 이 학과의 연구는 특정한 맥락에서만 실행이 가능한 경우가 많았기 때문에 실증적 사회 조사가 연구의 출발점이 되어야 했다.

게데스는 과학이 설명하지 못하는 것들을 이해하기 위해서는 특정 토착 환경에서 일어나는 인문성humanity의 창조적, 사회적 표출, 즉 문화에 대한 빈틈 없는 지식이 필요하다는 것을 깨달았다. 컴퓨터가 도시에 대한 관찰을 점점 더 많이 하게 될수록, 우리는 컴퓨터가 미처 계측해내지 못할 수 있는 무형의 국면들을 알아보려는 노력을 더욱 배가해야만 한다. 도시에 대한 전체론적 관점 없이는, 도시에 대한 문제 인식과 이를 위한 적절한 해법 설계, 이에 대한 시민의 실행과 참여는 불가능하다.

그러나 우리가 잘못된 방향으로 가고 있다는 증거가 도처에 보인다. 2 장에서 선견지명을 가진 컴퓨터 학자 데이비드 겔런터는 IBM이 리우데자네이루에서 설계, 제작한 것과 다르지 않은, 기묘한 '미러 월드'의 무자비한 감시 아래 사람들의 낭만적 사고가 사라진 것에 대해 심히 혼란스러워 했다. 에두아르도 파에스 시장의 원격 제어 도시가 빈민가 사람들을 어떻게 한 줄기 데이터 스트림으로 전락시키고 있는지를 생각하면, 삶을 무자비하게 재단하는 기계화에 분노한 커밍스E. E. Cummings의 시 한 구절이 떠오른다.

> 당신의 꽃들과 기계들을 만들어 봐요: 조각 작품과 산문도
> 꽃들은 추측하고 빗겨나가지
> 그러나 기계는 꽃보다 정확하지. 아무렴
> 기계는 제 할 일을 하지. 맹세코

기업이 설계한 스마트시티가 우리에게 무언가를 가져다 주는 것은 분명하다. 그러나 '무엇을' 가져다 주는가? 산업 자본주의의 폐해를 배가시키고 우리의 영혼을 짓밟는, 자동화된 판박이 어바니즘cookie-cutter urbanism의 경관이 아닌가? 같은 시의 몇 줄 뒤 구절을 보자.

> 한쪽 눈으로만 세상을 보는 어떤 멍청이가
> 봄을 측정하는 도구를 발명한다고 한들
> 누가 상관하랴.[3]

지구를 센서로 둘러싸려는 충동으로 인해 우리가 무엇을 얼마나 잃게 될지는 사실 가늠할 수 없다. 이제 리우로 날아가 지능형 운영센터의 플러그를 뽑고, 그 대신 프로젝토 모히뉴의 소년들로 하여금 그들의 모델을 통해 일하도록 할 때가 아닌지 모르겠다.

스마트시티를 사람 중심으로 계획하지 못하면 20세기의 실패한 도시 설계를 되풀이할 위험이 높아진다. 아니 이번에는 그 위험성이 훨씬 더 크다. 세계 인구의 80%가 이미 도시에 살고 있어 이번 세기 말까지 새로 건설해야 할 도시가 별로 없기 때문이다. 경제학자 폴 로머Paul Romer가 지적하듯이 "우리 아이들의 생애 내에 도시화 프로젝트는 완성될 것이다. 그때까지 우리는 우리 아이들의 후손들이 영원히 살게 될 도시의 체계를 완성해야만 할 것이다."⁴ 번쩍이는 송도의 새 고층 건물 사이를 걷다 보면, 한 가지 사실을 알 수 있다. 송도가 전원도시의 21세기 버전이라는 것이다. 제인 제이콥스는 전문 계획가가 설계한 모델 도시들의 부질없음을 제대로 지적했다. 우리는 지금 바로 이러한 계획에 내기를 걸고 있는 것이다.

지금까지 스마트시티의 비전은 우리들을 통제하는 것에 대한 것이었다. 우리에게 필요한 것은 도시운영 시스템의 기술 코드에 의미를 부여하고, 그 코드를 제어할 새로운 사회적 코드이다. 좋은 기술뿐 아니라 좋은 장소를 만드는 데 필요한 지식을 취사 선택하여 실천에 옮길 수 있도록 도와줄 새로운 스마트시티 시민학이 필요하다. 건전한 지침만이 스마트시티를 유기적인 공간으로 만들고, 그 속에서 살아가지 않으면 안 될 사람들의 욕구와 선택에 따라 설계 가능한 공간을 만들어 낼 것이다.

마지막 장에서 나는 새로운 시민학을 정립하는 데 유용할 일련의 원칙tenet들을 제시하고자 한다. 이 원칙들은 인간 중심적이고 포용적이며, 회복탄력성을 가진resilient 스마트시티를 건설함에 있어 우리가 견지해야 할 설계, 계획, 거버넌스의 중요 원칙들을 추린 것이다. 도시와 컴퓨팅의 빠른 변동성으로 인해 중요한 이슈들을 모두 담아내기는 불가능한 만큼, 이 원칙들은 불완전할 수밖에 없다. 따라서 우리는 고인이 된, 전 MIT 건축학교 학장이자 스마트시티의 선구적 사상가였던 윌리엄 미첼의 말에 세심한 주의를 기울여야 할 필요가 있다. 그는 "우리가 할 일은 우리가 원하는 미래를 설계하는 것이지, 미리 정해져 있는 미래의 경로를 예측하는 것이 아니다"라고 말했다.[5] 그의 말이 미래를 어떻게 설계할 것인가에 대한 공동 논의의 새로운 출발점이 되기를 바란다.

스마트 기술의 선택적 수용

인터넷이 상업적 성공과 더불어 문화적 영향력을 행사할 지위를 갖게 됨에 따라 스마트시티를 필연적 요소라 생각하는 분위기가 조성되어 있다. 그러나 우리가 엔지니어들에게 모든 도시 문제를 하나하나 다 해결해주도록 간절히 부탁하려는 것인가? 기술산업의 끈질긴 스마트 판매술이 이에 달려 있다. 그러나 21세기의 기업도시들만이 기술 그 자체를 종국적 목표로 본다. 우리의 새로운 시민학의 첫째 원칙은 스마트 기술을 기본 설정default으로 간주해서는 결코 안 된다는 것이다. 새로 고안된 장비들 new gadgets은 기존의 문제를 언제나 더 잘 해결해준다고 생각하기 쉽다. 그러나 새로운 장비도 잘 구비된 기존의 도구상자에 추가되는 하나의 도구셋에 불과할 뿐이다.

크리스토퍼 알렉산더의 저서『패턴 랭귀지A Pattern Language』만 봐도 그 도구상자가 얼마나 큰 것인지 알 수 있다. 이 책은 세계 각지의 도시로부터 200개 이상의 전통적 건축 및 도시의 디자인 수사법들tropes, 즉 패턴 랭귀지들을 찾아내 기술한, 십여 년의 고된 연구의 결과물로서 대단히 흥미로운 인류 건축유산의 정수를 추출한 것이다.『패턴 랭귀지』가 주장하는 바는 대부분의 도시의 디자인 문제들이 오래전 고대 건축인들에 의해 해결되었다는 것, 그래서 옛 사람들의 디자인을 빌리기만 해도 많은 문제들에 적절히 대응할 수 있다는 것이다.

그런데 지금 우리는 그렇게 하는 대신에 대량 건설된 도시들의 결함들을 바로잡기 위한 기술적 미봉책들을 만들어 내고 있다. 알렉산더의 패턴 9, '분산된 일터Scattered Work'는 유기적으로 성장해 온 도시에서 전형적으로 나타나는, 작은 작업장들이 주택들과 어우러져 만드는 네트워크에 대해 기술하고 있다. 여기저기 흩어져 있는 일터는 도시의 경제적 사회적 삶을 통합시키고, 젊은이들이 일을 배울 기회를 제공하고, 보행 환경을 더 좋게 하고, 통근교통 시스템의 부하를 덜어준다. 그런데도 세계에서 도시화가 빠르게 진행되는 나라에서는 이 전통적 형식들, 그리고 다양한 용도와 유형의 건축이 결 곱게 혼합된 지구들을 불도저로 밀어내고 단일용도지구로 만들고 있다. 무턱대고 서두르는 근대화로 중국의 도시들은 20세기 서양이 범한 최악의 오류를, 그것도 엄청난 규모로 되풀이하고 있다. 그러나 2010년 시스코가 상하이 세계박람회에서 홍보했듯이, 기술로 그 손상을 회복시킬 수 있다. 시스코는 상하이의 사분오열된 경관을 유비쿼터스 화상회의로 미봉할 것이다. 그러나 이러한 계책은 이 근대 디자인이 알렉산더의 패턴 랭귀지가 견뎌냈던 것만큼의 세월의 시험대를 견뎌낼 수 있도록 만드는 데 반드시 필요한 구조적 변화를 늦출 수 있을 뿐이다.

하룻밤 사이에 우리 모두가 러다이트Luddites 운동을 벌일 필요는 없다. 스마트는 하나의 부가물이나 업그레이드로 보아야지 목적 그 자체로 취급해서는 안 된다. 스마트 기술을 위해 기존 도시를 싹 벌목하듯이 밀어내지 않는 것이 최선책이다. 대신 다음과 같은 어려운 질문들을 생각해야 한다. 스마트 기술이 정말 무엇을 새롭게 해결할 수 있게 해주는가? 도시 작동과정의 어느 부분에서 기존 솔루션들을 향상시켜 주는가? 가장 중요한 질문으로서, 어느 부분에 끼어들어 그 자체의 새로운 문제를 야기하는가? 재래식 디자인을 하면서 나중에 스마트 기술을 장착할 수 있도록 하여 미래에 대비할 수도 있다. 가로등을 교체할 때 나중에 어떠한 무선기술 또는 센서 기술이 개발되더라도 이를 탑재, 설치할 지점을 확보해둔다든가, 도로를 파헤칠 때 미래의 광대역 선을 위한 도관을 깔아둔다든가 하는 것이다. 광대역 선들이 무엇으로 만들어지든 간에 이를 같은 관로에 비집어 넣는 것이 이전에 광섬유를 전화 및 텔레그라프 도관을 따라 설치했던 것과 같이 경제적으로 아주 유리하다. 도시 소프트웨어를 만들 때 간단하게 모듈식으로 또 오픈소스식으로 하고, 새로운 데이터 스트림을 생성시킬 때 최대한 개방적으로 기록하고 보관하는 것도 같은 맥락이다.

생애주기를 고려한 계획을 해야 한다. 새 기술을 도입할 때 기존 기술을 정리하는 것도 그만큼 중요하다. 완고하게 단일 기술에 얽매인 도시들은 다음 기술 변환이 일어나면 시대에 뒤떨어진 도시가 되기 마련이다. 알렉산더의 패턴이 그토록 지속력을 갖게 된 것은 그것이 새로운 기술과 인간 활동의 토대로 진화해갈 수 있었기 때문이다.

도시 자체의 네트워크 운영

100년 전 전 세계의 도시들은 누구나 전력을 사용할 수 있도록 하기 위해서는 시 정부가 직접 전력사업을 운영해야 한다는 것을 알았다. 민간 전력회사들이 가장 수익성 높은 고객과 지역을 골라 공급함으로써 수익성 없는 지역들이 배제되었기 때문이다. 오늘날 많은 도시들이 광대역 공급에서도 같은 경제학이 적용되고 있음을 깨닫고 있다. 유럽 전역에서 스톡홀름, 암스테르담, 쾰른, 밀라노 같은 도시들은 시 정부가 공공 광대역 인프라에 투자하여 주민들과 기업들이 사용하는 광대역의 속도를 현저히 높이고 비용을 크게 줄여왔다.

그러나 7장에서 보았듯이 미국의 주 정부들은 커뮤니티들이 자체 공공 광대역망을 건설하는 것을 금하고 있다. 지난 2005년은 필라델피아가 펜실베이니아 주 의회에서 무선의 미래wireless future를 위해 투쟁하던 때였는데, 미국 연방통상위원회Federal Trade Commission 위원 존 레이보위츠Jon Leibowitz는 시 공무원들이 모인 곳에서 다음과 같이 말했다. "지방정부는 오랫동안 무언가를 해 보는 실험실이었다. 지방정부가 주민들이 저렴한 비용으로 인터넷에 연결할 수 있도록 하려고 한다면, 연방정부나 주의 법률에 의해 또는 케이블과 전화업계의 이해관계에 의해 배제되는 일 없이 그렇게 하도록 허용되어야만 한다"[6]고 말했다. 이 시대에 입법화된 제한 때문에 미국에서는 약 150개 커뮤니티만 공공 광섬유망을 구축했는데, 이는 직접 전력사업을 하는 지자체들이 약 3,300개인 데 비하면 부끄러운 수치이다.[7]

그러나 테네시 주 체터누가Chattanoga 시 같이 일찍 나선 도시들은 통신 분야 투자가 매우 생산적임을 보여준다. 체터누가 시는 2008년에 시 산하 전력회사가 사업을 전기통신 분야까지 확장토록 인가했다. 그래서 시 정부는 통신비 부담을 줄이고 전력당국은 광섬유망으로 연결되는 스마트 파워그리드 기술로 정전을 크게 줄였다. 또 기업들은 초고속 인터넷 서비스에서 가격을 크게 떨어뜨릴 수 있었다. 본사가 녹스빌 인근에 있던 지역 클라우드 서비스회사 클라리스 네트워크Claris Networks는 일터를 채터누가로 옮겼는데, 거기서 인터넷 연결 비용을 90%나 줄였다.[8]

공공 광대역 유틸리티에 반대하는 통신업계의 주장은 근거가 없다. 업계는 광대역이 재정적 수렁이 되리라고 비방하지만, 2009년까지 지자체 통신네트워크는 불과 수년 만에 손익분기점 보다 30~40%나 높은 수준에서 시장의 반 이상을 차지했다. 일부는 건설공채도 조기에 상환할 것으로 예상되고 상환하지 못한 건은 하나도 없었다.[9] 친시장적인 선진국 클럽

OECD조차 "지자체 네트워크가 광섬유 네트워크의 경쟁력을 높이는데 중요한 역할을 할 수 있다"고 하면서 지자체 주도 방식을 지지한다.[10]

커뮤니티 소유의 광대역은 스마트시티가 할 수 있는 최선의 투자 중 하나이다. 정보집약적 산업에 절대적으로 필요한 인프라가 되며, 원격학습과 몰입형 멀티미디어 커뮤니케이션으로 인적 및 사회적 개발에 새로운 기회의 문을 열어준다. 더 중요한 점은 도시가 스스로의 신경시스템을 제어할 수 있도록 하여, 스마트서비스 판매 회사들에 대한 시의 협상력을 크게 높여주는 것이다. 또한 관리운영의 다양한 국면들에 대한 통제권을 지역 관할 아래 둠으로써, 전기통신 정책의 두 가지 중요한 정책적 이슈를 둘러싼 갈등의 소지를 없앤다. 여기서 두 가지 이슈는 인터넷 서비스공급자ISP가 컨텐츠나 앱에 대한 사용자 접근을 제약하지 못하도록 하는 망 중립성의 문제와, 2012년의 UN선언에 따라 인터넷 접근권을 인권으로 간주하도록 하는 문제를 말한다. 도시들은 연결비용을 지불할 능력이 없는 컨텐츠 공급자들과 시민들 모두에게 그들의 광대역 네트워크가 개방되어 있고 무료라는 것을 선언하기만 하면 된다.

필라델피아가 어스링크EarthLink와 맺은 것과 같은 공공 민간 파트너십은 단기적 시장의 힘에 지나치게 의존하므로 장기적인 일을 하기는 어렵다. 그러나 이들 네트워크의 자금 조달을 위한 많은 창의적 방법들이 시행되고 있다. 지방채는 주택담보대출처럼 투자 회수기간을 인프라의 유효 사용기간에 맞추어 늘일 수 있게 하고 있다. 미국 전역의 대학들은 긱유Gig.U 파트너십을 통해 캠퍼스 네트워크를 주변 커뮤니티들로 더욱 확장해 나가고 있다. 오레곤 주의 샌디Sandy 시는 부동산 개발시 도로와 상하수도를 건설하도록 하고 있는 현행 규정을 똑같이 적용하여 부동산개발업자들이 시의 공공 광섬유그리드를 신개발지로 확장하도록 요구하고 있다.[11] 일부 커뮤니티들은 지역의 광대역 프로젝트를 크라우드펀딩crowdfunding하는 실험을 시작하고 있다.

6장에서 세계은행의 보조금 지원으로 몰도바에 중앙정부의 온라인 서비스와 내부 정보시스템을 작동시키는 'g-클라우드'를 구축한 예를 보았다. 이 몰도바의 사례에서 본 것처럼 세계 최빈곤 지역에서는 지역 광섬유망 이상의 것이 필요한데, 부국들이 누리는 클라우드 인프라 전체를 처음부터 새로 구축해야 한다. g-클라우드는 전국적 클라우드 인프라 비용의 상당 부분을 부담함으로써 지역 기업들에게 컴퓨팅 서비스 비용을 낮추어 주고 질을 높여준다. 빈곤한 국가에서는 보조금 대신에 군사, 법 집행, 위기대응 등 분야의 기관들이 비용을 분담하는 공유 인프라의 구축으로 투자의 타당성을 확보할 수 있다.

도시운영시스템이 아닌 웹을 구축

스마트시티를 구성하는 여러 부분들을 어떻게 서로 소통하게 할 수 있을까라는 문제와 관련하여 '도시운영시스템'에 대한 말들이 많다. 런던에 본부를 둔 리빙플래닛Living PlanIT은 포르투갈의 포르토Porto 교외 언덕에 스마트시티 기술 연구단지를 짓고 있는데, 도시운영시스템이라는 말이 자기들의 트레이드마크라고 주장하기까지 한다.

이 운영시스템은 PC나 모바일 기기들에게는 없어서는 안 되는 소프트웨어 세트이다. 이 소프트웨어는 스크린에 윈도우를 켜고 끄는 일, 키보드 입력을 읽고 디스크에 쓰는 일과 같은 힘든 일상적 공통기능을 수행한다. 그래서 매 프로그램마다 작동을 위한 소프트웨어를 따로 만들 필요가 없게 된다. 도시운영시스템은 택시요금을 지불하거나, 도로 센서의 기록을 클라우드 서버로 전달하거나, 거주자가 자기 집에 들어갈 때 신원을 확인해주는 등의 일을 할 것이다. 스마트시티의 여러 부분들은 서로 상호작용하는데, 도시운영시스템이 이 상호작용을 중개하는 것이다.

엔지니어들의 입장에서 도시운영시스템의 이점은 분명하다. 앱 개발을 더 빨리, 더 값싸게 할 수 있다는 것이다. 그러나 사업 전략가들에게 단일 운영시스템의 목적은 오직 하나다. 즉 그 도시운영시스템을 디자인하는 엔티티entity를 필요 불가결한 것으로 만드는 것이다. 여기서 엔티티는 상표 등록된 일단의 프로토콜과 인프라를 말하는데, 이 엔티티의 소유자가 그 도시에 대한 열쇠를 실질적으로 쥐게 된다. 리빙플래닛의 한 경영 간부가 공공연하게 말했듯이 "도시운영시스템은 그 도시에서 일어나는 모든 일들을 통제할 것이다."[12] 하지만 PC 운영시스템의 지배적 상황을 자사에 유리하게 이용한 회사들의 전례는 이에 대해 경종을 울린다. 리빙플래닛은 이미 자기들의 운영시스템에 연결해 사용할 제품들을 생산하는 기술 회사들과 밀월관계를 형성하려 더욱 노력을 기울이고 있다. 시스코와 센서 제조회사 맥라렌McLaren과의 관계는 수십 년간 데스크톱 컴퓨팅을 지배한 악명 높은 독점업체 마이크로소프트—인텔 동맹인 윈텔Wintel과 닮아 보인다. 수년 동안 마이크로소프트는 윈도우 코드베이스의 비공개 기능들undocumented features을 이용하여 자기들의 고수익 소프트웨어인 마이크로소프트 오피스가 경쟁 대상 소프트웨어들보다 더 나은 성능을 발휘하도록 했다. 스마트시티 독점업자들은 자신들의 이익을 위해 이와 유사한 은밀한 수단들을 고안해 낼 것이다.

도시운영시스템에 대한 확실한 대안은 웹과, 누구나 기반으로 이용할 수 있는, 유기적으로 진화된 일단의 개방적 표준과 소프트웨어이다. 거대 엔지니어링 기업 뷰로 해폴드Buro Happold의 파트너 앤드류 코머Andrew Commer는 "이상적 세계에서라면 우리는 이 모든 시스템들을 수용할 수 있고 또 그 시스템들 간의 정보 이동을 관리할 수 있는 공통 오픈소스 플랫폼을 마련할 것이다. 이는 더 민주적이고, 더 많은 경쟁 기회를 만들고, 새로운 업자들이 새로운 제품들을 시장에 더 쉽게 내놓게 해줄 것이다"[13]라고 주장한다.

인터넷과 오픈 소프트웨어의 성공이 도시로 이어지도록 하는 것이 이 분야 산업의 장기적 이익이 된다. 일부 대기업들, 특히 IBM이 이 일을 시작하고 있는데, IBM은 오래전에 오픈소스 소프트웨어를 받아들였다. 이러한 틀을 갖춘다는 것은 데이터의 공유, 트랜잭션 처리 및 결정적으로 중요한 시스템의 안전 확보에 필요한 최소한의 필수 구성 요소들을 준비해두는 것을 의미한다. 이는 크리스토퍼 알렉산더의 관점에서 보자면, 단순 위계적인 나무tree보다는 격자lattice에 가까운 스마트시티의 구현을 향한 큰 걸음이 될 것이다.

올바른 표준의 확립은 시간이 걸리는 일이지만, 3장에서 본 바와 같이 이는 인터넷 기술의 혁신을 이끄는 데 있어 매우 효과적임이 입증되었다. 그리고 지금 그러한 표준의 부재로 도시들이 하는 여러 노력들을 결합하기가 어렵게 되어 스마트 기술의 채택이 더뎌지고 있다. 코드 포 아메리카의 설립자인 제니퍼 팔카는 "상의 없이도 서로 협동작업을 할 수 있게 해주는 표준들이란 어떤 것인가?"[14]라는 질문을 던진다.

진정으로 시민에게 초점을 맞춘 도시운영시스템은 MIT의 카를로 래티가 말한 바와 같이 "도시를 작동시키는 것은 궁극적으로 사람들이라는 것"[15]을 인식하는 것이어야 한다. 웹 같은 운영시스템은 개방성과 유연성이 보다 크기 때문에 개발자는 물론 사용자조차 새로운 솔루션을 디자인할 수 있게 해 준다. 스마트시티 사물들smart urban things과 스마트 서비스의 웹은 도시를 번창하게 하는 사회성sociability을 강화해준다. 중앙집중적인 체제 대신 작은 커뮤니티들의 소셜 네트워크가 많은 필수적 서비스들을 맡아 할 수 있다. 기업에 의한 운영시스템은 이와 대조적으로 전기료를 절약하고 사기꾼들의 발을 못 붙이게 할지는 모르나, 우선 그 운영시스템이 보호하려고 하는 커뮤니티의 활력을 약화시킨다.

공적 소유의 확대

한 회사가 도시운영시스템을 장악하게 되면 도시의 스마트 인프라 전체를 차지하지 않는다 하더라도 대단히 중요한 부분들은 불가피하게 사영화privatize 된다. 글로벌 불경기로 인해 도처에서 지자체들의 재정이 심각하게 악화되었다. 금융자본가들은 공공-민간 파트너십이라는 미명하에 자본과 기술을 도시인프라 운영의 전권과 교환하는 조건으로 제공한다. 2008년에 가장 충격적인 예가 발생했는데, 이때 시카고 시는 36,000개의 주차 미터기를 벌룬페이먼트balloon payment* 방식으로 아부다비 정부가 후원하는 한 회사에게서 10억 달러에 임대했다. 도시들은 심지어 기본적인 인프라 투자도 힘겨워하고 있어서 값비싼 스마트시스템에 대한 투자 의욕은 거의 없었다. 그러나 산업은 창의적이 되어가고 있다. 예를 들면 2012년, IBM은 씨티뱅크를 파트너로 하여 미국 도시들의 스마트 파킹 시스템을 위해 2,500만 달러의 융자기금을 설립했다.[16]

그러나 회사들이 정말 탐내는 것은 우리의 빅데이터이다.

이에 따른 갈등의 첫 조짐이 샌프란시스코에서 나타났다. 2000년대 초 샌프란시스코시의 뮤니Muni transit system는 차량추적 기술을 공급한 회사 '넥스버스NextBus'와 계약을 맺었다. 내용은 뮤니 웹사이트와 환승 정류장에 도착시간 정보를 알려주는 서비스의 개설이었다. 그런데 2009년에 시민해커 스티븐 피터슨Steven Peterson이 시 교통국의 웹사이트에서 도착시간을 빼내는 아이폰 앱, '루트시Routesy'를 띄웠고, 뮤니가 이 불편한 사실을 알게 되었다. 뮤니는 넥스버스의 알고리즘이 산출해내는 도착 예측 결과치에 대한 소유권이 없었다. 2005년에 넥스버스는 거의 파산상태에서 그 권리를 넥스버스 설립자 중 한 사람이 만든, 서류상으로만 존재하는

---

* 대출금(term loan)의 상환방식 중 만기 전까지는 소액으로 분할상환하고 최종기간에는 종전의 분할 상환액보다 큰 잔금 전액을 상환하는 방식이 있는데, 이 최종상환분을 벌룬페이먼트라고 한다.

쉘 컴퍼니shell company(페이퍼 컴퍼니라고도 한다)에 헐값으로 팔았다. 시는 도착 예정시간 정보를 시 자체 웹사이트에 올릴 수 있었지만, 그 정보를 다른 목적으로 사용하려는 사람들은 비용을 지불해야 했다. 운 좋게도 그 해 말 계약 갱신 시점이 되어 이 문제는 시 정부에 유리한 방향으로 해소되었다.[17] 그러나 오픈데이터 운동이 확대됨에 따라 모든 곳의 도시들은 기술 판매업자 및 서비스공급자들과의 협정을 다시 살펴보고 있다.

사라고사의 예에서 본 바와 같이 소수의 도시들은 시민들의 민감한 사적 데이터의 관리인 역할을 확대하려고 애를 쓰고 있다. 이 도시들은 그 데이터를 어떻게, 어디에서, 언제, 왜, 그리고 어떤 조건으로 공유하고 공개할 것인지, 아니면 달리 재사용할 것인지에 대한 결정을 중요한 공공정책 과제로 본다. 그러나 이들은 예외적인 경우이다. 대다수 지방정부들, 특히 위험회피적이고 재정적 제약을 받는 미국의 지방정부들은 이 엄청난 책임을 회피하려고 한다. 이들은 시민들이 생성하는 데이터 스트림이 민간업자들의 기술과 상호작용하는데도 그 데이터 스트림의 통제에 관해 협상조차 할 역량이 없다. 감시단체들이 개입해서 중요한 갈등구조가 어디에 있는지 확인할 필요가 있다(실제로 전자 프런티어 재단Electronic Frontier Foundation은 룩셈부르크에 본부를 둔 도착정보 시스템의 특허괴물 어라이벌스타ArrivalStar로부터 고소를 당하고 있는 다수의 교통기관들을 대신하여 이 일을 하고 있다).[18] 도시들은 정기적 감사, 아마도 정부나 시민이 생산한 데이터에 대한 공적 통제의 확장을 임무로 하는 정보보호 최고책임자 또는 데이터 최고책임자에 의한 정기적 감사가 필요할 것이다.

흥미로운 하나의 선택지는 시민들을 대신하여 관리 운영할 태세가 되어 있는 트러스트에 데이터를 넘기는 것인데, 데이터 인허가비로 비용을 충당하면서 시에 지속적인 수익원을 창출하는 가능성을 여는 것이다. 제러미 밀러Jeremy Miller가 시작한 퍼스널로커Personal Locker 프로젝트 같은 스타트업들과 오픈소스 프로젝트들이 점점 더 늘어나는데, 이들은 개인들이 자기들의 사적 데이터를 관리하고 심지어 데이터 풀pool로 만들어 회사들과 거래까지 하도록 하는 방안을 모색하고 있다(밀러는 인스턴트 메신저의 지배적인 글로벌 프로토콜인 재버Jabber의 창시자로서 표준에 관해서는 수완을 인정받고 있다). 또 다른 업체들과 프로젝트들은 아주 좁은 범위의 특정지역에 맞춘hyperlocal 데이터를 취합하고 저장하는 기술들을 개발하고 있다. 브룩클린의 레드훅에서는 뉴아메리카재단New America Foundation의 오픈 테크놀로지 인스티튜트Open Technology Institute가 클라우드 대신에 로컬 서버로 작동하는, 타이드풀스Tidepools라는 커뮤니티 매핑 시스템을 설치했다. 이런 인프라를 커뮤니티 차원의 공공시설로 하면 시 정부가 시민들의 데이터를 언제 어떻게 사용할지를 지시할 수 있게 된다.

도시들이 자기 데이터를 관리 운영하는 방법을 어떻게 선택하든지 간에 그 선택의 장점에 대해 보다 폭넓게 보다 장기적 관점에서 생각해야 한다. 도시의 데이터 잔해data exhaust*에 대한 공적 소유 확대는 스마트시스템의 투자비를 충당할 수 있는 비즈니스 모델을 창출할 수도 있다. 오늘날까지도 몇 안 되는 도시들만 중앙저장소를 통해 데이터를 공유한다. 이는 정부와 시민들이 똑같이 생성해내는 지역의 데이터를 취합하고 배분하는 더 정교한 모델들을 디자인할 기회가 아직 있다는 것을 의미한다. 시카고의 최고기술책임자CTO 존 톨바는 도시 데이터를 비즈니스의 원자재로 간주한다. 그가 내게 한 설명은 이렇다. "오픈 데이터를 놓고 경제발전에 대한 논쟁이 벌어지고 있다. 미국기상청National Weather Service이 기후산업의 발판이 되고 있는 것과 똑같이, 오픈 데이터는 비즈니스 구축의 플랫폼이 된다. 우리는 도시의 활력징후를 분석해내는 회사들의 성장을 촉진할 수도 있다."[19] 그러나 회사들이 도시와 그 주민들이 생성하는 데이터로부터 이익을 본다면 커뮤니티도 한 몫을 가져야 하지 않을까?

---

* 모든 디지털 또는 온라인 활동들의 자취나 정보 부산물을 가리킨다. 빅데이터에서 얻을 수 있는 또 다른 부산물로서 기업은 이를 수집, 분석함으로써 고객의 행동, 생각, 열망 등 상업적으로 귀중한 정보를 얻고 신상품을 개발하거나 서비스를 개선할 수도 있다.

스마트시티의 하드웨어와 소프트웨어에 대한 공적 관리를 확대하는 것은 보다 다루기 힘든 일이 될 것이다. 그 하드웨어와 소프트웨어의 많은 부분이 사적으로 소유될 것이고 시 정부와 계약한 외주회사들에 의해 운영될 것이다. 시가 사용료를 받아 이 스마트 인프라의 재원을 댈 터이지만 소유하지는 않을 것이다. 그러나 더 골치 아픈 문제는 정보서비스가 인터넷을 통해 전달됨에 따라 이전에는 제품으로 포장되어 나왔던 정보시스템이 구조조정 되고 있다는 사실이다. 컴퓨팅 파워는 이제 판매되기보다는 임대된다. 특히 IBM이 강력히 추진한 이러한 비즈니스 모델은 불안하게도 허먼 홀러리스가 1890년대 미국 통계청에 도입한 것과 유사하다. IBM은 1956년 컴퓨터와 태블릿을 리스와 더불어 판매도 하도록 강제한 정부의 반트러스트 조치가 있기 전까지 수십 년 동안 고객관계에서 고수익을 누렸다. 정부가 취한 이 반트러스트 조치, 즉 언번들링unbundling 조치는 급성장하는 산업에서 이 회사의 독점을 깨트리는 결정적 조치였다.[20]

클라우드 컴퓨팅의 발흥도 또 다른 어려움을 야기한다. 첫째가 관할권의 문제이다. 전에는 보통 시청 지하실에 놓여있던 서버들이 클라우드로 옮겨감에 따라 도시의 중요한 데이터와 인프라가 흔히 시의 관할권이 미치지 못할 수도 있는 곳에 자리 잡게 된다. 그렇게 되어 당분간 인프라 비용을 다른 도시와 분담하여 줄이는 것은 아주 좋은 일이다. 그러나 분쟁이 생기면 어떻게 될까? 당신의 데이터가 다른 나라에서 상표 등록된 소프트웨어로 운영되는 서버에 저장되어 있다고 하면 소프트웨어 공급상들vendors을 바꿀 수나 있을까? 클라우드 서비스의 표준이 없는 것도 똑같이 문제인데, 표준이 없으면 공급업체들에 절대적으로 의존할 수밖에 없기 때문이다. 단순히 다른 회사의 기술로 옮겨갈 수도 없는데, 기존의 데이터들을 어떻게든 복구하고 이동시키려 애쓰는 가운데 기반이 되는 시스템을 모두 재구축해야 하기 때문이다. 우리가 IBM이 스마트시티 클라우드를 운영하는 방식으로 어떤 물리적 인프라를 운영한다고 가정해보자. 스마트시티의 개발을 추적 조사하는 대형 국제은행의 재무위험 관리자 돔 리치 Dom Ricci가 한 말처럼 "지하철 운영자들을 바꿀 때마다 기존 선로를 뜯어 내고 궤간이 다른 선로로 바꾸어 설치하지는 않는 법"[21]이다.

요컨대 스마트시티에서 시 정부는 어떤 데이터와 소프트웨어를 직접 소유하고, 어떤 것들을 민간회사들에게 내줄 것인지에 대해 잘 알고 있어야 한다. 재정적 압박을 더 크게 받게 됨에 따라 가장 기본적인 스마트 시스템조차 외주와 민영화가 늘어날 것이다(2012년 디트로이트시는 비용문제를 들어 외주나 민영화 대신 311전화 상담 서비스를 그냥 중단해 버렸다).[22] 그러나 그렇게 함으로써 얻게 되는 단기적 비용절감 효과는 일단 자기소유의 데이터를 폐쇄해 버리고 상표 등록된 서비스에 갇히는 즉시 사라질 수 있다.

모델의 투명화

스마트시티에서 가장 강력한 정보는 스마트시티를 제어하는 코드이다. 스마트시티의 알고리즘을 노출시키는 것은 무엇보다 가장 하기 어려운 일이다. 알고리즘은 이미 우리 생활의 많은 측면을 지배하는데도 우리는 그런 것이 있는 지조차 거의 모른다.

2장에서 설명했듯이 도시의 컴퓨터 모델링은 1960년대에 시작되었다. 마이클 배티Michael Batty는 런던대학의 세계적인 도시시뮬레이션 연구센터를 운영하는 교수인데, 그는 그 시대를 "20세기 초기와 중기의 과학의 성공이 인간사의 전 영역으로 확장되리라는 의식이 사회문화적 환경을 지배하던" 시대였다고 서술한다.[23] 하지만 베티가 생각하기에 컴퓨터 시뮬레이션은 초기의 실패와 긴 동면을 거친 후 이제야 르네상스를 맞게 되었다. 과거의 수많은 모델들을 빈사시켰던, 역사적 데이터 가뭄이 이제는 데이터 홍수로 바뀌었다. 컴퓨팅 능력은 풍부해지고 저렴해졌다. 그리고 다른 모든 종류의 소프트웨어와 같이 도시 시뮬레이션의 발전도 가속화되고 있다. 그는 "모델을 더 빠르게 더 민첩하게 구축할 수가 있고, 마음에 들지 않으면 과거 그 어느 때 할 수 있었던 것보다 훨씬 더 신속하게 폐기할 수도 있다"[24] 라고 말한다.

1973년에 쓴 독창적인 글에서 모델링의 제1물결의 종언을 지적한 계획학자 더글라스 리Douglass Lee는 "어떤 모델이든 가장 중요한 속성은 투명성이다" 라고 주장했다. 오픈소스 소프트웨어는 그 투명성으로 인해 성공을 거두고 있으며 도시 모델링의 르네상스에서 주된 역할을 하고 있다. 그러나 역설적이게도 학계 밖에서는 오늘날 대부분 모델들이 면밀한 검토를 받지 못하고 있다. 오픈소스의 버그를 탐지해내는 '여러 개의 눈'의 철학many eyes philosophy은 어디에서도 찾아볼 수 없다.

도시 성장을 관리해온 수단들, 즉 마스터플랜, 지도 및 규칙 등에 담긴 지시들은 오랫동안 공개적 문서 같은 것으로 여겨져 왔다. 모델들도 같은 방식으로 여러 관점에서 세밀하게 들여다볼 수 있도록 내부를 드러내 보여야 한다. 이는 도시와 그 도시를 이해하고 개선하는 데 사용되는 수단과 방법들에 대해 대중을 교육하는 역할도 한다. 패트릭 게데스의 지역조사접근법을 스마트시티에 적용한다고 생각해보자. 리우의 지능형 운영센터를 시장의 벙커에서 꺼내어 도시의 살아있는 전시품, 21세기의 전망탑Outlook Tower으로 바꾸는 것은 작은 도약이 될 것이다. 이미 어떤 현장 기자실에서는 작동 중인 시스템의 광경을 생방송할 수 있게 하고 있다. 그러나 더 높은 투명성이 뒤따라야 한다.

스마트시티의 가장 중요한 코드가 조만간 백일하에 드러날 것을 기대해서는 안 된다. 업계는 지식재산권을 단단히 지키려 할 것이다. 정부기관들도 역시 보안과 프라이버시 문제를 들먹이며 책임과 권한에 대한 불안을 감추려 할 것이다(오늘날 데이터를 두고 그러하긴 하지만).

시민들이 직접 그 모델들을 장악하려면 법적 수단이 필요하다. 정보자유법Freedom of Information Act과 지역의 기타 선샤인 법령들local sunshine statues*이 코드나 기록문서들을 확보하는 수단이 될 수 있다. 그 영향은 엄청날 수 있다. 1960년대 뉴욕에서는 RAND 모델의 크게 잘못된 추정 때문에 소방서들이 불공평하게 폐쇄되었는데, 감시단체가 있어 그 모델의 오류를 면밀히 조사했더라면 어땠을까? 더글라스 리에 따르면 같은 시기, 보스턴에서는 시민 반대로 "그 모델 수립가의 추정치를 결국 바로 잡았던" 경우가 한번 있었다.[25] 오늘날 추정치들은 알고리즘으로, 또 점점 더 많은 의사결정 지원 도구로 코드화되어 계획가나 공무원들의 임무수행에 영향을 미친다. 그러나 이를 더 면밀하게 검토할 전망은 실질적으로 줄어들고 있다. 뉴욕의 랜드마크인 2012 오픈 데이터 법**은 미국에서는 가장 포괄적인 법이지만, 시의 컴퓨터 코드를 공개대상에서 명백하게 제외하고 있다.

모델의 투명성을 높이면 그 모델을 가장 많이 사용할 준비가 되어있는 집단, 즉 도시계획가들의 컴퓨터 모델에 대한 신뢰도 더 커진다. 그러나 배티가 본 모델링의 르네상스를 주도하는 사람들은 계획가도 심지어 사회과학자도 아니고 극도로 복잡한 문제들을 찾아다니는 물리학자나 컴퓨터 과학자들이다. 2011년 배티가 MIT의 청중들에게 말한 바와 같이 "계획가들은 모델들이 제대로 작동한다고 믿지 않기 때문에 이용하지 않는다."[26] 계획가들이 보기에 대부분 모델들은 결과가 너무 조악해서 쓸 수가 없다. 또 모델들은 정치적 현실과 사회집단들의 혼란스런 의사결정 방식들을 무시한다. 더글라스 리가 40년 전에 했던 말 그대로, 도시 시뮬레이션 모델을 만들고 입력하는 일은 새로운 소프트웨어와 풍부한 데이터로 그 비용이 적어지고는 있지만 아직은 엄청나게 돈이 많은 드는 일이다.

투명성을 높여 신뢰문제를 해결하지 않는 한 인공두뇌학은 결코 다시는 시청 문턱에 발을 들여놓지 못할 수도 있다. 저널리스트 데이비드 와인버거David Weinberger의 글이 말하듯이 "컴퓨터로 빅데이터에서 도출된, 그리고 그에 따른 결과들의 피드백으로 조율된 정교한 모델들은 인간의 두뇌로써는 너무 하기 어려운 복잡한 처리과정을 거쳐 믿을 만한 결과를 낼 수도 있다. 하지만 인간은 이에 대한 이해는 없이 지식만 갖게 될 것이다."[27] 이런 모델들은 과학적 진품은 되겠지만 우리의 도시를 계획하는 전문직들과 도시를 관리하는 공무원들에게는 별 쓸모가 없게 될 것이다. 더 심각한 것은 만일 모델들이 자물쇠로 채워진다면, 시민들은 자기들의 삶을 비밀리에 제어하는 그 소프트웨어를 이해할 희망을 결코 가질 수 없게 되고, 결국 그 모델은 시민들로부터 무시당할 것이라는 점이다.

투명성이 주는 이익은 단순히 스마트시티의 기어장치의 베일을 벗기고, 근거가 없거나 부당한 추정치들에 이의를 제기하고, 코드를 디버깅하는 것 이상이다. 포틀랜드에서 IBM이 시스템 모델링 분야에 진출하려 한 시도에서 보았듯이, 모델을 검사하는 과정 자체가 건설적인 도시계획과정의 일부가 될 수 있다. 더글라스 리는 다음과 같이 말했다. "투명한 모델도 마찬가지로 잘못될 수 있지만, 적어도 관련된 사람들이 서로 의견이 맞지 않는 점들을 따져 볼 수가 있다." 또 "대립하는 당사자들이 모델의 가정에 대한 합의를 이룸으로써 최종 모델에 대해서도 사실상 의견의 일치를 보게 될 수도 있다."[28] 모델링의 과정도 개방적으로 협력적으로 이루어진다면 진보적 변화를 위한 새로운 연합을 이루어낼 수 있다. 2011년 포틀랜드 시의 시스템 모델 개발을 이끈 IBM의 저스틴 쿡은 "처음 보면 지역 구민들이 서로 누군지 알지 못한 채 그냥 지내온 것 같지만 … 나중에는 비만을 크게 걱정하는 사람들과 탄소배출 문제를 크게 염려하는 사람들이 무언가 공통적인 것을 가지고 있음을 알게 된다"[29]고 설명한다.

안전측 고장

컴퓨터 과학자 데이비드 겔런터는 『미러 월드』에서 현대의 기업을 전자비행제어fly-by-wire 전투기에 비유했다. "전자비행제어는 엄청나게 앞선 기술이어서 사람이 조종할 수가 없다. 공기역학적으로 불안정하다. 수천분의 1초마다 '비행제어표면flight surface'을 조정해야지 그렇지 않으면 제멋대로 까딱거려 제어 불능상태에 빠진다. 현대의 기업조직들도 많은 경우 이와 같은 수준에 도달해 있다. 다만 통제불능이 될 때 기업은 화염에 휩싸여 추락하는 대신 앞이 안 보이는 상태에서 끝없이 허우적거리게 된다는 점만 다르다."[30] 엔지니어들은 이 상태를 '안전측 고장graceful failure'이라고 말하려 할 것이다. 회사(또는 스마트시티)는 완전히 무너지는 대신 보다 낮은 성과 수준에서 그냥 지척거린다. 결국에는 완전히 회복된다고 가정하면 이 정도는 붕괴되는 것에 비해 아주 양호한 결과이다.

우리는 스마트시티도 오류를 일으킬 수 있다는 것을 안다. 소프트웨어 업데이트가 잘못 되어 지하철 전체가 정지될 때조차 보통은 신속히 복구할 수 있다. 그러나 위기 때에는 어떻게 될까? 스마트시티에서 자료와 정보의 흐름은 평화로운 시기에 최적화되어 있는데, 이렇게 공학적으로 섬세하게 설계된 균형은 재난이나 전쟁 같은 가혹한 시련이 지속될 때에 어떻게 기능하게 될까? 9장에서 본 바와 같이 이런 사태에서는 시스템들이 툭하면 고장나 재앙을 일으킨다. 스마트시티를 어떻게 견고하게 만들어 부분적으로 문제가 발생하더라도 통제 가능한 방식으로 발생토록 하고, 또 중요한 공공서비스들이 차단되는 경우에도 계속 작동하도록 할 수 있을까?

기술 대기업들은 스마트시티 인프라가 회복탄력성을 갖도록 할 필요성을 인지하기 시작했다. IBM의 콜린 해리슨에 의하면 "시스템의 복잡성으로 말미암아 과부하를 걸면 고장 날 수가 있다. 그러나 사람들은 고장이 나더라도 가볍게 나서 계속 작동하여 조명이 꺼지지 않고 급수도 멈추지 않기를 바랄 것이다. 수압이 원하는 만큼 되지 않더라도 적어도 물은 있어야 한다는 것이다." 이는 시스템 엔지니어들이 말하는 '고신뢰 컴퓨팅dependable computing'의 연장된 개념인데, 고신뢰 컴퓨팅은 30년이나 된 일단의 기법들로서 도시 인프라에 점점 더 많이 적용될 것이다. 해리슨은 고신뢰 컴퓨팅이 적어도 아이작 아시모프의 공상과학 소설에 나오는, 인간을 해치지 않도록 행동수칙이 입력된 로봇처럼, "제어하려고 하는 인프라에 해를 가하지 않도록 스스로 안전장치가 되어 있을 것"이라 상상한다.[31]

도시는 기술산업과 함께 작동하므로 신뢰성에 대한 기대치를 높게 설정해야 하고 또 보다 강한 복원 능력을 갖추어야 한다. 동시에 최악에 대한 대비도 되어 있어야 한다. 이는 명확한 관할권 분담, 백업 관리 및 서비스에 대한 계획, 구호활동을 위한 점검표, 서로 연결된 도시시스템 간의 연쇄적 장애발생 방지 방안, 돌발 상황에 대처할 수 있는 조직 역량 등을 갖추어야 함을 의미한다. 많은 도시들이 이미 환경영향평가, 즉 새로운 인프라와 개발 프로젝트들의 위험요인들에 대한 강도 높은 감찰을 한다. 스마트 기술 프로젝트에 이런 식의 철저한 조사를 적용하면 기술 제품들을 승인하는 데뿐만 아니라 신뢰성에 대한 대중의 우려에 대처하는 데 도움이 될 것이다. 이는 보험협회 시험소Underwriters Laboratories같은 독립단체들의 시험 및 인증이 생산재와 소비재의 안전성에 대한 신뢰를 심는 데 도움을 주는 것과 같다.

안전측 고장도 부정적 측면이 있다. 도시 인프라를 예방적 목적으로 질서 있게 정지시키는 데 쓰이는 수단들은 그 인프라를 고의적으로 정지시키는 데 이용될 수도 있다. 정치적 또는 사회적 격변기에 정부가 공공서비스를 단계별로 줄여나가는 조치를 취할 현실적 가능성은 크다. 많은 정부가 인터넷 상의 '비상정지 스위치kill switch'에 해당하는 것을 갖추고 있다.

2011년 1월, 아랍의 봄 봉기가 절정에 이르렀을 때 이집트 당국이 강압적으로 전기통신업자들과 인터넷서비스 사업자들에게 카이로의 인터넷과 무선 전화망을 폐쇄하도록 한 예가 이를 증언한다. 리우의 지능형 운영센터와 같은 곳에서 갖춘 도시 제어반 역시 원격제어로 진화해서, 인프라와 서비스의 '표적 블랙아웃targeted blackout'에 새로운 정확도를 부여해 줄 것이다. 도시의 전 구역 또는 심지어 개별 건물들이나 주거단위들을 선별하여 서비스망을 단절할 수도 있다. 서비스 수준을 훨씬 더 은밀하게 부분적으로 저감하는 것도 가능하다. 정치적 벌칙을 주기 위해 어떤 동네에 공급되는 물, 전기, 통신 등의 공급수준을 줄일 수도 있는데, 이때 이 금지조치가 거기 사는 사람들의 조직적 대응을 불러일으킬 만한 수준에 이르기 직전에 그치도록 세심하게 조정된calibrated 알고리즘으로 제어할 수 있다.

지역 여건에 맞춰 구축하고 세계적으로 교역

우리가 스마트시티에 사용하는 기술을 도시 작동 시스템의 어느 부분에 구축할 것인가 하는 것은 어떤 기술을 구축할 것인가 하는 문제만큼이나 중요하다. 지금은 스마트시티를 위한 킬러 앱이 거의 없다. 그러나 지금은 생각을 접을 때가 아니다. 향후 10년 안에 각 도시는 최대한 좋은 시민실험실이 되려고 노력하고, 자신만의 상황 소프트웨어를 만들어 내고, 이를 운이 좋으면 전 세계에 확산되어 번성할 수 있는 몇 가지의 스마트시티 유전자로 진화시켜야 한다.

이 일을 제대로 한다는 것은 향후 10년 동안 스마트시티를 구축하는 공공사업에 소박한 수준의 투자가 지속되어야 함을 의미한다. 투자 모델 중 하나는 공공건설 사업비의 일정 몫을 떼어두는 것이다. 많은 도시들이 이미 공공건축물 건설비의 작은 몫(1%정도의 작은 금액)을 공공예술에 쓰도록 규정하고 있다. 스마트 기술에도 이와 유사한 방법을 적용하면 어떨까? 샌프란시스코 시의 혁신 담당 책임자 제이 내스는 2012년 초에 그의 블로그에서 바로 이러한 아이디어를 제안했다. 그는 "학교 운동장에 시간, 동작에 맞추어 작동하는 지능형 조명을 실험해 볼 수 있을 것"이라 생각했다.[32] 건설비의 일정 몫을 떼어두도록 하는 이러한 규정은 시민적 가치civic value가 큰 혁신을 일으킬 수 있도록 세심하게 정교하게 만들 필요가 있다. 이런 규정은 지금은 존재하지 않는, 지역의 스마트시티 기술 신규업체들을 위한 안정된 시장을 창출할 것이다.

모든 시민실험실은 실험을 할 해커들과 기업가들을 지원하는 물리적 사회적 시스템을 필요로 한다. 사례들을 보자. 특정 앱에 대한 경연과 계약 그리고 네트워킹을 위한 행사는 대단히 중요하다. 오픈 데이터와, 오픈 311Open311* 같은 판독/기록read/write 정부정보시스템은 개념적 실험과 상업적 실험 두 기회 모두를 제공한다. 뉴욕대학의 ITP, 사라고사의 아트 앤 기술 센터, 코드 포 아메리카의 액셀러레이터와 같은 물리적 해크스페이스hack space** 는 그야말로 발명가들이 미래의 스마트시티 기술을 위해 일하는 실험실이 된다. 구글의 캔자스시 광섬유망*** 같은 민간부문의 대규모 인프라 프로젝트는 산업 전반으로부터 자원을 동원할 수 있다. 구글의 전문가들이 유리섬유 한 오라기를 뽑아내기도 전에 수십 개의 자발적으로 조직된 시민 단체는 활발하게 광섬유가 미칠 영향을 예상하고 또 극대화할 수 있었다.

지역의 혁신 역량을 쌓는 것만으로는 충분하지 않다. 도시 기술urban technology은 국제적으로 풍부하게 거래되고 있는데 스마트시티는 이를

---

* 공공공간과 공공서비스와 관련한 이슈들에 대한 개방적 소통 채널을 제공하는 기술의 한 형식. 오픈 311은 일차적으로 위치 기반의 협력적인 문제 추적관리(location-based collaborative issue-tracking)를 위한 표준화된 프로토콜을 가리킨다. 기존 311서비스에 웹 API 액세스를 제공함으로써, 전화 기반의 기존 311시스템이 진화한 것이다.

** 해커스페이스(hackerspace)를 가리키는 것으로 보인다. 해커스페이스는 컴퓨터, 기계가공, 기술, 과학, 디지털 아트, 전자 아트 등에 대한 관심을 공유하는 사람들이 만나고 교제하고 협력하는 커뮤니티에 의해 운영되는 작업장을 말한다.

*** 구글 파이버(Google Fiber)는 구글의 FTTP(Fiber-To-The-Premises) 서비스로, 브로드밴드 인터넷과 TV 서비스를 서서히 늘어나는 미국의 작은 지역에 제공하고 있다. 캔자스주 캔자스시에서 처음 시작되었다.

활용해야 할 것이다. 코드 포 아메리카와 리빙 랩스 글로벌 같은 그룹들은 급성장하는 자원 풀을 이용할 수 있게 함으로써, 도시들이 매 프로젝트마다 필요한 도구를 처음부터 새로 만들 필요가 없게 해 준다. 이런 컴퓨터계의 리더십 네트워크는 더 많이 만들어지고 지속적으로 유지되어야 할 것이다. 리더십 네트워크는 사례연구와 개별적 경험의 공유를 넘어 계속 진화하여 실제적 데이터, 모델, 소프트웨어, 하드웨어 디자인 및 사업 모델들의 교차 수정이 이루어지도록 해야 한다. 또 도시들이 기술을 공유하도록 인센티브를 주고 디자이너들에게는 지역의 문제를 해결할 수 있는 시스템을 어떻게 구축하고 그것을 다른 곳에서 어떻게 재사용할 것인지에 대해 조언해야 한다.

도시에 대한 그 경제적 잠재력은 금방 알 수 있다. 최선의 공유 방법은 혁신을 수출할 수 있는 비즈니스를 길러내는 것이다. 그러나 그런 혁신의 구매자는 다른 도시들만이 아니다. 시민실험실들은 이미 다른 부문들로 흥미로운 여파spillover를 미치고 있다. 이는 시민실험실들이 새로운 커뮤니케이팅과 컴퓨팅 방법 탐구의 이상적 환경이기 때문이다. ITP에서 파생된 또 다른 회사, 메가폰 랩스Megaphone Labs는 처음에는 댄 알브리튼 Dan Albritton과 주리 한Jury Hahn이 타임스퀘어의 대형 디지털 스크린에 누름단추식 전화 코드touch-tone phone code를 사용하는 게임 놀이를 하기 위한 방안으로 창설하였다. 그러나 이 기술의 판로를 찾기 위한 힘겨운 노력 끝에 회사는 스타트업 업계에서 말하는 '피벗pivot'을 했다. 메가폰은 미디어 업계의 베테랑 마크 야키나치Mark Yackinach를 CEO로 영입하면서 같은 기술을 사용하여 전화를 리모콘으로 변환시키고, 또 인터렉티브 TV시장의 목을 죄고 있던 케이블 산업에 도전했다. 시민실험실의 이러한 실험 활동들은 미디어, 문화 및 산업에 상당한 경제적 수익을 창출할 파급효과를 가져올 것이다.

여기서 중요한 것은 직접 만든 것과 새로이 가져온 것, 그리고 이 가

겨온 것을 직접 만든 것에 어떻게 적용하는지를 조화시키는 일이다. 과도한 맞춤식 발명의 위험성은 현지 위주의 과도한 변형quirky local fork으로 다른 것들로부터 차용하는 능력을 저하시킨다. 반면에 한 가지 도구를 중심으로 과도하게 차용 또는 표준화하는 것은 천편일률적 디자인의 위험이 있다. 오토데스크AutoDesk의 필 번즈타인Phil Bernstein은 "나는 차로 미국 도시들을 늘 돌아보고는 각 건물들을 디자인하는 데 어떤 버전의 오토캐드를 사용했는지 말할 수 있었다"[33] 고 말한 바 있다.

과도한 차용이나 표준화를 지양하는 이런 접근의 최대 위험성은 자기 고유의 스마트 솔루션을 디자인할 능력이 없는 도시들이 낙후될 것이라는 것이다. 오늘날 몇 안 되는 도시들만 현지 고유의 기술을 개발할 역량을 갖추고 있고, 다소 더 많은 도시들은 솔루션을 수입하고 다른 도시들이 만든 것을 복제할 능력을 가지고 있다. 그러나 우리가 더 작고 가난한 커뮤니티들에서 광대역 네트워크를 확장하기 위해 힘겹게 노력해 온 것과 똑같이, 스마트시티 기술에의 접근성과 기술 활용능력literacy을 증대시키기 위한, 절제된 노력이 필요하다.

디자이너의 교차 훈련

지역을 인간과 자연의 통합적 시스템으로 본 패트릭 게데스의 견해에서 영감을 얻은 뉴어바니즘의 선구자 안드레스 듀애니Andres Duany는 1990년대 '어반 트랜섹트urban transect' 개념을 전개했다. 트랜섹트는 배후지에서 교외를 거쳐 도시의 중심에 이르는, 밀도가 점점 더 커지는 지대들을 묘사한 횡단면 다이어그램이다. 이 트랜섹트는 도시설계자들이 건축된 지역과 자연지역의 여러 다른 부분들 간의 인터페이스와 변이를 고려해서 설계하도록 돕는 도구였다.[34] 스마트시티 디자이너들의 도전적 과제는 또 다른 트랜섹트, 즉 물리적 세계와 가상세계를 잇는 트랜섹트를 항행하는 것일 것이다. 이들이 그 항행을 효과적으로 하기 위해서는 교차훈련이 필요하다.

교차훈련에는 두 가지 형식이 있을 것이다. 첫째는 도시를 과학자로서 및 예술가로서 보아야 한다는 패트릭 게데스의 훈계에 유념하는 것이다. 뉴욕대학교 ITP의 공동 설립자인 레드 번즈는 한때 그 커리큘럼의 목표를 다음과 같이 기술했다. "우리는 새로운 종류의 전문직, 즉 분석적 사고방식과 창조적 사고방식 모두에 익숙한 전문직을 훈련시킨다."[35] 계획가들과 프로그래머들을 한 팀으로 같이 두는 것만으로는 충분하지 않다. 스마트시티 디자이너는 또한 초분과적transdisciplinary이어야 한다. 즉 자신의 마음 속에서 여러 학문분과에 걸친 생각을 할 수 있어야 한다는 것이다. 저술가 하워드 라인골드가 서술했듯이 초분과성transdisciplinarity은 "수학을 이해하는 생물학자, 생물학을 이해하는 수학자처럼 여러 학문분야의 언어를 구사할 수 있는 연구자들을 교육하는 것을 의미한다."[36] 스마트시티 건축가들과 엔지니어들은 모두 정보과학과 동시에 도시계획이론urbanism에 의지해야 할 것이다. 오늘날 세계에서 이를 능숙하게 할 수 있는 사람은 수십 명 가량 있다. 그 중의 한 사람인 아담 그린필드Adam Greenfield는 미래의 스마트시티 디자이너들이 "적어도 인터넷의 창설자 중 한 사람으로 널리 인정받고 있는 빈트 서프Vint Cerf의 업적에 친숙한 정도만큼 … 제인 제이콥스의 업적에도 친숙해야 한다"고 주장한다.[37] 자기들이 한 디자인이 실제로 건설로 이어지도록 하기 위해서는 스마트시스템과 그가 지닌 위험과 편익을 깊이 이해하고 이 모두를 비전문인 이해관계자들에게 설명할 수 있는 능력을 갖추어야 한다.

지금까지 스마트시티에 관한 일을 하는 소수의 초분과전문가들 transdisciplinarians은 도시계획이론을 잠간 접해 본 기술분야 전문가나 과학자들이 대부분이다. 그러나 학문분과로 보면 아마도 도시계획이 자기

학도들을 다른 분과와의 교차훈련을 더 잘 시킬 태세가 되어 있을 것이다. 그 이유는 도시계획은 도시에 대한 통찰력을 제공해 주는 여러 잡다한 학문분과들, 즉 공학, 경제학, 사회학, 지리학, 정치학, 법학, 공공재정 등과 이미 관련을 맺고 있기 때문이다. 이런 관련성을 정보학으로 조금 더 확장하는 것은 쉬울 것이다.

스마트시스템을 보다 폭 넓은 균형감을 가지고 보아야 할 필요성은 너무나 분명해서 이 분야 외의 사람들조차 이를 알고 있다. 「보스턴 리뷰 Boston Review」에 기고한 ICT4D운동의 미래에 대한 글에서 에브게니 모로조프Evgeny Morozov는 다음과 같이 주장했다.

요컨대 우리는 현실적이고 전체론적일 필요가 있고 또 맥락에 주의를 기울일 필요가 있다. 지금까지 왜 그렇게 하지 못했는가? 문제의 일부는, 마치 기술에 대한 화려한 지식이 지역의 규범, 관습 그리고 법규에 대한 무지를 언제나 메꾸어줄 수 있는 것처럼, 엔지니어를 최후의 구원자로 맹목적으로 숭배하는 대중의 성향에 있는 것으로 보인다. 특정 상황에서는 비기술전문가들non-technologists이 기술의 결함을 더 잘 찾아낼 수도 있다. 이들은 기술의 선택에 따른 정치적 제도적 반발을 예측하는 능력은 물론, 제안된 기술적 솔루션들이 다른 비기술적 솔루션들을 어떻게 보완할 것인지 또는 그것과 경합할 것인지를 더 잘 예견하는 능력이 있다.[38]

이러한 것들이 바로 도시계획가들이 매일 사용하는 문제해결의 접근방법들이다.

그렇지만 IBM같은 회사조차 2011년 2,000개의 스마트시티 계약 실적을 자랑하면서도 도시계획가는 단 한 사람, 그것도 내가 확인한 바로는 처음으로 고용했다.

장기적으로 생각

2012년 초 싱가폴의 한 회의에서 뉴욕 시의 마이클 블룸버그Michael Bloomberg는 "소셜미디어가 도시에 대한 장기투자를 한층 더 어렵게 할 것 같다"라고 탄식했다.[39] 블룸버그는 뉴욕 시장일 때 200개 이상의 소셜미디어 채널을 만들어 시의 기관들로 하여금 대중을 참여시키도록 강하게 밀어부쳤다. 그러나 시민들이 소셜네트워크를 이용하여 자기들끼리 얘기를 하게 되자, 대화가 눈덩이처럼 불어나면서 시 행정에 대한 날마다의 국민투표referenda처럼 되어버렸다.

장기적 도전과제들에 대해 생각함에 있어서 실시간 데이터와 미디어를 어떻게 활용할 것인가를 파악하는 것이 우리가 이 기회에 놓쳐서는 안 되는 가장 중요한 과제 중 하나이다. 역사를 통틀어 계획가들은 영속성 있는 비전을 설정하기 위해 힘겨운 노력을 해왔다. 그러나 도시는 가만히 있는 것이 아니라 흔히 예측할 수 없는 방식으로 변한다. 이탈로 칼비노Italo Calvino는 그의 소설 『보이지 않는 도시Invisible Cities』에서 이 문제를 다음과 같이 묘사했다.

회색의 석조로 된 메트로폴리스 페도라Fedora의 중심부에는 금속으로 된 건물이 있는데, 방마다 크리스틸 글로브가 있다. 각 글로브를 들여다보면 한 푸른 도시가 보이는데, 이는 페도라의 다른 모델이다. 이 모델들은 이런 저런 연유로 우리 도시가 현재와 같은 형태를 갖지 못했다고 가정했을 때 가졌을 법한 형태들이다. 매 시대마다 누군가가 그 시점에서 있는 그대로의 페도라를 보면서 그것을 이상적 도시로 만드는 아주 다른 방법을 생각했지만, 그가 축소 모델을 만드는 동안 페도라는 이미 이전의 페도라와 같은 페도라가 아니게 되었고, 또 어제까지만 해도 가능한 미래로 생각했던 것이 유리 글로

브 속의 장난감 모형에 지나지 않게 되었다.[40]

스마트시티에서 현실과 그에 대한 우리의 모델 모두는 초 단위로 변하기 때문에 정태적 비전은 영속성이 훨씬 더 떨어진다.

지금 대부분의 도시들은 5년마다 힘들게 계획을 수립하는데, 도시계획이 이런 초 단위의 변화를 따라가려면 지금의 계획 수립과정보다 더 기민하고 유연한 과정이 되어야 한다. MIT에서 도시계획 및 개발을 연구하는 마이클 조로프는 "계획은 과거보다 더 반복적이 되어갈 것이고, 마스터플랜은 마스터 전략master strategy에 자리를 내어 줄 것이다"라고 주장한다.[41] 그의 관점에서 보면 계획의 새 비전들은 확고하고 예측 가능한 요소들과, 나중에 구체화될 요소들의 자리를 비워두기 위한 플레이스홀더들placeholders이 결합된 형태가 될 것이다. 이 계획 접근방법은 사회, 경제, 환경의 변화를 반영하기 위한 계획의 빈번한 업데이트를 가능하게 해준다. 더 중요한 점은 스마트시스템에서 쏟아져 나오는 데이터들을 그러한 계획의 잦은 미세조정에 활용할 기회를 준다는 것이다. 스마트시티 지지자들은 빅데이터의 가치가 미래를 예측하는 데 있다고 광고하지만, 단기적으로 보자면 과거의 결정들이 그 도시를 실제로 어떻게 변화시켰는지에 대한 세밀한 정보를 알려준다는 데 더 큰 가치가 있다. 계획가들은 여전히 주관적 판단에 따른 결정을 내리겠지만, 그 계획의 잠재적 결과에 대해 좀 더 제대로 된 정보를 갖게 될 것이다. 예를 들면 뉴욕 시가 보행자 캠페인 기간 중 타임스퀘어를 폐쇄했을 때 시는 주변지역의 교통 패턴에 대한 변화를 예측하고 확인하기 위해 택시들의 GPS데이터를 사용했다.[42] IBM의 리우 지능형 운영센터를 주도한 바나바르는, "도시의 계획과 운영 간 … 그날그날의 활동과 그날그날의 성패 간 피드백 루프는 다음 번 계획이 어떻게 되어야 하는지에 대한 정보를 기록 통계로 제공할 수 있다"고 본다.[43] 조로프의 설명처럼 "빅데이터는 거시적 수준의 전략에 영향을 미친다. 그리고 우리는 정책과 행동의 조건과 파급효과에 대해 더 잘 알게 될 것이다. 모른다는 것은 더 이상 조건도 아니고 핑계거리도 안 될 것이다. 그래서 정치적 의지가 있다면 의사결정과 타협은 투명성과 책임성을 가질 수밖에 없게 될 것이다."

그때그때 발생하는 문제에 기민하게 대처하기 위한 방안을 정교하게 강구하는 데는 상당한 투자가 필요했었는데, 스마트 기술이 새로운 수단을 제공함으로써 도시를 그날그날 꾸려가는 일과 장기적 계획 간의 구분이 모호하게 될 것이다. 교량을 새로 건설하는 대신, 고해상도의 센서 측정치로 보정되는 모델로 신호와 통행료를 조정하여 교통 흐름을 원활하게 할 수도 있다. 재건축하는 대신 프로그램을 다시 짜고 센서를 통해 그 결과를 바로 평가할 수 있게됨에 따라 '손쉬운 해법soft fix'과 '반복적 디자인iterative design'의 실험을 더 많이 할 수 있게 된다. 인프라와 도시활동들이 처음 자리 잡은 후 몇 달 또는 심지어 몇 년 후, 관측되는 사람들의 사용 패턴에 따라 도시와 근린지역들이 이리저리 옮겨지는 모습을 쉽게 상상할 수 있다. 스마트 기술은 또 늘어나고 있는 일련의 전술적 도시개입tactical urban intervention*과 푸드 트럭이나 임시 주차장에서부터 기술 인큐베이터나 선적 컨테이너 안에 설치된 농산물 생산자 직거래장에 이르는 팝업 시설들을 가속적으로 늘릴 수 있다. 건축가와 도시설계자들은 세드릭 프라이스의 제너레이터와 같이 도시를 그때그때 재설계할 수 있는 능력이 갖추어짐에 따라 도시를 더 유연하게 구성하는 안을 제시해야 하는 과제를 안게 되었다.

그러나 동시에 실시간 데이터는 시민들이 만성적 문제를 더 가시화하고 장기적 해결책을 마련하도록 새로운 압력을 가하는 데 이용될 것이다. 나는 여기서 실시간으로 전송되는 오픈 데이터를 대시보드로 시각화

---

* 게릴라 가드닝(Guerrilla gardening), 거리 공원화(Pavement-to-parks), 차 없는 거리(Open streets) 등은 도시의 작은 일부를 더 활기 넘친 또는 더 즐길 수 있는 장소로 만드는, 빠르고 때로는 임시로 큰 돈 안 들이고 하는 도시개입이다. 최근 이런 종류의 프로젝트들이 인기를 얻고 있으며 심지어 전술적 어바니즘이라는 새로운 이름까지 얻고 있다.

하는 방안을 생각해본다. 가장 최근에 있었던 보스턴 교통시스템의 지연을 상기시켜주는 "오렌지 라인은 도대체 어떻게 된 거야?"나, 시의 4개 주요 경제지표(신규 사업면허, 실업, 건축허가, 주택 압류)의 도표를, 지표별 상황을 색으로 구분해 표시해놓은 요약표(녹색은 '호전됨', 적색은 '전망이 나쁨', 오렌지는 '전보다 좋음')와 나란히 보여주는 "사업은 어때요?"와 같은 것들이다.

스마트 기술은 또 대국적인 이슈들을 강조해 보여줌으로써 사람들이 지역의 계획 논쟁에 참여토록 고무할 것이다. 앞서 보스턴의 교통과 시카고의 경제 사례가 그러하듯이 주변 생활정보를 지역 상점의 공공 디스플레이에 띄우는 근린지역의 대시보드들은 보다 큰 변화의 패턴과 또 이들이 곧 있을 의사결정에 어떻게 관계되는지를 시각적으로 보여 줄 수 있다. 지금 이 구역의 최근 건축허가 중에서 어떤 패턴의 젠트리피케이션 사업이 있는가? 제안된 프로젝트가 교통에 어떤 영향을 미치고 또 그 영향이 지금 내가 서 있는 이 모퉁이의 보행자 안전에 어떤 의미를 갖는가? 또는 재개발이 신청된 부지를 걸어서 지날 때 최근의 계획을 거들도록 촉구하는 팝업 메시지를 받을 수도 있다.

공공 계획기관들은 실시간적 이슈들과 장기적 이슈들을 효과적으로 합체시키고 참여적 계획participatory planning과의 간격을 메우도록 완전히 변화해야 한다. 프랭크 헤버트Frank Hebbert는 도시의 오픈소스 기술을 개발하는 시민활동 및 컨설팅 단체, 오픈플랜스에서 일한다. 2011년 뉴욕시가 자전거 공유 프로그램을 시작했을 때, 헤버트는 시민들이 자전거 정류장 위치를 제안할 수 있도록 하는 웹 상의 앱 개발을 이끌었다. 대중들의 반응은 엄청났다. 그런데 그 과정이 투명하지 못해 교통계획가들이 시민들의 반응을 감안했는지, 했다면 어떻게 했는지가 불투명하게 되었다.

그래도 헤버트는 낙관적이다. 그는 우리가 지금 "공식적 계획이 시작될 때 근린지역사회들이 이에 대응할 준비를 더 잘 하도록 돕는 도구들"이 빠르게 확장되고 있음을 목격하고 있다고 믿는다.[44] 이는 시민단체들이 시의 개방된 데이터 세트에 주의해야 할 점이 있는지를 세심하게 살펴보게 되는 선순환을 만들 수 있다. 예를 들면 그는 건축물 철거 허가 데이터의 분석이 그 구역 차원의 부동산 시장 움직임을 새롭게 전체적으로 그리고 실시간으로 조망하게 해 주는 것으로 생각한다. 이러한 사적 거래 행위들이 그 커뮤니티에 미치는 영향을 사후보다는 사전에 더 잘 검토할 수 있게 된다.

기계가 우리의 도시를 계획하는 시대는 먼 미래의 얘기다. 기계들이 아무리 새로운 미래를 시뮬레이션할 수 있다 하더라도 인간이 여전히 주된 의사결정자로 남아 있을 테고, 도시의 미래에 대한 선택은 언제나 논란거리일 것이다. 조로프의 입장에서는 "전략은 항상 무엇이 필요하고 무엇을 성취해야 하는지를 끊임없이 규정해가는 정치적 과정을 요구할 것이다. 전략의 수립과 이행은 둘 다 의식적 결정과 행동을 요한다. 그 어느 쪽도 알고리즘이 주도할 수 있는 것으로 단순히 보아서는 안 된다."[45] 그렇지만 스마트 기술을 지렛대로 하여 계획과정을 얼마간 더 연속적인 디자인이 되도록 하는 방안을 찾지 못하는 도시들은 건설 속도에서 뒤처질 것이다. 이스탄불의 건축 붐을 찍은 최근의 다큐멘터리 필름, 〈에쿠메노폴리스Ekumenopolis〉는 이런 사정을 비춘다. "인구 1,500만 명의 이 도시에서는 모든 것이 너무 빨리 변해서 계획을 위한 스냅 사진 찍기조차 불가능하다. 계획은 심지어 수립되는 도중에 시대에 뒤떨어져 쓸모가 없어진다."[46] 하지만 바로 이 도시에서 계획가들은 실시간 데이터를 이용해서 그 빠른 변화속도를 따라 잡는다. 2012년 IBM은 최근의 휴대전화의 이동에서 얻은 수십억 개의 데이터를 토대로 계획가들이 도시의 전 버스노선을 완전히 다시 설계하도록 도왔다. 목표는 버스노선을 승객들이 실제 가려고 하는 곳에 더 가까이 가도록 배치하는 것이었다.[47]

신중한 크라우드소싱

알렉시 드 토크빌Alexis de Tocqueville은 그의 저서, 『미국의 민주주의 Democracy in America』에서 정부의 울타리 바깥에서 문제를 해결하려는 미국인들의 성향을 경이롭게 보았다. "나이, 처한 환경, 기질에 관계없이 모든 미국인들은 오락을 즐기거나 학원을 설립하거나 여관을 짓거나, 교회를 건설하거나, 책을 보급하거나, 지구 반대편으로 선교사를 보내거나 하기 위해 끊임없이 단체를 결성한다. 이런 식으로 병원, 교도소, 학교도 설립한다. … 어떤 새로운 사업이든 사업을 이끄는 선도자를 보면 프랑스에서는 정부, 영국에서는 고위 인사인데, 미국에서는 결사체association들임을 분명 보게 될 것이다."[48] 이 결사의 충동은 미국 민주주의의 DNA에 착상된 것인데, 소셜 테크놀로지는 이러한 충동의 최신 업그레이드일 뿐이다.

크라우드소싱은 도시가 본래 지닌 사회성을 이용하고 또 일정한 방향으로 끌어가는 한 방법이다. 그러나 아주 강력한 방법이므로 신중을 요한다. 크라우드소싱은 진보적인 것처럼 보이나 정부를 무력하게 만들려는 사람들의 기회가 될 수도 있다. 예산 축소로 인한 공백을 크라우드소싱으로 메우는 곳에서 공공부문이 비능률적이고 무력한 모습을 보이는 것은 피하기 어려울 것이다. 정부가 한 번도 제대로 공급한 적이 없는 서비스를 크라우드소싱으로 제공하는 개발 도상국의 도시들에서는 공공부문의 의무를 크라우드소싱에 영구히 떠넘기는 것도 생각할 수 있다. 가난한 커뮤니티들은 이런 수준의 크라우드소싱도 누릴 여유가 없을 수도 있다. 하루하루 생존에 급급한 현실에서 자원봉사를 위한 자원이 거의 없는 것이 보통이다. 극단적으로 보면 크라우드소싱은 공공서비스를 사영화 privatization하는 것과 마찬가지다. 부자는 필요한 서비스를 자급하면서 자기들의 고립된 거주지 밖의 사람들에게는 서비스를 허락하지 않을 것이다. 이런 무정부상태를 아우르고 공공서비스에 대한 접근의 불평등을 제도적으로 보정할 준비가 되어 있지 않으면 크라우드소싱의 성과에는 한계가 있을 것이다.

크라우드소싱을 신중하게 한다는 것은 크라우드소싱을 정부의 능력이 미치지 못해 시민들의 노력을 동원할 필요가 있는 지역, 또 소기의 성과에 대해 광범위한 합의가 이루어진 지역에 한정함을 의미한다. 이는 어떤 의미에서는 패트릭 게데스가 꿈으로만 생각했을 법한, 도시재생에서의 전면적 시민참여의 구성술이다. 그러나 크라우드소싱이 역량을 키울 수 있는 그만큼 정부는 책임지고 필수 공공서비스가 모든 사람에게 적기에 제공되도록 해야 한다. 교통체증회피traffic avoidance의 경우에서처럼 한 무리의 사람들을 돕는 것이 다른 무리에게 해가 된다면 어떻게 될까? 교통체증이 심한 곳에서 통행용량은 작지만 막히지 않는 은밀한 우회로를 일부 이용자들에게 알려주어 이들에게만 보상해야 하는가? 아니면 모두 방향을 돌리도록 해서 새로운 체증이 일어나도록 해야 하는가? 군중이란 본래 그 자체는 항상 도움되는 자산인 것은 아니다. 그들 역시 성가신 존재일 수 있다. 1932년 뉴욕 지역계획협회Regional Plan Association는 좋은 도시계획의 필요성을 홍보하는 팸플릿을 발간했다. 한 난의 표제어는 가두행진 사진을 곁들이면서 "좋은 군중들도 있다" 라고 선언한다. 그리고는 다음 쪽에서는 초만원의 지하철 사진이 "나쁜 군중들도 있다" 라는 것을 상기시킨다.[49] 이는 우리가 잊어서는 안 되는 경고이다.

모두를 빠짐 없이 연결

가장 정교한 크라우드소싱 전략이라 하더라도 적합한 사람들을 참여시키지 못하면 실패한다. 그러나 가장 단순한 유형의 스마트시스템조차 모든 사람을 다 연결하지는 못한다.

스마트시스템의 연결이 안 되는 것은 단순히 그 시스템을 이용하지 못하는 것 이상의 결과를 낳는다. 연결은 사람들이 능동적으로 그리고 수동적으로 시민생활에 참여하는 수단이다. 6장에서 뉴욕과 밴쿠버에서 311의 이용이 영어 못하는 사람들에게는 불공평함을 보았는데, 이런 경향은 보편적 현상일 것으로 보인다. 더 문제가 되는 것은 이 도시들이 311 시스템으로 수집된 데이터를 점점 더 일종의 도시 제어판과 조기경보시스템으로 간주한다는 것이다.[50] 이에 따라 시는 311의 통화 패턴을 통해 나타나는 문제 빈발지역trouble hot spots에 자원을 장기에 걸쳐 재배정할 수도 있다. 그런데 가장 위험한 환경에 있는 커뮤니티들이 311 전화를 덜 이용한다고 한다면, 이는 공공서비스 공급의 심한 불공평을 초래할 수 있다. 일단 311을 통해 제기되는 특정 민원들에 대한 대응 서비스도 불공평할 수 있겠지만, 311의 이용 자체가 불공평하다는 것이 문제인 것이다. 311은 아마 틀림없이 어디서나 이용할 수 있는 가장 흔하고 단순한 시스템인데, 모르는 사이에 저렇게 부작용이 따른다는 것은 불안한 경고 신호이다. 보다 더 정교한 스마트 거버넌스 시스템은 이보다 훨씬 더 예견하기 어려운, 의도하지 않은 결과를 가져올 수도 있다.

그러나 포용의 관점에서 스마트시티가 극복해야 할 더 광범위한 과제는 사람이 모두 고의적으로 빠져 있다는 점이다. 사람이 접속해서 등록하고 로그인하기 전까지 시스템은 아무런 작동도 하지 않는다. 그리고 사용자 기반을 구축하려고 하는 어떤 웹 스타트업도 이 과정은 간소화하기가 까다롭다고 말할 것이다. 이는 공원이나 무료급식소에 들어갈 때 운전면허증을 보이라고 하는 것과 거의 다름이 없는, 공공서비스를 받을 자격을 이상하게 왜곡해서 규정하는 것이다. 인도의 신분증발급위원회UIDAI, Unique Identification Authority of India는 생체 데이터를 사용해서 12억 국민 모두에게 디지털 ID를 발급하려고 하는데, 이런 제안은 절충안이다. 사람들은 자기 신체로 로그인을 하게 되는데, 이는 로그인을 위한 최소한의 문턱으로서 거의 모든 사람이 연결해 들어갈 수 있게 될 것이다. 그리고 서비스의 문턱을 낮추는 것 외에 가난한 사람들에게 직접 피해를 주는 부패와 뇌물수수를 차단할 것으로 기대되며, 또 돈과 자원의 분배에 대한 감사이력audit trail을 만들어 줄 것이다. 물론 이는 극단적인 접근법이고 개인의 프라이버시와 관련된 엄청난 우려를 야기한다.

정부가 가난한 사람과 일상의 소외된 사람들을 대변하는 NGO들의 네트워크와 어떻게 연결할 것인가를 놓고 특별한 이슈들이 제기되고 있다. NGO라는 사회부문social sector은 정부 원조를 보충하는 역할을 하거나 경우에 따라서 그 원조를 실제로 전달하기도 한다. 나는 2007년에서 2009년까지 뉴욕 시의 마이클 블룸버그 시장의 광대역 자문위원회 Broadband Advisory Committee에서 일했다. 이 위원회는 시의 디지털 인프라와 서비스의 결합을 밝혀내기 위해 결성되었는데, 시의 여러 커뮤니티들을 돌며 청문회를 열었다. 이어지는 청문회마다 비영리 기구 운영자들이 나와 마이크를 잡고 인터넷 연결이 안 되는 것을 개탄하곤 했다. 그들은 스마트시티 프로젝트에도 관여하지 못 하고 정부의 오픈 데이터의 혜택도 놓쳤다. 뿐만 아니라, 파산을 모면하게 해줄 정도의 정부보조금을 타는 데 필요한 시 자체의 전자보고 요건들도 간신히 충족했다. 도시들은 도시의 디지털 생태계를 이해하는 데 필요한 기술적 재능과 훈련을 제공할 수 있는 '데이터 중개기관들data intermediaries'의 육성을 도와야 한다.[51] 그렇지 않으면 커뮤니티와 상업적 이익단체들 간의 분석적 능력의 균형이 더욱 왜곡될 수 있다.

새로운 스마트시티 서비스 계획에는 사회적 지속가능성에 대한 체계적 평가가 포함되어야 한다. 계획에 따르는, 사회적 지속가능성과 관련한 위험을 의식하게 되면 그 위험을 완화시키는 수단들을 디자인할 수 있다. 오늘날 대부분 민주주의 나라들(아메리카에서는 오직 소수의 나라들뿐이지만)에서는 새로운 주택, 도로, 공원 등을 계획할 때 사회의 가장 취약할 계층들을 확실하게 배려하도록 하는 규정들을 시행하고 있다. 스마트시티의 기술 프로젝트들도 같은 기준에 의한 의무를 지도록 해야 한다.

건전한 도시과학

우리는 도시에 대한 새로운 과학적 아이디어와 도시의 관리와 계획에 대한 데이터 중심의 접근들이 달갑지 않은 부담을 지우고 의도하지 않은 부정적 결과를 가져오는 경우가 자주 있음을 보아왔다. 2010년 내가 이 책을 쓰기 시작할 무렵, 명망 높은 산타페 연구소Santa Fe Institute의 몇몇 '경성'과학자들(물리학자와 수학자들)이 그 사막의 한적한 곳에서 도시에 대한 새로운 과학의 개시를 선포했다. 그 해 12월, 「뉴욕타임즈」는 표지 기사에서 제프리 웨스트와 그의 동료 루이스 베텐코트Luis Bettencourt가 수행한, 도시성장에 관한 경험적 연구에 대해 너무나 열광적으로 보도했다(불길하게도 이 기사는 조나 레러Jonah Lehrer가 썼는데, 그는 이 기사를 제외한 몇 개의 기사가 표절 혐의를 받은 끝에 2012년 「뉴요커New Yorker」의 전속기자 직위에서 물러나게 된다). 큰 소리 치는 웨스트를 도시에 대한 합리적 연구의 대변자로 보고 그에게 관심을 쏟아 "한 물리학자가 도시의 문제를 해결하다" 라는 대담한 선언을 기사의 제목으로 달았다. 레러는 "웨스트는 도시이론을 17세기 케플러가 행성운동 법칙을 개척하기 전의 물리학에 비교하면서 원칙 없는 학문 분야로 생각한다" 라고 비난성 주장을 했다. 또 이들의 주장은 분명히 실제 정책 수립이나 계획에 대해 부정적 함의를 담고 있었다. 그럼에도 불구하고 이들의 주장은 도시연구 분야에 중요하고도 반가운 논제를 추가했다.[52] 이들의 획기적 발견은 소득, 인프라 및 새로운 혁신을 위한 특허에 대한 데이터에 근거한 것으로, 도시가 성장할수록 더 생산적이 되었다는 것이다. 소득과 특허 면에서 인구 200만의 도시는 인구 100만 도시의 2

배로 단순히 늘어나는 데 그치지 않고, 2배에 더해서 15%나 더 늘어났다는 것이다. 그러나 좋은 쪽으로만 늘어난 것이 아니고 나쁜 쪽으로도 마찬가지로 늘어났다. 범죄와 HIV감염 또한 초선형 스케일로 늘어났다. 그 생산성이 늘어난 과정은 역으로도 역시 작용했던 것이다. 웨스트에게 도시의 규모를 말하면 그는 그 도시의 주요 특성값들characteristics을 예측할 수 있었다. 웨스트는 보편적 진리 같아 보이는 이런 것들로 온 세계 독자들을 현혹시켰다. 하지만 2012년 말 이 책의 저술이 끝날 즈음에 이들의 주장에 대한 철저한 검토가 시작되었다.

첫 번째 논박은 웨스트와 베텐코트의 동료 중 한 사람으로 카네기멜런 대학교 통계학자이자 산타페 연구소의 웹사이트에 그 자신을 '외래교수'라고 이름을 올린 코스마 샬리지Cosma Shalizi에게서 나왔다. 그는 웨스트와 베텐코트가 한 방법을 그대로 다시 따라했고, 그 결과는 웨스트의 멋진 이론을 믿었던 사람들을 당혹케 하는 것이었다. e-프린트 '아카이브 arXive'에 게재한 논문에서 그는 웨스트와 베텐코트가 도시 전체적 수치만 보고 일인당 수치를 따져보지는 못했다고 주장하면서 다음과 같이 말했다. "웨스트의 논문에서 도시 규모에 따른 차이가 인상 깊게 보인 것은 세기(1인 당) 변수들 대신에 크기(도시 전체적) 변수들을 본 데서 생긴, 인위적으로 가공된 수치 집합aggregation artifact이다."[53] 도시 시뮬레이션 전문가 마이클 배티Michael Batty는 크기변수extensive variables를 세기변수intensive variables로 바꾸어도(도시 전체적 효과를 인구 수로 단순히 나누어도) 규모 효과 scaling effects가 감지될 수는 있으나, 그 효과는 더 많은 논란의 여지를 남기거나 아니면 그다지 분명하지 않다고 말한다. 샬리지의 연구 결과는 대체로 예상된 것이고 직접적으로 당혹스런 결과는 아니라는 것이다.[54] 그러나 샬리지는 또 다른 설명들도 산타페 팀이 사용한 모델과 마찬가지로 규모 효과에 의한 데이터에 들어맞을 수 있음을 보여주었다. 그는 고도로 생산적인 전문 사업체들이 왜 도시로 군집하는 경향을 보이는지를 설명하는, 경제지리학에서 나온 백 년도 더 된 종래의 개념들을 토대로 자신의 모델을 만들었다. 그는 단지 네 개의 산업이 미치는 영향을 통계적으로 보정하면 "도시의 규모가 일인당 생산성에 미치는 효과를 차단한다"는 것을 알아냈다. 계속해서 그는 "일인당 산출과 소득이 인구와 더불어 늘어나는 경향이 약하게 있긴 하지만, 그 관계는 도시 규모에 따른 법칙으로 인정하기에는 간단히 말해 너무 엉성하다 … 정성적으로 보면 이는 기존 경제지리학의 연구에서도 예상할 수 있었던 것이다" 라고 말한다.

샬리지의 논문은 (논문 심사 결과가 공개되지 않아 기각 이유가 알려지지 않은 채) 「미국 국가과학원 저널Proceedings of National Academy of Sciences」로부터 게재를 거부당했지만, 도시의 초선형 규모 효과superlinear urban scaling의 보편성에 대해 적어도 또 하나의 다른 연구에서도 의문이 제기되었다. 런던에서 배티와 같은 그룹에 있던 엘사 아카우트Elsa Arcaute는 잉글랜드와 웨일스 지역에서 웨스트 등이 대도시 지역 전체를 단위로 했던 것과 달리 훨씬 더 상세한 수준의 구ward 단위 데이터를 사용해서 같은 조사를 했다. 그 결과는 초선형 규모 효과는 도시의 범위를 밀도가 높은 중심부로 한정할 때에만 일부 변수들에서 나타났다. 분석대상 범위를 외곽지역으로까지 확대하면 규모와의 관련성은 와해된다. 배티는 또 초선형 규모 효과도 나라마다 각기 다른 지표들을 다르게 측정하는 방식에 따라 달라진다고 지적한다.[55] 예를 들어 영국은 인구와 성장을 런던으로부터 분산시키려고 적극적 노력을 해왔는데, 이 점이 영국에서 규모 효과가 덜 명확하게 나타난 하나의 이유일 것이다. 유럽에서는 도시들이 서로 합칠 듯 가까이 붙는 경향이 있는데, 데이터가 산타페 모델에 가장 잘 들어맞는 미국에서는 도시들 사이에 넓은 공간이 있어 도시들이 서로 떨어져 있다. 그래서 일부 도시들에서는 초선형 규모 효과를 찾아볼 수 있으나 웨스트의 주장처럼 보편적인 것은 분명 아니다. 도시의 규모 효과에 관한 단 하나의 보편적 사실은 우리의 개입에 따라 규모 효과가 쉽게 달라진다는 것일 것이다. 샬리지는 "규모 효과의 멱 법칙power-law이라는 멋들어진 가설은 도시를 이해함에 있어 한걸음 나아간 족적을 남겼지만 … 이제 그 가설을 뒤로할 때이다"라고 결론을 내린다.[56] 도시의 규모 효과는 도시의 상온 핵융합으로도, 도시의 양자이론으로도 보이지 않는다.

도시화와 유비쿼티의 수렴이 도시에 대한 철저한 경험적 연구에 대한 수요를 촉진한다고 볼 때, 이상은 중요한 경고성 이야기이다. 2012년 뉴욕 시만 해도 노골적으로 응용 도시과학 전공을 표명한 세 개의 학과(컬럼비아 대학교, 뉴욕대학교/폴리텍, 코넬대학교)가 생겼다. 런던, 시카고, 취리히, 싱가폴에 최근 생긴 유사한 학과들과 함께 이 학과들은 스마트시티가 쏟아내는 엄청난 데이터 잔해들을 채굴하고 새로운 감지 기기들을 설치할 것이다. 이들은 각기 뉴욕대학교의 활동을 이끌고 있는 물리학자 스티브 쿠닌Steve Koonin이 이름 붙인 '도시관측소urban observatory'가 될 것이다. 이곳은 개념 규정이 쉽지 않은 겔런터의 '전체적 시야topsight'을 찾아서 연구자들이 새로운 방대한 미러 월드를 구축하는 현대판 에딘버러 전망탑 Outlook Tower이나 마찬가지다.[57] 도시의 규모와 복잡성은 웨스트의 흥미를 끌었듯이 물리학, 수학, 컴퓨터과학으로부터 많은 똑똑한 지성들을 끌어들이고 있다. 그러나 샬리지의 대안적 설명과 아카우트가 한 자세한 지리학적 분석은 옛 이론들이 적어도 새 이론이나 마찬가지로 도시에서 일어나는 일들을 잘 설명해 준다는 것을 말해준다. 이 새로운 도시과학이 먼저의 것을 버리고 또 이미 발견된 것들 속에 토대를 굳히지 못한다면 기껏해야 틀린 것이 될 것이고, 최악의 경우, 웨스트의 주장이 그러했듯이, 심각하게 오도할 위험을 안게 된다.

웨스트의 주장은 도시화의 본질에 대한 확인되지 않은 관념들에 대한 확신을 우리 뇌리에 심어주었을 테지만, 그 꾸며낸 이야기가 지금까지 끼친 피해의 정도는 하찮은 것 같다. 결국 그들의 분석 결과가 실제로 그다지 유용하지 않았기 때문이다. 도시가 커질수록 더 능률적이고 생산적이 된다는 아이디어는 이지적으로는 매혹적인 생각이었다. 그러나 정책의 관점에서 의미가 있었는가? 성장이 믿을만한 유일한 선택지인가? 이 문제가 지난 50여 년 간 도시의 성장을 관리하여 걷잡을 수 없는 과도한 확장을 억제하려 한, 꽤나 건실했던 도시계획 실천(늘 성공적이지는 못했거나 예기치 않은 결과를 가져오기도 했지만)의 전면으로 유입되었다. 그래서 웨스트의 연구가 갖는 함의에 대한 근본적인 질문들이 계속 남아있다. 웨스트가 말하는 과정은 어떻게 발생했는가? 도시는 어느 정도로 클 수 있고 또 커져야 하는가? 웨스트는 이 중 어떤 질문에도 답이 없었다. 2011년 뉴욕의 청중들에게 그는 "도시에 최대 규모가 있는지는 전혀 불확실하다"고 말했다.[58] 이 모두가 이제는 분명해진, 생태적 붕괴 없이 성장하려는 것이 위험한 도박이라는 사실과 동떨어진 것으로 보인다. 지속가능성을 고취하는 대부분의 노력들은 억제의 의미를 함축하는데 이것도 해법은 아니다. 계획계의 선두 주자들은 기후변화에 의한 충격을 현실로 받아들이고, 도시를 회복탄력성이 더 큰, 기후충격을 흡수할 능력이 있는 도시로 만들어가는 방법을 개발하려고 노력하고 있다. 이제 성장이 아닌 적응이 우리가 21세기를 헤쳐 나갈 길로 보인다.

도시에 대한 새로운 과학이 분명히 태동하고 있다. 사실 이것이 어쩌면 스마트시티가 진짜 기약하는 바일 것이다. 스마트시티가 도시의 능률성, 보안성, 사회성, 회복탄력성 및 투명성과 같은, 이 책에서 다룬 모든 스마트시티 이해관계자들의 포부를 이루어주지는 못한다 하더라도, 도시가 어떻게 성장하고 적응하고 쇠퇴하는지에 대한 연구에 있어 기대 이상의 실험실이 될 것임에는 틀림없다.

웨스트는 "도시의 그림을 깊이 있게 그리고 예측하는 식으로 이해하는 것이 아주 시급하다"고 했다.[59] 이는 적절한 경종이다. 그러나 하나의 도시 전체처럼 아주 복잡한 실체의 거동을 컴퓨터로 확실하게 계산해내고 사람들이 그 결과를 실제에 사용해서 문제를 해결할 수 있도록 한다는 생각은 '심리역사학자의 꿈psychohistorian's dream'인가? 도시 컴퓨팅 분야는 분명 이를 위한 일을 맡고 있고, 우리는 그 일을 하려 했던 많은 시도들이 실패했음을 보아왔다. 피터 허쉬버그가 말하는 '데이터 열정data enthusiasm'이 상승세를 타서 도시에 대한 새로운 과학적 관심을 부채질하고 있다.[60] 그러나 가장 큰 도시 데이터 세트조차 완전할 듯 하면서도 불완전함을 보여주기 십상이다. 2010년의 인터뷰에서 배티는 내게 "새로운 데이터가 해묵은 많은 현안들에 대한 통찰력을 갖도록 해줄 것으로 생각할 테지만 그렇지 않다" 라고 말했다. 우리가 이야기를 나눌 때 그는 런던 지하철 대중교통카드 시스템의 새로운 데이터 세트를 들여다보고 있었다. 그는 단 한 가지 문제는 주중 하루 평균 약 620만 명의 런던사람들이 이 카드로 시스템에 들어오는데, 나가는 사람은 540만 명에 그친다는 점이라고 지적했다. 매일 거의 13%에 달하는, 약 80만 명 이상이 러시아워 동안 열어두는 출구를 통해 카드를 대지 않고 센서 웹을 그냥 '빠져 나간' 것이다. 배티는 "쓸모 있는 교통 데이터를 얻기란 늘 어렵다"고 개탄했다. 이어 "사람들의 행선지를 제대로 파악하기 위해서는 여전히 가구조사를 할 필요가 있다"고 말했다. 보다 견실한 도시과학urban science을 위해서는 새로운 이론들의 씨앗을 뿌릴 수 있는 데이터를 생성함은 물론, 우리가 의지할 수 있는 지식을 생산해 낼 질문들을 제기해야만 할 것이다. 데이터 잔해를 채굴하는 것만으로는 충분하지 않다. 배티의 결론처럼 "이 모든 새로운 데이터가 있지만, 도시에 대한 오래된 질문들은 여전히 남아 있으며 그에 대한 답은 주어지지 않았다."[61]

슬로데이터

19세기 말의 도시에 일어났던 제어혁명과 지금의 제어혁명이 크게 다른 점은 전자의 문제는 통신수단들의 부족과 데이터 부족이었다는 점이다. 사람들이 물질계를 만들어 내고 동원하는 능력이 소통하고 조화시켜 나가는 능력을 앞질렀던 것이다. 오늘날의 문제는 그 반대다. 우리는 풍부한 데이터와 즉시적 소통능력을 지니고 있으며, 무슨 일이 일어나고 있는지를 감지하는 것뿐만 아니라, 미래에 일어날 일들을 예측하는 능력도 커지고 있다. 오늘의 문제는 사람, 물자, 재화의 유통을 어떻게 가속화할 것인지를 알아내는 것이 아니라, 오히려 그 속도를 줄임으로써 에너지를 적게 쓰도록 노력하는 것이다. 새로운 센서 네트워크를 통해 거두어들이는 빅데이터와 그것의 활용은 무엇이 도시를 움직이고, 일상의 도시 경영을 원활하게 하고, 우리의 장기 계획에 영향을 미치는지를 밝혀줄 것처럼 보인다. 그러나 우리가 필요한 데이터를 다 가지고 있다거나, 데이터 채굴 자체에 항상 가치가 있는 것처럼 가장할 수는 없다. 1967년 기업들과 정부들에 대한 IBM의 메인프레임 컴퓨터 판매가 붐을 이룰 때, 미국의 사회학자 윌리엄 브루스 캐머런William Bruce Cameron은 데이터와 사회에 대한 예리한 충격적 논평을 내놓았다. "사회학자들이 요구하는 모든 데이터가 수치로 확인할 수 있는 것이면 좋겠다. 그렇게 되면 우리가 그 데이터들을 IBM기계에 돌려서 경제학자들이 하는 것과 같이 차트로 그려낼 수 있을 것이기 때문이다. 그렇지만 계산될 수 있는 데이터 모두가 가치 있는 것은 아니며, 또 가치 있는 데이터 모두가 계산될 수 있는 것도 아니다."[62]

우리는 많은 빅데이터를 가지고 있지만, 그럼에도 불구하고 작지만 중요한 데이터가 빠져있다. 나는 그것을 '슬로데이터slow data'라고 생각한다. 배티 같은 연구자들이 도시에 대한 경험적 조망을 온전하게 도표로 기록하는 데는 감지 인프라sensory infrastructure의 공백이 장애가 된다. 슬로데이터는 단순히 그러한 공백을 메우는 데이터가 아니다. 슬로데이터는 불가피하게 일어날 능률성과 자원소모의 상승작용이라는 이 문제를 푸는 수단이다.

대규모 기술업체들은 스마트시티를 선전하기 위해 능률성과 자원절약이라는 두 마리 토끼를 다 잡을 수 있다는 점을 내세운다. 즉 정보의 유통을 가속화해서 자원의 유통을 줄일 수 있다는 것이다. 그러나 이는 잘못된 생각이다. 능률성의 향상은 흔히 자원 소모를 '반등시키는rebound' 결과를 낳는다. 가령 전기 같은 자원을 더 능률적으로 사용하는 새로운 기술이 널리 채택되면 수요량이 줄기 때문에 그 값이 싸지게 된다. 그러나 값이 싸지면서 사람들은 그 자원을 더 많이 소비하고자 하는 자극을 받는데, 전에는 너무 비싸서 그 자원을 쓰지 않던 새로운 어플리케이션을 쓰게 되는 경우가 많다. 도시계획가들은 교통계획에서 오랫동안 그들 나름의 반등효과(제본스 패러독스Jevons paradox로도 알려진)에 익숙해 있다. 도로를 더 많이 건설하는 것으로는 장기적 교통 혼잡을 결코 줄이지 못하며 오히려 그전부터 죽 잠재해 있던 수요의 실수요화를 촉발한다. 도로가 수용 가능한 차량의 용량이 늘어 혼잡이 줄어들면 운전의 기회비용이 낮아져 이전에는 꽉 막힌 도로에서 전혀 운전할 엄두를 못 내던 운전자들이 차를 몰고 나가게 만드는 것과 같은 이치다.

　　다가올 수십 년 동안 우리는 자율주행차들이 도로에 나섬에 따라 바로 이러한 사태의 전개를 목격할 것이다. 지금까지 구글의 자율주행차 같은 혁신들에 대해 흥분한 것은 안전성과 편리함에 관한 것이었다. 통근하는 동안 사람들은 인터넷을 검색할 수 있게 될 것이다. 술 취한 십대가 가족의 자가용차를 전봇대에 부딪칠 걱정은 전혀 할 필요가 없게 될 것이다. 그러나 자율주행차의 훨씬 더 큰 경제적 잠재력은 차들 간의 간격과 개인마다 다른 온갖 운전행태들로 인해 생기는 체증을 줄임으로써 도로의 교통용량을 배가시킬 수 있다는 것이다. 이것이 집에 머무르던 사람들로 하여금 새로 운행에 나서도록 촉발한다면, 연료소모를 이전 수준으로만 유지하기 위해서도 연료절약 효율을 배가해야 할 것이다. 늘어나는 교통량을 따라 가려면 전반적 배기가스 저감도 그 효율성을 크게 높여야 할 것이다.

아무런 성과도 못 내는 이러한 자원소모 증가의 악순환이 있다는 것은 놀랄 일은 아니다. 이러한 악순환은 산업자본주의의 고질적인 병폐이다. 업턴 싱클레어Upton Sinclair의 『정글Jungle』은 20세기 초의 시카고 가축 수용장의 가혹한 근로여건을 묘사한 현실 고발 소설인데, 도축장의 장들이 도축량을 늘리기 위해 활용하는 '속도전 작업조speeding-up the gang'의 이야기를 들려준다. "도축장에서는 속도 조절 작업이 있는데, 이 페이스메이커가 나머지 다른 인부들의 작업 페이스를 결정토록 했다. 이를 위해 도축장의 장들은 속도 조절 작업을 할 사람들을 뽑아 높은 임금을 주고 또 빈번하게 교체해가면서 부렸다. 사람들은 이 페이스메이커들을 쉽게 알아볼 수 있었을 것이다. 이들은 도축장 장들이 보는 바로 앞에서 신들린 사람처럼 일했다."[63] 스마트시티에서는 자동화 기술이 저 도축장의 속도전 일꾼들을 대신한다. 자동화 기술은 자원 소모의 여파를 불식시키고 우리가 지금 하고 있는 일들을 개별적으로는 더 능률적이 되도록 만들 수도 있을 것이다. 그렇지만 저공해 문명lower-emission civilization을 위해서는 결국 아무런 조치를 하지 않는다.

스마트시티들은 자연보존도 자동화해서 설계에 반영함으로써, 자원 소모를 줄이는 결정에는 어떤 인센티브도 제공하지 않는다. 여기가 슬로 데이터가 의미를 갖게 되는 지점이다. 슬로데이터는 계획적으로 그리고 아껴서 수집을 해야지 데이터 잔해로부터 기회가 되는 대로 거둬들이는 식으로 해서는 안 된다. 슬로데이터는 자원 소모와 보존 사이의 트레이드오프를 감추기보다는 분명하게 드러내 보인다. 그래서 우리들로 하여금 선택을 하도록 한다. 슬로데이터는 또 이런 골치 아픈 문제들을 다루는 데 도움이 되는 사회적 상호작용을 유발함으로써 우리의 인간성humanness을 지렛대로 활용한다.

분실한 물건을 찾는 문제를 예로 들어 보자. 빅데이터에 의한 접근은 모든 물건에 태그를 붙여 추적을 하는 방식이 될 것인데, 아마도 태그 하나에 겨우 수 센트밖에 안 되는 무선 바코드 기술, RFID를 사용할 것이다. 이 태그는 이미 의류 가게에 사용되고 있는데, 계산대 처리를 신속하게 해주고 재고관리 비용과 경비 비용을 줄여준다. 일군의 스캐너들이 스마트시티 전역에 배치됨에 따라 사물인터넷을 실시간으로 탐색할 수 있게 될 것이다. 어디에 있는 무엇이든 찾아내기 위해 이 방법이 필요로 하는 것은 계측기록들을 스캔하는 소프트웨어 한편이 전부일 것이다. 한데 모으면 수조 개가 될 그 측정치들은 현존하는 최대의 빅데이터가 될 것이다.

이와 달리 사람들끼리 서로 도와서 물건을 찾도록 하면 어떨까? 잃어버린 물건을 찾기 위해 기계적 감시 인프라를 새로 고안해서 만드는 대신, 기계적 인프라와 같은 능력을 가지면서도 더 빠르고 값싸고 긍정적인 사회적 부수효과를 가져오는 사회협동체제를 구축할 수 있을 것이다. "분실물 취급소, 연결 도시를 위해 재설계되다lost and found, redesigned for the connected city"라고 스스로를 홍보하는 앱, 파운드잇Phoundlt은 바로 이런 아이디어에 바탕을 두고 있다. 이 앱은 포스퀘어 API를 사용하여 분실물 신고를 받고, 앱 사용자들이 신고된 분실물을 찾을 어떤 장소에 체크인하게 되면 분실 사실을 알린다. 무언가가 발견되면 분실한 사람이 안전하게 되찾을 수 있게 해주는 도구들이 있다. 이 프로젝트의 설립자 엘런 밀러Ellen Miller가 설명한 대로 그 목적은 "커뮤니티가 쉽게 그 본래의 선의에 따라 행동하고 다른 커뮤니티들도 그렇게 따라 하도록 고취하도록 하는 것이다."[64] 파운드잇은 우리에게 많은 것을 요구하지만, 자동화된 시스템과 달리 의미 있는 인간적 접촉이라는 매혹적 전망을 내보인다. 이 앱은 인간의 기본적 이타심 뿐만 아니라 사회적이 되고 싶어하고 또 새로운 관계를 맺고 싶어하는 우리의 타고난 욕구에 호소한다. 지속가능성의 관점에서도 볼 수 있다. 잃어버린 물건을 그냥 새 물건으로 대체함으로써 자원을 더 소모하는 대신, 이 앱의 이용자들은 물건의 사용연수를 늘린다. 수십억 개의 RFID태그와 이를 추적하기 위한 전면적 인프라를 만들 필요도 없다.

이상의 논의가 주는 교훈은 빅데이터가 마구 쏟아지는 와중에서 슬로데이터를 망각하지 말라는 것이다. 스마트시티의 킬러 앱을 디자인할 실질적 기회는 매우 가치판단적인 두서너 개의 작은 정보가 생성될 수 있는 틈새niche에 있다. 포스퀘어 체크인과 페이스북의 '좋아요like' 같은 것이 바로 그러한 정보이다. 슬로데이터의 힘은 행태 변화를 이끌어내는 능력이다. 4장에서 대학원생들의 식물간호 네트워크에 필적하는 보타니콜 프로젝트의 트윗하는 실내식물에서 이를 보았다. 슬로데이터는 또 빅데이터를 보완한다. 즉 슬로데이터는 능률성이 보장될 때는 언제나 이 행태변화를 유도하는 정보를 사회생활의 최전면으로 전달해 주는 메카니즘이 병행되어야 하는데, 그 최전면에서 우리는 빅데이터와 슬로데이터 간 균형을 생각해 볼 수 있다. 빅데이터는 우리들의 낭비적 행동방식들을 효율화할 수 있으나, 그 낭비적 방식들을 변화시키기 위해서는 슬로데이터가 필요할 것이다. 빅데이터는 우리들로 하여금 꼭 필요한 만큼의 일을 효율적으로 하도록 해줄 수도 있다. 슬로데이터는 우리의 영혼에게 말한다.

나는 "어떤 도시가 가장 스마트한가?" 라는 질문을 자주 받는다.

내 답은 항상 똑같다. "당신이 살고 있는 그 도시"라고.

그냥 그럴싸한 말로 들리겠지만 나는 진지하게 하는 말이다. 스마트시티에 단 하나의 유토피안 디자인이 있다는 생각이 우리가 실제 더불어 살 수 있는, 다양한 것들이 풍부하게 모인 도시를 건설하는 힘든 일을 막아왔다. 2008년 이래 우리의 도시 미래에 대한 비전은, 글로벌 기술을 동력으로 하여 20세기의 도시의 판박이 디자인을 전 지구적으로 되풀이 하려는 회사들에 의해 지배당하게 되었다. 우리의 시장들은 그 디자인을 자신들의 사정에 맞게 변형해보려 하지만 문제를 모두 해결할 수는 없다.

답은 풀뿌리grass roots에 있다. 나는 우리가 도시의 디자인 도구들을 거리로 들고 나와서 우리의 세계를 다시 구상하고 개조하는 데 사용함에 따라 도처에서 풀뿌리 운동이 피어나고 있음을 본다. 우리는 인터넷이 물리적 세계의 한계를 초월하는 어떤 것이라고 생각했는데, 인터넷은 하이퍼로컬hyperlocal로 방향을 틀어 음식점 평가의 교환과 지역 상점의 공짜 쿠폰 얻기 등에 관한 것이 되었다. 우리는 인터넷이 사회집단들을 분리, 고립시킬 것으로 생각했는데, 우리 모두를 하나의 큰 네트워크로 연결시켰다. 집에 있으면서 물리학 논문이나 롤캣을 보게 할 줄 생각했는데, 꼭 수년 만에 실생활 속의 무수한 만남들을 좌지우지했다.

스마트시티 해커만으로 이 일을 할 수는 없다. 우리가 사업가들과 정치가들에게 보다 공정하고 사회적이며 지속가능한 미래를 어떻게 건설하는지를 보여줄 수는 있지만, 크리티컬 매스에 이르기 위해서는 이들의 도움이 필요하다. 패트릭 게데스처럼 나는 이 지구를 생존 가능한 도시들의 행성으로 만드는 과제에 대처하기 위해서는 과학과 인문학, 그리고 우리 모두가 참여하는 사회운동이 필요하다고 믿는다. 도시운영시스템으로 부르든 산업인터넷industrial Internet으로 부르든, 이 혹성 지구의 50만 개 소 이상의 시민실험실에서 무언가 대단한 일이 태동하고 있다.

당신은 그 일을 도우려고 하는가?

당신은 필요한 모든 것을 가지고 있다.

감사의 글

  나는 많은 멘토들의 도움을 받는 큰 행운을 누렸다. 멘토들은 도시와 테크놀로지에 대해, 그리고 도시와 테크놀로지가 어떻게 서로를 형성하는지에 대해 내 나름의 이해를 갖도록 해 주었다. 누구보다도 뉴욕대학교의 미첼 모스Mitchell Moss는 도시가 무엇이고 어떻게 작동하는지에 대해 직접 가르쳐주었고, 1990년대 중반에 부상한 인터넷 도시지리학urban geography of Internet을 자세히 들여다 볼 계기를 마련해 주었다. 고인이 된 MIT의 윌리엄 미첼은 스마트시티에서 장소와 물리적 디자인이 하는 역할에 대해 더 깊이 생각하도록 고무하고 격려해 주었다. 9.11사태 후 나는 그와 뉴욕의 무선 네트워크와 디지털 회복력에 대해 토론했는데, 이 책의 많은 아이디어들은 이 토론에서 틀이 잡혔다. 책의 제목도 2003년 그가 미디어 랩에서 시작한 연구그룹으로부터 자랑스럽게 차용한 것이다. 럿거

442

스 대학교Rutgers University의 프랭크 포퍼Frank Popper는 나의 도시에 대한 관심과 컴퓨터에 대한 심취가 서로 이어지도록 해 주었다. 이를 위해 그는 1995년에 미국기술평가국US Office of Technology Assessment의 보고서, 「미국 대도시지역의 기술적 재형성The Technological Reshaping of Metropolitan America」한 부를 건네주었다. 지난 10년 동안 MIT의 마이클 조로프와 데니스 프렌치맨은 내가 전 세계의 스마트시티 디자인 프로젝트들을 살펴보도록 이끌어주었고 현대 도시건설산업에서 활약하는 주자들과 전략들의 실상을 진득하게 밝혀주었다.

미국의 비영리 싱크탱크인 미래연구소Institute for the Future는 장기적 사고에 있어서는 선도적인 세계적 센터인데, 2005년 이래 나의 지적 고향이었다. 여러 동료들의 도움이 없었더라면 이 책은 결코 나오지 못 했을 것이다. 마리나 고비스Marina Gorbis와 봅 요한센Bob Johansen은 장기예측의 과학과 기술을 이해하도록 도와주었다. 이 책 전체를 아우르는 논의의 틀은 스마트시티에 대한 산업적 비전과 풀뿌리 비전 간의 갈등이다. 이 틀은 2006년 내가 카티 비안Kathi Vian과 마이클 리브Michael Liebhold와 함께 한, 상황인식 컴퓨팅의 미래에 대한 연구에서 나왔다. 킴 로렌스Kim Lawrence는 이 책을 쓸 시간을 벌어준 휴가를 주선하는 데 절대적인 도움을 주었다.

뉴욕에서 내 주변에는 스마트시티의 개척 영역을 확장하려는 사상가와 행동가 동인들이 있었다. 이들과의 대화로 이 책을 보다 충실하게 쓸 수 있었다. 특별히 이름을 들자면, 그렉 린제이Greg Lindsay, 아담 그린필드AdamGreenfield, 로라 폴라노Laura Forlano, 앤드류 블럼Andrew Blum, 제이크 바튼Jake Barton, 프랭크 헤버트Frank Hebbert, 휴 오닐Hugh O'Neil 이 이들이다. 뉴욕 밖의 지역에서도 이 책의 초고에 대해 유익한 의견을 제시해 준 이들이 있었다. 애나 폰팅Anna Ponting, 알렉스 수정 김 방Alex Soojung Kim Pang, 프란시스카 로하스Francisca Rojas, 롭 굿스피드Rob

Goodspeed 등이다. NYCwireless의 사우들인 테리 슈미트Terry Schmidt, 더스틴 굿윈Dustin Goodwin, 조 플롯킨Joe Plotkin, 대나 스피걸Dana Spiegel, 벤 세리빈Ben Serebin, 제이콥 파카스Jacob Farkas로부터는 직접 하드웨어 측면에서 스마트시티의 문제들을 어떻게 적당히 조치하는지에 대해 배웠다.

이 책의 편집자 브렌단 커리Brendan Curry는 누구보다 예리하게 이 글을 살펴보았는데, 글의 방향에 대한 수정은 원고를 엄청나게 향상시켰다. 나의 에이전트인 조이 패그나멘타Zoe Pagnamenta는 출판계의 능숙한 가이드로서 역할을 해주었다. 퍼트리셔 추이Patricia Chui는 사실 확인 과정에서 수십 건의 상세한 자료들을 찾아내 주었는데, 이 자료들이 이 책에 실린 이야기들의 내용을 엄청나게 풍부하게 만들어 주었다. 아만다 알람피Amanda Alampi는 내 연구를 기록한 수백 건의 노트들을 편집하였고, 더 중요한 것은 이 책에 실린 이야기들을 어떻게 소셜미디어를 통해 공유하는지에 대해 내가 이해하도록 도와준 것이다.

록펠러 재단의 베냐민 델라 페냐Benjamin de la Peña는 '도시, 정보, 포용의 미래'에 대한 연구비를 통해 후한 재정적 지원을 해주었는데, 이것이 이 책 저술의 종잣돈이 되었다. 뒤이어 시이오스 포 시티스CEOs for Cities의 캐롤 콜레타Carol Colletta가 후속 자금으로 초기 집필을 후원해 주었다. 카우프만 재단Kauffman Foundation은 기업가들과 스타트업들이 스마트시티 건설에서 하는 역할에 대한 연구를 후원해주었다. 뉴욕공립도서관의 프레데릭 루이스 앨런 기념관과 스티븐스 공과대학의 S.C. 윌리암스 도서관은 연구와 집필을 위한 공간을 제공해 주었다.

아버지 리차드 타운센트와 어머니 로베르타 타운센트는 어릴 때부터 나의 인생 진로를 내 자신이 선택할 수 있도록 해 주고 변함없는 격려와 지지를 해 주셨다. 나의 아내 니콜은 늘 내 편에 서서 사운딩 보드로서 나의 논증을 세련되게 다듬어 주고 이 책의 아이디어들을 실제로 현실 프로

젝트화 하도록 도와주었다. 끝으로 나의 원래의 멘토들인 두 형, 존과 빌
은 십대 소년이었던 내게 보스턴과 워싱턴의 경이로움을 알도록 해 주었
고, 내가 오래도록 도시를 사랑하도록 자극을 주었다.

번역 후기

    도시이론 연구모임은 2009년부터 도시학 분야의 중요한 이슈를 공부하기 위해 시작한, 매달 정기적으로 모이는 세미나이다. 이 책은 2014년의 세미나에서 몇 주간 같이 읽고 토의한 바 있다.

    최근 우리나라 정부는 스마트시티의 건설을 주요 정책과제로 시행하고 있는데, 시 정부와 기술기업 주도의 기술적 마스터플랜이 논의의 중심이 되고 있다. 이 책은 이러한 접근방법에 따른 쟁점들을 고찰하고, 시민이 중심이 되는 대안적 접근의 가능성을 모색하고 있다. 기술 주도적 접근의 한계는 근대 도시계획이나 도시를 컴퓨팅으로 운영하려던 시도에서 찾아볼 수 있다. 따라서 이 책이 다루는 주제는 우리에게 아직 친숙하지는 않지만, 매우 중요한 논제라고 할 수 있다. 여러 한계를 무릅쓰고 번역을 시도하게 된 배경이다.

이 책은 컴퓨팅과 정보통신기술 분야의 기술적 이슈들과 사례들을 광범하게 포함하고 있다. 번역진 대부분이 도시학과 관련된 인문사회학 쪽 전공자들로서 어려움을 겪은 이유이다. 여러분들의 도움이 없었더라면 번역은 가능하지 못했을 것이다.

도시이론 연구모임의 김한준 이사, 박철현 박사, 이희상 박사, 정문수 박사, 홍나미 선생은 이 책의 주제와 관련한 세미나에서 발제를 해주셨거나, 번역 원고를 검독해 주셨다. 출판사의 최종현 팀장을 비롯한 편집진은 거친 번역투의 문장들을 독자들이 보다 쉽게 읽을 수 있도록 고치고 다듬어 주셨다. 출판사 최성훈 대표님과 김동출 주간님은 번역을 위한 첫 만남에서부터 조언과 격려를 해주시고, 다소 산만한 진행으로 늦어지는 번역 일정을 기다려주셨다. 깊이 감사드린다.

원저가 나온 지 꽤 시간이 흘렀다. 이 번역서의 발간을 계기로, 시민들도 스마트시티가 제공하는 기술의 단순 소비자로서가 아니라, 스마트시티 계획의 주체로서 참여할 수 있고 또 참여해야 한다는 이 책의 주장이 우리나라 스마트시티 계획에서도 진지하게 논의되기 바란다.

2018년 5월
옮긴이 일동

미주

서문

1   "America's New Mobile Majority: A Look at Smartphone Owners in the U.S." *Nielsen Wire*, blog, last modified May 7, 2012, http://blog.nielsen.com/nielsenwire/?p=31688.

서론

1   *World Urbanization Prospects: The 2007 Revision* (New York: United Nations, Department of Economic and Social A airs, Population Division, February 2008), 1.

2   *World Urbanization Prospects: The 2009 Revision* (New York: United Nations, Department of Economic and Social A airs, Population Division, March 2010), 1.

3   Urban population in 1900: "Human Population: Urbanization" (Washington, DC: Population Reference Bureau, 2007), http://www.prb.org/Educators/TeachersGuides/HumanPopulation/Urbanization.aspx; world population in 1900: *The World At Six Billion* (New York: United Nations, Department of Economic and Social Affairs, Population Division, October 1999), 4.

4   *World Urbanization Prospects: The 2011 Revision* (New York: United Nations, Department of Economic and Social A airs, Population Division, March 2012), 1.

5   다음의 세계 인구 예측 자료를 토대로 기초하여 저자가 계산함. *World Population Prospects: The 2010 Revision* (New York: United Nations, Department of Economic and Social Affairs, Population Division, May 2011), xiii, and urbanization forecast of 70–80 percent in Shlomo Angel, Planet of Cities (Cambridge, MA: Lincoln Institute of Land Policy, September 2012).

6   Shirish Sankhe et al., "India's urban awakening: Building inclusive cities, sustaining economic growth" (New York: McKinsey Global Institute, McKinsey & Co., April 2010), http://www.mckinsey.com/insights/mgi/research/urbanization/urban_awakening_in_india.

7   "Twenty New Cities to Be Set Up in China Every Year," *People's Daily*, last modified August 14, 2000, http://english.people.com.cn/english/200008/14/eng20000814_48177.html.

8   Slum population: *State of the World's Cities 2012/2013: Prosperity of Cities, World Urban Forum Edition* (Nairobi, Kenya: UN-HABITAT, 2012), 100; population projection, lecture, Joan Clos, Director, UN-HABITAT, Smart Cities Expo 2011, Barcelona, Spain, November 29, 2011.

9   D. Kissick et al., *Housing for All: Essential for Economic, Social, and Civic Development*, manuscript prepared for the World Urban Forum III by PADCO/AECOM, 2006, http://www.hrc.co.nz/wp-content/uploads/2012/10/housing_for_all.pdf, 1.

10   "Key Global Telecom Indicators for the World Telecommunication Service Sector," *International Telecommunication Union*, last modified November 16, 2011, http://www.itu.int/ITU-D/ict/statistics/at_glance/KeyTelecom.html.

11   "Key Global Telecom Indicators," *International Telecommunication Union*.

12   Mary Meeker, "KCBP Internet Trends," presentation, D10 Conference, Rancho Palos Verdes, CA, May 30, 2012, http://www.scribd.com/doc/95259089/KPCB-Internet-Trends-2012.

13   Ted Schadler and John C. McCarthy, "Mobile is the New Face of Engagement" (Cambridge, MA: Forrester Research, Inc., February 13, 2012), http://www.forrester.com/Mobile+Is+The+New+Face+Of+Engagement/fulltext/-/E-RES60544?objectid=RES60544.

14   "U.S. Wireless Quick Facts," Cellular Telecommunications Industry Association, n.d., accessed February 3, 2013, http://www.ctia.org/consumer_info/index.cfm/AID/10323.

15   Massoud Amin, "North American Electricity Infrastructure: System Security, Quality, Reliability, Availability, and E ciency Challenges and their Societal Impacts," in *Continuing Crises in National Transmission Infrastructure*: Impacts and Options for Modernization, National Science Foundation (NSF), June 2004, 1; CTIA Semi-Annual Wireless Industry Survey (Washington, DC: Cellular Telecommunications Industry Association, 2012), http://files.ctia.org/pdf/CTIA_Survey_MY_2012_Graphics-_final.pdf.

16   Dave Evans, "The Internet of Things: How the Next Evolution of the Internet is

Changing Everything," (San Jose, CA: Cisco Systems, April 2011), http://www.cisco.com/web/about/ac79/docs/innov/IoT_IBSG_0411FINAL.pdf, 3.

17 Evans, "The Internet of Things," 3.

18 "Cisco Visual Networking Index: Global Mobile Data Traffic Forecast Update, 2011–2016," February 14, 2012, http://www.cisco.com/en/US/solutions/collateral/ns341/ns525/ns537/ns705/ns827/white_paper_c11-520862.html.

19 "How Much Is A Petabyte?" *Mozy*, blog, last modified July 2, 2009, http://mozy.com/blog/misc/how-much-is-a-petabyte/.

20 Gary Locke, US ambassador to China, interview by Charlie Rose, January 16, 2012, http://www.charlierose.com/view/interview/12091.

21 "Charles Minot," National Railroad Hall of Fame: Galesburg, IL, n.d., accessed October 17, 2012, http://www.nrrhof.org/pages/minot.php; Henry D. Estabrook, "The First Train Order by Telegraph," *B&O Magazine: Baltimore and Ohio Employees Magazine*, July 1913, 27.

22 Joel A. Tarr with T. S. Finholt and D. Goodman, "The City and the Telegraph: Urban Telecommunications in the Pre-Telephone Era," *Journal of Urban History* 14 (1987): 38–80, reprinted in Stephen Graham (ed.), *The Cybercities Reader* (London: Routledge, 2003).

23 Herbert Casson, *The History of the Telephone* (Chicago: A. C. McClurg, 1910), 222.

24 "The Knowledge Explosion," BBC Horizon series, originally broadcast September 21, 1964, archived at http://www.youtube.com/watch?v=KT_8-pjuctM.

25 "City vs. Country: Tom Peters & George Gilder debate the impact of technology on location," *Forbes ASAP*, February 27, 1995, http://business.highbeam.com/392705/article-1G1-16514107/city-vs-country-tom-peters-george-gilder-debate-impact.

26 David McCandless, "Financial Times Graphic World," display at Grand Central Station, New York, March 27–29, 2012.

27 Robert Caro, *The Power Broker: Robert Moses and the Fall of New York* (New York: Vintage, 1975), 849.

28 Caro, *The Power Broker*, 508.

29 "Global Investment in Smart City Technology Infrastructure to Total $108 Billion by 2020," *Pike Research*, last modified May 23, 2011, http://www.pikeresearch.com/newsroom/global-investment-in-smart-city-technology-infrastructure-to-total-108-billion-by-2020.

30 Daniel Fisher, "Urban Outfitter," *Forbes*, May 9, 2011, 92.

31 Sascha Haselmeyer, lecture, INTA33 World Urban Development Congress, Kaoshiung, Taiwan, October 5, 2009.

32 "The Explosive Growth of Bus Rapid Transit," The Dirt, blog, *American Society of Landscape Architects*, last modified January 27, 2011, http://dirt.asla.org/2011/01/27/the-explosive-growth-of-bus-rapid-transit/.

33 Peter Jamison, "BART Jams Cell Phone Service to Shut Down Protests," *SF Weekly*: The Snitch, blog, August 12, 201, http://blogs.sfweekly.com/thesnitch/2011/08/bart_cell_phones.php; BlackBerry: Josh Halliday, "David Cameron considers banning

suspected rioters from social media," *The Guardian*, August 11, 2011, http://www.
guardian.co.uk/media/2011/aug/11/david-cameron-rioters-social-media; social
media: Chris Hogg, "In wake of London riots, UK considers social media bans,"
Future of Media, blog, http://www.futureofmediaevents.com/2011/08/11/in-wake-
of-london-riots-uk-considers-social-media-bans/#ixzz24xS7KHKP.

34   Solomon Benjamin et al., "Bhoomi: 'E-Governance,' Or, An Anti-Politics Machine
Necessary to Globalize Bangalore?" CASUM-m, Bangalore, India, January 2007,
http://casumm.files.wordpress.com/2008/09/bhoomi-e-governance.pdf.

35   Kevin Donovan, "Seeing Like a Slum: Towards Open, Deliberative Development,"
Georgetown Journal of International Affairs 13, no. 1 (2012): 97.

36   Jeremy Bentham. *The Panopticon Writings* (London: Verso, 1995), 29–95.

37   Farah Mohamed, "Sen. Franken on facial recognition and Facebook," *Planet
Washington*, last modified July 18, 2012, http://blogs.mcclatchydc.com/
washington/2012/07/sen-franken-on-facial-recognition-adnd-facebook.html.

38   Adam Harvey, *CV Dazzle*, n.d., accessed August 26, 2012, http://cvdazzle.com.

39   Jane Jacobs, *The Death and Life of Great American Cities* (New York: Random House,
1961), 238.

40   Walter Lippmann, *New York Herald Tribune*, June 6, 1939, quoted in Robert W. Rydell,
World of Fairs: The Century-of-Progress Expositions (Chicago: University of Chicago
Press, 1993), 115.

1장

1   Henrik Schoenefeldt, "191: The Building of the Great Exhibition of 1851,
an Environmental Design Experiment" (Cambridge: The Martin Centre for
Architectural and Urban Studies, University of Cambridge, n.d.), http://kent.
academia.edu/HenrikSchoenefeldt/Papers/118104/The_Building_of_the_Great_
Exhibition_of_1851_-_an_Environmental_Design_Experiment.

2   Terence Riley, *The Changing of the Avant-Garde: Visionary Architectural Drawings from the
Howard Gilman Collection* (New York: Museum of Modern Art, 2002), 150.

3   "A Walking City," Archigram Archival Project, Project for Experimental Practice,
University of Westminster, 2010, http://archigram.westminster.ac.uk/project.
php?id=60.

4   Michael Sorkin, "Amazing Archigram," *Metropolis*, April 1998, http://www.
metropolismag.com/html/content_0498/ap98what.htm.

5   Riley, *The Changing of the Avant-Garde*.

6   Molly Wright Steenson, "Cedric Price's Generator," *Crit* 69 (2010), 14.

7   Steenson, "Cedric Price's Generator," 15.

8   Robert Lenzer and Tomas Kellner, "Fall of the House of Gilman," *Forbes*, last
modified August 11, 2003, http://www.forbes.com/forbes/2003/0811/068.html.

9   Royston Landau, "Cedric Price," Museum of Modern Art, last modified 2009,
http://www.moma.org/collection/artist.php?artist_id=7986.

10   Paul Ehrlich and Ira Goldschmidt, "Building Automation: Green Intelligent Buildings— A Brief History," *Engineered Systems*, March 1, 2008, http://www.esmagazine.com/Articles/Column/BNP_GUID_9-5-2006_A_10000000000000271363.

11   John D. Kasarda and Greg Lindsay, *Aerotropolis: The Way We'll Live Next* (New York: Farrar, Straus and Giroux, 2011), 357.

12   "RFID/USN Cluster to Be Built in Songdo By 2010," *Korea IT Times*, last modified October 31, 2005. http://www.koreaittimes.com/story/2162/rfidusn-cluster-be-built-songdo-2010.

13   Charles Arthur, "This City Will Change the World," BBC Knowledge, May/June 2012, 28.

14   Charles Arthur, "The Thinking City," *BBC Focus*, January 2012, 55–59.

15   Kasarda and Lindsay, *Aerotropolis*, 353.

16   John Boudreau, "Cisco wires 'city in a box' for fast-growing Asia," *San Jose Mercury News*, last modified June 8, 2010, http://www.newsobserver.com/2010/06/08/520176/cisco-wires-city-in-a-box-for.html.

17   Seoul Development Institute, *Seoul, 20th Century: Growth and Change of the Last 100 Years* (Seoul: Seoul Development Institute, 2003), 14.

18   Anthony M. Townsend, "Seoul: Birth of A Broadband Metropolis," *Environment and Planning B 34*, no. 3 (2007): 396–413.

19   "Global building automation market predicted to grow 3 percent by 2015," *SustainableBusiness.com News*, last modified February 4, 2010, http://www.sustainablebusiness.com/index.cfm/go/news.display/id/19697.

20   Lewis Mumford, *The City in History: Its Origins, Its Transformations, and Its Prospects* (New York: MJF Books, 1997), 527.

21   Philip Carter, Bill Rojas, and Mayur Sahni, "Delivering Next-Generation Citizen Services: Assessing the Environmental, Social and Economic Impact of Intelligent X on Future Cities and Communities," IDC, June 2011, http://www.cisco.com/web/strategy/docs/scc/whitepaper_cisco_scc_idc.pdf.

22   John Frazer, lecture, Forum on Future Cities, MIT SENSEable City Lab and the Rockefeller Foundation, Cambridge, MA, April 13, 2011, http://techtv.mit.edu/collections/senseable/videos/12305-changing-research.

23   "Why Songdo: Sustainable City," accessed January 24, 2013, http://www.songdo.com/songdo-international-business-district/why-songdo/sustainable-city.aspx.

24   Songdo International Business District "Master Plan," http://www.songdo.com/songdo-international-business-district/the-city/master-plan.aspx and "Living," http://www.songdo.com/songdo-international-business-district/the-city/living.aspx, accessed September 25, 2012.

25   Tim Edelston, "Still Time for Songdo City to Protect Biodiversity," *Korea Times*, last modified January 8, 2012, http://www.koreatimes.co.kr/www/news/opinon/2012/01/137_102458.html.

26   Viren Doshi, Gary Schulman, and Daniel Gabaldon, *strategy + business*, last modified February 28, 2007, http://www.strategy-business.com/article/07104.

27   "Reinventing the City," World Wildlife Fund (WWF), 2010, http://www.wwf.se/source. php/1285816/Reinventing%20the%20City_FINAL_WWF-rapport_2010.pdf, 2.

28   Jonathan D. Miller, "Infrastructure 2011: A Strategic Priority," Urban Land Institute and Ernst & Young, 2011, http://www.uli.org/ResearchAndPublications/%7E/media/Documents/ResearchAndPublications/Reports/Infrastructure/Infrastructure2011.ashx.

29   Ian Marlow, lecture, "X-Cities 4: Cities-as-Service," Columbia University Studio-X, New York, April 19, 2012.

30   "Global Investment in Smart City Technology Infrastructure," *Pike Research.*

31   "Smart City Technologies Will Grow Fivefold to Exceed $39 Billion in 2016," *ABI Research*, last modified July 6, 2011, http://www.abiresearch.com/press/3715-Smart+City+Technologies+Will+Grow+Fivefold+to+Exceed+$39+Billion+in+2016.

32   Colin Harrison, remarks, Ideas Economy: Intelligent Infrastructure, *The Economist*, New York City, February 16, 2011.

33   "Smart Cities: Transforming the 21st century city via the creative use of technology," ARUP, last modified September 1, 2010, http://www.arup.com/Publications/Smart_Cities.aspx.

34   Stephen Graham, "The end of geography or the explosion of place? Conceptualizing space, place and information technology," *Progress in Human Geography 22*, no. 2 (1998): 165–85.

35   "International Energy Outlook 2011," DOE/EIA-0484(2011), U.S. Energy Information Administration, September 19, 2011, http://www.eia.gov/oiaf/ieo/electricity.html.

36   Amin, "North American Electricity Infrastructure: System Security, Quality, Reliability, Availability, and Efficiency Challenges and their Societal Impacts," 1.

37   "Electric Power Annual," U.S. Energy Information Administration, last modified November 9, 2011, http://www.eia.gov/electricity/annual/html/tablees1.cfm.

38   Tim Wu, *The Master Switch: The Rise and Fall of Information Empires* (New York: Knopf, 2010), 102–3.

39   "75% of US Electric Meters to be Smart Meters by 2016," In-Stat press release, March 5, 2012, http://www.instat.com/press.asp?ID=3352&sku=IN1104731WH.

40   "Historical Figures in Telecommunications," International Telecommunications Union, last modified February 11, 2010, http://www.itu.int/en/history/overview/Pages/ gures.aspx.

41   Urs Fitze, "No Longer A One-Way Street," *Pictures of the Future*, Spring 2011, 22, http://www.siemens.com/innovation/pool/en/publikationen/publications_pof/pof_spring_2011/pof_0111_strom_smartgrid_en.pdf.

42   Edwin D. Hill, "New Challenges Demand New Solutions: IBEW Leader Charts Energy Future," *EnergyBiz,* September/October 2007, http://energycentral.fileburst.com/EnergyBizOnline/2007-5-sep-oct/Financial_Front_New_Challenges.pdf.

43   Martin Rosenberg, "Continental Grid Vision Needed," *RenewableEnergyWorld.com* blog, last modified December 11, 2007, http://www.renewableenergyworld.com/

rea/news/article/2007/12/continental-grid-vision-needed-50777.

44   "Company development 1847–1865," Siemens, n.d., http://www.siemens.com/history/en/history/1847_1865_beginnings_and_initial_expansion.htm.

45   Jeff St. John, "How Siemens is Tackling the Smart Grid," GigaOM, last modified June 24, 2010, http://gigaom.com/cleantech/how-siemens-is-tackling-the-smart-grid/.

46   "Siemens CEO Peter Löscher: We're on the threshold of a new electric age," Siemens press release, December 15, 2010, http://www.siemens.com/press/en/pressrelease/?press=/en/pressrelease/2010/corporate_communication/axx20101227.htm.

47   "75% of US Electric Meters to be Smart Meters by 2016," In-Stat press release, March 5, 2012, http://www. ercetelecom.com/press-releases/75-us-electric-meters-will-be-smart-meters-2016.

48   Chris Nelder, "Why baseload power is doomed," *SmartPlanet*, blog, last modified March 28, 2012, http://www.smartplanet.com/blog/energy-futurist/why-baseload-power-is-doomed/445.

49   Massoud Amin, "North American Electricity Infrastructure: System Security, Quality, Reliability, Availability, and Efficiency Challenges and their Societal Impacts," in *Continuing Crises in National Transmission Infrastructure: Impacts and Options for Modernization*, National Science Foundation (NSF), June 2004.

50   Fitze, "No Longer A One-Way Street," 23.

51   Tim Schröder, "Automation's Ground Floor Opportunity," *Pictures of the Future*, Spring 2011, 19, http://www.siemens.com/innovation/apps/pof_microsite/_pof-spring-2011/_pdf/pof_0111_strom_buildings_en.pdf.

52   Eric Paulos, lecture, "Forum on Future Cities," MIT SENSEable City Lab and the Rockefeller Foundation, Cambridge, MA, April 13, 2011, http://techtv.mit.edu/collections/senseable/videos/12305-changing-research; For a thorough treatment see Eric Paulos and James Pierce, "Citizen Energy: Towards Populist Interactive Micro-Energy Production," n.d., http://www.paulos.net/papers/2011/Citizen_Energy_HICSS2011.pdf.

53   James R. Beniger, *The Control Revolution: Technological and Economic Origins of the Information Society* (Cambridge, MA: Harvard University Press, 1986), 12.

54   Eduardo Aibar and Wiebe E. Bikjer, "Constructing A City: The Cerdá Plan for the Extension of Barcelona," *Science, Technology, & Human Values* 22, no. 1 (1997): 3.

55   Ildefons Cerdà, *Teoría General de la Urbanización* (Madrid: Imprenta Española: 1867), 595, quoted in Arturo Soria y Puig, *Cerda: The Five Bases of the General Theory of Urbanization* (Madrid: Electa, 1999), 57.

56   Salvador Tarragó and Francesc Magrinyà, *Cerdà, Urbs i Territori: Planning Beyond the Urban* (Madrid: Electa, 1996), 202.

57   Tarragó and Magrinyà, 190.

58   Tom Standage, *The Victorian Internet: The Remarkable Story of the Telegraph and the Nineteenth Century's On-line Pioneers* (New York: Berkley Books, 1999).

59   "Cisco Launches Innovation Centre to Build Next Generation Services in

Singapore," Cisco Systems press release, December 12, 2008, http://investor.cisco. com/releasedetail.cfm?ReleaseID=354147.

60   "Cisco's Wim Elfrink: 'Today, We Are Seeing What I Call the Globalization of the Corporate Brain,' " *India Knowledge@Wharton*, Wharton School, University of Pennsylvania, last modified July 16, 2009, http://knowledge.wharton.upenn.edu/ india/article.cfm?articleid=4395.

61   "Smart + Connected Communities: Changing a Community, a Country a World," Cisco Systems, June 2010, 3, http://www.cisco.com/web/strategy/docs/ scc/09CS2326_SCC_BrochureForWest_r3_112409.pdf.

62   "Cisco Visual Networking Index: Global Mobile Data Tra c Forecast Update, 2011– 2016," Cisco Systems, last modified February 14, 2012, http://www.cisco.com/ en/US/solutions/collateral/ns341/ns525/ns537/ns705/ns827/white_paper_c11- 520862.html.

63   "How Virtual Meetings Provide Substantial Business Value and User Benefits," Cisco Systems, n.d., accessed September 25, 2012, http://www.cisco.com/web/about/ ciscoitatwork/downloads/ciscoitatwork/pdf/Cisco_IT_Case_Study_TelePresence_ Benefits.pdf.

64   Daniel Brook, "The Rise and Fall and Rise of New Shanghai," *Foreign Policy*, September/October 2013, last modified August 13, 2012, http://www.foreignpolicy. com/articles/2012/08/13/the_rise_and_fall_and_rise_of_new_shanghai.

65   "Smart + Connected Life Video," Cisco Systems, n.d., http://www.cisco.com/web/ CN/expo/en/pavilion.html.

66   "Smart + Connected Life Video."

67   Eliza Strickland, "Cisco Bets on South Korean Smart City," *IEEE Spectrum*, last modified November 29, 2011, http://spectrum.ieee.org/telecom/internet/cisco- bets-on-south-korean-smart-city.

68   Alex Soojung-Kim Pang, "Mobility, Convergence, and the End of Cyberspace," in Kristof Nyiri, ed., *Towards a Philosophy of Telecommunications Convergence* (Vienna: Passagen Verlag, 2008), 55–62.

69   Matt Novak, "The World's First Carphone," *Paleofuture*, blog, *Smithsonian Magazine*, last modified January 25, 2012, http://blogs.smithsonianmag.com/ paleofuture/2012/01/the-worlds-first-carphone/.

70   Novak, "The World's First Carphone."

71   "First FM Portable Two-Way Radio," Motorola Solutions, accessed September 25, 2012, http://www.motorolasolutions.com/US-EN/About/Company+Overview/ History/Explore+Motorola+Heritage/First+FM+Portable+Two-Way+Radio.

72   "Milestones: One-Way Police Radio Communication, 1928," *IEEE Global History Network*, n.d., http://www.ieeeghn.org/wiki/index.php/Milestones: One-Way_ Police_Radio_Communication,_1928.

73   "Milestones: Two-Way Police Radio Communication, 1933," *IEEE Global History Network*, n.d., http://www.ieeeghn.org/wiki/index.php/Milestones: Two-Way_ Police_Radio_Communication,_1933.

74   "1946: First Mobile Telephone Call," AT&T, n.d., http://www.corp.att.com/attlabs/ reputation/timeline/46mobile.html.

75   "1946: First Mobile Telephone Call."

76   George Calhoun, *Digital Cellular Radio* (Norwood, MA: Artech House, 1988), 39.

77   "Cisco Visual Networking Index."

78   Anton Troianovski, "Video Speed Trap Lurks in New iPad," *Wall Street Journal*, last modified March 22, 2012, http://online.wsj.com/article/SB10001424052702303812 904577293882009811556.html.

79   "Mobile data traffic growth doubled over one year," October 12, 2011, http://www.ericsson.com/news/111012_mobile_data_traffic_244188808_c.

80   "Mobile Network Operators Face Seven Fold Increases in Data Delivery Costs, Rising to $370 bn by 2016, Juniper Research Reports," Juniper Research, Hampshire, United Kingdom, press release, August 2, 2011, http://www.juniperresearch.com/ viewpressrelease.php?pr=254.

81   Quoted in David Bollier, *Scenarios for a National Broadband Policy* (Washington, DC: Aspen Institute, 2010), http://bollier.org/sites/default/ les/aspen_reports/ BroadbandTEXTF_0.pdf, 9.

82   City of New York, "Frequently Asked Questions: Traffic Signs, Traffic Signals and Street Lights," http://www.nyc.gov/html/dot/html/faqs/faqs_signals.shtml, accessed September 25, 2012.

83   John Byrne, "Worldwide Cellular Infrastructure 2011–2015 Forecast: As LTE Takes Off, HSPA+ Will Remain the Technology of Choice for Many Operators," International Data Corporation, 2011, http://www.idc.com/getdoc.jsp?containerId=228061.

84   Michael Chen, "Signal Space," *Urban Omnibus*, last modified July 6, 2011, http:// urbanomnibus.net/2011/07/signal-space/.

85   James E. Katz, ed. *Machines That Become Us: The Social Context of Personal CommunicationTechnology* (New Brunswick, NJ: Transaction Publishers, 2003).

86   Quoted in John B. Kennedy, "When Woman Is Boss: An interview with Nikola Tesla by John B. Kennedy," *Collier's*, January 20, 1926.

2장

1   US Constitution, art. 1. sec. 2.

2   "Census of Population and Housing: 1790 Census," United States Census Bureau, U.S. Department of Commerce, http://www.census.gov/prod/www/abs/ decennial/1790.html.

3   "Table 4. Population: 1790–1990," United States Census Bureau, U.S. Department of Commerce, last modi ed August 27, 1993, http://www.census.gov/population/ censusdata/table-4.pdf.

4   "Table 4. Population: 1790–1990."

5   Campbell J. Gibson and Emily Lennon, "Historical Census Statistics on the Foreign-

born Population of the United States: 1850–1990," United States Census Bureau, U.S. Department of Commerce, February 1999, http://www.census.gov/population/www/documentation/twps0029/twps0029.html.

6   "1880— History—U.S. Census Bureau," U.S. Bureau of the Census, https://www.census.gov/history/www/through_the_decades/index_of_questions/1880_1.html, accessed September 26, 2012.

7   James R. Beniger, *The Control Revolution: Technological and Economic Origins of the Information Society* (Cambridge, MA: Harvard University Press, 1986), 408–9.

8   "Census of Population and Housing: 1880 Census," United States Census Bureau, U.S. Department of Commerce, http://www.census.gov/prod/www/abs/decennial/1880.html#.

9   Emerson W. Pugh, *Building IBM: Shaping An Industry and Its Technology* (Cambridge, MA: MIT Press, 1995), 3.

10   Charles Eames and Ray Eames, *A Computer Perspective* (Cambridge, MA: Harvard University Press, 1973), quoted in Beniger, The Control Revolution, 411.

11   Beniger, *The Control Revolution*, vii.

12   Pugh, *Building IBM*, 4.

13   H. Hollerith, August 7, 1919, letter to J. T. Wilson, reproduced in "Historical Development of IBM Products and Patents," IBM, 1957, in Pugh, *Building IBM*, 3.

14   Pugh, *Building IBM*, 7–8.

15   Robert P. Porter, *Compendium of the Eleventh Census, Part I: Population* (Washington, DC: Government Printing Office, 1890), http://www2.census.gov/prod2/decennial/documents/1890b3_p1-01.pdf.

16   Beniger, *The Control Revolution*, 414.

17   Beniger, *The Control Revolution*, 414.

18   Pugh, *Building IBM*, 21.

19   Pugh, *Building IBM*, 4.

20   "Tabulation and Processing," United States Census Bureau, U.S. Department of Commerce, n.d., http://www.census.gov/history/www/innovations/technology/tabulation_and_processing.html.

21   Pugh, *Building IBM*, 14.

22   "A Smarter Planet The Next Leadership Agenda," November 6, 2008, video clip, Council on Foreign Relations, http://www.cfr.org/technology-and-foreign-policy/smarter-planet-next-leadership-agenda-video/p17696.

23   "IBM100-Sabre," IBM, n.d., http://www-03.ibm.com/ibm/history/ibm100/us/en/icons/sabre/.

24   "IBM100-Sabre."

25   "Colin Harrison," n.d., http://urbansystemscollaborative.org/about/leadership/colin-harrison/.

26   Colin Harrison, remarks, Ideas Economy: Intelligent Infrastructure, *The Economist* panel discussion, New York City, February 16, 2011.

27   John Tolva, telephone interview by author, November 10, 2011.

28   Tolva interview, November 10, 2011.

29   "Intelligent Cities Forum: Anne Altman," National Building Museum, last modified June 6, 2011, http://www.nbm.org/media/video/intelligent-cities/forum/intelligent-cities-forum-altman.html.

30   "IBM Deep Thunder: Frequently Asked Questions," http://www.research.ibm.com/weather/FAQs.html, accessed September 28, 2012.

31   Guru Banavar, lecture, "X-Cities 3: Heavy Weather—Design and Governance in Rio de Janeiro and Beyond," Columbia University Studio-X, New York, April 10, 2012, http://www.youtube.com/watch?v=xNsSNoL_EQM.

32   Banavar, lecture, April 10, 2012.

33   Richard J. Norton, "Feral Cities," *Naval War College Review* 56, no. 4 (2003), 105.

34   Banavar, lecture, April 10, 2012.

35   Eduardo Paes, "The 4 Commandments of Cities," TED 2012, Long Beach, California, February 29, 2012, http://www.ted.com/conversations/9659/eduardo_paes_four_commandment.html.

36   Colin Harrison, interview by author, May 9, 2011.

37   David Gelernter, *Mirror Worlds: or the Day Software Puts the Universe in a Shoebox ... How It Will Happen and What It Will Mean* (New York: Oxford University Press, 1993), 1.

38   Gelernter, *Mirror Worlds*, 52.

39   Gelernter, *Mirror Worlds*, 5.

40   Gelernter, *Mirror Worlds*, 218.

41   Gelernter, *Mirror Worlds*, 217–18.

42   Harrison, interview, May 9, 2011.

43   Thomas Campanella, *Cities From the Sky: An Aerial Portrait of America* (New York: Princeton Architectural Press, 2001).

44   Gelernter, *Mirror Worlds*, 222.

45   Isaac Asimov, *Foundation* (New York: Bantam Books, 2004), 17.

46   Asimov, *Foundation*, 14.

47   Paul Krugman, "Economic Science Fiction," *The Conscience of a Liberal*, blog, *New York Times*, last modified May 4, 2008, http://krugman.blogs.nytimes.com/2008/05/04/economic-science-fiction/.

48   Asimov, *Foundation*, 17.

49   Vannevar Bush, "As We May Think," *The Atlantic*, last modified July 1945, http://www.theatlantic.com/magazine/archive/1945/07/as-we-may-think/3881/2/.

50   Michael J. Radzicki and Robert A. Taylor. "Origin of System Dynamics: Jay W. Forrester and the History of System Dynamics" (2008), in *U.S. Department of Energy's Introduction to System Dynamics*, accessed October 23, 2008, http://www.systemdynamics.org/DL-IntroSysDyn/.

51   "2011 IW Manufacturing Hall of Fame," *Industry Week*, last modified December 11, 2011, http://www.industryweek.com/slideshows/HallofFame2011/Jay-Forrester-2011.asp.

52   Jay Wright Forrester, *Urban Dynamics* (Cambridge, MA: MIT Press, 1969), ix.

53   D. C. Lane, "The Power of the Bond Between Cause and Effect: Jay Wright Forrester and the Field of System Dynamics," *System Dynamics Review* 23, no. 2–3 (2007), 95–118.

54   G. K. Ingram, book review of *Urban Dynamics, Journal of the American Institute of Planners* 36, no. 3 (1970): 206–8.

55   Lincoln Quillian, "Public Housing and the Spatial Concentration of Poverty: New National Estimates," Meetings of the Population Association of America, 2005, http://paa2005.princeton.edu/download.aspx?submissionId=51567.

56   Jennifer Light, *From Warfare to Welfare: Defense Intellectuals and Urban Problems in Cold War America* (Baltimore: Johns Hopkins University Press, 2003), 47.

57   Light, *From Warfare to Welfare*, 46.

58   Douglass B. Lee Jr., "Requiem for Large-Scale Models," *Journal of the American Institute of Planners* 39, no. 3 (1973): 167.

59   Light, *From Warfare to Welfare*, 60.

60   Lee, "Requiem for Large-Scale Models," 168.

61   Joe Flood, *The Fires* (Riverhead Books: New York, 2010), 216.

62   Flood, *The Fires*, 216–17.

63   Flood, *The Fires*, 225.

64   Flood, *The Fires*, 230.

65   Flood, *The Fires*, 229.

66   Flood, *The Fires*, 18.

67   Light, *From Warfare to Welfare*, 61.

68   Lee, "Requiem for Large-Scale Models," 174.

69   Louis E. Alfeld, "Urban dynamics—the first fifty years," *System Dynamics Review* 11, no. 3 (1995): 199–217.

70   Douglass B. Lee, "Retrospective on large scale urban models," *Journal of the American Planning Association* 60, no. 1 (1994): 35–40.

71   Nicholas de Monchaux, *Spacesuit: Fashioning Apollo* (Cambridge, MA: MIT Press, 2011), 305.

72   L. Beumer, A. van Gameren, B. van der Hee, and J. Paelinck, "A Study of the Formal Structure of J. W. Forrester's Urban Dynamics Model," *Urban Studies* 15 (1978): 167.

73   Light, *From Warfare to Welfare*, 58.

74   Joe Zehnder, telephone interview by author, August 29, 2012.

75   "IBM Smarter City: Portland, Oregon," *YouTube* video, August 12, 2011, http://www.youtube.com/watch?v=uBYsSFbBeR4.

76   Justin Cook, telephone interview by author, September 11, 2012.

77   Zehnder, interview, August 29, 2012.

78   Cook, interview, September 11, 2012.

79   Cook, interview, September 11, 2012.

80   Zehnder, interview, August 29, 2012.

81   Zehnder, interview, August 29, 2012.

82   Michael Batty, "Building a science of cities," *Cities*, 2011, doi:10.1016/

j.cities.2011.11.008, 1.

83 *All Watched Over By Machines of Loving Grace*, directed by Adam Curtis (2011; BBC).

84 Jay Forrester, "System Dynamics and the Lessons of 35 Years," in Kenyon B. De Greene, *A Systems-Based Approach to Policymaking* (Boston: Kluwer Academic Publishers, 1993), 202.

85 Alfeld, "Urban dynamics—the first fifty years."

86 B. Raney et al., "An agent-based microsimulation model of Swiss travel: First results," *Networks and Spatial Economics* 3, no. 1 (2003): 23–42.

87 Michael Batty, telephone interview by author, August 19, 2010.

88 "Heisenberg-Quantum Mechanics, 1925–1927: The Uncertainty Principle," American Institute of Physics, n.d., accessed February 26, 2013, http://www.aip.org/history/heisenberg/p08.htm.

89 Asimov, *Foundation*, 14.

90 Lee, "Requiem for Large-Scale Models," 167.

91 Harrison, interview, May 9, 2011.

92 Gelernter, *Mirror Worlds*, 217, Gelernter's italics.

93 "SimCity and Advanced GeoAnalytics," *SpatialMarkets* blog, March 16, 2012, http://www.spatialmarkets.com/2012/3/16/simcity-and-advanced-geoanalytics.html.

94 Lee, "Requiem for Large-Scale Models," 169.

95 Banavar, lecture, April 10, 2012.

96 Gelernter, *Mirror Worlds*, 222.

3장

1 Ebenezer Howard, *Garden Cities of To-morrow* (London: Swan Sonnenschein & Co., Ltd., 1902), 18–26.

2 Robert H. Kargon and Arthur P. Molella, *Invented Edens: Techno-Cities of the 20th Century* (Cambridge, MA: MIT Press), 24.

3 Kargon and Molella, *Invented Edens*, 18.

4 Volker Welter, *Biopolis: Patrick Geddes and the City of Life* (Cambridge, MA: MIT Press, 2003), 11.

5 Patrick Geddes, *Civics as Applied Sociology* (Middlesex, UK: The Echo Library, 2008), 5.

6 Jane Jacobs, *The Death and Life of Great American Cities* (New York: Random House, 1961), 19.

7 Robert Fishman, "The Death and Life of Regional Planning," in *Reflections on Regionalism*, edited by B. Katz (Washington, DC: Brookings Institution, 2000), 115. Fishman's original source material is Jacobs, *Death and Life of Great American Cities*, chap. 7.

8 Thomas J. Campanella, "Jane Jacobs and the Death and Life of American Planning," *Places: Forum of Design for the Public Realm*, April 25, 2011, http://places.designobserver.com/feature/jane-jacobs-and-the-death-and-life-of-american-planning/25188/.

9 Campanella, "Jane Jacobs and the Death and Life of American Planning."

10   R. L. Duffus, "A Rising Tide of Tra c Rolls Over New York; What is Being Done to Relieve the Ever-Growing Street Congestion Which Threatens to Slow Up the Vital Processes of Life in the Metropolis," *New York Times*, February 9, 1930, XX4.

11   Peter D. Norton, *Fighting Traffic: The Dawn of the Motor Age in the American City* (Cambridge, MA: MIT Press, 2008), 25.

12   Duffus, "A Rising Tide of Traffic Rolls Over New York," XX4.

13   Norton, *Fighting Traffic*, 25–27.

14   Norton, *Fighting Traffic*, 24.

15   Norton, *Fighting Traffic*, 105.

16   Norton, *Fighting Traffic*, 2.

17   Campanella, "Jane Jacobs and the Death and Life of American Planning."

18   Anthony Flint, *Wrestling with Moses: How Jane Jacobs Took on New York's Master Builder and Transformed the American City* (New York: Random House, 2009), 51.

19   Author's calculation using estimates from Caro, *The Power Broker*, 9, and US Bureau of Labor Statistics CPI Inflation Calculator, http://www.bls.gov/cpi/cpicalc.htm, accessed August 15, 2012.

20   Flint, *Wrestling with Moses*, 85–87.

21   Flint, *Wrestling with Moses*, 100.

22   Flint, *Wrestling with Moses*, 105.

23   Flint, *Wrestling with Moses*, 99.

24   Flint, *Wrestling with Moses*, 109.

25   Campanella, "Jane Jacobs and the Death and Life of American Planning."

26   Tom Wright, remarks, "Tools for Engagement" workshop, Regional Plan Association & Lincoln Institute for Land Policy, New York, March 29, 2012.

27   Patrick Geddes, quoted in Jaqueline Tyrwhitt, ed., *Patrick Geddes in India* (London: Lund Humphries: 1947), 45.

28   Helen Meller, *Patrick Geddes: Social Evolutionist and City Planner* (New York: Routledge, 1990), 76–79.

29   Patrick Geddes, quoted in Tyrwhitt, ed., *Patrick Geddes in India*, 41

30   Alasdair Geddes, quoted in Tyrwhitt, ed., *Patrick Geddes in India*, 15.

31   Lewis Mumford, quoted in in Tyrwhitt, ed., *Patrick Geddes in India*, 11.

32   Quoted in Welter, *Biopolis*, 18.

33   Nicolai Ouroussoff, "Outgrowing Jane Jacobs and Her New York, *New York Times*, April 30, 2006, http://www.nytimes.com/2006/04/30/weekinreview/30jacobs.html.

34   Campanella, "Jane Jacobs and the Death and Life of American Planning."

35   Fareed Zakaria, "Special Address: At the Intersection of Globalization and Urbanization," SmarterCities Forum, Rio de Janeiro, Brazil, November 9, 2011.

36   Tyler Cowen, *The Great Stagnation: How America Ate All The Low-Hanging Fruit of Modern History, Got Sick, and Will (Eventually) Feel Better* (New York: Dutton, 2011), Kindle edition, location 93.

37   "Hal Varian on How the Web Challenges Managers," video interview with James Manyika, McKinsey & Co., last modified January 2009, http://www.

mckinseyquarterly.com/Hal_Varian_on_how_the_Web_challenges_managers_2286.

38   Joi Ito, "The Internet, innovation and learning," last modified December 5, 2011, http://joi.ito.com/weblog/2011/12/05/the-internet-in.html.

39   Ito, "The Internet, innovation and learning."

40   Michael Hiltzik, "So, who really did invent the Internet?" *Los Angeles Times*, last modified July 23, 2012, http://www.latimes.com/business/money/la-mo-who-invented-internet-20120723,0,5052169.story.

41   Bernard Rudofsky, *Architecture Without Architects* (Albuquerque: University of New Mexico Press, 1987).

42   Gary Wolf, "Exploring the Unmaterial World," *Wired*, 2000, 306–19.

43   Gene Becker, "Prada Epicenter Revisited," *Fred's House*, blog, last modified April 4, 2004, http://www.fredshouse.net/archive/000159.html.

44   Adam Greenfield, *Everyware: The Dawning Age of Ubiquitous Computing* (Berkeley, CA: New Riders, 2006), 179.

45   M. Weiser, "Ubiquitous Computing," last modified March 17, 1996, accessed August 18, 2012, http://web.archive.org/web/20070202035810/http://www.ubiq.com/hypertext/weiser/UbiHome.html.

46   Meller, *Patrick Geddes: Social Evolutionist and City Planner*, 143–44.

47   Lewis Mumford, "Mumford on Geddes," The Architectural Review 108, no. 644 (1950): 86-7.

4장

1   Red Burns, "Cultural Identity and Integration in the New Media World," paper presented at University of Industrial Arts, Helsinki, Finland, November 19–21, 1991.

2   "United States: Cable Television," Museum of Broadcast Communications, n.d., http://www.museum.tv/eotvsection.php?entrycode=unitedstatesc.

3   "History of Cable Television," National Cable & Telecommunications Association, n.d., http://www.ncta.com/About/About/HistoryofCableTelevision.aspx.

4   National Cable & Telecommunications Association, n.d., retrieved from Internet Archive, http://web.archive.org/web/20120103181806/http://www.ncta.com/About/About/HistoryofCableTelevision.aspx?source=Resources.

5   "History of Cable Television."

6   Jason Hu , "Technology is Not Enough: The Story of NYU's Interactive Telecommunications Program," Rhizome, December 15, 2011, http://rhizome.org/editorial/2011/dec/15/technology-not-enough-story-nyus-interactive-telec/.

7   Red Burns, original manuscript, "Beyond Statistics," Alternate Media Center, School of the Arts, New York University, n.d., 7. Also published in Martin C. J. Elton et. al., eds., *Evaluating New Telecommunications Services* (New York: Plenum Publishing, 1978).

8   Burns, "Cultural Identity and Integration in the New Media World," 6–7.

9   Red Burns, interview by author, New York, October 24, 2011.

10   Martin Elton, martin.elton@nyu.edu, "Through the Looking Glass: The Rhizome

article on ITP," private e-mail reposted by Gilad Rosner, itpalumni@lists.nyu.edu, December 21, 2011.

11 Red Burns, "Technology is not enough," paper presented at the American Council on Education, Washington, DC, October 16, 1981.

12 Burns, interview, October 24, 2011.

13 William Gibson, "Rocket Radio," *Rolling Stone*, June 15, 1989.

14 Burns, "Cultural Identity and Integration in the New Media World," 7.

15 Dennis Crowley, interview by author, May 13, 2011.

16 Dodgeball.com, November 9, 2000, http://web.archive.org/web/200011092025/http://www.dodgeball.com/city/.

17 Crowley, interview, May 13, 2011.

18 Crowley, interview, May 13, 2011.

19 Crowley, interview, May 13, 2011.

20 5년 후 일정기간 보존 대상인 체크인 자료 50년치가 포스퀘어 데이터베이스로 옮겨졌을 때, 크로울리는 2003년 11월 17일 테스트 기간 중 내가 간단한 메시지 하나를 쳐서 넣고 보내기 버튼을 누름으로써 세 번째 버전의 닷지볼에 최초로 체크인한 사람(크로울리와 레이너트는 제외하고)이라는 사실을 알았다고 이메일을 보내왔다.

21 Crowley, interview, May 13, 2011.

22 Laura Barnett, "If It Wasn't For Hedy Lamarr, We Wouldn't Have Wi-Fi," *The Guardian*, last modified December 4, 2011, http://www.guardian.co.uk/theguardian/shortcuts/2011/dec/04/hedy-lamarr-wifi.

23 "A Brief History of Wi-Fi," *The Economist*, June 10, 2004, http://www.economist.com/node/2724397.

24 Alvin F. Harlow, *Old Wires and New Waves: The History of the Telegraph, Telephone and Wireless* (New York: D. Appleton-Century, 1936), 456; "About IIT: Hall of Fame: Lee DeForest," last modified October 2, 2012, http://www.iit.edu/about/history/hall_of_fame/lee_de_forest.shtml; SCANFAX Year in Review, "Lee de Forest: Father of Radio Broadcasting and Receiving," IEEE-Chicago Section: Chicago, Illinois, 2008, 13, http://www.ieeechicago.org/LinkClick.aspx? leticket=X8F8-rFhkPY%3D&tabid=421.

25 Rob Flickenger, "Antenna on the Cheap (er, Chip)," O'Reilly Wireless DevCenter, blog, last modified July 5, 2001, http://www.oreillynet.com/cs/weblog/view/wlg/448.

26 Untitled broadcast, CNN Moneyline, June 8, 2001, transcript available at http://www.cnn.com/TRANSCRIPTS/0106/08/mlld.00.html.

27 Thor Olavsrud, "Intel, IBM Team With AT&T To Push Nationwide Wi-Fi," last modified December 5, 2002, http://www.internetnews.com/wireless/article.php/1553001/Intel+IBM+Team+With+ATT+To+Push+Nationwide+WiFi.htm.

28 Clark Boyd, "Estonia's 'Johnny Appleseed' of Free Wi-Fi," *Discovery News*, last modified July 11, 2010, http://news.discovery.com/tech/estonias-johnnyappleseed-of-free-wi-fi.html; Si Hawkins, "Tallinn: City of the Future," EasyJet Traveller, February 11, 2011, http://traveller.easyjet.com/features/2011/02/tallinn-city-of-the-future.

29   Hamish McKenzie, "Dennis Crowley: Google Acquisition of Dodgeball A Failure," *PandoDaily*, blog, last modified October 11, 2012, http://pandodaily. com/2012/10/11/foursquares-dennis-crowley-google-acquisition-of-dodgeball-a-failure/.

30   "Botanicalls: The Plants Have Your Number," Botanicalls website, accessed February 10, 2012, http://www.botanicalls.com/classic/.

31   "Botanicalls: Plants Have Your Number," July 7, 2008, http://www.youtube.com/ watch?v=mqzwru0sQY4.

32   "Daniel Rozin Wooden Mirror," n.d., http://www.smoothware.com/danny/ woodenmirror.html.

33   Tom Igoe, interview by author, October 6, 2011.

34   Phillip Torrone, "Why the Arduino Won and Why It's Here to Stay," *Make*, blog, last modified February 10, 2011, http://blog.makezine.com/2011/02/10/why-the-arduino-won-and-why-its-here-to-stay/.

35   Clive Thompson, "Build It. Share It. Pro t. Can Open Source Hardware Work?," *Wired*, October 20, 2008, http://www.wired.com/techbiz/startups/ magazine/16-11/ _openmanufacturing.

36   Torrone, "Why the Arduino Won and Why It's Here to Stay."

37   Igoe, interview, October 6, 2011.

38   Torrone, "Why the Arduino Won and Why It's Here to Stay."

39   Igoe, interview, October 6, 2011.

40   Riverkeeper, "Combined Sewage Out ows (CSOs)," accessed September 24, 2012, http://www.riverkeeper.org/campaigns/stop-polluters/cso/.

41   Victoria Bekiempis, "Sewage Secrets: Leif Percifield Does Not Like It Raw," *Village Voice*, blog, last modified January 23, 2012, http://blogs.villagevoice.com/ runninscared/2012/01/sewage_secrets.php.

42   Torrone, "Why the Arduino Won and Why It's Here to Stay."

43   Igoe, interview, October 6, 2011.

44   Igoe, interview, October 6, 2011.

5장

1   Christopher Alexander, "A City is Not A Tree," *Architectural Forum* 122, no. 1 (1965): 58–62.

2   Alexander, "A City is Not A Tree."

3   Doug Lea, "Christopher Alexander: An Introduction for Object-Oriented Designers," *Software Engineering Notes* 19, no. 1 (1994): 39–46, http://www.ics.uci. edu/~andre/informatics223s2011/lea.pdf. See also Subrata Dasgupta, *Design Theory and Computer Science* (Cambridge: Cambridge University Press, 1991).

4   Nicholas Carson, "15 Google Interview Questions That Will Make You Feel Stupid," *BusinessInsider*, last modified November 4, 2009, http://www.businessinsider.com/15-google-interview-questions-that-will-make-you-feel-stupid-2009-11.

5   Pascal-Emmanuel Gobry, "Foursquare Gets 3 Million Check-Ins Per Day, Signed

Up 500,000 Merchants," *BusinessInsider*, last modified August 2, 2011, http://articles. businessinsider.com/2011-08-02/tech/30097137_1_foursquare-users-merchants-ins.

6   Kori Schulman, "Take A Tip From the White House on Foursquare," *The White House*, blog, last modified August 15, 2011, http://www.whitehouse.gov/ blog/2011/08/15/take-tip-white-house-foursquare.

7   Dennis Crowley, interview by author, May 13, 2011.

8   Crowley, interview, May 13, 2011.

9   Liz Gannes, "Foursquare's Version of the Talent Acquisition: Summer Interns," *All Things D*, blog, last modified July 1, 2011, http://allthingsd.com/20110701/ foursquares-version-of-the-talent-acquisition-summer-interns/.

10   Ingrid Lunden, "Foursquare's Inflection Point: People Using The App, But Not Checking In," *Tech Crunch*, last modified March 2, 2012, http://techcrunch. com/2012/03/02/foursquares-inflection-point-people-using-the-app-but-not-checking-in/.

11   Matthew Flamm, "Foursquare Doesn't Quite Check Out," *Crain's New York Business*, January 20, 2013, http://www.crainsnewyork.com/article/20130120/ TECHNOLOGY/301209972.

12   H. Edward Roberts and William Yates, "ALTAIR 8800: The most powerful minicomputer project ever presented—can be built for under $400," *Popular Electronics*, January 1975, 33.

13   Steve Ditlea, ed., *Digital Deli: The Comprehensive, User-lovable Menu of Computer Lore, Culture, Lifestyles and Fancy* (New York: Workman, 1984), 74–75.

14   People's Computer Network, "Newsletter #1," October 1972, http://www.digibarn. com/collections/newsletters/peoples-computer/peoples-1972-oct/index.html.

15   Ian Keldoulis, "Where Good Wi-Fi Makes Good Neighbors," *New York Times*, last modified October 21, 2004, http://www.nytimes.com/2004/10/21/technology/ circuits/21spot.html?_r=1&ex=1256097600&en=4ed99f1b6f6cb878&ei=5090&par tner=rssuserland.

16   Fred Wilson, "Meetups," *AVC*, blog, last modified April 17, 2008, http://www.avc. com/a_vc/2008/04/meetups.html.

17   Whitney McNamara, "Anatomy of A Twitter Bot," *Seamonkeyradio*, blog, last modified April 22, 2008, http://smr.absono.us/2008/04/anatomy-of-a-twitter-bot/.

18   DIYcity, "DIYcity: How do you want to reinvent your city?," last modified July 25, 2010, http://www.icyte.com/system/snapshots/fs1/0/5/6/2/05625d480d27604332 6229910d11701abae39965/index.html.

19   "About" DIYcity, n.d., http://diycity.org/about.

20   John Geraci, interview by author, November 1, 2011.

21   Geraci, interview, Novermber 1, 2011.

22   Scott Heiferman, "9/11 & us," *Meetup HQ*, blog, last modified September 9, 2011, http://meetupblog.meetup.com/post/21449652035/9-11-us.

23   Edward Glaeser, *Triumph of the City* (New York: Penguin Press, 2011), 128.

24   Geoffrey West, lecture at Urban Systems Symposium, New York University, New

York, May 12, 2011.

25 Kevin Lynch, *The Image of the City* (Cambridge, MA: MIT Press, 1960), 126.

26 Mitchell L. Moss, "Telecommunications, World Cities, and Urban Policy," *Urban Studies*, December 1987.

27 F. Calabrese and F. and C. Ratti, "Real Time Rome," *Networks and Communications Studies* 20, no. 3–4 (2006): 247–58.

28 J. Borge-Holthoefer et al., "Structural and Dynamical Patterns on Online Social Networks: The Spanish May 15th Movement as a Case Study," *PLoS ONE*, (2011); doi:10.1371/journal.pone.0023883.

29 April Kilcrease, "A Conversation with Zipcar's CEO Scott Griffith," *GigaOM*, last modified December 5, 2011, http://gigaom.com/cleantech/a-conversation-with-zipcars-ceo-scott-griffith/.

30 Ron Lieber, "Share Your Car, Risk Your Insurance," *New York Times*, last modified March 16, 2012, http://www.nytimes.com/2012/03/17/your-money/auto-insurance/enthusiastic-about-car-sharing-your-insurer-isnt.html?pagewanted=all.

31 "Our Carbon Footprint," *Corporate Responsibility Report*, InterContinental Hotel Groups, 2011, http://www.ihgplc.com/index.asp?pageid=747.

32 *Building Design and Construction: Forging Resource Efficiency and Sustainable Development*, United Nations Environment Programme, Nairobi, Kenya, June 2012, https://www.usgbc.org/ShowFile.aspx?DocumentID=19073.

33 Frank Duffy, *Work and the City* (London: Black Dog Publishing, 2008).

34 Red Burns, interview by author, October 24, 2011.

35 Geraci, interview, November 1, 2011.

36 Burns, interview, October 24, 2011.

6장

1 2009년 몰도바 혁명에서의 트위터의 역할에 관한 훌륭한 토론에 대해서는 다음 자료를 참조: Evgeny Morozov, "Moldova's Twitter revolution is NOT a myth," *Foreign Policy NET.EFFECT*, blog, last modified April 10, 2009, http://neteffect.foreignpolicy.com/posts/2009/04/10/moldovas_twitter_revolution_is_not_a_myth.

2 *Moldova Economic Sector Analysis: Final Report*, U.S. Agency for International Development: Washington, DC, March 2010, http://pdf.usaid.gov/pdf_docs/PNADU233.pdf.

3 AnnaLee Saxenian, *The New Argonauts: Regional Advantage in a Global Economy* (Cambridge, MA: Harvard University Press, 2007).

4 Plato, *The Republic*, translated by Benjamin Jowett, The Internet Classics Archive, http://classics.mit.edu/Plato/republic.html, accessed December 5, 2012.

5 "The Challenge," UN Habitat, n.d., http://www.unhabitat.org/content.asp?typeid=19&catid=10&cid=928.

6 Richard Heeks, "ICT4D 2.0: The Next Phase of Applying ICT for International Development," *IEEE Computer* 41, no. 6 (2008): 27.

7 Heeks, "ICT4D 2.0," 27.

8   J. M. Figueres, A. Cruz, J. Barrios, and A. Pentland, "A Practical Plan: The Little
        Intelligent Communities Project," n.d., http://www.media.mit.edu/unwired/
        theproject.html.

9   Paul Brand and Anke Schwittay, "The Missing Piece: Human-Driven Design and
        Research in ICT and Development," International Conference on Information
        Communication Technology and Development, 2006, http://www.qatar.cmu.edu/
        iliano/courses/07F-CMU-CS502/papers/Brand-and-Schwittay.pdf. See also M.
        Granqvist, "Looking critically at ICT4Dev: The Case of Lincos," *The Journal of
        Community Informatics* 2, no.1 (2005).

10   Alice Rawthorn, "A Few Stumbles on the Road to Connectivity" *New York Times*, last
        modified December 19, 2011, http://www.nytimes.com/2011/12/19/arts/design/
        a-few-stumbles-on-the-road-to-connectivity.html.

11   "The World in 2011: ICT Facts and Figures," International Telecommunications
        Union, Geneva, 2011, http://www.itu.int/ITU-D/ict/facts/2011/material/
        ICTFactsFigures2011.pdf.

12   "Spotlight on Africa—Mobile Statistics & Facts 2012," video clip, Youtube, last
        modified July 9, 2012, https://www.youtube.com/watch?v=0bXjgx4J0C4&feature=
        player_embedded.

13   Killian Fox, "Africa's mobile economic revolution," *The Observer*, July 23, 2011,
        http://www.guardian.co.uk/technology/2011/jul/24/mobile-phones-africa-
        microfinance-farming.

14   "Celebrate the IDEOS vs. Samsung $100 Smartphone Price War in Kenya," Inveneo
        ICTworks, last modified July 20, 2012, http://www.ictworks.org/news/2012/07/20/
        celebrate-ideos-vs-samsung-100-smartphone-price-war-kenya.

15   Jon Evans, "In Five Years, Most Africans Will Have Smartphones," TechCrunch,
        blog, last modified June 9, 2012, http://techcrunch.com/2012/06/09/feature-
        phones-are-not-the-future/.

16   Christine Zhen-Wei Qiang, "Mobile Telephony: A Transformational Tool for
        Growth and Development," *Private Sector & Development*, Proparco, November 2009,
        http://www.ffem.fr/jahia/webdav/site/proparco/shared/PORTAILS/Secteur_
        prive_developpement/PDF/SPD4_PDF/Christine-Zhen-Wei-Qiang-World-Bank-
        Mobile-Telephony-A-Transformational-Tool-for-Growth-and-Development.pdf.

17   Nancy Odendaal, lecture, Forum on Future Cities, MIT SENSEable City Lab and
        the Rockefeller Foundation, Cambridge, MA, April 12, 2011, http://techtv.mit.edu/
        collections/senseable/videos/12306-changing-government.

18   광섬유 네트워크의 구축 비용에 관해서는 다음 자료 참조: Erin Bohlin, Simon Forge,
        and Colin Blackman, "Telecom Infrastructure to 2030," in *Infrastructure to 2030:
        Telecom, Land Transport, Water and Electricity , Organisation for Economic Co-operation and
        Development* (Paris: OECD Publishing 2006), 90; 무선 광대역 네트워크의 비용에 관해
        서는 다음 자료 참조: Pulak Chowdhury, Suman Sarkar, and Abu Ahmed (Sayeem)
        Reaz, "Comparative Cost Study of Broadband Access Technologies," University of
        California, Davis, Department of Computer Science, n.d, http://networks.cs.ucdavis.

edu/~pulak/papers/broadband_cost_study_ANTS.pdf.

19   "Broader 4G wireless access will accelerate economic development and improve quality of life in rural and developing regions of the world, say IEEE wireless experts," *Express Computer Online*, n.d., http://www.expresscomputeronline. com/20110615/news21.shtml.

20   "Startups in Bangalore: Babajob," *Podtech*, blog, last modified September 5, 2007, http://www.podtech.net/home/4043/startups-in-bangalore-babajob.

21   Ayesha Khanna, "Is your city smart enough?" *Indian Express*, last modified January 3, 2012, http://www.indianexpress.com/news/is-your-city-smart-enough/894919/.

22   "UN award for SA's Dr Math mobile tool," *SouthAfrica.info*, blog, last modified June 9, 2011, http://www.southafrica.info/business/trends/innovations/drmath-090611. htm#.UHA-00IQTzI.

23   Katrina Manson, "Kenya to India: exporting the mobile money model," *Financial Times*, blog, last modified November 11, 2011, http://blogs.ft.com/beyond-brics/2011/11/11/kenya-to-india-exporting-the-mobile-money-model/.

24   "Ericsson and Orange bring sustainable and affordable connectivity to rural Africa," Telefonaktiebolaget LM Ericsson, Stockholm, last modified February 18, 2009, http://www.ericsson.com/news/1291529.

25   Andrew Nusca, "Vodafone Debuts $32 Solar-Powered Mobile Phone for Rural India," *Smart Planet*, blog, last modified July 27, 2010, http://www.smartplanet. com/blog/smart-takes/vodafone-debuts-32-solar-powered-mobile-phone-for-rural-india/9367.

26   A. Wesolowski and N. Eagle, "Parameterizing the Dynamics of Slums,"AAAI Spring Symposium 2010 on Artificial Intelligence for Development(AI-D), 2010, http:// ai-d.org/pdfs/Wesolowski.pdf.

27   Mirjam E. de Bruijn, "Mobile Telephony and Socio-Economic Dynamics in Africa," in *Global Infrastructure: Ongoing realities and emerging challenges*, edited by Gregory K. Ingram and Karin L. Brandt (Cambridge, MA: Lincoln Institute for Land Policy, forthcoming 2013).

28   Heeks, "ICT4D 2.0," 28.

29   Eric Schmidt, "A Week of Africa," January 22, 2013, https://plus.google. com/+EricSchmidt/posts/VRFReMyLwfS.

30   이 장에서 로버트 커크패트릭과 반기문을 인용한 부분은 다음 자료 참조: remarks, United Nations General Assembly, New York, November 8, 2011.

31   "Agile Global Development: Harnessing the Power of Real-Time Information,"*Global Pulse*, Fall 2011, http://uscpublicdiplomacy.org/media/GlobalPulseFall2011.pdf.

32   Gregory T. Huang, "Jana, Formerly Txteagle, Unveils Strategy for 'Giving 2 Billion People a Raise'—A Talk with CEO Nathan Eagle," *Xconomy*, blog, last modified October 11, 2011, http://www.xconomy.com/boston/2011/10/11/jana-formerly-txteagle-unveils-strategy-for-giving-2-billion-people-a-raise-a-talk-with-ceo-nathan-eagle/.

33   "Global Snapshot of Well-Being—Mobile Survey," *UN Global Pulse project website*, n.d.,

http://www.unglobalpulse.org/projects/global-snapshot-wellbeing-mobile-survey.

34 Megan Lane, "As Asbo in 14th Century Britain," BBC News Magazine, April 5, 2011, http://www.bbc.co.uk/news/magazine-12847529.

35 Martin Daunton, "London's 'Great Stink' and Victorian Urban Planning," BBC History, November 4, 2004, http://www.bbc.co.uk/history/trail/victorian_britain/ social_conditions/victorian_urban_planning_04.shtml.

36 C. Creighton, *A History of Epidemics in Britain* (Oxford: Oxford University Press, 1894), 858.

37 2009년 케냐의 공식 인구조사가 키베라의 인구를 170,070명으로 집계하는 반면에, 다른 두 조사는 250,000명에 가까운 것으로 추정하고 있다. 하나는 키베라 슬럼의 한 구역에 대해 집집마다 방문 조사한 결과를 외삽한 것이고, 다른 하나는 구조물을 계산하기 위해 위성 영상을 이용한 것이다. 다음을 참조. Mikel Maron, "Kibera's Census: Population, Politics, Precision," September 5, 2010, http://www.mapkibera.org/blog/2010/09/05/ kiberas-census-population-politics-precision/.

38 Pratima Joshi, Srinanda Sen, and Jane Hobson, "Experiences with surveying and mapping Pune and Sangli slums on a geographical information system(GIS)," *Environment & Urbanization* 14, no. 2 (2002): 225, http://www.ucl.ac.uk/dpu-projects/drivers_urb_change/urb_governance/pdf_comm_act/IIED_Joshi_ Hobson_Pune_GIS.pdf.

39 Mikel Maron, telephone interview by author, March 27, 2012.

40 Charles Arthur, "Ordnance Survey launches free downloadable maps," *The Guardian*, March 31, 2010, http://www.guardian.co.uk/technology/2010/apr/01/ ordnance-survey-maps-download-free.

41 Maron, interview, March 27, 2012.

42 Erica Hagen, "The story of Map Kibera," IKM Emergent program wiki, http:// wiki.ikmemergent.net/index.php/Workspaces:The_changing_environment_of_ infomediaries/Map_Kibera, accessed March 17, 2012.

43 Heeks, "ICT4D 2.0," 30.

44 P. Joshi, S. Sen, and J. Hobson, "Experiences with surveying and mapping Pune and Sangli slums on a geographical information system (GIS)," 225.

45 *State of the World's Cities Report 2008/9: Harmonious Cities*, (Nairobi, Kenya: UN-HABITAT, 2008).

46 Victor Mulas, "Why broadband does not always have an impact on economic growth?," World Bank Information and Communications for Development, blog, last modified November 21, 2011, http://blogs.worldbank.org/ic4d/why-broadband-does-not-always-have-an-impact-on-economic-growth.

47 Steven Johnson, "What a Hundred Million Calls to 311 Reveal About New York," *Wired*, last modified November 1, 2010, http://www.wired.com/magazine/2010/11/ ff_311_new_york/all/1.

48 Sarah Williams and Nick Klein, "311 Complaint Spatial Analysis Assessment," report to New York City Department of Sanitation, November 2007, http://www.s-e-w. net/DSNY/DSNYfinalreport_ver2.pdf.

49 예를 들어 다음 자료 참조. "Multidimensional Poverty Index," Oxford Poverty and Human Development Initiative, Department of International Development, University of Oxford, 2011, http://www.ophi.org.uk/policy/multidimensional-poverty-index/.

50 Richard Heeks, "The ICT4D 2.0 Manifesto: Where Next for ICTs and International Development?," Working Paper No. 42, Institute for Development Policy and Management, University of Manchester, http://www.oecd.org/ict/4d/43602651.pdf.

51 Erik Hersman, "From Kenya to Madagascar: The African tech-hub boom," *BBC News Business*, blog, last modified July 19, 2012, http://www.bbc.co.uk/news/business-18878585.

7장

1 Bob Tedeschi, "Big Wi-Fi Project for Philadelphia," *New York Times*, September 27, 2004, http://www.nytimes.com/2004/09/27/technology/27ecom.html.

2 Brian James Kirk and Christopher Wink, "The Wireless Philadelphia Problem," Technical Philly, n.d., http://technicallyphilly.com/dp/wptimeline.swf.

3 Greg Goldman quotes from lecture, Wireless City: Can All New Yorkers Get Connected?, Municipal Art Society of New York, last modified March 11, 2011, http://mas.org/wireless-city-can-all-new-yorkers-get-connected-panel-video/.

4 Tom McGrath, "The Next Great American City: It might just be us. Philadelphia. What, exactly, is going on?" *Philadelphia Magazine*, December 2005, http://www.phillymag.com/articles/features-the-next-great-american-city/.

5 "Municipal Wi-Fi Networks Run Into Financial, Technical Trouble," *Associated Press*, Fox News, last modified May 23 2007, http://www.foxnews.com/story/0,2933,274728,00.html.

6 Ian Urbina, "Hopes for Wireless Cities Fade as Internet Providers Pull Out," *New York Times*, last modified March 22, 2008 http://www.nytimes.com/2008/03/22/us/22wireless.html?pagewanted=all.

7 Siddhartha Mahanta, "Why Are Telecom Companies Blocking Rural America From Getting High-Speed Internet?" *The New Republic*, last modified April 17, 2012, http://www.tnr.com/article/politics/102699/rural-broadband-internet-wifi-access.

8 Jon Leibowitz, "Municipal Broadband: Should Cities Have a Voice?," National Association of Telecommunications Officers and Advisors (NATOA) 25th Annual Conference, September 22, 2005, http://www.ftc.gov/speeches/leibowitz/050922municipalbroadband.pdf.

9 Jefferson Dodge, "Terrifying Telecom Tale: Corporations Bankrolling Fight Against Local Network Measure—Again," *Boulder Weekly*, October 20, 2011, http://www.boulderweekly.com/article-6722-terrifying-telecom-tale.html.

10 Institute for Local Self-Reliance, "Community Broadband Bits 10—Vince Jordan from Longmont, Colorado," last modified August 28, 2012, http://www.muninetworks.org/content/community-broadband-bits-10-vince-jordan-longmont-

colorado.

11   "City to buy what's left of Wireless Philadelphia for $2 million," Philly.com, last modified December 16, 2009, http://www.philly.com/philly/blogs/ heardinthehall/79437182.html.

12   Juan Gonzalez, "City couldn't sell back fancy wireless," *New York Daily News*, last modified February 15, 2012, http://articles.nydailynews.com/2012-02-15/ news/31064869_1_public-safety-agencies-system-public-safety.

13   Anick Jesdanun, "Cities struggle with wireless internet," *USA Today*, last modified May 22, 2007, http://www.usatoday.com/tech/products/2007-05-21-297466529_ x.htm.

14   "47 Applications in 30 Days for $50K," Government Technology, last modified November 13, 2008, http://www.govtech.com/e-government/47-Applications-in- 30-Days-for.html.

15   "Apps for Democracy Yields 4,000% ROI in 30 Days for DC.Gov," iStrategy Labs, last modified November 25, 2008, http://istrategylabs.com/2008/11/apps-for- democracy-yeilds-4000-roi-in-30-days-for-dcgov/.

16   Trees Near You, n.d., http://www.treesnearyou.com/.

17   John Geraci, interview by author, November 3, 2010.

18   Hana Schank, "New York's Digital Deficiency," *Fast Company*, last modified December 14, 2011, http://www.fastcompany.com/1800674/new-york-citys-digital- deficiency.

19   Steven Towns, "Government 'Apps' Move from Cool to Useful," *Governing*, last modified June 7, 2010, http://www.governing.com/columns/tech-talk/ Government-Apps-Move-from.html.

20   Gautham Nagesh, "New D.C. CTO Scraps 'Apps for Democracy,'" *The Hill*, blog, last modified June 7, 2010, http://thehill.com/blogs/hillicon-valley/technology/101779- new-dc-cto-scraps-apps-for-democracy.

21   Matthew Roth, "How Google and Portland's TriMet set the Standard for Open Transit Data," San Francisco Streets, blog, last modified January 5, 2010, http:// sf.streetsblog.org/2010/01/05/how-google-and-portlands-trimet-set-the-standard- for-open-transit-data/.

22   Francisca Rojas, telephone interview by author, November 15, 2011.

23   Hills are Evil!, n.d., http://www.hillsareevil.com/.

24   Tom Olmstead, "How New York is Going Digital in 2011," *Mashable*, last modified June 22, 2011, http://mashable.com/2011/06/22/new-york-digital-rachel-sterne/.

25   Dirk Johnson, "In Privatizing City Services, It's Now 'Indy-a-First-Place,'" *New York Times*, March 2, 1995, http://www.nytimes.com/1995/03/02/us/in-privatizing-city- services-it-s-now-indy-a-first-place.html.

26   Sewell Chan, "Remembering a Snowstorm that Paralyzed a City," *New York Times*, blog, last modified February 10, 2009, http://cityroom.blogs.nytimes. com/2009/02/10/remembering-a-snowstorm-that-paralyzed-the-city/.

27   당시 뉴욕 타임즈는 골드스미스가 진술한 사임 이유를 "학문적 작업으로 돌아가 금융부문에

미주

471

서 기회를 찾으려는 것이었다"고 보도했다. 그러나 나중에 드러난 바로 그는 2011년 7월 30일, 가정 내 폭력 혐의로 워싱턴 DC에서 체포되었다고 한다. 그러나 폭설사태로 인한 낙마는 이후 오랫동안 그를 무력하게 했고 그가 새로운 출발을 하게 된 것은 제3기 블룸버그의 시 정부를 운영하기 위해 유명한 외부인들이 불려 들어오기 시작한 때였다.

28   John Byrne, "Daley deflects LSD criticism, says officials did 'very good job,'" *Chicago Tribune*, last modified February 3, 2011, http://www.chicagotribune.com/news/local/breaking/chibrknews-cars-cleared-from-lake-shore-drive-which-remains-closed-20110203,0,7546399.story.

29   David Ariosto, "New York to tag snow plows with GPS after clean-up controversy," CNN, last modified January 6, 2011, http://articles.cnn.com/2011-01-06/us/new.york.bloomberg.snow_1_snow-plows-off icials-brace-clean-up-efforts?_s=PM:US; "Chicago tracks fleet vehicles on Web-based maps," American City and County, last modified June 1, 2003, http://americancityandcounty.com/mag/government_chicago_tracks_fleet.

30   Gerald F. Seib, "In Crisis, Opportunity for Obama," *Wall Street Journal*, November 21, 2008, http://online.wsj.com/article/SB122721278056345271.html.

31   John Tolva, telephone interview by author, November 10, 2011.

32   Tolva, interview, November 10, 2011.

33   Tolva, interview, November 10, 2011.

34   Steven D. Levitt, "Understanding Why Crime Fell in the 1990s: Four Factors that Explain the Decline and Six that Do Not," *Journal of Economic Perspectives* 18, no. 1 (2004): 163–90, http://pricetheory.uchicago.edu/levitt/Papers/LevittUnderstandingWhyCrime2004.pdf.

35   William K. Rashbaum, "Retired Officers Raise Questions on Crime Data," *New York Times*, February 6, 2010, http://www.nytimes.com/2010/02/07/nyregion/07crime.html.

36   Rosabeth Moss Kanter and Stanley S. Litow, "Informed and Interconnected: A Manifesto for Smarter Cities," Working Paper 09-141, Harvard Business School, 2009, http://www.hbs.edu/research/pdf/09-141.pdf.

37   Tina Rosenberg, "Armed With Data, Fighting More Than Crime," *New York Times*, *Opinionator*, blog, last modified May 2, 2012, http://opinionator.blogs.nytimes.com/2012/05/02/armed-with-data-fighting-more-than-crime/.

38   Kanter and Litow, "Informed and Interconnected," 16.

39   Tolva, interview, November 10, 2011.

40   Tolva, interview, November 10, 2011.

41   Joe Flood, *The Fires* (Riverhead Books: New York, 2010), 207.

42   Katharine Q. Seeyle, "Menino to End Long Run as Boston Mayor," The Caucus blog, *New York Times*, March 28, 2013, http://thecaucus.blogs.nytimes.com/2013/03/28/menino-to-end-long-run-as-boston-mayor-reports-say/.

43   Thomas De Monchaux, "The Other Modernism," *N+1 Magazine*, July 12, 2012, http://nplusonemag.com/the-other-modernism.

44   Mike Barnicle, "Tom Menino, Urban Mechanic," *Boston Globe Magazine*, November 7,

1993, 29.

45   "Mayor Menino Invites Residents to 'Adopt-A-Hydrant' this Winter," City of Boston.gov, last modified January 19, 2012, http://www.cityofboston.gov/news/default.aspx?id=5444.

46   Nigel Jacob, telephone interview by author, August 13, 2012.

47   Nigel Jacob and Chris Osgood, telephone interview by author, March 25, 2011.

48   Jacob, interview, August 13, 2012.

49   Jacob and Osgood, interview, March 25, 2011.

50   Jacob, interview, August 13, 2012.

51   Jacob and Osgood, interview, March 25, 2011.

52   Jacob and Osgood, interview, March 25, 2011.

53   Jacob, interview, August 13, 2012.

54   Jacob and Osgood, interview, March 25, 2011.

55   Jacob and Osgood, interview, March 25, 2011.

56   All quotes in this section are from Daniel Sarasa and Juan Pradas, interview by author, November 30, 2011.

57   Anthony M. Townsend, "Digitally mediated urban space: new lessons for design," *Praxis: Journal of writing + building 6* (2004), 100–105.

58   Steve Hamm, "Living Blogging from Smarter Cities Rio: Day 1," last modified November 9, 2011, http://asmarterplanet.com/blog/2011/11/live-blogging-from-smarter-cities-rio-day-1.html#more-12843.

59   Parag Khanna and David Skilling, "Big ideas from small places," *CNN Global Public Square*, blog, last modified November 1, 2011, http://globalpublicsquare.blogs.cnn.com/2011/11/01/big-ideas-from-small-places/.

60   Jacob and Osgood, interview, March 25, 2011.

61   Daniel Kaplan, "Open Public Data: Then What?—Part 1," *Open Knowledge Foundation*, blog, last modified January 11, 2008, http://blog.okfn.org/2011/01/28/open-public-data-then-what-part-1

8장

1   Peter Hirshberg, interview by author, November 15, 2011.

2   Quotes in this section from Peter Hirshberg, lecture, Technology Horizons Exchange, Institute for the Future, Sausalito, CA, October 26, 2011.

3   Jay Nath, lecture, Technology Horizons Exchange, Institute for the Future, Sausalito, CA, October 26, 2011.

4   Nath, Technology Horizons Exchange.

5   Peter Hirshberg, lecture, Technology Horizons Exchange, Institute for the Future, Sausalito, CA, October 26, 2011.

6   Nath, Technology Horizons Exchange.

7   "Urban Prototyping: Open Call," Gray Area Foundation for the Arts, http://sf.urbanprototyping.org/open-call/ accessed September 25, 2011.

8   Clay Shirky, "Situated Software," first published March 30, 2004 on the "Networks,

Economics, and Culture" mailing list, http://www.shirky.com/writings/situated_software.html.

9   Shirky, "Situated Software."

10   "crowdSOS - Safety, Openness, and Security," n.d., accessed June 17, 2013, https://www.newschallenge.org/open/open-government/submission/crowdsossafety-openness-and-security/.

11   Shirky, "Situated Software."

12   Kristen Purcell, Roger Entner, and Nichole Henderson, "The Rise of Apps Culture," Washington, DC: Pew Research Center, 2010, http://www.pewinternet.org/Reports/2010/The-Rise-of-Apps-Culture.aspx.

13   "TriMet App Center," n.d., http://trimet.org/apps/.

14   Patrick Geddes, *Civics as Applied Sociology* (Middlesex, UK: The Echo Library, 2008), 71.

15   Code for America, *2011 Annual Report*, San Francisco, 2011, http://codeforamerica.org/2011-annual-report/.

16   C. Shepard, "Code for America," *Urban Omnibus*, last modified August 11, 2010, http://urbanomnibus.net/2010/08/code-for-america/.

17   Jennifer Pahlka, telephone interview by author, January 18, 2012.

18   Nigel Jacob, telephone interview by author, August 13, 2012.

19   *Boston Globe*, "School Assignment Series," various dates, http://www.boston.com/news/education/specials/school_chance/articles/.

20   Jacob, interview, August 13, 2012.

21   Jacob, interview, August 13, 2012.

22   Tim O'Reilly, "Government as a Platform," 2010, http://ofps.oreilly.com/titles/9780596804350/.

23   Pahlka, interview, January 18, 2012.

24   Nigel Jacob and Chris Osgood, telephone interview by author, March 25, 2011.

25   Pahlka, interview, January 18, 2012.

26   Andrew Stevens and Jonas Schorr, "Reforming the world's city networks, Part 1: a time to cull," *Global Urbanist*, last modified April 11, 2012, http://globalurbanist.com/2012/04/11/city-networks.

27   Code for America, *2011 Annual Report*.

28   Sascha Haselmayer quotes from interview with author, February 8, 2011

29   City of Stockholm, "Accessibility," last modified January 10, 2012, http://international.stockholm.se/Press-and-media/Stockholm-stories/Accessibility/.

30   Aida Esteban, Sascha Haselmayer, and Jakob H. Rasmussen, *Connected Cities: Your 256 Billion Euro Dividend: How Innovation in Services and Mobility Contributes to the Sustainability of Our Cities* (London: Royal College of Art, 2010).

31   Sascha Haselmayer, interview with author, November 29, 2011.

32   William J. Clinton, lecture, World Business Forum 2011, New York, October 5, 2011.

33   오픈 데이터 세트 및 미국 총인구조사국의 인구 추계 자료를 토대로 저자가 계산함.

34   "City Protocol Framework", n.d., http://cityprotocol.org/framework.html.

35   Urban Systems Symposium: Defining Urban Systems, New York City, May 12, 2011.

36   Bertrand Russell, radio address, January 9, 1949, BBC Home Service, transcript at http://downloads.bbc.co.uk/rmhttp/radio4/transcripts/1948_reith3.pdf.

37   Eran Ben-Joseph, *The Code of the City: Standards and the Hidden Language of Place Making* (Cambridge, MA: MIT Press, 2005), 1.

9장

1   J. Casale, "The Origin of the Word 'Bug,'" The OTB (Antique Wireless Association), February 2004, reprinted at http://www.telegraph-history.org/bug/index.html.

2   Thomas P. Hughes, *American Genesis: A History of the American Genius for Invention* (New York: Penguin Books, 1989), 75.

3   William Maver Jr. and Minor M. Davis, *The Quadruplex* (New York: W. J. Johnston, 1890), 84.

4   http://www.history.navy.mil/photos/images/h96000/h96566k.jpg.

5   Kathleen Broome Williams, *Grace Hopper: Admiral of the Cyber Sea* (Annapolis, MD: Naval Institute Press, 2004), 54.

6   "Surge Caused Fire in Rail Car," *Washington Times*, last modified April 12, 2007, http://www.washingtontimes.com/news/2007/apr/12/20070412-104206-9871r/.

7   "About recent service interruptions, what we're doing to prevent similar problems in the future," Bay Area Rapid Transit District, last modified April 5, 2006, http://www.bart.gov/news/articles/2006/news20060405.aspx.

8   "The Economic Impact of Interrupted Service," *2010 U.S. Transportation Construction Industry Profile* (Washington, DC: American Road & Transportation Builders Association, 2010), http://www.artba.org/Economics/Econ-Breakouts/04_EconomicImpactInterruptedService.pdf.

9   Quentin Hardy, "Internet Experts Warn of Risks in Ultrafast Networks,"*New York Times*, November 13, 2011, B3.

10   Ellen Ullman, "Op-Ed: Errant Code? It's Not Just a Bug," *New York Times*, last modified August 8, 2012, http://www.nytimes.com/2012/08/09/opinion/after-knight-capital-new-code-for-trades.html.

11   Charles Perrow, *Normal Accidents: Living with High-Risk Technologies* (Princeton, NJ: Princeton University Press, 1999), 4.

12   Robert L. Mitchell, "Y2K: The good, the bad and the ugly," *Computerworld*, last modified December 28, 2009, http://www.computerworld.com/s/article/9142555/Y2K_The_good_the_bad_and_the_crazy?taxonomyId=14.

13   David Green, "Computer Glitch Summons Too Many Jurors," *National Public Radio*, May 3, 2012, http://www.npr.org/2012/05/03/151919620/computer-glitch-summons-too-many-jurors.

14   Wade Roush, "Catastrophe and Control: How Technological Disasters Enhance Democracy," PhD diss., Program in Science, Technology and Society, Massachusetts Institute of Technology, 1994, http://hdl.handle.net/1721.1/28134.

15   Peter Galison, "War Against the Center," *Grey Room*, no. 4 (2001): 26.

16   Paul Baran, *On Distributed Communications* (RAND: Santa Monica, CA, 1964),

document no. RM-3420-PR.

17 Barry M. Leiner et al., "Brief History of the Internet", n.d., http://www.internetsociety.org/internet/internet-51/history-internet/brief-history-internet, accessed August 29, 2012. It was the First ACM Symposium on Operating Systems Principles, http://dl.acm.org/citation.cfm?id=800001&picked=prox&CFID=17149 8151&CFTOKEN=24841121.

18 1977년도 ARPANET 지도. 원래 다음 자료에서 발간됨: F. Heart, A. McKenzie, J. McQuillian, and D. Walden, ARPANET Completion Report, Bolt, Beranek and Newman, Burlington, MA, January 4, 1978, http://som.csudh.edu/fac/lpress/history/arpamaps/f15july1977.jpg.

19 The 1977 geographical map of ARPANET, originally published in F. Heart, A. McKenzie, J. McQuillian, and D. Walden, ARPANET Completion Report, Bolt, Beranek and Newman, Burlington, MA, January 4, 1978, can be found at http://som.csudh.edu/fac/lpress/history/arpamaps/f15july1977.jpg.

20 "The Launch of NSFNET," n.d., http://www.nsf.gov/about/history/nsf0050/internet/launch.htm.

21 Marjorie Censer, "After Dramatic Growth, Ashburn Expects Even More Data Centers," *Washington Post*, August 27, 2011, http://www.washingtonpost.com/business/capitalbusiness/after-dramatic-growth-ashburn-expects-even-more-data-centers/2011/06/09/gIQAZduLjJ_story.html.

22 Steven Branigan and Bill Cheswick, "The effects of war on the Yugoslavian Network," 1999, http://cheswick.com/ches/map/yu/index.html.

23 William J. Mitchell and Anthony M. Townsend, "Cyborg Agonistes," in *The Resilient City: How Modern Cities Recover From Disaster*, edited by Lawrence J. Vale and Thomas J. Campanella (New York: Oxford University Press, 2005), 320–21.

24 New York State Public Service Commission, unpublished documents provided to the author.

25 Martin Fackler, "Quake Area Residents Turn to Old Means of Communication to Keep Informed," *New York Times*, March 28, 2011, A11.

26 National Research Council, Computer Science and Telecommunications Board, *The Internet Under Crisis Conditions: Learning From September 11* (Washington, DC: National Academies Press, 2003).

27 "Summary of the Amazon EC2 and Amazon RDS Service Disruption," last modified April 29, 2011, http://aws.amazon.com/message/65648/.

28 Chloe Albanesius, "Amazon Blames Power, Generator Failure for Outage," *PCMag.com*, July 3, 2012, http://www.pcmag.com/article2/0,2817,2406682,00.asp.

29 Christina DesMarais, "Amazon Cloud Hit by Real Clouds, Downing Netflix, Instagram, Other Sites," *Today @ PCWorld*, blog, June 30, 2012, http://www.pcworld.com/article/258627/amazon_cloud_hit_by_real_clouds_knocking_out_popular_sites_like_net ix_instagram.html.

30 J. R. Raphael, "Gmail Outage Marks Sixth Downtime in Eight Months," *Today @ PCWorld*, blog, February 24, 2009, http://www.pcworld.com/article/160153/gmail_

outage_marks_sixth_downtime_in_eight_months.html.

31   Author's calculation based on statistics reported in Massoud Amin, "U.S. Electrical Grid Gets Less Reliable," *IEEE Spectrum*, January 2011, http://spectrum.ieee.org/ energy/policy/us-electrical-grid-gets-less-reliable.

32   Massoud Amin, "The Rising Tide of Power Outages and the Need for a Stronger and Smarter Grid," *Security Technology*, blog, Technological Leadership Institute, University of Minnesota, last modified October 8, 2010, http://tli.umn.edu/blog/ security-technology/the-rising-tide-of-power-outages-and-the-need-for-a-smart-grid/.

33   Maurice Gagnaire et al., "Downtime statistics of current cloud solutions," International Working Group on Cloud Computing Resiliency website, n.d., accessed February 14, 2013, http://iwgcr.org/wp-content/uploads/2012/06/IWGCR-Paris. Ranking-002-en.pdf.

34   Kathleen Hickey, "DARPA: Dump Passwords for Always-on Biometrics," *Government Computer News*, March 21, 2012, http://gcn.com/articles/2012/03/21/darpa-dump-passwords-continuous-biometrics.aspx.

35   Global Positioning System: Significant Challenges in Sustaining and Upgrading Widely Used Capabilities (US Government Accountability Office: Washington, DC), GAO-09-670T, May 7, 2009, http://www.gao.gov/products/GAO-09-670T.

36   *Global Navigation Space Systems: Reliance and Vulnerabilities* (London: Royal Academy of Engineering, 2011), 3.

37   "Scientists Warn of 'Dangerous Over-reliance on GPS,'" *The Raw Story*, March 8, 2011, http://www.rawstory.com/rs/2011/03/08/scientists-warn-of-dangerous-over-reliance-on-gps/.

38   "BufferBloat: What's Wrong with the Internet?" *ACMQueue*, blog, December 7, 2011, http://queue.acm.org/detail.cfm?id=2076798.

39   Jim Gettys and Kathleen Nichols, "Bufferbloat: Dark Buffers in the Internet," *ACMQueue*, blog, November 29, 2011, http://queue.acm.org/detail. cfm?id=2071893.

40   Ellen Nakashima and Joby Warrick, "Stuxnet was work of U.S. and Israeli experts, officials say," *Washington Post*, June 1, 2012, http://articles.washingtonpost.com/2012-06-01/world/35459494_1_nuclear-program-stuxnet-senior-iranian-officials.

41   Vivian Yeo, "Stuxnet infections spread to 115 countries," *ZDNet*, August 9, 2010, http://www.zdnet.co.uk/news/security-threats/2010/08/09/stuxnet-infections-spread-to-115-countries-40089766/.

42   Elinor Mills, "Ralph Langer on Stuxnet, copycat threats (Q&A)," CNet News, May 22, 2011, http://news.cnet.com/8301-27080_3-20061256-245.html.

43   Symantec Corporation, "W32.Stuxnet," *Security Responses*, blog, last modified September 17, 2010, http://www.symantec.com/security_response/writeup. jsp?docid=2010-071400-3123-99.

44   Dan Goodin, "FBI: No evidence of water system hack destroying pump," *The Register*, last updated November 23, 2011, http://www.theregister.co.uk/2011/11/23/

water_utility_hack_update/.

45   Dan Goodin, "Rise of 'forever day' bugs in industrial systems threatens critical infrastructure," *Ars Technica*, April 9, 2012, http://arstechnica.com/business/news/2012/04/rise-of-ics-forever-day-vulnerabiliities-threaten-critical-infrastructure.ars.

46   Ellen Nakashima, "Cyber-intruder sparks massive federal response—and debate over dealing with threats," *Washington Post*, December 8, 2011, http://www.washingtonpost.com/national/national-security/cyber-intruder-sparks-response-debate/2011/12/06/gIQAxLuFgO_story.html.

47   Mark Ward, "Warning Over Medical Implant Attacks," BBC News, April 10, 2012, http://www.bbc.co.uk/news/technology-17623948; Daniel Halperin et al., "Pacemakers and Implantable Cardiac Defibrillators: Software Radio Attacks and Zero-Power Defenses," n.d., http://www.secure-medicine.org/icd-study/icd-study.pdf.

48   Colin Harrison, interview by author, May 9, 2011.

49   Chul-jae Lee and Gwang-li Moon, "Incheon Airport cyberattack traced to Pyongyang," *Korea JoongAng Daily*, June 5, 2012, http://koreajoongangdaily.joinsmsn.com/news/article/article.aspx?aid=2953940.

50   David E. Sanger, "Obama Order Sped Up Wave of Cyberattacks Against Iran," *New York Times*, June 1, 2012, A1.

51   Electronic Frontier Foundation, n.d., http://w2.e .org/Privacy/TIA/wyden-sa59.php.

52   Alasdair Allan, "Got an iPhone or 3G iPad? Apple is recording your moves," *O'Reilly Radar*, April 20, 2011, http://radar.oreilly.com/2011/04/apple-location-tracking.html.

53   Trevor Eckhart, "CarrierIQ," *Android Security Test*, blog, n.d., http://androidsecuritytest.com/features/logs-and-services/loggers/carrieriq/.

54   Annalyn Censky, "Malls track shoppers' cell phones on Black Friday," *CNN Money*, blog, last modified November 22, 2011, http://money.cnn.com/2011/11/22/technology/malls_track_cell_phones_black_friday/index.htm.

55   Sebastian Anthony, "Think GPS is Cool? IPS Will Blow Your Mind," *ExtremeTech*, blog, last modified April 24, 2012, http://www.extremetech.com/extreme/126843-think-gps-is-cool-ips-will-blow-your-mind.

56   Timothy P. McKone, letter to Congressman Edward J. Markey, US House of Representatives, May 29, 2012, http://markey.house.gov/sites/markey.house.gov/files/documents/AT%26T%20Response%20to%20Rep.%20Markey.pdf.

57   Eric Lichtblau, "More Demands on Cell Carriers in Surveillance," *New York Times*, last modified July 8 2012, http://www.nytimes.com/2012/07/09/us/cell-carriers-see-uptick-in-requests-to-aid-surveillance.html?_r=1.

58   Loretta Chao and Don Clark, "Cisco Poised to Help China Keep an Eye on Its Citizens," *Wall Street Journal*, July 5, 2011, http://online.wsj.com/article/SB10001424052702304778304576377141077267316.html. Because of the way Chongqing's

municipal boundaries are set, its population is often grossly overstated. For discussion of urban area population estimate for Chongqing: Ruth Alexander, "The World's Biggest Cities, How Do You Measure Them," *BBC News Magazine*, last modified January 28, 2012, http://www.bbc.co.uk/news/magazine-16761784.

59   Clive Norris, Mike McCahill, and David Wood, "Editorial. The Growth of CCTV: A global perspective on the international di usion of video surveillance in publicly accessible space," *Surveillance & Society*, http://www.surveillance-and-society.org/articles2(2)/editorial.pdf, 2(2/3): 110.

60   John Villasenor, *Recording Everything: Digital Storage as an Enabler of Authoritarian Governments* (Washington, DC: The Brookings Institution, 2011), http://www.brookings.edu/%7E/media/Files/rc/papers/2011/1214_digital_storage_villasenor/1214_digital_storage_villasenor.pdf, 1.

61   Chao and Clark, "Cisco Poised to Help China Keep an Eye on Its Citizens."

62   "Beijing to trial mobile tracking system: report," Agence France Presse, March 3, 2011.

63   David Goldman, "Carrier IQ: 'We're as surprised as you,'" *CNNMoney Tech*, blog, last modified December 2, 2011, http://money.cnn.com/2011/12/02/technology/carrier_iq/index.htm.

64   Farhad Manjoo, "Fear Your Smartphone," *Slate*, December 2, 2011, http://www.slate.com/articles/technology/technology/2011/12/carrier_iq_it_s_totally_rational_to_worry_that_our_phones_are_tracking_everything_we_do_.html.

65   Kate Notopoulos, "Somebody's watching: how a simple exploit lets strangers tap into private security cameras," *The Verge*, February 3, 2012, http://www.theverge.com/2012/2/3/2767453/trendnet-ip-camera-exploit-4chan.

66   Nicholas G. Garaufis, Memorandum & Order 10-MC-897 (NGG), August 22, 2011, http://ia600309.us.archive.org/33/items/gov.uscourts.nyed.312774/gov.uscourts.nyed.312774.6.0.pdf.

67   George Orwell, *1984* (Penguin: New York, 1990), 65.

68   Chao and Clark, "Cisco Poised to Help China Keep an Eye on Its Citizens."

69   Siobhan Gorman, "NSA's Domestic Spying Grows As Agency Sweeps Up Data," *Wall Street Journal*, March 10, 2008, http://online.wsj.com/article/SB120511973377523845.html.

70   John Villasenor, "Recording Everything: Digital Storage as an Enabler of Authoritarian Governments" (Washington, DC: Brookings Institution, December 14, 2011), 1.

71   Herman Kahn, *Thinking About the Unthinkable* (New York, Horizon Press, 1962).

72   "How U.S. Cities Can Prepare for Atomic War," *Life*, December 18, 1950, 85.

73   Light, *From Warfare to Welfare*, 164.

74   Galison, "War Against the Center," 14–26.

75   *World Energy Outlook 2011* (Paris: International Energy Agency, 2011).

76   *Realizing the Potential of Energy Efficiency: Targets, Policies, and Measures for G8 Countries* (Washington, DC: United Nations Foundation, 2007), http://www.globalproblems-

globalsolutions-files.org/unf_website/PDF/realizing_potential_energy_efficiency. pdf.

77   Buno Berthon, "Smart Cities: Can They Work?," *The Guardian Sustainable Business Energy Efficiency Hub*, blog, June 1, 2001, http://www.guardian.co.uk/sustainable-business/amsterdam-smart-cities-work.

78   Blake Alcott, "Jevons' Paradox," *Ecological Economics* 45, no. 1 (2005): 9-21.

79   Robert Cervero, *The Transit Metropolis* (Washington, DC: Island Press, 1998), 169.

80   Michele Dix, "The Central London Congestion Charging Scheme—From Conception to Implementation," 2002, http://www.imprint-eu.org/public/Papers/ imprint_Dix.pdf, 2.

81   Robert J. Gordon, "Does the 'New Economy' Measure up to the Great Inventions of the Past?" (Cambridge, MA: National Bureau of Economic Research, 2000), http://www.nber.org/papers/w7833.

10장

1   Oscar Wilde, *The Soul of Man under Socialism* (Portland, ME: Thomas B. Mosher, 1905), 39. Reprinted from *The Fortnightly Review*, Feburary 1, 1891, accessed through Internet Archive, http://archive.org/details/soulmanundersoc00wildgoog.

2   Helen Meller, *Patrick Geddes: Social Evolutionist and City Planner* (New York: Routledge, 1990), 143.

3   From "voices to voices, lip to lip." Copyright 1926, 1954, © 1991 by the Trustees for the E. E. Cummings Trust. Copyright © 1985 by George James Firmage, from *Complete Poems: 1904–1962* by E. E. Cummings, edited by George J. Firmage. Used by permission of Liveright Publishing Corporation.

4   Brandon Fuller and Paul Romer, "Success and the City: How Charter Cities Could Transform the Developing World," (Ottawa, Ontario: The MacDonald-Laurier Institute, April 2012), 3.

5   William J. Mitchell, *E-Topia: Urban Life, Jim, But Not As We Know It* (Cambridge, MA: MIT Press, 1999), 12.

6   Jon Leibowitz, "Municipal Broadband: Should Cities Have a Voice?" National Association of Telecommunications Officers and Advisors (NATOA) 25th Annual Conference, Washington, DC, September 22, 2005, http://www.ftc.gov/speeches/lei bowitz/050922municipalbroadband.pdf.

7   Christopher Mitchell, *Broadband at the Speed of Light: How Three Communities Build Next-Generation Networks* (Washington, DC: Institute for Local Self-Reliance, April 2012, http://www.ilsr.org/wp-content/uploads/2012/04/muni-bb-speed-light.pdf.

8   Dave Flessner, "Chattanooga area's economic outlook brightens," *Chattanooga Times Free Press*, last modified December 29th, 2011, http://www.timesfreepress.com/ news/2011/dec/29/economic-outlook-brightens.

9   Fiber-to-the-Home Council of North America, "Municipal Fiber to the Home Deployments: Next Generation Broadband as a Municipal Utility," October 2009,

http://www.baller.com/pdfs/MuniFiberNetsOct09.pdf.

10   Claudia Sarrocco and Dimitri Ypsilanti, "Convergence and Next Generation Networks: Ministerial Background Report," Organisation for Economic Co-operation and Development, June 17, 2008, http://www.oecd.org/internet/interneteconomy/40761101.pdf.

11   Christopher Mitchell, "Oregon Town To Build Open Access Fiber Network Complement to Wireless Network," Community Broadband Networks, last modified July 25, 2011, http://www.muninetworks.org/content/oregon-town-build-open-access- ber-network-complement-wireless-network.

12   Thierry Martens, remarks, Ideas Economy: Intelligent Infrastructure, *The Economist*, New York City, February 16, 2011.

13   Andrew Comer and Kerwin Datu, "Can you have a private city? The political implications of 'smart city' technology," *Global Urbanist*, last modified February 11, 2011, http://globalurbanist.com/2011/02/17/can-you-have-a-private-city-the-political-implications-of-smart-city-technology.

14   Jennifer Pahlka, panel discussion, *Ten Year Forecast Retreat*, Institute for the Future, Sausalito, CA, April 15, 2012.

15   Carlo Ratti, lecture, Forum on Future Cities, MIT SENSEable City Lab and the Rockefeller Foundation, Cambridge, MA, April 12, 2011, http://techtv.mit.edu/collections/senseable/videos/12257-smart-smarter-smartest-cities.

16   IBM Corp., "Citi Partners with Streetline and IBM to Provide $25 Million Financing for Cities to Adopt Smart Parking Technology," last modified April 9, 2012, http://www-03.ibm.com/press/us/en/pressrelease/37424.wss.

17   Eve Batey, "Muni App Makers, Rejoice: MTA, Apple Disputes Private Company's Claims To Own Arrival Data," *SF Appeal Online Newspaper*, last modified August 19, 2009, http://sfappeal.com/news/2009/08/mike-smith-of-nextbus-said.php.

18   Joe Mullin, "A New Target for Tech Patent Trolls: Cash-Strapped American Cities," *Ars Technica*, last modified March 15, 2012, http://arstechnica.com/tech-policy/2012/03/a-new-low-for-patent-trolls-targeting-cash-strapped-cities/.

19   John Tolva, interview by author, November 10, 2011.

20   Steve W. Usselman, "Unbundling IBM: Antitrust and the Incentives to Innovation in American Computing," in Clarke, Lamoreaux, and Usselman, eds., *The Challenge of Remaining Innovative* (Palo Alto, CA: Stanford University Press, 2009), 251.

21   Dom Ricci, remarks, X-Cities 3: Heavy Weather—Design and Governance in Rio de Janeiro and Beyond, Columbia University Studio-X, New York, April 10, 2012.

22   Noelle Knell, "Detroit Pulls Plug on 311 Call Center," *Government Technology*, last modified July 11, 2012, http://www.govtech.com/e-government/Detroit-Pulls-Plug-on-311-Call-Center.html.

23   Michael Batty, "A Chronicle of Scientific Planning: The Anglo-American Modeling Experience," *Journal of the American Planning Association* 60, no. 1 (1994): 7.

24   Michael Batty, telephone interview by author, August 19, 2010.

25   Douglass B. Lee Jr., "Requiem for Large-Scale Models," *Journal of the American Institute*

of *Planners* 39, no. 3 (1973): 173.

26   Michael Batty, lecture, "Forum on Future Cities," MIT SENSEable City Lab and the Rockefeller Foundation, Cambridge, MA, April 13, 2011, http://techtv.mit.edu/collections/senseable/videos/12305-changing-research.

27   David Weinberger, "The Machine That Would Predict the Future," *Scientific American*, November 15, 2011, http://www.scienti camerican.com/article.cfm?id=the-machine-that-would-predict.

28   Lee, "Requiem," 175.

29   Justin Cook, telephone interview by author, September 11, 2012.

30   David Gelernter, *Mirror Worlds: or the Day Software Puts the Universe in a Shoebox. . . How It Will Happen and What It Will Mean* (New York: Oxford University Press, 1993), 19.

31   Colin Harrison, interview by author, May 9, 2011.

32   Jay Nath, "Hacking SF: Innovation in Public Spaces," *Jay Nath*, blog, last modified April 12, 2012, http://www.jaynath.com/2012/04/hacking-sf-innovation-in-public-spaces/.

33   Phil Bernstein, remarks, Bill Mitchell Symposium, MIT Media Lab, Cambridge, MA, Nov 11, 2011.

34   "The Transect," Center for Applied Transect Studies, accessed September 5, 2012, http://www.transect.org/transect.html.

35   Red Burns, "Technology and the Human Spirit," lecture at "The Future of Interactive Communication," Lund, Sweden, June 1998.

36   "Transdisciplinarity," *Science and Technology Outlook: 2005–2055* (Palo Alto, CA: Institute for the Future, 2006), 31, http://www.iftf.org/system/files/deliverables/TH_SR-967_S%2526T_Perspectives.pdf.

37   Adam Greenfield, "Beyond the 'smart city,' " *Urban Scale*, blog, last modified February 17, 2011, http://urbanscale.org/news/2011/02/17/beyond-the-smart-city/.

38   Evgeny Morozov, "Technological Utopianism," *Boston Review*, November/December 2010, http://www.bostonreview.net/BR35.6/morozov.php.

39   Michael M. Grynbaum, "Mayor Warns of Pitfalls of Social Media," *New York Times*, March 21, 2012, http://www.nytimes.com/2012/03/22/nyregion/bloomberg-says-social-media-can-hurt-governing.html.

40   Italo Calvino, *Invisible Cities* (New York: Harcourt, 1974), 32.

41   Michael Joroff, e-mail correspondence with author, January 28, 2012.

42   Janette Sadik-Khan, lecture, "BitCity 2011: Transportation, Data and Technology in Cities," Columbia University, New York City, November 4, 2011.

43   Guru Banavar, lecture, "X-Cities 3: Heavy Weather—Design and Governance in Rio de Janeiro and Beyond," Columbia University Studio-X, New York, April 10, 2012, http://www.youtube.com/watch?v=xNsSNoL_EQM.

44   Frank Hebbert, interview by author, April 12, 2012.

45   Joroff, January 28, 2012.

46   Synopsis, *Ekumenopolis: City Without Limits*, 2012, film directed by Imre Azem,

produced by Gaye Günay, http://www.ekumenopolis.net/#/en_US/synopsys, accessed September 19, 2012.

47   "Insights in Motion: Improving Public Transit," Official IBM Social Media Channel, last modified June 12, 2012, http://www.youtube.com/watch?v=KEpVJscv7qE .

48   Alexis de Tocqueville, *Democracy in America*, vol. 2, ch. 5, electronic edition by the American Studies Programs at the University of Virginia, (1997), http://xroads.virginia.edu/~Hyper/DETOC/ch2_05.htm.

49   Regional Plan Association, "Crowds: In the City There Are Always Crowds" (New York: Regional Plan Association, 1932).

50   Steven Johnson, "What 100 Million 311 Calls Reveal About New York," *Wired*, November 2010, http://www.wired.com/magazine/2010/11/ff_311_new_york/.

51   Robert Goodspeed, "The Democratization of Big Data," *Planetizen*, blog, last modified February 27, 2012, http://www.planetizen.com/node/54832.

52   Jonah Lehrer, "A Physicist Solves the City," *New York Times Magazine*, December 17, 2010, http://www.nytimes.com/2010/12/19/magazine/19Urban_West-t.html.

53   Cosma Rohilla Shalizi, "Scaling and Hierarchy in Urban Economies," April 8, 2011, http://arxiv.org/abs/1102.4101.

54   Michael Batty and Elsa Arcaute, Skype interview by author, October 19, 2012.

55   Batty and Arcaute, interview, October 19, 2012. The study was subsequently published on the arXiv e-print archive. Elsa Arcaute et al., "City boundaries and the universality of scaling laws," January 8, 2013, http://arxiv.org/abs/1301.1674.

56   Cosma Rohilla Shalizi, "Scaling and Hierarchy in Urban Economies," *ARXIV*, e-print arXiv:1102.4101, February 2011, http://arxiv.org/abs/1102.4101.

57   Steve Lohr, "SimCity, for Real: Measuring an Untidy Metropolis," *New York Times*, February 23, 2013, BU3.

58   Geoffrey West, lecture, Urban Systems Symposium, New York University, New York City, May 12, 2012.

59   "Thinking Cities: ICT is Changing the Game," Telefonaktiebolaget LM Ericsson, last modified February 24, 2012, http://www.ericsson.com/news/120221_thinking_cities_ict_is_changing_the_game_244159020_c.

60   Hirshberg, interview, October 26, 2011.

61   Michael Batty, interview, August 19, 2010.

62   William Bruce Cameron, *Informal Sociology: A Casual Introduction to Sociological Thinking* (New York: Random House, 1967) 13.

63   Upton Sinclair, *The Jungle* (New York: The Jungle Pub. Co., 1906), 67.

64   Elan Miller, "Redesigning Lost & Found," *Still Hungry, Still Foolish*, blog, last modified December 14, 2011, http://elanmiller.com/post/14214715871/redesigning-lost-found

스마트시티, 더 나은 도시를 만들다
4차 산업혁명이 만드는 새로운 도시의 미래

초판 1쇄 인쇄 2018년 5월 25일
초판 5쇄 발행 2023년 7월 4일

지은이 앤서니 타운센드
옮긴이 도시이론연구모임
펴낸곳 (주)엠아이디미디어
펴낸이 최종현

편집 최종현
디자인 김현중
경영지원 윤 송

주소 서울특별시 마포구 신촌로 162, 1202호
전화 (02) 704-3448   **팩스** (02) 6351-3448
이메일 mid@bookmid.com   **홈페이지** www.bookmid.com
등록 제2011 - 000250호
ISBN 979-11-87601-72-2 (03530)
책값은 표지 뒤쪽에 있습니다. 파본은 구매처에서 바꾸어 드립니다.